中文翻译版

成功药物研发Ⅲ

Successful Drug Discovery

著　者　〔匈〕亚诺斯·费舍尔（János Fischer）
〔瑞士〕克里斯汀·克莱恩（Christian Klein）
〔美〕韦恩·E. 柴尔德斯（Wayne E. Childers）
主　译　白仁仁
主　审　谢　恬

科学出版社
北　京

图字：01-2022-6708 号

内 容 简 介

本书首先概述了学术界在药物研发中的作用、小分子药物开发的新方法，具体涉及疾病相关蛋白的降解，靶向蛋白降解的新概念为探索和调节以前无法成药的蛋白靶点提供了新的机会；然后专门介绍了 GLP-1 受体激动剂、SGLT2 抑制剂，以及新型生物药物 CAR-T 细胞，并展示了基于 CGRP 抑制机制的新型偏头痛药物的成功案例；最后重点介绍了艾米赛珠单抗、艾伏尼布和瑞博西尼这 3 个重要的药物研发案例，并邀请相关新药研发团队的核心人员，向读者讲述这些重磅药物是如何走出实验室，最终成功上市的研发历程。

本书可供医药研发领域从业者或投资者、医药院校和科研院所的师生，以及对新药研发感兴趣的读者阅读。

图书在版编目（CIP）数据

成功药物研发. Ⅲ /（匈）亚诺斯·费舍尔（János Fischer），（瑞）克里斯汀·克莱恩（Christian Klein），（美）韦恩·E. 柴尔德斯（Wayne E. Childers）著；白仁仁主译. —北京：科学出版社，2023.6

书名原文：Successful Drug Discovery

ISBN 978-7-03-075763-0

Ⅰ. ①成… Ⅱ. ①亚… ②克… ③韦… ④白… Ⅲ. ①药物－研制 Ⅳ. ① TQ46

中国国家版本馆 CIP 数据核字（2023）第 103602 号

责任编辑：马晓伟 / 责任校对：张小霞

责任印制：肖 兴 / 封面设计：龙 岩

科 学 出 版 社 出版

北京东黄城根北街16号

邮政编码：100717

http://www.sciencep.com

北京九天鸿程印刷有限责任公司 印刷

科学出版社发行 各地新华书店经销

*

2023年6月第 一 版 开本：720×1000 1/16

2023年6月第一次印刷 印张：18 1/4

字数：353 000

定价：180.00元

（如有印装质量问题，我社负责调换）

翻译人员

主　译　白仁仁

主　审　谢　恬　杭州师范大学

译　者　白仁仁　杭州师范大学

李　清　四川师范大学

周圣斌　国科大杭州高等研究院

刘武昆　南京中医药大学

王超磊　江苏柯菲平医药股份有限公司

章映茜　杭州师范大学

蒋筱莹　杭州师范大学

何兴瑞　杭州师范大学

中文版序一

近年来，国内各大制药企业纷纷布局创新药物研发，创新药物初创企业不断涌现，高校及科研院所新药研究成果转让不断增多。2020年新冠疫情的暴发，更是强有力地促进了中国的新药研发，新冠疫苗研发的中国速度为国人提供了强大的健康保障，国产新冠口服药物也已应用于临床。总体而言，我国新药研发呈现出了蓬勃发展的新形势。

国家药监局发布的《2021年度药品审评报告》指出，国家药监局药品审评中心2021年共受理创新药注册申请1886件，比2020年增长76.1%；2021年批准的创新药物达47个，再创历史新高。据《中国新药注册临床试验进展年度报告（2021年）》显示，2021年我国新药临床试验数量实现大幅增长，可以预期未来新药申请和上市药物数量会进一步增加，也将造福更多的中国患者。

成功的药物研发，不仅需要一流的研发技术，充足的资金支持，更离不开经验的沉淀积累。因此，学习新药研发成功案例的先进经验尤为重要。由白仁仁教授主译、谢恬教授主审的《成功药物研发Ⅲ》就是一本业内难得的介绍药物研发成功经验的专著，对研发人员大有裨益。全书共九章，分别介绍了学术界药物发现新进展、疾病相关蛋白降解剂、抗糖尿病及肥胖症药物GLP-1受体激动剂、抗糖尿病药物SGLT2抑制剂、CAR-T细胞疗法、抗偏头痛药物CGRP抑制剂，以及艾美珠单抗、艾伏尼布和瑞博西尼的发现与开发。本书聚焦于近年来获批的全新药物，为新药研发人员提供了最为新颖的药物研发信息和实用的成功经验。

很高兴看到白仁仁教授和各位译者出色地完成了“成功药物研发”系列专著

的翻译。相信《成功药物研发Ⅲ》的出版，将为从事新药研发的师生和制药企业科研人员提供实用的参考和帮助，助力我国的创新药物研发事业发展。

王锐

中国工程院院士

2023年6月

中文版序二

作为“成功药物研发”（*Successful Drug Discovery*，SDD）系列丛书的编委会成员，我很高兴看到第5卷（SDD-Vol-5）中文版将在科学出版社出版。

SDD-Vol-5原版出版后获得了非常积极的评价［请参见维也纳大学（University of Vienna）T. 兰格（T. Langer）教授2022年在*ChemMedChem*中撰写的书评］。与其他卷类似，本卷也由以下三部分组成：药物研发概述、分类药物研究及案例研究。

在第一部分，第1章“学术界的药物发现”很好地概述了学术界在药物研究中的作用。新药发现项目中很大一部分是由公共资助的组织发起或启动的，如大学和政府研究机构。很多小分子药物和生物药物的研发都起源于学术界。本系列丛书也会将相关药物的实用信息展现给读者。普瑞巴林、青霉素、紫杉醇、胰岛素、利妥昔单抗、地瑞那韦等众多研究实例，都证明了学术界在药物研究中的贡献和作用。第2章总结了小分子药物开发的新方法，具体涉及降解与疾病相关的蛋白，而不是对其进行抑制。在PROTACS（蛋白水解靶向嵌合体）和其他方法（如分子胶）的帮助下，靶向蛋白降解的新概念为探索和调节以前无法成药的蛋白靶点提供了全新的机会。

第二部分专门介绍了新型的生物药物嵌合抗原受体T细胞免疫（CAR-T）治疗的最新发现。这一部分还很好地概述了两类成功治疗2型糖尿病的药物：胰高血糖素样肽-1（GLP-1）激动剂和钠-葡萄糖耦联转运体2（SGLT2）抑制剂。而基于降钙素基因相关肽（CGRP）抑制机制的新型抗偏头痛药物的研发成为中枢神经系统药物研发的成功案例。在这一治疗领域，生物药物和小分子药物都已有全面的介绍。

第三部分重点介绍了3个重要的药物研发案例。相关新药的研发人员介绍了他们成功发现药物的复杂过程。其中，艾米赛珠单抗，一种人源化双特异性抗体，是一种治疗甲型血友病的新药；艾伏尼布是一种治疗急性髓细胞性白血病的新药；瑞博西尼则是一种治疗晚期乳腺癌的新药。

衷心希望中国读者能从SDD-Vol-5中文版（《成功药物研发Ⅲ》）中获得很多关于新药发现的实用信息。

最后但同样重要的是，我要感谢弗兰克·温瑞奇（Frank Weinreich）博士（Wiley-VCH）和白仁仁教授（杭州师范大学）的努力和合作，是他们的贡献使得本书得以顺利出版。

亚诺斯·费舍尔（János Fischer）

2023年1月

Preface

As a member of the editorial board of the book series *Successful Drug Discovery* (SDD), I am happy to know that the Chinese version of Volume 5 (SDD-Vol-5) will be published under China Science Publishing & Media Ltd.

SDD-Vol-5 received a very positive review (see: book review in *ChemMedChem*, 2022, written by Prof./Dr. T. Langer (University of Vienna)). Similarly to the other volumes, this new volume consists of the following three parts: Ⅰ. General aspects, Ⅱ. Drug Class studies, and Ⅲ. Case studies.

In Part Ⅰ, the first chapter, "Drug Discovery in Academia", gives an excellent overview on the role of academia in drug research. A significant part of new drug discoveries has been enabled or at least initiated by publicly funded organizations, such as universities and government research entities. Many small-molecule drugs and biologics have their origin in academia. The readers of this book series will find useful information on this topic. Examples such as Pregabalin, Penicillin G, Taxol, Insulin, Rituximab, Darunavir and many others demonstrate the fundamental role of academia in drug research. The second chapter of Part Ⅰ summarizes new approaches to small-molecule development that involve breaking down disease-relevant proteins instead of pharmacologically inhibiting them. The new concept of targeted protein degradation with the help of PROTACS (proteolysis targeting chimeras) and other approaches, such as molecular glues, opens new opportunities to explore and modulate previously undruggable proteins.

In Part Ⅱ, a chapter is dedicated to the recent discovery of the chimeric antigen receptor T (CAR-T) therapy, a novel biological drug class. This part of the volume also gives a good overview of two successful drug classes for the treatment of diabetes type 2: glucagon-like peptide-1 (GLP-1) agonists and sodium-glucose transport protein (SGLT2) antagonists. Successful CNS drug research is exemplified by a chapter on new antimigraine drugs, with the mechanism of action being calcitonin gene-related peptide (CGRP) inhibition. In this therapeutic field, both biologics and small molecule drugs have been described.

Part Ⅲ highlights three important case studies. Inventors of some new drugs described the complicated process leading to their discoveries. Among them, Emicizumab, a humanized bispecific antibody, is a new drug for the treatment of hemophilia A; Ivosidenib is an approved drug for the treatment of acute myeloid leukemia; and finally, Ribociclib is a new drug for treating advanced breast cancer.

I hope that the readers in China will receive a lot of useful information about new drug discoveries from this third Chinese volume of SDD (SDD-Vol-5).

Last but not least, I would like to thank Dr. Frank Weinreich (Wiley-VCH) and Professor Renren Bai (Hangzhou Normal University) for their invaluable efforts and collaboration. Their contributions have made this volume possible.

János Fischer

January, 2023

前　言

随着相关技术的不断进步，新药研发正变得越来越顺利，越来越有理有据。虽然新兴技术并未如预期的那样显著提高新药研发的成功率，但基于全新靶点和全新机制的首创药物正在不断涌现，一方面为患者带来了福音和希望，另一方面也拓展了治疗药物的适应证类别和临床选择空间。

对于大多数已应用数十年的老药，通过查阅大量的文献报道和临床研究，一般比较容易推断出其研发的过程。"第三方"非亲历者编写的老药"传记"，虽未必能反映药物研发的实际历程，但也可达到十之八九。而对于近十年上市的新药，相关报道往往很少。为了服务于商业推广，原研公司一般只会选择性披露部分研究发现与结果，而其他研发细节往往还保留一丝神秘。所以，目前的新药研究案例大多是针对一些老药。"成功药物研发"系列丛书恰好填补了这一领域的空白。主编亚诺斯·费舍尔（János Fischer）博士凭借其丰富的新药研究经验及在制药行业的广泛人脉，自2015年起先后编著了"成功药物研发" Ⅰ～Ⅴ卷。他邀请了国际制药行业及学术界的准一线研究人员，以药物研发直接领导者和参与者的身份，先后介绍了10年来近50个最新上市药物的研发历程，以及新药研发的进展与趋势。如果说对老药研发历程的介绍是在写传记，那么"成功药物研发"丛书中新药研发历程的介绍就如同独家专访，将第一手的信息直接呈现在读者面前。

为了让这一系列丛书能够惠及国内读者，我于2020年起组织各位同仁将其翻译为中文。由于前两卷介绍的药物已上市多年，因此我们从第Ⅲ卷开始翻译，一直到第Ⅴ卷，分别对应中译本《成功药物研发Ⅰ》《成功药物研发Ⅱ》《成功药物研发Ⅲ》。在与费舍尔博士的交流中，我也得知第Ⅴ卷将是“成功药物研发”系列丛书的最后一卷。未来，他将继续联合科研一线的研究人员，编写有关药物研发新趋势的系列丛书，相信也一定会让读者眼前一亮。

原著名为*Successful Drug Discovery*，直译应为“成功药物发现”，但考虑到书中不仅完整阐述了相关药物的发现过程，而且详细介绍了相关药物的开发历程，换言之，书中内容实际上是有关药物研发的整个环节，所以译为“成功药物研发”，更符合书中实际内容和中文表达习惯。

除我本人外，本书译者还包括李清（四川师范大学）、周圣斌（国科大杭州高等研究院）、刘武昆（南京中医药大学）、王超磊（江苏柯菲平医药股份有限公司）、蒋筱莹（杭州师范大学）、章映茜（杭州师范大学）、何兴瑞（杭州师范大学）。大家利用宝贵的时间，亲力亲为，顺利完成了翻译工作。在此，对大家的积极参与和热情奉献表示真诚的谢意。

感谢丛书主编费舍尔博士对本书翻译的支持。费舍尔博士平易近人，幽默风趣，还对我翻译之外的工作给予了一些帮助，在此向他表示真诚的谢意！

由衷感谢杭州师范大学谢恬教授担任本书主审。谢恬教授亲自对本书严格把关，对翻译工作给予了宝贵的帮助和支持。

感谢科学出版社编辑团队的辛勤付出，以及一直以来的帮助和支持。

也欢迎更多学术界和企业界的青年才俊加入我们的翻译团队，共同将更多国外的经典新药研发专著引进国内。

尽管主译、主审和各位译者尽了自己最大的努力，但书中难免有疏漏和不当之处，敬请各位读者海涵。

白仁仁

renrenbai@126.com

2023年2月于杭州

原书序

"成功药物研发"（*Successful Drug Discovery*）系列丛书的出版得到了国际纯粹与应用化学联合会（The International Union of Pure and Applied Chemistry，IUPAC）的大力支持。众多药物研发专家和药物主要发明者在书中从不同方面阐述了相关药物的发现历程。

"成功药物研发"第V卷保留了与前几卷相同的结构框架，主要由三大部分组成。第一部分：药物研发概述；第二部分：分类药物研究；第三部分：小分子药物和生物药物案例研究。

本书编辑衷心感谢各位顾问委员会成员：莫纳什大学乔纳森·贝尔（Jonathan Baell）、帕尔马大学加布里埃·科斯坦蒂诺（Gabriele Costantino）、ModMab Therapeutics贾加特·R. 朱努图拉（Jagath R. Junutula）、大冢制药近藤和美（Kazumi Kondo）、TES Pharma罗伯托·佩利奇亚里（Roberto Pellicciari），以及蒙特克莱尔州立大学大卫·罗泰拉（David Rotella）。特别感谢为本书作者和编辑提供帮助的审稿人：约翰·M. 比尔斯（John M. Beals）、安德拉斯·克恩（András Kern）、贝拉·基斯（Béla Kiss）、托马斯·吕伯斯（Thomas Luebbers）、格德·施诺伦贝格（Gerd Schnorrenberg）、威廉·N. 沃什伯恩（William N. Washburn）和吴鹏（Peng Wu）。也特别感谢于尔根·斯托纳（Juergen Stohner）基于IUPAC术语、命名和符号国际委员会相关原则对本书进行的审阅。

第一部分：药物研发概述

奥利弗·普列滕堡（Oliver Plettenburg）概述了学术界的药物发现。本章涵盖小分子药物和生物药物，以及部分天然产物衍生药物，突显了药物发现已成为许多学术机构至关重要且不可或缺的学科。

伊冯娜·A. 内格尔（Yvonne A. Nagel）、阿德里安·布里奇吉（Adrian Britschgi）和安东尼奥·里奇（Antonio Ricci）介绍了降解疾病相关蛋白的新方法。通过PROTACS和其他方法进行的靶向蛋白降解，实现了对以往不可成药靶蛋白的调节。

第二部分：分类药物研究

亚诺斯·T. 科德拉（János T. Kodra）、托马斯·克鲁斯（Thomas Kruse）、拉斯林·德罗斯（Lars Linderoth）、雅各布·科福德（Jacob Kofoed）和史蒂芬·瑞兹-朗格（Steffen Reedtz-Runge）介绍了一类治疗2型糖尿病的重要药物——GLP-1R激动剂。自20世纪80年代首个GLP-1R 激动剂上市以来，基于该靶点已成功开发了多个药物。

安娜·M.马托斯（Ana M. de Matos）、帕特丽西亚·卡拉多（Patrícia Calado）、威廉·沃什伯恩（William Washburn）和艾米莉亚·鲁特（Amélia P. Rauter）阐述了另一类非常重要的2型糖尿病治疗药物——SGLT2抑制剂。首个SGLT2抑制剂达格列净的成功研发推动了同类药物的后续开发。本章重点介绍此类药物的最新合成进展和临床研究成果。

惠特尼·格拉德尼（Whitney Gladney）、朱莉·贾德洛夫斯基（Julie Jadlowsky）和梅根·M. 戴维斯（Megan M. Davis）在“CAR-T 细胞：一类新型生物药物”一章中回顾了基于细胞的治疗方法，介绍了第一种用于治疗复发性急性淋巴细胞白血病的细胞基因疗法。

莎拉·瓦尔特（Sarah Walter）和马塞洛·E. 比加尔（Marcelo E. Bigal）介绍了用于治疗偏头痛的CGRP抑制剂，一类包含小分子药物和生物药物的新型药物。

第三部分：小分子药物和生物药物案例研究

北泽武久（Takehisa Kitazawa）、米山光一（Koichiro Yoneyama）和井川智之（Tomoyuki Igawa）介绍了艾米赛珠单抗的成功研发历程。艾米赛珠单抗是一种针对凝血因子Ⅸa和Ⅹ的人源化双特异性抗体，还具有针对凝血因子Ⅷ辅助因子的活性。该药物于2017年获得FDA批准用于治疗甲型血友病。

泽农·D. 孔蒂蒂斯（Zenon D. Konteatis）和隋志华（Zhihua Sui，音译）介绍了艾伏尼布的发现与开发。该药物于2019年获得FDA批准，用于治疗新确诊的IDH1易突变型急性髓系白血病。

克里斯托弗·T. 布莱恩（Christopher T. Brain）、拉吉夫·乔普拉（Rajiv Chopra）、史蒂文·霍华德（Steven Howard）、金善奎（Sunkyu Kim）和穆哲成（Moo Je Sung）介绍了瑞博西尼的发现历程。瑞博西尼是一种用于治疗HR阳性/HER2阴性晚期脑瘤的CDK4/6抑制剂，于2017年获得FDA批准与芳香化酶抑制剂联用。

最后，本书各位编辑和作者衷心感谢威利出版公司（Wiley-VCH），以及弗兰克·温赖希（Frank Weinreich）博士的出色协作。

亚诺斯·费舍尔（János Fischer，布达佩斯）
韦恩·E. 柴尔德斯（Wayne E. Childers，费城）
克里斯汀·克莱恩（Christian Klein，苏黎世）
2020年6月

泽农·D.孔蒂波利斯（Zenon D. Kontopoulos）、孙智博（Zhibo Sun）[illegible]介绍了其在[illegible]研究与开发[illegible]2019年发[illegible]A[illegible]，用于[illegible]的HDI[illegible]。

[illegible]克里斯托弗·T.布朗（Christopher T. Brown）[illegible]（Kelly Eborn）、史蒂文·霍华德（Steven Howard）、[illegible]（Sinkyu Kim）和[illegible]（Moon [illegible]）分享了[illegible]，[illegible]BER2[illegible]。

[illegible]约翰威立（Wiley）[illegible]弗兰克·魏因曼（Frank Weinmann）[illegible]。

[illegible]（James [illegible]）
[illegible]（Wayne [illegible]）
[illegible]（Christian Klein）
2020年6月

目　录

第一篇　药物研发概述

第1章　学术界的药物发现 ······ 3
1.1　引言 ······ 3
1.2　老药新用 ······ 4
1.3　普瑞巴林 ······ 7
1.4　基于天然产物的药物发现 ······ 10
1.5　生物药物 ······ 22
1.6　新概念小分子药物 ······ 26
1.7　学术界药物发现的最佳时机 ······ 33
第2章　从降解剂到分子胶：疾病相关蛋白降解的新方式 ······ 45
2.1　引言 ······ 45
2.2　降解剂的定义与发展历史 ······ 45
2.3　泛素-蛋白酶体系统和E3连接酶的注意事项 ······ 51
2.4　通用设计方面 ······ 53
2.5　降解剂技术与传统方法的区别 ······ 55
2.6　降解剂潜在的不足及局限性 ······ 59
2.7　分子胶水样降解剂和单价降解剂 ······ 61
2.8　未来方向 ······ 67
2.9　总结 ······ 67

第二篇　分类药物研究

第3章　GLP-1受体激动剂：2型糖尿病和肥胖症治疗药物 ……83
3.1　引言 ……83
3.2　GLP-1的生物学 ……84
3.3　基于Ex4的类似物 ……86
3.4　基于GLP-1的类似物 ……89
3.5　共激动剂 ……93
3.6　总结 ……96
第4章　SGLT2抑制剂的研究进展：合成方法、疗效及不良反应 ……104
4.1　引言 ……104
4.2　SGLT2抑制剂的作用机制 ……105
4.3　列净类药物的合成方法 ……106
4.4　SGLT2抑制剂的临床优势 ……128
4.5　SGLT2抑制剂的安全性及相关不良反应 ……135
4.6　SGLT2抑制剂在1型糖尿病中的应用 ……136
4.7　总结 ……138
第5章　CAR-T细胞：一类新型生物药物 ……149
5.1　引言 ……149
5.2　细胞疗法简史 ……149
5.3　基因工程方法构建的T细胞疗法 ……152
5.4　CAR-T细胞 ……159
5.5　从实验室创新到疗法获批的转化 ……172
5.6　CAR-T细胞未来的发展方向 ……174
5.7　有关细胞疗法补充信息的其他资源 ……177
第6章　治疗偏头痛的CGRP抑制剂 ……187
6.1　引言 ……187
6.2　CGRP的主要生理功能 ……188
6.3　CGRP在肠道中的作用 ……190
6.4　CGRP在偏头痛中的作用 ……190
6.5　CGRP受体拮抗剂在其他适应证中的作用 ……197
6.6　总结 ……197

第三篇 案例研究

第7章 艾米赛珠单抗的发现与开发：一种针对凝血因子Ⅸa和凝血因子Ⅹ并具有凝血因子Ⅷ辅助因子活性的人源化重组双特异性抗体 …… 207
7.1 引言 …… 207
7.2 艾米赛珠单抗的临床前经验 …… 209
7.3 艾米赛珠单抗的临床研究 …… 218
7.4 总结 …… 225
第8章 艾伏尼布的发现与开发 …… 231
8.1 引言 …… 231
8.2 IDH1的晶体结构 …… 232
8.3 mIDH1抑制剂的发现 …… 233
8.4 苗头化合物到先导化合物的探索 …… 235
8.5 先导化合物的优化：AG-120的发现 …… 240
8.6 AG-120的合成 …… 245
8.7 AG-120的临床前研究 …… 247
8.8 艾伏尼布的临床研究 …… 248
8.9 总结 …… 251
第9章 瑞博西尼的发现：用于治疗HR+/HER2–晚期乳腺癌的CDK4/6抑制剂 …… 255
9.1 疾病背景介绍 …… 255
9.2 靶点介绍与确证：细胞周期 …… 256
9.3 药物发现的前期工作 …… 257
9.4 基于片段的药物发现方法 …… 258
9.5 对现有激酶库进行交叉筛选获得瑞博西尼 …… 260
9.6 瑞博西尼的联合治疗 …… 264
9.7 早期临床研究 …… 265
9.8 Ⅲ期临床试验 …… 265
9.9 总结 …… 266

第一篇　药物研发概述

第1章

学术界的药物发现

1.1 引言

据估计，在2007～2017年这十年间，全球制药行业的总投资已超过1.36万亿美元，而2020年度支出总额为1810亿美元[1]。2019年底，十大制药公司的市值总额约为1.68万亿美元[2]。

自20世纪90年代开始，生命科学的巨大进步为研究人员带来了希望，当时研究人员认为新药的发现将很快成为一个工程化的过程。人类基因组测序的完成为开发新靶点带来了大量的机会，研究人员已开始应用大规模化合物库筛选技术、高效小型化高通量筛选技术，以及用于苗头化合物生成的计算机辅助方法，这也表明大量获得针对这些靶点的合理先导化合物应该是可行的。此外，用于预测早期代谢倾向和毒理学风险的细胞模型也促进了类药性的优化。然而，30年后，这些希望并没有变为现实，至少在1989～2013年期间每年获批药物的数量基本保持不变。2019年，美国食品药品监督管理局（Food and Drug Administration，FDA）批准了47个新药，其中9个为生物药（图1.1）[3]。一个有趣的现象是，尽管存在将研究重点聚焦在生物药上的趋势，且小分子药物业务也已经消沉了数年，但每年新批准生物药的比例仍然停滞在25%左右。

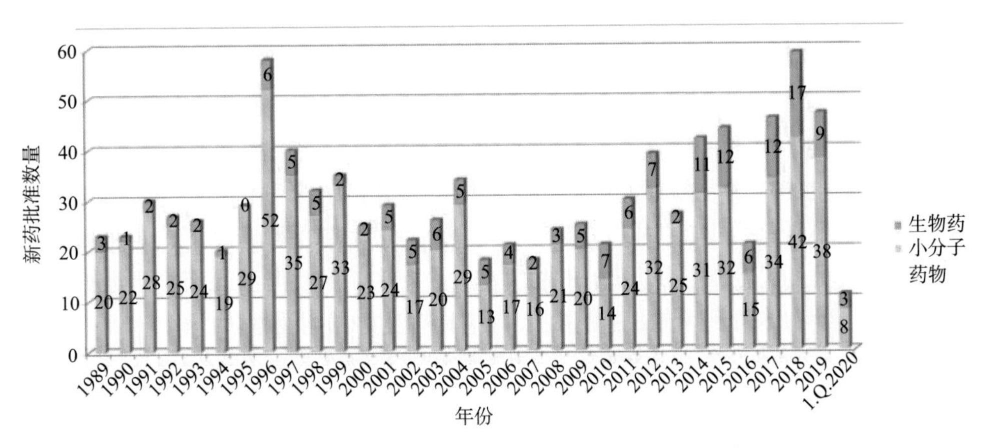

图1.1　1989～2019年FDA批准药物的情况[3]

在2011年发表的一篇文章中，史蒂文斯（Stevens）[4]分析了40年来公共资助组织对当前批准率的贡献。值得注意的是，约有9%的药物（143/1541）是利用公共资金获批的，或至少是由公共资金促成的。如果比较对新分子实体（new molecular entity，NME）的贡献，该比例将上升至13.3%（64/483）。对于获得优先审查的NME，该比例为21.1%（44/209）。在最近的一项研究中，纳亚克（Nayak）等[5]证实了由大学和临床中心推动的药物研究的重要性。他们全面分析了2008～2019年FDA批准的药物，并且考虑了专利方面的信息。他们发现在获批的248个NME中，公共资助组织对其中62个（25%）药物做出了重大贡献。令人费解的是，虽然制药企业雇用了大量的高技能科学家，拥有几乎不设上限的资金、专门用于药物发现的基础设施，但其表现却不尽如人意。为了维持公司未来的发展，开发新药显然是至关重要的任务，而且已批准药物的专利周期明显是非常有限的。因此，考虑到这些因素，制药公司的表现就更加令人意外了。

独立将药物开发上市显然不属于任何学术研究的范畴。据估计，一种药物获批的花费可达13亿美元，其中大部分预算用于临床试验。此外，该过程还需要经验丰富的临床科学家进行监督和管理，优化研究方案，以确保临床试验不会因研究组效力不足或患者群体选择不当而失败。

当临床试验开始时，研究人员已经完成治疗方案的选择，目标和方法也已经确定，从此时起临床医生的任务就是验证提出的假设是否成立。

学者们利用他们的特殊优势为药物发现做出了重要贡献。这些优势可能是基于好奇心、特定领域的专业知识、对意外发现的探索、振奋人心的跟进研究，以及不同学术实验室合作促成的跨学科研究。本章将讨论不同的案例，以说明这些特殊优势是如何实现药物的成功研发的。

1.2 老药新用

一个反映学术研究对药物发现贡献的经典案例是寻找新的适应证。

由于获批的药物是公开上市的，研究人员尤其是临床中心的科学家可以提出假设（基于患者的数据）并以直接的方式进行探索。在这种情况下，老药新用引起了研究人员的广泛关注，因为这种方法非常直接，由此产生的药物已经被证明是安全的、生物体可利用的，并且在人体中具有良好的耐受性。

通常这种方法以仔细观察疾病伴随因素和解释潜在病理学为指导，特别是有多种疾病患者症状的变化可能为提出新的假设提供有趣的起点。癌症治疗药物利妥昔单抗（rituximab）的开发就是一个经典案例，本章将对其发现过程进行更详细的讨论。爱德华兹（Edwards）等提出，自我存留的B淋巴细胞可能在推动类风湿关节炎（rheumatoid arthritis，RA）和自身免疫性疾病的进展中发挥关键作用[6]。他们推测分化簇20（cluster of differentiation 20，CD20）靶向治疗能够特异性地消耗这一B细胞群体，可能是一个很好的治疗选择。1999年出现了第1例非霍奇金淋巴瘤伴炎性关节病的病例报告[7]。在使用单克隆抗CD20抗体治疗的几周内，研究人员观察到患者的关节疼痛显著改善，3个月后症状几乎消失，每天能够步行5英里（译者注：1英里=1609.3米）。在随后的Ⅱ期临床试验中，利妥昔单抗在RA患者中的阳性结果进一步得到证实[8]，随后，研究人员开展了进一步的试验，在证明了确切的获益后，利妥昔单抗于2006年被批准与甲氨蝶呤（methotrexate）联用治疗类风湿关节炎。

1.2.1　沙利度胺衍生物

另一个案例是使用沙利度胺（thalidomide）、来那度胺（lenalidomide）和泊马度胺（pomalidomide）治疗麻风病和各种癌症。在沙利度胺臭名昭著的悲惨历史之后，几乎任何一家大型制药企业的研究人员都不可能使这一药物起死回生。沙利度胺于1957年在德国获批上市，用于治疗晨吐。由于副作用似乎非常小，也经常用于孕妇止吐。然而，1961年有研究者做了出生缺陷增加的报道，并最终发现与沙利度胺有关。这些缺陷导致婴儿出生时死亡率显著增加，出现肢体变形、心脏问题和其他毒副作用。据估计，伴有肢体缺陷的婴儿数量超过1万名。沙利度胺从欧洲市场的撤出促使监管部门在注册过程中对药物安全性表征的要求更加严格。如今，致畸性已成为候选化合物被排除在药物优化项目之外的重要限制因素，因为很难保证不会有育龄妇女错误地使用具有致畸性的药物。然而，在撤市仅3年后的1964年，耶路撒冷哈达萨医学院（Hadassah University）的雅各布·瑟斯琴（Jacob Sheskin）开始使用沙利度胺治疗有严重麻风病的患者[9]。在他的原始文献中，瑟斯琴提到将沙利度胺作为镇静药物治疗6名麻风病患者，令他惊讶的是所有患者的病情都得到了改善。在最初的研究之后，研究人员进行了多项对比试验，证明了该药物的临床获益——尤其是在快速起效和良好耐受性方面获益明显。沙利度胺最终于1998年被批准用于治疗麻风病。

哈佛医学院儿童医院（Children's Hospital at Harvard Medical School）犹大·福克曼（Judah Folkman）实验室的研究进一步表明，沙利度胺能有效抑制成纤维细胞生长因子2（fibroblast growth factor 2，FGF-2）诱导的血管生成，这也解释了其导致肢体缺陷毒性的可能机制[10]。然而，血管生成是肿瘤生长的标志之一，因此研究人员在1997年启动了一项试验[11]，以验证沙利度胺治疗多发性骨髓瘤的疗效。多发性骨髓瘤是一种血液系统癌症，常规化疗无法治愈。该试验最终的应答率为32%。事实上，早在1965年就已经开展了沙利度胺的第一次抗肿瘤临床试验。奥尔森（Olson）等[12]采用沙利度胺治疗了21名有各种类型晚期癌症的患者，但总体上该研究未观察到对肿瘤进展的抑制作用，但1/3的患者产生了主观缓解。尽管没有观察到肿瘤消退，但作者注意到两名患者之前快速进展的肿瘤的进展速度可能暂时得到减缓。有趣的是，其中1人患有多发性骨髓瘤。

1.2.2 化疗：氮芥类化合物

另一个老药新用的案例是癌症化疗（chemotherapy）疗法的建立。芥子气（mustard gas）是第一次世界大战中使用的最致命、最可恶的武器之一，造成了数十万人死亡。在暴露于芥子气士兵的医疗记录中，研究人员发现其血液成分发生了显著变化，尤其是白细胞明显减少[13]。受此启发，化学家米尔顿·温特尼茨（Milton Winternitz）与耶鲁大学（Yale University）的两位药理学家路易斯·古德曼（Louis Goodman）和阿尔弗雷德·吉尔曼（Alfred Gilman）开始开展合作，以研究化学毒剂对癌症治疗的潜在效果（图1.2）。尽管硫芥（S-lost）因挥发性过高而不能用于医疗用途，但其相应的氮衍生物氮芥（N-lost）却更易于给药。其盐酸盐在应用中明显更为安全，使用前用无菌生理盐水溶解即可很容易地制成注射溶液。在小鼠淋巴肉瘤模型中，研究人员观察到肿瘤快速消退，但作者指出所需的剂量与毒性水平接近，且肿瘤仍会复发[14]。第一位患者于1942年8月27日接受了氮芥的治疗，这一天也可被视为化疗的诞生日。J. D.（目前只知道该患者名字的首字母缩写）患有晚期非霍奇金淋巴瘤，已经接受了放疗，但肿瘤仍在扩散，情况非常严重[15]。因此，他自愿参加了这项探索性研究。事实上，每天注射该药物使病情得以扭转，肿瘤迅速消退，患者整体状况明显改善。不幸的是，疗效相对短暂，虽然第二轮治疗仍能缓解肿瘤复发，但第三轮治疗再也无法改善患者的病情，最终J. D.在首次给药后的第96天死亡。但其寿命可能已经得到了显著延长，这些结果促使研究人员开展了进一步的临床研究[16]。总体而言，尽管效果短暂、治疗窗窄，但研究人员已观察到其对霍奇金病或淋巴肉瘤患者的有益效果。研究人员在第二次世界大战期间就已经开展过初步的研究，但由于化学毒剂被列为调查对象，相关研究成果被视为机密信息，一直推迟到1946年才被公开。结果公开后引发了科学界的一阵兴奋，但其治疗效果持续时间有限和最终无法治愈癌症的现实导致人们改变了对该药物的看法，并在医学界引发了广泛的悲观情绪。由此产生的癌症不能通过化学药物治愈的观点持续了很多年。尽管如此，这些标志性的成果仍为化疗奠定了基础，研究人员陆续开发了苯丁酸氮芥（chlorambucil）、美法仑（melphalan）和环磷酰胺（cyclophosphamide）（图1.2）等其他烷化剂，这些药物耐受性更好，至今仍在临床使用。值得注意的是，这里需要纠正一个历史错误。第二次世界大战期间巴里（Bari）的一艘轮船被炸，导致船员暴露于芥子气中。人们通常认为这是芥子气抗肿瘤活性和化学疗法发现的开始，但这并不正确。尽管在受影响的士兵中也观察到严重的白细胞减少症，但德国对巴里港船只的空袭发生于1943年12月2日，即患者J. D.接受治疗一年多之后。化学疗法的开发是一个引人入胜的话题，其他文献也进行了详细的综述[17]。

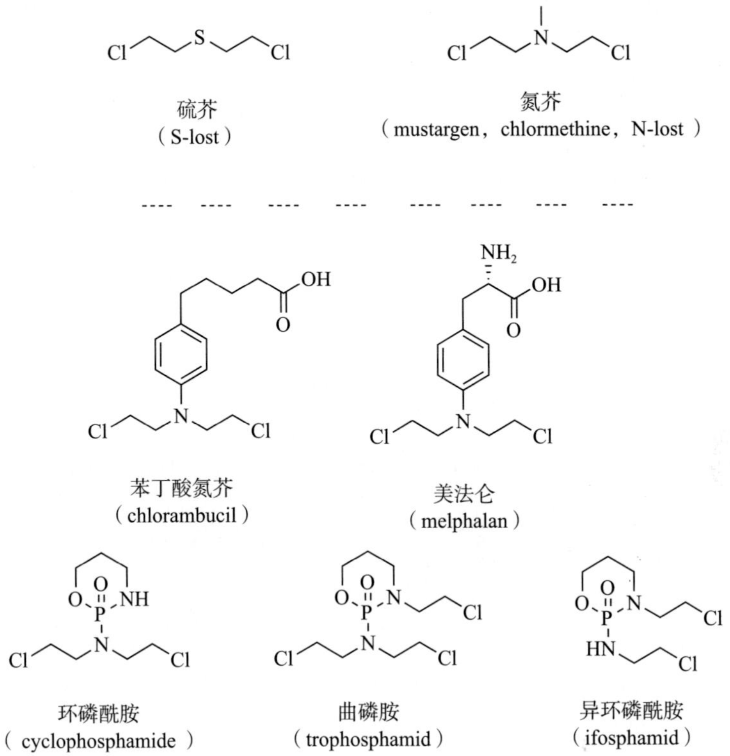

硫芥
（S-lost）

氮芥
（mustargen，chlormethine，N-lost）

苯丁酸氮芥
（chlorambucil）

美法仑
（melphalan）

环磷酰胺
（cyclophosphamide）

曲磷胺
（trophosphamid）

异环磷酰胺
（ifosphamid）

图1.2　**硫芥、氮芥及其他现代药物**

1.3 普瑞巴林

理查德·西尔弗曼（Richard Silverman）[18]及其同事发现的普瑞巴林（pregabalin）是学术界成功研发小分子药物的经典案例。γ-氨基丁酸（γ-aminobutyric acid，GABA）在早期被认为是大脑中一种重要的抑制性神经递质（图1.3）[19]。癫痫、阿尔茨海默病和帕金森病等多种疾病患者的GABA水平和*L*-谷氨酸脱羧酶（*L*-glutamic acid decarboxylase，GAD）活性降低，这一发现激发了研究人员研发可提高大脑中GABA水平药物的热情。相关研究策略包括开发GABA受体激动剂、GABA摄取抑制剂和4-氨基丁酸-氧代戊二酸氨基转移酶（4-aminobutyrate-oxo-glutarate aminotransferase）抑制剂。后者是GABA的关键分解代谢酶。1961年，研究人员报道了羟胺对γ-氨基丁酸氨基转移酶（γ-aminobutyric acid aminotransferase，GABA-AT）的抑制作用[20]，1966年报道了氨基氧乙酸对GABA-AT的抑制作用[21]。

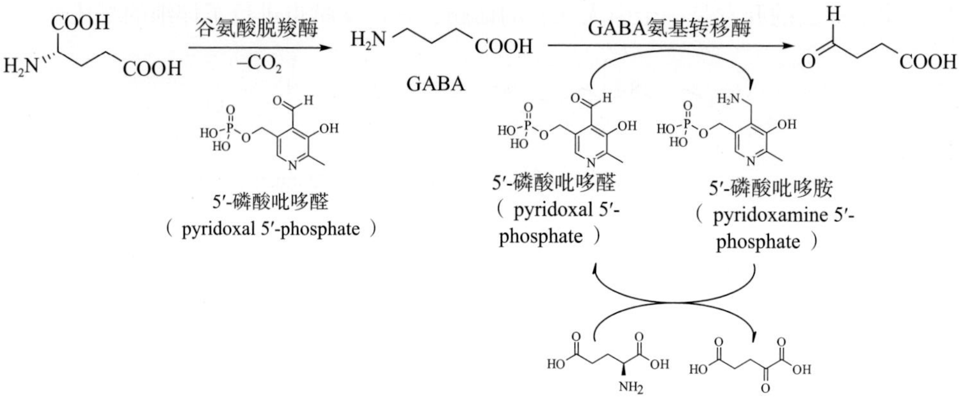

图1.3 GABA的合成与代谢通路

研究表明，当时已有的抑制剂选择性不足[22]，因此这种方法很可能不适合治疗人体癫痫。1976年，西尔弗曼在伊利诺伊州西北大学（Northwestern University）建立了自己的实验室，随后他对GABA-AT的生物学产生了兴趣，并着手开发其化学抑制剂。早在1980年他就发表了第一篇关于这一主题的文章[23]。虽然他最初努力的方向是优化不可逆抑制剂，但他未能克服这些化合物固有的非特异性。具体而言，这些化合物对GAD的抑制是主要问题。GAD催化兴奋性神经递质*L*-谷氨酸转化为抑制性神经递质GABA，抑制GAD会导致GABA浓度降低，这是研究者非常不希望看到的结果。

1988年，在格但斯克大学（Gdansk University）访学的博士后里斯扎德·安德鲁斯基维茨（Riszard Andruskiewicz）加入了西尔弗曼的实验室，从事3-取代GABA和谷氨酸类似物的合成和表征工作。他合成了一系列3-烷基-GABA衍生物（图1.4）、4-甲基GABA和两个对映体，以及7个谷氨酸衍生物。最有趣也令人有点意外的是，他最终发现所有的GABA类似物都是GAD的激活剂[24]。

当时（1989年）他们提交了一份发明专利申请，并与潜在的企业合作伙伴开展了洽谈，最终与普强（Upjohn）制药公司和帕克-戴维斯（Parke-Davis）制药公司开展了合作。然而，活性最强的化合物（*R*）3-甲基-GABA并没有表现出令人信服的抗惊厥活性。此时专注于剖析“最优”化合物的普强制药公司结束了与他们的合作，而帕克-戴维斯的科学家测试了所有衍生物，发现其中一个异丁基衍生物具有非常优异的药理作用。这有些令人意外，因为该化合物激活GAD的活性明显弱于相应的甲基衍生物（*R/S*）-甲基-GABA（浓度为2.5 mmol/L时对GAD的活性为239%，而外消旋异丁基类似物的活性为143%）[24]。在合成两个异丁基对映体后，他们得以确认化合物（*S*)-3-异丁基-GABA是抗惊厥活性最显著的化合物之一，后来将其命名为普瑞巴林。几年后，帕克-戴维斯的科学家证明了普

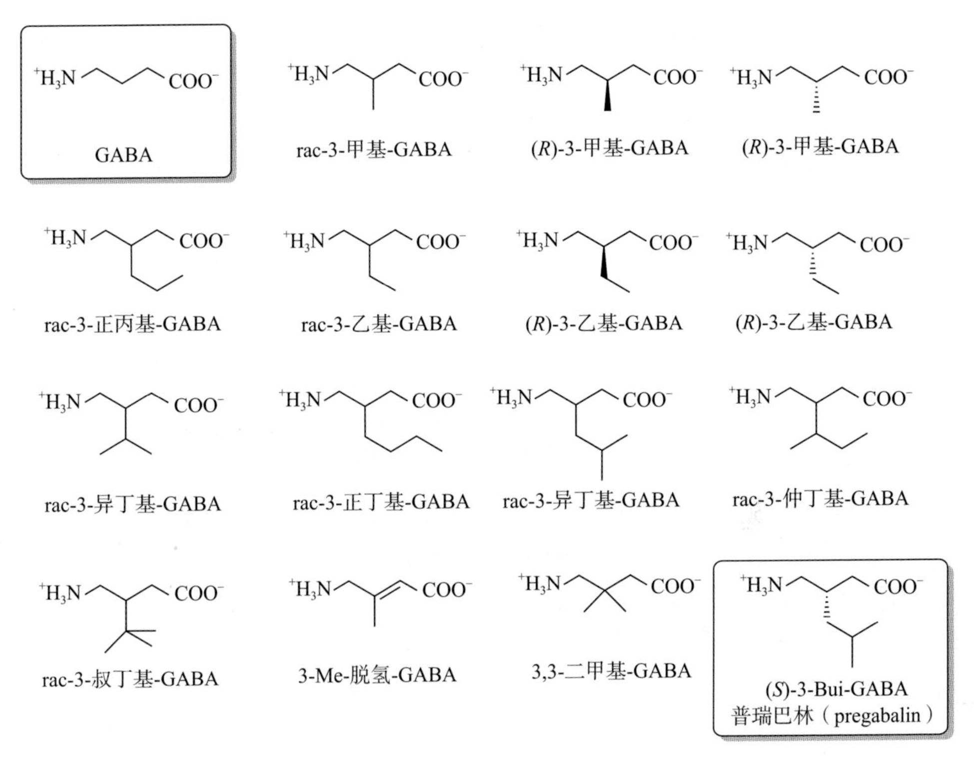

图1.4　**由安德鲁斯基维茨和西尔弗曼合成的GABA类似物**

瑞巴林会与钙离子通道结合，进而诱导钙离子流入神经元。这反而会抑制兴奋性神经元分泌谷氨酸和P物质。此前认为普瑞巴林的药理作用是通过激活GAD来介导的，而事实并非如此。不过抑制谷氨酸分泌确实会产生相似的药理作用。此外，与其他相关衍生物相比，普瑞巴林的活性更强，可以解释为普瑞巴林是系统L转运体（system L transporter）的底物，能够主动被摄取进入大脑[25]。其他化合物，如GABA，并不是这种转运体的底物，因此其穿透血脑屏障的能力非常有限。

有趣的是，实际上只合成了16个化合物即成功发现了1个候选药物。当然，西尔弗曼实验室合成并表征了更多的化合物，而且该药物的开发又经历了15年的时间，直到2004年12月普瑞巴林（Lyrica™）才最终获得FDA的批准。但在项目早期就已经获得最终分子是比较罕见的案例。最初假设的优化原理最终在各个方面都是不正确的，但通过仔细的药理学测试最终确定了普瑞巴林。该案例强调了对意外发现保持开放态度，以及对采取的优化目标和目标值甚至整个优化策略保持灵活性的必要性。

作为与西尔弗曼和格但斯克大学交易的一部分，辉瑞（Pfizer）公司（后来收购了帕克-戴维斯和普强）同意向该大学支付全球销售额的4.5%作为权益费，同时向西尔弗曼及其同事安德鲁斯基维茨支付全球销售额的1.5%作为权益费。随着普瑞巴林成为真正的“重磅炸弹”分子，格但斯克大学获得了约14亿美元的权益费。

关于学术界药物发现的话题，西尔弗曼在2016年写道，“学术科学家不应受到保持产品可行性要求的限制；因此他们不需要走捷径，可以去探索发散性的观察结果，这可能导致新的发现。正因如此，需要在所有可能获得对社会有价值的新产品的研发领域鼓励学术发明；而工业界应为这些产品的开发提供资金协助”[18]。

1.4 基于天然产物的药物发现

学术界对药物发现的另一个重要贡献是提供特定研究领域和技术的专业知识。这些知识是其学术团队在整个学术生涯中积累所得的，可能代表了对特定问题长期寻求的解决方案，而这些问题可能阻碍了化合物的上市或临床试验。这一点在天然产物研究领域具有特别的价值，因为天然产物的结构非常复杂。从植物、细菌或海洋生物中分离出的化合物是潜在药物的丰富来源，但鉴别活性化合物并开展进一步的探索可能需要特定的技能，如分离、结构解析和合成等。

对天然产物进行生物活性筛选，为临床候选药物的化学优化甚至为发现拯救生命的药物提供了多方面的起点[26]。学术机构发现药物的几个重要案例如图1.5所示。

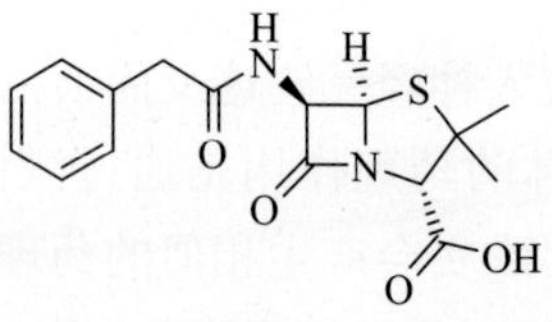

青霉素G
（penicillin G）

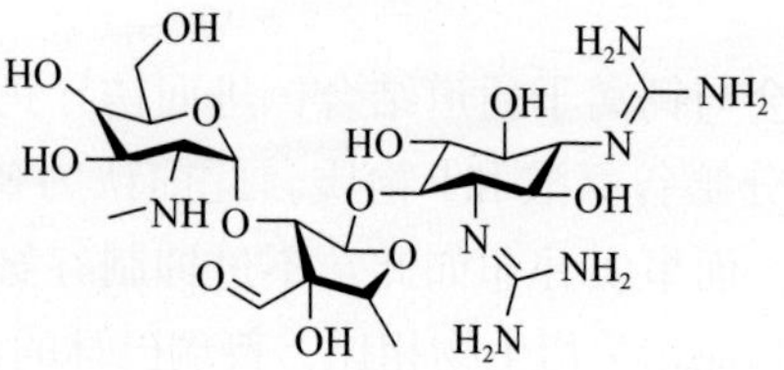

链霉素
（streptomycin）

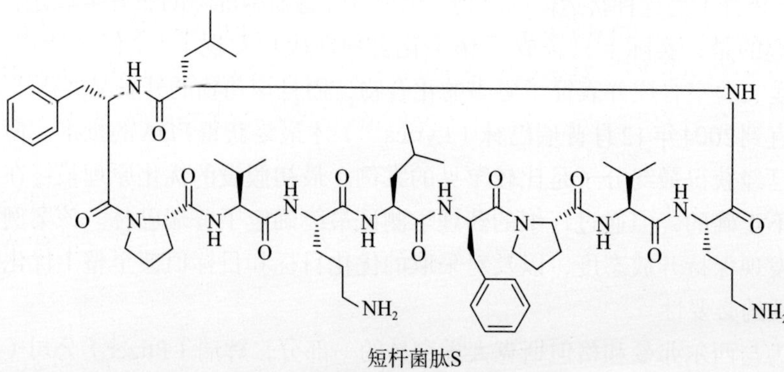

短杆菌肽S
（gramicidin S）

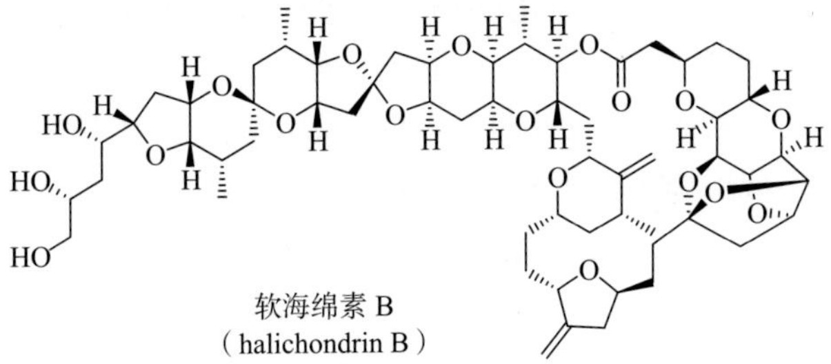

软海绵素 B
（halichondrin B）

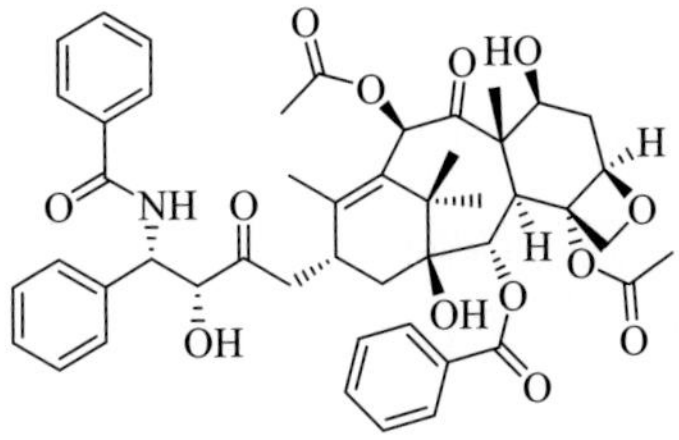

紫杉醇
（paclitaxel）

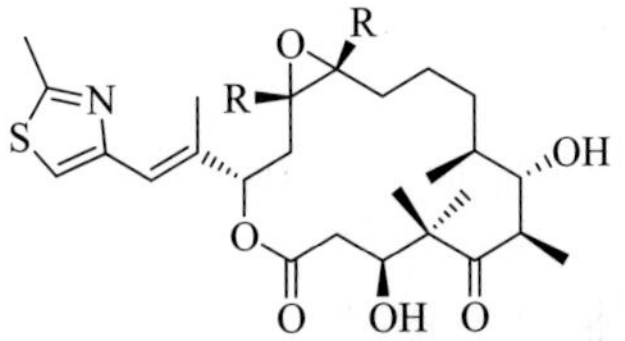

埃博霉素 A (R = H) 和B (R = CH_3)
[epothilones A (R = H)，B (R = CH_3)]

图1.5　**从天然资源中分离出的先导化合物**

1.4.1　抗生素

在学术界发现的药物中，抗生素占据突出地位。青霉素（青霉素G，penicillin G）是天然产物研究中最具影响力的发现之一，拯救了数百万人的生命。1928年9月28日，伦敦大学（University of London）的亚历山大·弗莱明（Alexander Fleming）发现一个细菌培养皿被霉菌污染，但霉菌周围的细菌都被杀死了。他推测霉菌产生了一种抗生素物质。他于1929年发表了这一研究成果[27]，但这篇文章和一些后续工作并没有受到太多关注。这种化合物很难分离，直至1942年才获批上市[28]。时至今日，青霉素仍在世界卫生组织（World Health Organization，WHO）基本药物目录中。1945年，弗莱明、霍华德·弗洛里（Howard Florey）和恩斯特·伯利斯·柴恩（Ernst Boris Chain）共同获得了诺贝尔生理学或医学奖。弗莱明对他的科学发现进行了精彩的描述，提醒我们机遇是科学工作的重要组成部分——科学家当然不能完全依赖机遇，但应该为发现并实现机遇做好准备。

“一个人有时会发现自己并未在寻找什么。当我在1928年9月28日黎明醒来时，我当然没有计划通过发现世界上第一个抗生素或细菌杀手来彻底改变医学界，但我想这正是我所做的[29]。”

链霉素（streptomycin）是WHO基本药物清单中的另一种抗生素，是由罗格斯大学（Rutgers University）塞尔曼·A. 瓦克斯曼（Selman A. Waksman）实验室的博士生艾伯特·沙茨（Albert Schatz）于1943年首次分离获得的，该研究成果于1944年1月1日发表[30]，该化合物很快进入临床研究。瓦克斯曼还发现了其他几种重要的抗生素天然产物，其中包括放线菌素（actinomycin）和新霉素（neomycin）。他因“发现了第一种对结核病有效的抗生素链霉素”而独享了1952年的诺贝尔生理学或医学奖。然而，其他贡献者尤其是沙茨的作用是否被低估了，一直备受争议[31]。

短杆菌肽S（gramicidin S）是由苏联微生物学家格奥尔基·弗朗茨维奇·高斯（Georgyi Frantsevitch Gause）和他的妻子于1942年发现的[32]，并于1943年被用来治疗二战中受伤的苏联士兵。短杆菌肽S是由短杆菌（*Brevibacillus brevis*）产生的，由两个相同的五聚体组成，通过偶联形成环状十肽。

1.4.2 抗肿瘤药物

1.4.2.1 喜树碱

1952年，美国国家癌症咨询委员会讨论了化疗治愈癌症的前景并得出结论：现有的知识不足以支持为发现癌症化疗药物而成立一个特定的资助项目。然而，1955年美国国会批准成立了癌症化疗国家服务中心（Cancer Chemotherapy National Service Center，CCNSC）[33]，并批准500万美元的相关预算用于癌症研究。其中420万美元专门用于支持特定的研究计划，80万美元用于新化合物的发现和测试。由此成立了专门的分析实验室，并构建了大规模的化合物库。这一努力在1960年得到更有力的推进，当时美国国家癌症研究所（National Cancer Institute，NCI）与美国农业部（US Department of Agriculture，USDA）合作收集植物和动物样本以寻找具有潜在抗癌活性的天然产物。事实证明这一联盟的研究非常有成效，1960～1981年共筛选了30 000个化合物，并鉴定了许多具有药学意义的结构。北卡罗来纳州新成立的三角研究园（Research Triangle Park）的一个参与该项目的分析实验室中，化学家门罗·艾略特·沃尔（Monroe Elliot Wall）和曼苏克·C. 瓦尼（Mansukh C. Wani）报道了一种名为喜树碱（camptothecin）的天然产物的结构和活性（图1.6）[34]。

喜树碱是从中国喜树（*Camptotheca*）的树皮和茎中分离获得的，于1971年由斯托克（Stork）和舒尔茨（Schultz）（康奈尔大学，Cornell University）首次通过全合成进行化学衍生化[35]；随后丹尼谢夫斯基（Danishefsky）实验室（匹兹堡大学，University of Pittsburgh）[36]和温特费尔特（Winterfeldt）实验室（汉诺威大学，University of Hanover）完成了其全合成研究[37]。喜树碱是拓扑异构酶Ⅰ（topoisomerase Ⅰ）抑制剂，通过与拓扑异构酶-DNA共价复合物结合而发挥作用[38]。该药物对处于有丝分裂S期的细胞具有较大的毒性。尽管喜树碱本身毒性过大不能用作患者的化疗药物，但其是获批药物拓扑替康（topotecan，Hycamtin™，

1996年获批用于治疗卵巢癌，2006年获批用于治疗宫颈癌，2007年获批用于治疗小细胞肺癌）和伊立替康（irinotecan，Camptosar™，1996年获批用于治疗结肠癌和小细胞肺癌，是拓扑替康的前药）的重要先导化合物（图1.6）。这两种衍生物都是通过半合成制备的。

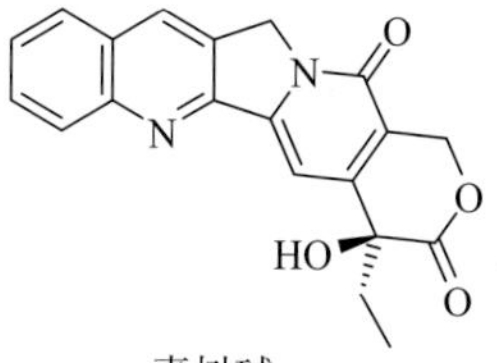

喜树碱
（camptothecin）

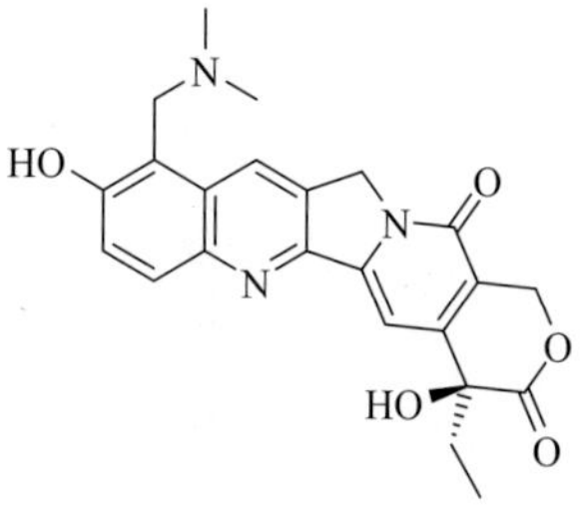

拓扑替康
（topotecan）

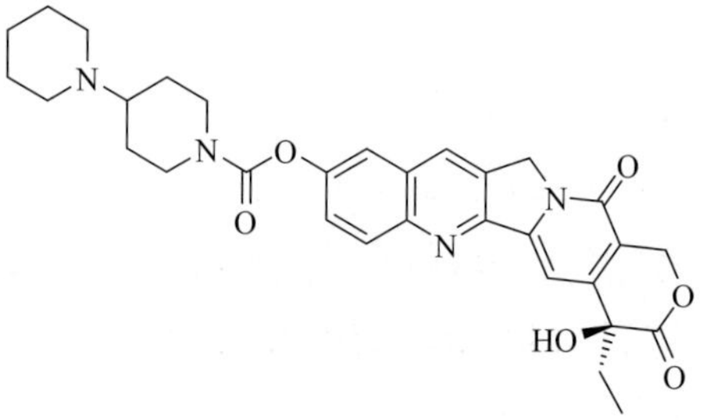

伊立替康
（irinotecan）

图1.6 喜树碱及其获批的衍生物

1.4.2.2 紫杉醇

紫杉醇（Taxol，图1.7）的发现是NCI和USDA合作的另一个成功案例。1962年，美国农业部植物学家亚瑟·巴克利（Arthur Barclay）在华盛顿州的吉福德·平肖（Gifford Pinchot）国家森林公园远足，为化合物筛选项目收集样本。他在几个月内收集了200多份样本，并选择了太平洋红豆杉的针叶、嫩枝和树皮进行进一步研究。事实证明这是抗癌药物发现的一个重要时刻。

两年后，北卡罗来纳州三角研究园的沃尔（Wall）和瓦尼（Wani）发现，从收集的树皮中获得的提取物具有很好的抗白血病和肿瘤抑制活性[39]。然而，提取物从干燥树皮中的分离产率仅为0.02%。他们联系了美国农业部并要求提供更多材料以开展进一步的研究。1964年9月，巴克利回到吉福德·平肖国家森林公园又重新采集了30磅红豆杉树皮。

长期以来，研究人员熟知红豆杉本身就具有毒性。红豆杉树的几乎任何部位都具有毒性，而种子周围的红色杯状物尤其危险。据估计，红豆杉针叶的成人致死剂量约为50 g。毒性作用是由所含的紫杉碱类生物碱［主要为紫杉碱B （taxine B）］引起的，此类生物碱会导致心源性休克[40]。这些心脏效应与紫杉醇的主要作用机制不同，可归因于与离子通道的结合。引起毒性的主要成分似乎是紫杉碱B（图1.7）。其结构与紫杉醇相似，含有一个环外亚甲基和一个二甲氨基，但不含氧杂环丁烷和苯甲酰胺结构。然而，也有关于紫杉醇心脏毒副作用的报道。

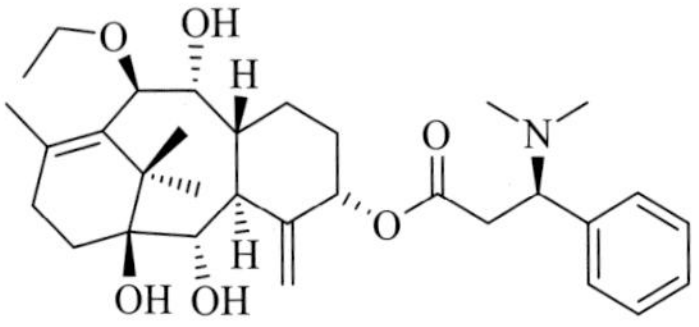

紫杉碱B
（taxine B）

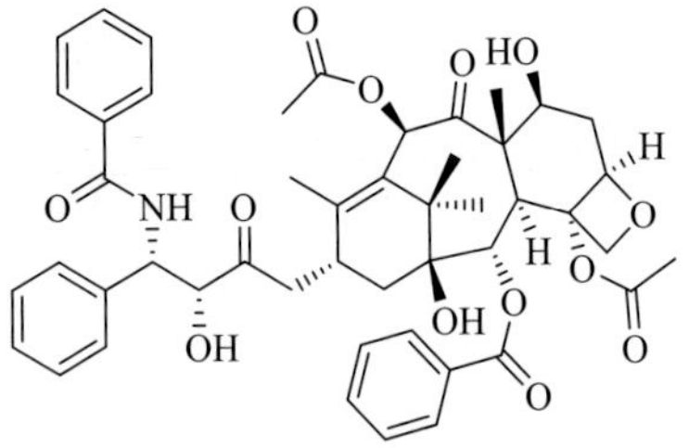

紫杉醇
（paclitaxel，Taxol™）

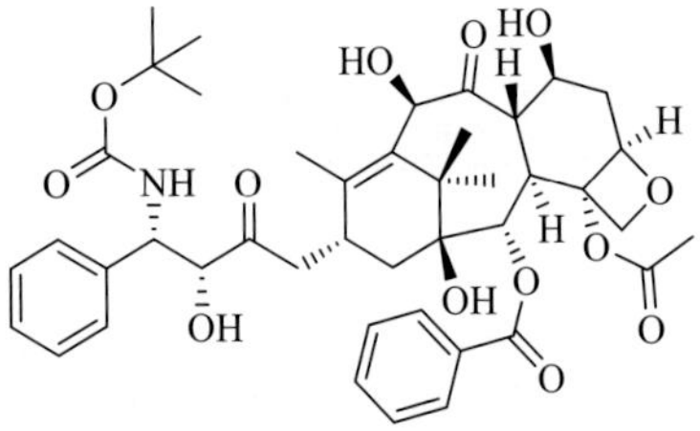

多西他赛
（docetaxel）

图1.7 紫杉醇及其衍生物

紫杉醇确实对各种肿瘤细胞模型显示出有趣的活性，并且在不同的白血病模型中表现出中等活性。此外，其在水溶性介质中的溶解度非常低。由于其可获得性非常有限，研究人员起初对该化合物的总体兴趣很低。20世纪70年代初，在NCI引入新的体内测试模型后，这一情况很快发生了改变，研究人员发现紫杉醇在黑色素瘤小鼠模型中具有很强的活性。紫杉醇优秀的药理活性最终使其在1977年被提名为候选药物，随后研究人员对其开展了进一步的研究。

同年，NCI联系了苏珊·班德·霍维茨（Susan Band Horwitz）（叶史瓦大学，阿尔伯特·爱因斯坦医学院，Albert Einstein College of Medicine，Yeshiva University），并委托她探索紫杉醇的作用机制[41]。霍维茨初步开展了一些试验，发现紫杉醇具有诱导有丝分裂停滞的能力，即使在纳摩尔浓度下也能阻止海拉（HeLa）细胞的复制。此外，她还发现紫杉醇处理过的细胞内部会充满稳定的微管束。在之后的研究中，她确定紫杉醇能有效地稳定微管，进而阻止细胞分裂[42]。这种新的作用机制引起了研究人员对紫杉醇的极大兴趣，但获得该化合物的途径非常有限。据估计，3000棵树的树皮才能分离出1 kg紫杉醇。考虑到剥去树皮后红豆杉树将死亡，且太平洋红豆杉生长缓慢，紫杉醇的开发过程一度放缓。

碳骨架和取代模式极具特色的复杂性，以及对树皮以外的其他来源的明显需求，促使许多学术机构开始寻求紫杉醇的全合成方法。1971年，瓦尼（Wani）[39]通过核磁共振（nuclear magnetic resonance，NMR）波谱阐明了紫杉醇的结构，霍尔顿（Holton）[43]和尼克劳（Nicolaou）[44]首次报道了两种成功全合成紫杉醇的方法。这种具有挑战性的分子也激发了整个天然产物领域科学家的兴趣。丹尼舍夫斯基[45]、文德尔（Wender）[46]、桑岛（Kuwajima）[47]、向山（Mukaiyama）[48]和高桥（Takahashi）[49]等也陆续报道了其他优化的合成方法。然而，所开发合成方法的复杂性还是限制了其实际应用。

第一批用于临床前和临床研究的药物仍然是从红豆杉中提取得到的。紫杉醇最终于1984年进入治疗卵巢癌的Ⅰ期和Ⅱ期临床试验，临床试验于1985年正式启动。但由于化合物供应有限，临床研究被再次延迟。首次试验结果由威廉·麦圭尔（William McGuire）（纽约，约翰·霍普金斯中心，John Hopkins Center，New York）发表[50]。据报道，紫杉醇对既往治疗无应答的女性癌症患者的初始应答率为30%。1987年，NCI估计需要采集6万磅树皮才能满足Ⅱ期临床研究的需求，1989年还需要额外6万磅树皮。不断增长的化合物需求使进一步开展临床研究变得不可能。此外，对环境影响的担忧也引发了公众讨论[51]。冒着物种灭绝的风险来支持即便最终成功也可能只会拯救一部分人生命的临床试验是否合适？

此前6500磅的树皮足以支持10年的研究，1962～1966年只需要2000磅树皮就可以提供所需数量的紫杉醇。在发现该化合物27年后的1989年，仍没有合适的途径来获得更大规模的化合物，也没有申请保护该化合物的专利，这些都是亟待解决的问题。NCI最终决定将该项目转让给制药公司以解决后续的开发和商业化问题。因为研究成本高昂，且业界普遍预期开发出有效药物的机会渺茫，当时并没有太多公司对癌症化疗感兴趣。此外，1988年化疗药物仅占全球药物市场份额的不到3%，而心血管药物则超过17%。因此，只有四家公司提出申请。1991年，NCI最终决定根据合作研发协议将开发权转让给百时美施贵宝公司（Bristol Myers Squibb，BMS）。授予BMS的合同条款非常优惠，BMS不仅获得了紫杉醇的市场独占权（非专利），还获得了孤儿药地位，有权使用所有NCI获得的临床数据申请卵巢癌及其他适应证，并与土地管理局和林业局签订了单独的协议，对从公共土地上种植的红豆杉获得的所有产品享有优先购买权[52]。这种独占权引发了一场公开争论，即将公共土地上的植物垄断权授予私营企业，以及对基于公共资助获得数据开发的新抗癌药物给予排他性是否合适。此外，研究人员担心红豆杉可能会被采伐到灭绝的地步，因此于1992年通过了《太平洋红豆杉法案》，该法案对红豆杉的采伐进行了规范，以确保对剩余的太平洋红豆杉资源进行合理的管理，以便在未来仍能供应充足的紫杉醇。1992年，尽管已经使用了20多年，BMS最终获得了“Taxol”的商标，但BMS为该药物命名了新的通用名“paclitaxel”。

研究人员通过综合不同学术实验室的成果，最终解决了化合物供应不足的问题。格林（Greene）、波蒂埃（Potier）及其同事发现英国紫杉（*Taxus baccata*）的针叶中含有大量的（高达0.1%）10-脱乙酰基巴卡亭Ⅲ（10-deacetyl baccatin Ⅲ）。他们开发了一种选择性硅烷基化C-7羟基然后乙酰化C-10羟基的方法，可以得到光学纯的产物（图1.8）[53]。此外，佛罗里达州立大学（Florida State University）的霍尔顿（Holton）开发了一种高效打开β-内酰胺环的方法，他为该工艺申请了专利，并授权给BMS。BMS因此向佛罗里达州立大学支付了超过4亿美元的特许权使用费。

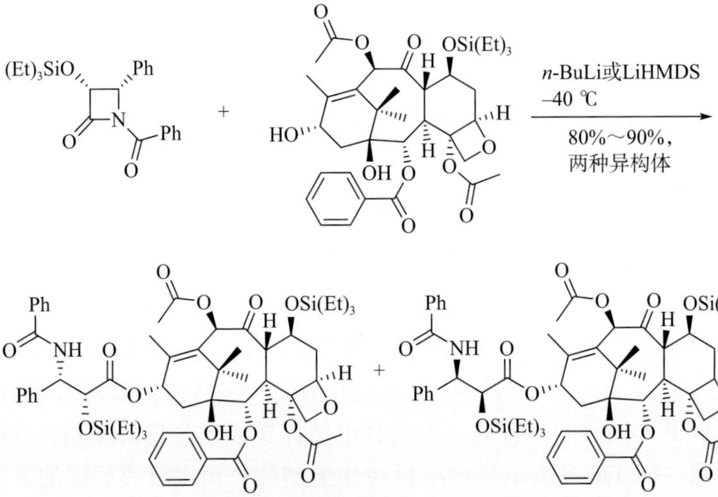

$(Et)_3SiO$ Ph O N Ph O + O O O $OSi(Et)_3$ H H HO OH O H O O O O O n-BuLi或LiHMDS −40 ℃ 80%~90%，两种异构体

Ph O NH O Ph O $OSi(Et)_3$ O O O $OSi(Et)_3$ H H OH O H O O O O + Ph O NH O Ph O $OSi(Et)_3$ O O O $OSi(Et)_3$ H H OH O H O O O O

图1.8 紫杉醇的半合成方法[53]

如今，紫杉醇已成为一种经过广泛研究的癌症治疗药物，2020年3月1日，美国临床试验数据库（clinicaltrials.gov）中共有3875项关于紫杉醇的研究。该药物在美国获批用于治疗乳腺癌、胰腺癌、卵巢癌、卡波西肉瘤和非小细胞肺癌。

紫杉醇的一个局限性是其水溶性非常差，低于0.01 mg/mL。临床使用的静脉注射剂由1∶1的聚氧乙烯蓖麻油（Cremophor EL）和乙醇混合溶液组成，使用时用葡萄糖溶液或生理盐水稀释[54]。制剂必须使用的高浓度聚氧乙烯蓖麻油并不是应用于人体的理想载体，会产生超敏反应，改变内皮细胞和心肌功能，诱发一些其他副作用。

1992年，化学工程师尼尔·德赛（Neil Desai）和外科医生兼企业家黄馨祥（Patrick Soon Shiong）在NCI组织的一次紫杉醇学术会议上会面，他们推测应该有可能开发出一种耐受性更好的制剂。经过大量优化工作，他们发现紫杉醇与白蛋白结合并制成纳米制剂是一种更安全的替代品，可显著改善紫杉醇的可操作性、溶解性和减少副作用。

这种白蛋白紫杉醇（Abraxane™）可将紫杉醇剂量提高约50%，并且仍然具有更好的耐受性。临床研究显示，随着耐受性的提高，应答率也有所提高[55]。这种创新可看作一种渐进式的创新，特定的方法可以帮助已有治疗方式发挥更大的潜力。研发白蛋白紫杉醇的阿博瑞斯（Abraxis）是一家旨在推动新制剂开发的公司，于2010年以29亿美元的价格被新基（Celgene）制药收购。

个体研究人员的不同贡献对一种药物的总体成功影响巨大，紫杉醇就是一个完美的案例。大量的科学家解决了该药物的分离、结构解析、构效关系（structure-activity relationship，SAR）、获取途径和制剂等方面的困难，贡献了大量的专业经验，最终使紫杉醇成为多种癌症的重要治疗选择。

1.4.2.3　埃博霉素

另一个相关的案例是埃博霉素（epothilone）的研究工作（图1.9）。埃博霉素最初是由位于不伦瑞克的德国联邦研究中心生物技术研究学会（German Federal Research Center Gesellschaft für Biotechnologische Forschung，GBF）的霍夫勒（Hofle）等[56]从纤维堆囊菌（*Sorangium cellulosum*）中分离得到的。该大环内酯类化合物因结构和生物学特性而引起研究人员的广泛关注。

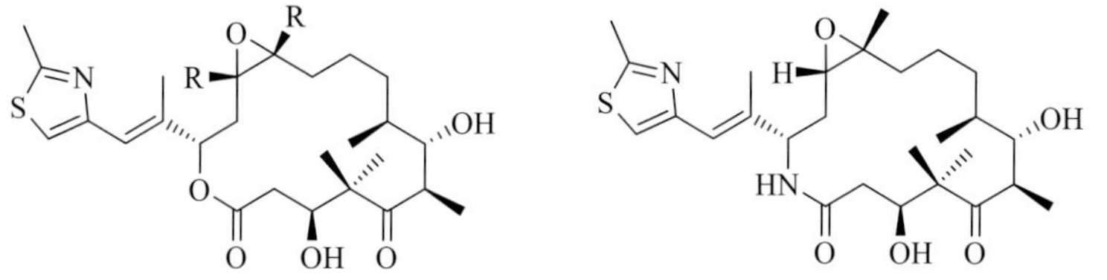

埃博霉素 A (R = H) 和B (R = CH_3)
[epothilones A (R = H) , B (R = CH_3)]

伊沙匹隆
(ixabepilone)

图1.9　埃博霉素及其衍生物

埃博霉素的16元、高度官能团化的环状骨架激发了许多学术机构的创造力，并推动了新颖的高效合成方法的开发，如用于构建埃博霉素环状骨架的闭环复分解反应。其中，塞缪尔·丹尼舍夫斯基（Samuel Danishefsky）[57]、K. C. 尼克劳（K. C. Nicolaou）[58]、阿洛伊斯·弗斯特纳（Alois Fürstner）[59]、迪特尔·辛泽（Dieter Schinzer）[60]、埃里克·卡雷拉（Eric Carreira）[61]和约翰·穆尔泽（Johann Mulzer）[62]等著名专家报道的多种全合成研究尤其值得关注。几家公司受到核心结构合成可及性的鼓舞，陆续开始从事先导化合物的优化工作。其中一种衍生物伊沙匹隆（图1.9）由BMS[63]开发，并于2007年获得FDA批准用于治疗晚期或转移性乳腺癌。

1.4.2.4 艾日布林

虽然全合成方法不是生产埃博霉素和紫杉醇衍生物的可行途径，但却是开发另一种微管稳定剂的关键方法。1986年，平田（Hirata）和植村（Uemura）从海绵（*Halichondria okadai*）[64]中分离出一类新型天然产物。此类化合物由几个氧化状态不同的家族成员组成，并表现出显著的结构复杂性，被命名为软海绵素（halichondrin）。软海绵素B（halichondrin B）（图1.10）具有惊人的32个立体中心，并对60种人源肿瘤细胞系显示出优异的细胞毒性（这些细胞系当时是由NCI建立的，因此被称为NCI-60）。更重要的是，软海绵素B在体内肿瘤模型中表现出优异的活性。然而，尽管可在*Axinella*、*Phakellia*和*Lissodendoryx*家族的少数海绵中检测到软海绵素B的存在，但其含量却极为有限，只能从采集的海绵中获得极少量的化合物。由于该化合物具有很高的效价，经估算仅需10 g就足以满足临床开发，而未来的商业化需求为1～5 kg。但天然来源的软海绵素B还是非常有限，据估计当时提取1吨采集的*Lissodendoryx* n.sp.1仅能获得300 mg的软海绵素B，而且研究人员发现*Lissodendoryx* n.sp.1仅生长在新西兰海岸以南约5平方千米区域内的80～100米深处。而根据1993年的研究估算，*Lissodendoryx* n.sp.1的总可利用生物量仅为（289±90）吨[65]。哈佛大学（Harvard University）的岸义人（Yoshoito Kishi）对软海绵素B的独特结构产生了兴趣，并着手开发其合成路线。实际上其最主要的动机并不是药物的抗癌特性，而是在复杂的真实案例中证明Nozaki-Hiyama-Kishi反应的实用性。这是一个巨大的挑战，但岸义人及其同事还是于1992年首次成功完成了全合成，总计包含128步反应[66]。同年，NCI对软海绵素B开展临床前测试。卫材（Eisai）公司决定引进岸义人实验室软海绵素B合成专利，并发起了一项非常独特且富有成果的合作，在该合作中岸义人实验室向卫材的研究人员提供高级中间体。这一共同努力最终确定了几种类似物，并探明了骨架结构的构效关系。在探索过程中研究人员发现，软海绵素B的抗癌活性可能与分子的右侧结构相关，从而可以显著简化分子结构，相关研究最终发现了E7389，即后来的艾日布林（Eribulin）（图1.10）。已有文献详细综述了艾日布林的构效关系和相关合成挑战[67]。通过全合成获得的化合物对于启动临床试验是至关重要的。艾日布林的临床前数据令人非常信服，但由于内部原因卫材当时无法继续研究该化合物，因此决定通过NCI资助的Ⅰ期临床试验探索该化合物的作用。最终试验结果非常理想，因此卫材决定进一步资助其临床试验[68]。仅在提交申请的8个月后，艾日布林便于2010年11月获得FDA的批准。如今，艾日布林已在50个国家用于晚期转移性乳腺癌的治疗。该药物也成为第一个可提高多线治疗失败的转移性乳腺癌女性患者生存率的药物。

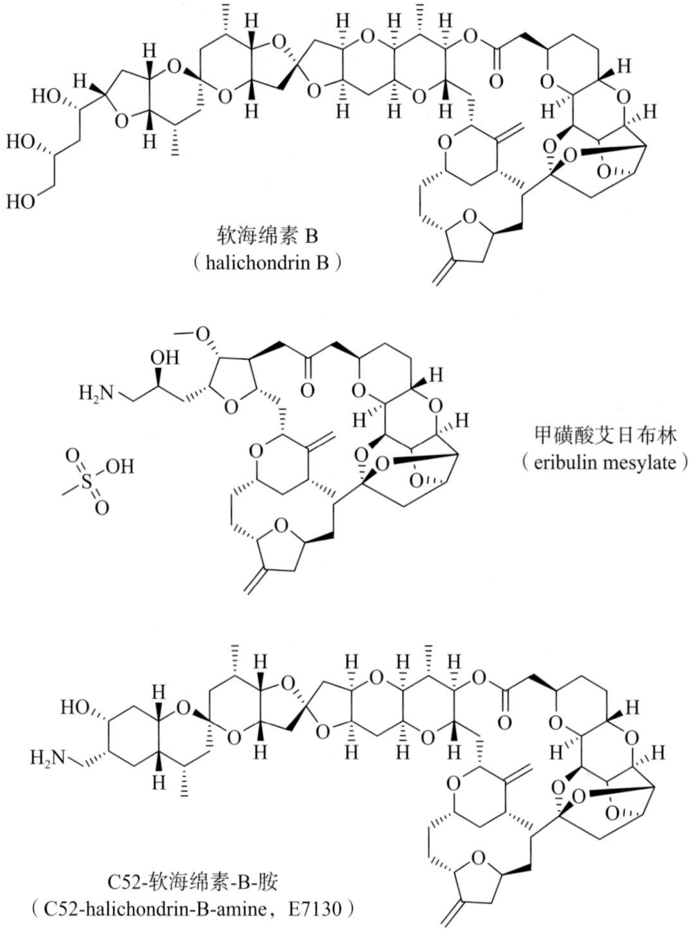

软海绵素 B
（halichondrin B）

甲磺酸艾日布林
（eribulin mesylate）

C52-软海绵素-B-胺
（C52-halichondrin-B-amine，E7130）

图1.10　软海绵素B、甲磺酸艾日布林和E7130的结构

尽管已经对软海绵素B的结构进行了明显的简化，但艾日布林仍然包含19个立体中心，是通过有机合成获得的结构最复杂的化合物之一。岸义人团队[69]和卫材工艺开发团队[70]通过全面的优化显著改进了艾日布林的合成工艺。虽然目前可通过62步反应获得艾日布林，但该药物仍然是迄今为止合成技术最复杂的上市药物。然而，这一纪录有可能被打破，因为岸义人团队最近报告了一种更为复杂的候选药物合成工作，该候选药物被称为E7130（图1.10），最初的合成路线总共需要109步。但他们设法将合成优化至“仅”92步，且产率显著提高，并获得了惊人的11 g产物[71]。E7130目前正处于临床试验阶段，最终可能成为下一个艾日布林。

1.4.3 青蒿素和蒿甲醚

另一个应用专业知识解决棘手问题的案例是彼得·西伯格（Peter Seeberger）及其同事[72]开发青蒿素（artemisinin）流动合成工艺的案例（图1.11）。青蒿素的发现本身就是一件激动人心的事，研究人员已经综述过多次[73]。疟疾是一种会给人类造成重大疾病负担的致死性疾病，而青蒿素是治疗疟疾的一种基本药物。据估计，每年有3亿儿童感染疟疾。这种锥虫病在发展中国家普遍存在，因此药物生产成本是一个值得考虑的重要问题。但青蒿素半衰期较短，需要相对较高的剂量才能治愈疾病。青蒿素分子骨架复杂，合成具有挑战性。这种倍半萜内过氧化物被认为过于复杂而无法通过全合成方法大量制备。

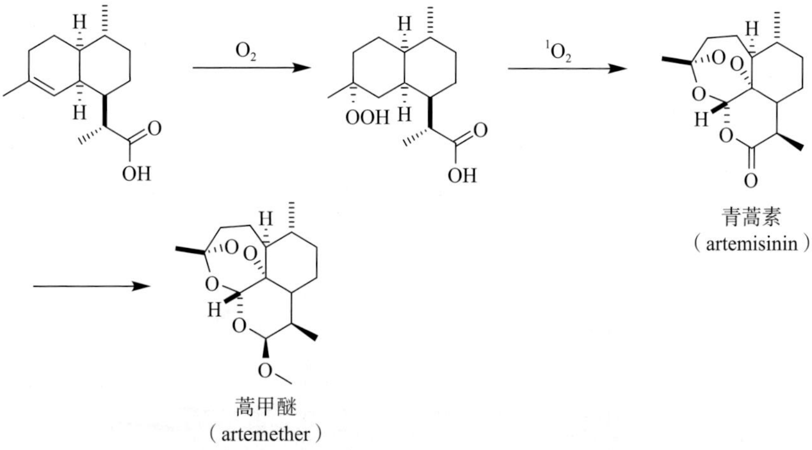

O_2

$^1O_2$

青蒿素（artemisinin）

蒿甲醚（artemether）

图1.11 疟疾治疗基本药物青蒿素和蒿甲醚的西伯格流动化学合成法[72]

西伯格小组利用流动化学知识设计并优化了结构相关药物蒿甲醚（artemether）[74]的流动合成工艺（图1.11），利用原位生成的单线态氧生成过氧化物，然后进行霍克裂解（Hock cleavage）反应。该工艺涉及活化的二氢青蒿酸的光氧化，并且每批次的平均产量为370 kg[75]，虽然最终生产工艺并没有采用该流动化学工艺，但该方法在未来的应用中仍有很大潜力。这一令人印象深刻的案例证明，对生产工艺的再思考非常重要，简便的光化学可应用于化学工艺中，而利用连续工艺将大规模批量合成转化为稳定的小规模合成也可生产大量的原料药。

1.4.4 卡非佐米

卡非佐米（carfilzomib）的发现始于定期的文献检索。克雷格·克鲁斯（Craig Crews）（耶鲁大学）在寻找新项目时回顾了过去几期的《抗生素杂志》

（*Journal of Antibiotics*）。一种名为环氧酶素（epoxomicin）的抗生素（图1.12）[76]引起了他的注意。该化合物是从放线菌（*Actinomycete*）中分离获得的，对各种肿瘤细胞表现出良好的细胞毒活性，并对B16白血病模型显示出体内活性。其立体化学结构尚未确定，但含有暴露的环氧结构，这也是一种相当不寻常的结构特征。该分子实际上是由BMS的日本研究人员发现的，但由于尚不清楚其作用机制，且成药性非常差，最终BMS决定放弃该项目。克鲁斯并不打算启动一个药物发现项目，但他对将新兴的化学生物学技术应用于环氧酶素并揭示其作用模式产生了浓厚的兴趣。他首次完成了该分子的全合成，确定了之前未知的立体化学信息[77]。他利用环氧酶素的生物素衍生物确定其靶点为蛋白酶体（proteasome）[78]。蛋白酶体是一种分子量约1700 kDa的蛋白复合物，存在于所有真核细胞、古细菌及一些原核生物中，负责降解错误折叠的蛋白。关闭蛋白酶体将显著干扰正常细胞生理过程，并会迅速杀死细胞。而高复制率的细胞会更加依赖蛋白酶体的功能，从而为治疗癌症提供了机会。文献[79]中已报道了几种天然和人工合成的蛋白酶体抑制剂，但这些化合物结构中通常包含非常活泼的"弹头部分"，导致化合物的选择性不足。克鲁斯证明，与其他带有反应性"弹头部分"的化合物相比，环氧酶素可选择性地抑制蛋白酶体。随后他与德国马克斯·普朗克生物化学研究所（Max Planck Institute for Biochemistry）的诺贝尔奖获得者罗伯特·胡贝尔（Robert Huber）展开合作，解析了蛋白酶体与环氧酶素复合物的晶体结构[80]。他们发现，环氧酶素会与20S蛋白酶体的N端苏氨酸残基发生反应（图1.12），20S蛋白酶体的亲核羟基首先进攻环氧酶素的酮羰基，接着末端氨基与环氧基团发生开环反应形成稳定的吗啉环。这一特异性非常显著，促使克鲁斯及其同事开展了对环氧酶素的进一步改造和衍生化。

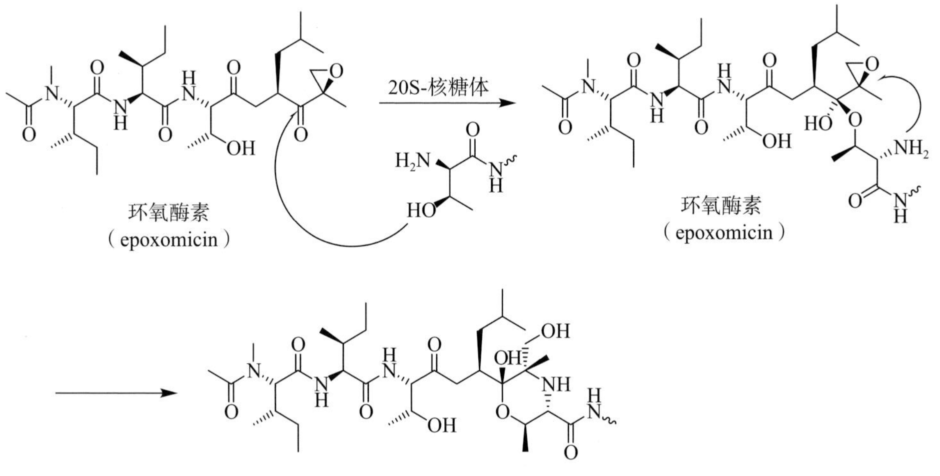

20S-核糖体

环氧酶素
（epoxomicin）

环氧酶素
（epoxomicin）

图1.12 环氧酶素与20S蛋白酶体的结合模式[76]

他们首先系统地改变四肽的位置，然后将优化后的残基组合到一个分子中。经过几轮优化后得到了一个编号为YU-101的化合物（图1.13）[81]。与环氧酶素和ProScript生物技术公司开发的环氧酶素二肽基硼酸衍生物硼替佐米（bortezomib，PS-341）相比，该化合物的活性显著增强。硼替佐米后来被千禧制药（Millennium）收购，并成功获得FDA批准（Velcade™），用于治疗多发性骨髓瘤和套细胞淋巴瘤。YU-101被授权给Proteolix公司，这是一家由克雷格·克鲁斯（Craig Crews）和雷蒙德·J.德赛（Raymond J.Deshaies）（加州理工学院，California Institute of Technology）创办的初创公司。Proteolix致力于发现靶向蛋白酶体的药物，该公司科学家对YU-101继续进行优化，最终研发出了卡非佐米。Proteolix于2009年被奥尼克斯（Onyx）制药公司以8.1亿美元收购。卡非佐米（Kyprolis™）（图1.13）于2012年7月获得FDA批准，用于治疗晚期多发性骨髓瘤，并于2015/2016年获批与地塞米松，或与来那度胺和地塞米松联用治疗难治性多发性黑色素瘤。

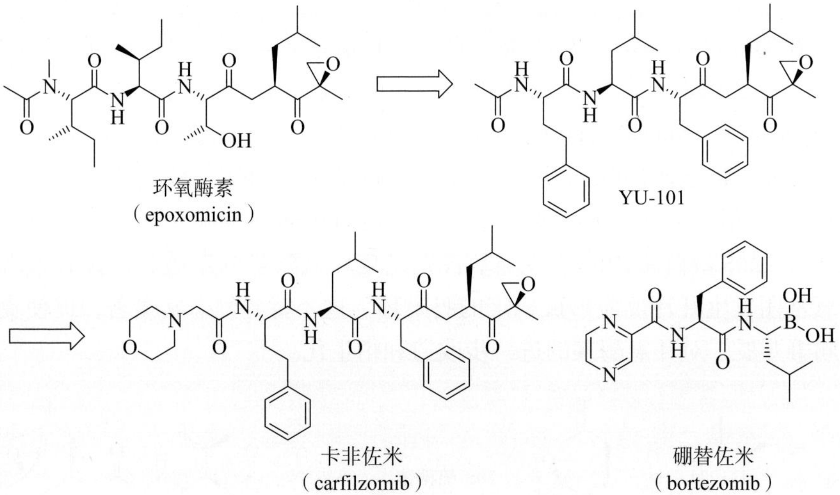

环氧酶素
（epoxomicin）

YU-101

卡非佐米
（carfilzomib）

硼替佐米
（bortezomib）

图1.13 从环氧酶素到卡非佐米

1.5 生物药物

1.5.1 胰岛素

学术机构对药物发现的贡献并不仅限于小分子药物。生物药物同样有着巨大的前景，并已取得了重大进展。最早的生物药物相关案例是胰岛素的发现[82]。本系列丛书已经介绍了为满足短效和长效需求而开展的胰岛素优化过程[83]。有趣的是，虽然这项工作是在著名药理学家约翰·麦克劳德（John Macleod）的实验室里开展的，但却是由一位无经验的学生弗雷德里克·格兰特·班廷（Frederick Grant Banting）启动的。

从第一次世界大战战场返回后，班廷于1920年秋天开始担任讲师。在准备一场关于胰腺的讲座时，近期发表的一篇文章引起了他的注意。文章中提到在阻塞、萎缩的胰腺中观察到了存活的胰岛细胞。他认为降解酶可能是胰腺分泌活性丧失的原因，而这些酶可能是在腺泡细胞中生成的。因此，他提出了一个设想，即通过结扎胰腺诱导其萎缩，则有可能选择性地破坏腺泡细胞，使之消耗降解酶，从而保留并提取分离出相应的降血糖活性成分。他热情地联系了糖尿病领域公认的权威麦克劳德。由于此前许多方法都未能分离出活性胰腺提取物，麦克劳德对这种方法的有效性表示怀疑。他还注意到班廷只掌握了有关糖尿病的教科书知识，并不熟悉该领域的最新文献，也没有成功开展复杂手术的实际经验。然而，在几次会面后麦克劳德同意为他提供一个在他的实验室进行实验的机会（无偿），并请他的一名学生助理查尔斯·H. 贝斯特（Charles H. Best）协助班廷开展提议的研究。他们于1921年5月17日开始试验工作，但事实很快证明班廷高估了自己的手术技巧，手术用犬很快就死亡了。然而，随后班廷和贝斯特组建了一个经验丰富的团队，他们在2.5个月内成功从犬的胰腺中分离出提取物，并治疗了另一只切除胰腺的犬，而这种提取物能够暂时降低犬的血糖水平。这一结果极大地鼓舞了整个团队，但从导管结扎的胰腺中获得提取物非常费力，产量非常有限。1921年8月，他们提出了利用胎牛胰腺获取提取物的想法，胎牛胰腺的腺泡细胞较少且可以向屠夫购买（腺泡细胞负责分泌消化酶，因此会破坏胰岛素——当时尚未发现这种机制），最终获得了成功。他们显著改善了提取工艺，改用乙醇提取胎牛胰腺。乙醇提取物比之前使用的盐水溶液更容易浓缩。1921年12月11日，他们决定在切除胰腺的成年牛体内开展试验，并且这种提取物第一次显示出强效的降血糖作用。当时才华横溢的生物化学家詹姆斯·伯特伦·科利普（James Bertram Collip）加入了团队，负责生产所需的提取物，并对生产步骤进行了优化。他全面改进了实验步骤，发现提取物的活性成分在高浓度乙醇中仍然可溶，而在该条件下其他蛋白杂质会发生沉淀。当乙醇浓度为90%时，活性成分会发生沉淀，他根据该性质制订了高效的纯化方案，将沉淀物再悬浮后即可产生所需的物质。他还开发了一种更实用的活性测试方法，将等分试样注射至兔耳静脉中进行活性测试，取代了用切除胰腺的犬开展活性测试的方案。当时一个单位的胰岛素定义为“将体重2 kg的空腹兔子的血糖浓度降至45 mg/dL（2.5 mmol/L）惊厥水平所需的胰岛素量”。在确定了胰岛素的结构和分子量后，早期的定义被“一个单位”的胰岛素所取代，该单位被定义为34.7 μg纯结晶胰岛素的“生物等效物”，但仍然与胰岛素对兔子的药理作用有关。胰岛素单位的定义仍然是基于这些标准，而不考虑其是否为衍生物或分子量是多少。

1922年1月11日，距离最初研究开始不到8个月后，第一位1型糖尿病患者开始接受治疗。在注射7.5 mL提取物后患者血糖水平显著降低，尿糖也显著降低，但效果短暂，并未发现酮体减少。此外，注射部位出现无菌脓肿，可能是由提取物中残留的杂质所致。这些结果虽然远未达到最佳状态，但推动了进一步的研究，团队未来几个月的主要工作是大量生产胰岛素并开展进一步的临床试验。1922年1月23日，当采用科利普精心生产的新提取物治疗同一名患者时，患者的血糖水平从520 mg/dL显著下降到120 mg/dL，酮体消失，患者的身体状况显著改善。同年2月又有6名患者接受了治疗，同年3月研究人员发表了临床试验的初步报告[84]。

研究人员之间的激烈争论给科学上的成功蒙上了一层阴影。班廷很早就认为，已经确立学术地位、更有经验的麦克劳德会试图窃取他最初的想法，并会宣布这一发现是他的成果。班廷认为麦克劳德的贡献并不重要，麦克劳德对班廷研究的评论使其丧失信心而不是获得鼓励。班廷认为胰岛素的发现仅源于贝斯特和他自己的工作。科利普的贡献也存在争议，他对团队氛围感到恼火，宣布将考虑退出该项目并为胰岛素纯化步骤申请个人专利。据悉科利普和班廷甚至为了这个项目发生了肢体冲突。

最后，在1923年，班廷和麦克劳德因发现胰岛素而获得诺贝尔奖，但贝斯特和科利普并不在获奖名单内。诺贝尔奖于1923年12月10日正式颁发，距离该团队开始研究还不足19个月。直到今天，班廷仍然是最年轻的诺贝尔奖获得者，他获奖时仅有32岁。班廷对不得不与麦克劳德分享奖金感到失望，起初他想拒绝诺贝尔奖，但后来改变了主意。他和贝斯特分享了奖金，麦克劳德也与科利普分享了奖金。诺贝尔奖委员会的决定也遭到了其他科学家的批评，这些科学家以前也有过重要的相关发现。在这件事情上，特别是格奥尔格·祖尔泽（Georg Zuelzer）[85]、欧内斯特·斯科特（Ernest Scott）[86]和尼古拉·康斯坦丁·保罗斯库（Nicolae Constantin Paulescu）[87]提出了抗议，但他们的贡献仍未得到承认。

虽然在很多年前就已经发现了胰岛素，但其仍可作为学术界药物发现的典型案例。显然，胰岛素的发现始于一个狂热的想法，班廷受到了一个独创想法的启发，而且显然他还不是该研究领域的专家。一篇与班廷有关的引文描述道，“由于观点的广泛多样性和想法的混乱，过多阅读文献是不可取的”。此外，个体研究者之间的竞争也是经常发生的问题，在学术环境中尤为常见。必然地，成功的药物发现是一项跨学科的努力，需要多位愿意贡献个人知识的专家参与其中。讨论个人贡献的重要性，如争论第一作者和通信作者的身份，会毒化团队精神并容易损害合作研究工作，甚至可能使整个项目面临提前结束的风险。此外，诺贝尔奖委员会的决定往往会招致批评，尤其是在今天，学者的研究领域往往很广泛，选择的课题也很复杂，许多科学家都可能会贡献宝贵的见解。由于每项诺贝尔奖最多只能提名三位获奖者，在这种情况下许多科学家发现诺贝尔奖委员会并不会考虑他们的贡献。

1.5.2　利妥昔单抗

1975年，剑桥大学（University of Cambridge）的塞萨尔·米尔斯坦（César Milstein）和他的博士后同事乔治斯·科勒（Georges Köhler）[88]首次利用杂交瘤细胞制备出单克隆抗体。单克隆抗体的高特异性和强亲和力很快表明这一概念可能非常适用于药物开发。这一发现为两人赢得了1984年的诺贝尔生理学或医学奖。

1980年，研究人员发现了一种B细胞表面抗原[89]，而后于1988年分离出该抗原并进行了表征，将其命名为CD20[90]。除未成熟的B细胞外，CD20几乎存在于所有分化状态的B细胞中，在癌性B细胞和健康B细胞中均可发现。靶向CD20治疗会相应地消除所有B细胞，但未成熟的B细胞会在治疗结束后形成新的群体。

哈佛大学丹娜·法伯癌症研究所（Dana Farber Cancer Institute）的李·纳德勒（Lee Nadler）表征并克隆了第一种针对癌症相关抗原CD20的抗体。在一项历史性的概念验证研究[91]中，他采用这种抗体治疗了第一位患者。他在研究中观察到短暂的应答，首次证明用单克隆抗体靶向CD20可能是治疗B细胞淋巴瘤的一种可行选择。

不久之后，研究人员建立了制备嵌合抗体的技术，这代表了抗体疗法的又一个里程碑。多伦多大学（University of Toronto）和哥伦比亚大学（Columbia University）的研究人员证明[92]，有可能制备带有人体Fc区域和小鼠可变区域的抗体。这些抗体的免疫原性显著降低，因此可以显著改善治疗前景。

斯坦福大学（Stanford University）的罗纳德·利维（Ronald Levy）发现B细胞淋巴瘤是由单克隆细胞群组成的，受科勒和米尔斯坦研究工作的影响，他将研究方向转向针对这些淋巴瘤的个体化单克隆抗体疗法的开发[93]。

早在1982年，第一位患者就接受了治疗[94]。充满前景的结果促成一家名为IDEC的初创公司的成立，该公司后来发展为渤健（Biogen）制药。但结果证明开发个性化抗体的方法过于费力和昂贵，取而代之的是选择CD20作为选择性B细胞标志物。直接的结果是研究人员发现了靶向CD20的嵌合单克隆抗体利妥昔单抗[95]。在接下来的临床试验中[96]，大约50%的患者肿瘤发生消退。该抗体于1997年获批，是FDA批准的第一种治疗癌症的抗体药物，也是癌症治疗的里程碑。后来利妥昔单抗被授权给罗氏（Roche）公司用于治疗非霍奇金淋巴瘤等各种癌症。

1.5.3 阿糖苷酶

戈谢病（Gaucher disease）是一种罕见病，每7万名新生儿中就有1名受其影响。其症状是肝脾明显肿大、疲劳、贫血和肺功能下降。

美国国立卫生研究院（National Institutes of Health，NIH）的科学家罗斯科·布雷迪（Roscoe Brady）博士是糖脂代谢方面的专家。他发现戈谢病的症状是由缺乏一种名为α-葡糖脑苷脂酶（α-glucocerebrosidase）的特殊酶引起的[97]。这种缺陷导致机体无法代谢葡糖脑苷脂，从而导致这种鞘脂在各种器官和组织中蓄积。在之后的工作中，他提出分离这种酶并直接将人源酶注射到患者体内来治疗该疾病的方案。布雷迪开发了一种从人胎盘中分离该酶的方法，在静脉注射后发现肝脏中葡糖脑苷脂的水平显著降低[98]。值得注意的是，患者血液中葡糖脑苷脂的再生相对缓慢。然而，研究人员很快意识到这种方法可能不是一种可行的治疗选择，因为除了效果持续时间短之外，治疗1名儿童所需的单次剂量就需要从40个胎盘中分离原料。而且遗憾的是，该方法无法扩大规模。大部分葡糖脑苷脂都储存于巨噬细胞中，在仔细优化分离工艺后，研究人员开发了一种简单的去糖基化方法，提高了向巨噬细胞递送葡糖脑苷酶的效率。通过对外切糖苷酶（exo-glycosidase）的处理富集糖苷链中甘露糖的含量，研究人员可以得到更为有效的制剂[99]。

1981年，谢迪安·斯奈德（Sherdian Snyder）、乔治·M. 怀特塞兹（George M.Whitesides）（哈佛大学）和亨利·布莱尔（Henry Blair）成立了一家名为健赞（Genzyme）的公司，专门生产修饰酶并提供给美国国立卫生研究院进行临床试验。布雷迪与布莱尔取得联系后，健赞决定开始生产临床试验所需的酶。

第一个产品阿糖苷酶（alglucerase）[西利酶（Ceredase™）]仍然是从胎盘中分离获得的，这需要工业规模的纯化和去糖基化能力。一名患者一年疗程所需的酶需要从50 000个胎盘中分离获得。最终，重组酶的生产显著简化了这一过程，而且糖工程还可以直接生产优化的含甘露糖的低聚糖侧链，而重组酶仅在一个位置与胎盘源性蛋白不同。该产品被命名为伊米苷酶（Cerezyme™）。

健赞成为酶替代疗法领域的领先公司，溶酶体贮积病治疗方案的开发是其研究的基石。2011年，赛诺菲（Sanofi）以201亿美元收购了健赞。布雷迪[100]和迪根[101]在相关文献中更详细地描述了戈谢病酶替代疗法的发展历史。

1.6 新概念小分子药物

学术研究人员的一项重要任务是拓展科学界的思路，为药物研究开辟新的途径，如证明靶向新类别的酶可以成功开发药物，或者通过解决不同的结合模式、替代结合口袋或新机制证明调节酶活性的全新机制可以转化为体内疗效等。

1.6.1　组蛋白脱乙酰酶抑制剂

第一个案例是罗恩·布雷斯洛（Ron Breslow）（哥伦比亚大学）和保罗·马克斯（Paul Marks）（斯隆-凯特琳癌症研究所）发现的伏立诺他（vorinostat）。罗恩·布雷斯洛在本系列丛书第二卷中讲述了伏立诺他的研发故事，他将这一章命名为“从二甲基亚砜到抗癌化合物SAHA，药物设计中一种不同寻常的知识路径”，并对发现过程做了很好的阐述[102]。这一药物的发现始于1971年，当时病毒学家夏洛特·弗兰德（Charlotte Friend）博士观察到高浓度的二甲基亚砜（dimethyl sulfoxide，DMSO）溶液可以使悬浮小鼠红白血病细胞（murine erythroleukemia cell，MELC）优先分化为红细胞。这当然是一个惊人的发现，但大多数工业界药物化学家不会将二甲基亚砜作为药物优化的可行起点。马克斯和布雷斯洛之间的合作始于马克斯的一位博士后曾在布雷斯洛的实验室开展工作。在讨论如何启动化合物优化计划时，马克斯提出了与布雷斯洛联系的想法。虽然布雷斯洛本身是一名物理有机化学家，但他立刻产生了兴趣。这场讨论开启了一场持续30多年的合作。仅有令人兴奋的表型，但不知道所结合的蛋白，也不清楚任何有用的药效团，这对优化工作而言是一个挑战。他们开始着手测试许多极性小分子，发现在DMSO中引入两个极性侧链会使活性显著提高（约50倍）。此外，研究小组还发现引入异羟肟酸（hydroxamic acid）结构能够提高药效。意识到异羟肟酸的强络合性质之后，他们推测金属络合可能发挥了重要作用。进一步优化得到辛二酰苯胺异羟肟酸（suberoylanilide hydroxamic acid，SAHA）。SAHA与天然产物曲古抑菌素A（trichostatin A）的结构相似，因此他们推测SAHA可能也靶向组蛋白脱乙酰酶（histone deacetylase，HDAC）[103]。在进一步的研究中，研究人员证实了该推测，锌螯合位点是关键的结合位点[104]。SAHA是一种非选择性的HDAC抑制剂。其在2.5 μmol/L浓度下效力中等，实现了发挥活性和避免毒副作用的良好平衡（图1.14）。

与直接和大型制药公司建立合作关系的西尔弗曼不同，布雷斯洛、马克斯、理查德·里夫金德（Richard Rifkind）（纪念斯隆-凯特琳癌症中心）和维多利亚·里奇（Victoria Richon）于2001年成立了一家公司（Aton），专门开发该化合物。新成立的Aton公司从纪念斯隆-凯特琳癌症中心和哥伦比亚大学获得了专利权。研究人员通过风险投资的资助开展了Ⅰ期临床试验[105]，证明了该化合物具有良好的耐受性，并确定了靶点（通过活检获得单核细胞和肿瘤组织，分析治疗前后组蛋白的乙酰化情况）。在37名有实体瘤或血液系统恶性肿瘤的癌症患者中也观察到了某些短暂的抗肿瘤活性。2004年2月，默克（Merck）收购了Aton制药公司，当时SAHA已处于Ⅱ期临床试验阶段。

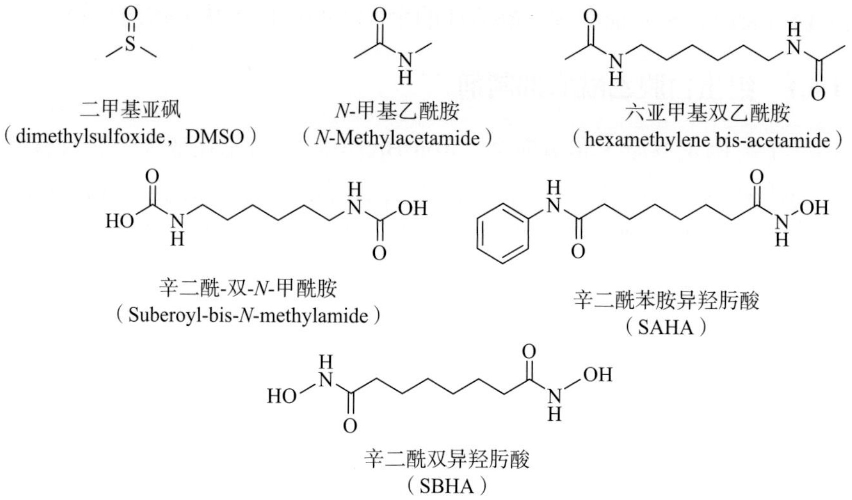

二甲基亚砜
（dimethylsulfoxide，DMSO）

N-甲基乙酰胺
（*N*-Methylacetamide）

六亚甲基双乙酰胺
（hexamethylene bis-acetamide）

辛二酰-双-*N*-甲酰胺
（Suberoyl-bis-*N*-methylamide）

辛二酰苯胺异羟肟酸
（SAHA）

辛二酰双异羟肟酸
（SBHA）

图1.14 DMSO和异羟肟酸衍生物的结构

2006年，FDA批准伏立诺他（Zolinza™）用于治疗复发性或难治性皮肤T细胞淋巴瘤（cutaneous T-cell lymphoma，CTCL），这是一种罕见的淋巴瘤。欧洲拒绝批准CTCL这一适应证，其他适应证的试验也未获成功，但仍在进一步寻找其他适应证尤其是与其他药物联用的适应证[106]。更重要的是，伏立诺他是第一个获批的HDAC抑制剂，为靶向一类全新酶而治疗疾病开辟了道路[107]。迄今为止，FDA已批准了5个HDAC抑制剂，其他多个靶向该酶类的药物正处于临床开发阶段[108]。本系列丛书第Ⅱ卷第5章[109]综述了亚型选择性HDAC抑制剂西达本胺（chidamide）的开发过程。HDAC抑制剂进入临床开发所证明的表观遗传学潜力为一个全新的研究领域奠定了基础，并促进了强大的公私联盟，如结构基因组学联盟（Structural Genomics Consortium）的形成。从2004年开始到目前为止，这项特殊的努力已促成2200多份X射线结构和1700篇科学出版物的发表，并有超过75种化学探针可根据需要用于生物学研究，极大地增加了相关蛋白家族的知识。这对理解表观遗传调控对结构的要求产生了重大影响，研究人员不仅可以利用像HDAC这样的“擦除器”，还可以利用像溴结构域和“tudor”结构域这样的“读取器”，以及像乙酰基转移酶（acetyl transferase）和甲基转移酶（methyl transferase）这样的“写入器”来发现药物。

1.6.2 非环膦酸核苷类药物

病毒感染仍然是最致命和最难治疗的疾病之一。流感、疱疹、天花、获得性免疫缺陷综合征（acquired immune deficiency syndrome，AIDS，艾滋病），以及最近的COVID-19（新型冠状病毒肺炎）都是全球性的重要健康问题。20世纪50年代末，耶鲁大学的科学家威廉·普鲁索夫（William Prusoff）发明了最初被认为具有抗菌和抗癌作用的碘苷（idoxuridine）（图1.15）[110]，碘苷成为第一个被批准的抗病毒药物（1962年），但心脏毒性阻碍了其全身应用。这种碘化胸苷类似物可以有效地抑制各种DNA病毒的复制。碘苷需要被激活为相应的三磷酸盐后掺入病毒中，但也可以掺入宿主细胞的DNA中。经修饰的DNA对转录错误和链断裂具有更高的敏感性。

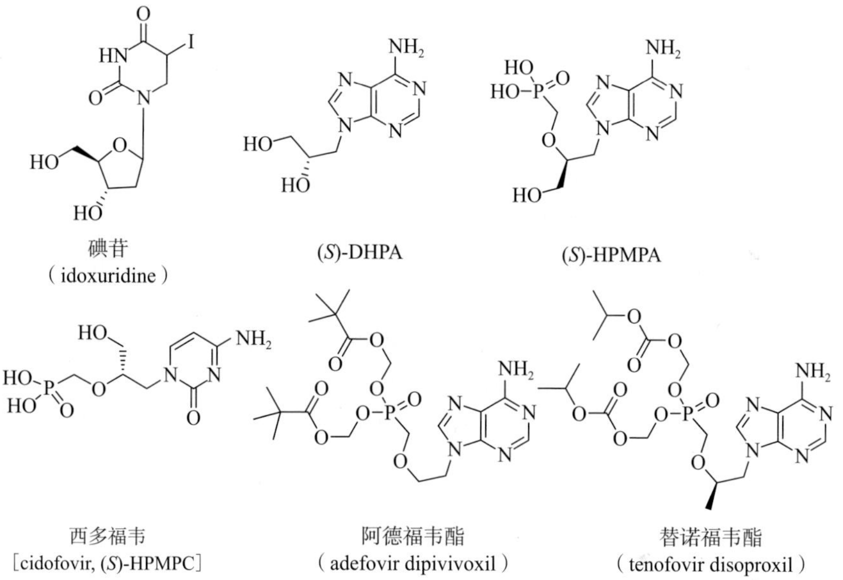

碘苷（idoxuridine）　(*S*)-DHPA　(*S*)-HPMPA

西多福韦[cidofovir, (*S*)-HPMPC]　阿德福韦酯（adefovir dipivivoxil）　替诺福韦酯（tenofovir disoproxil）

图1.15　**霍勒和德克莱克开发的抗病毒化合物结构**

1976年，比利时医生与病毒学家埃里克·德克莱克（Erik De Clercq）（比利时鲁汶大学瑞加医学研究所，Rega Institute for Medical Research，Catholic University of Leuven，Belgium）和捷克化学家安东宁·霍勒（Antonín Holý）（捷克科学院，Czechoslowak Academy of Science）在一次由马克斯·普朗克学会（Max Planck Society）组织的关于核苷合成的研讨会上相遇，随后开启了非常成功的合作[111]。当时霍勒是东欧最重要的化学家之一，而德克莱克是一位35岁的充满激情的医生。在合作过程中他们建立了深厚的信任关系。在合成核苷类似物的研究中他们很快发现了（*S*）-9-（2，3-二羟丙基）腺嘌呤[（*S*）-9-（2，3-dihydroxypropyl）adenine，（*S*）-DHPA]（图1.15），这是第一种显示出广泛抗病毒活性的非环核苷类似物[112]。受磷乙酸等简单膦酸盐抗病毒活性报道的启发，他们着手开发代谢稳定的核苷酸生物电子等排体类似物。在一级羟基上引入膦酸盐后得到活性单磷酸盐类似物（*S*）-（3-羟基-2-膦酰甲氧基丙基）腺嘌呤[（*S*）-（3-hydroxy-2-phosphonylmethoxypropyl）adenine，（*S*）-HPMPA）]（图1.15）[113]。该化合物对各种DNA病毒都表现出了令人鼓舞的活性，并且似乎通过一种不同于阿昔洛韦（acyclovir）的机制发挥作用。他们还发现相应的胞嘧啶衍生物（*S*)-HPMPC，也就是后来获批的西多福韦（cidofovir）（图1.15），具有与HPMPA相当的抗病毒谱[114]。简化（*S*)-HPMPA的结构，特别是去除立体中心后得到了阿德福韦（adefovir），该药物于2002年9月被批准用于治疗乙型肝炎。研究人员进一步优化后得到了替诺福韦（tenofovir），尽管替诺福韦与阿德福韦的化学结构相似，但替诺福韦的特异性更好，并且不抑制疱疹病毒。替诺福韦被批准单用或与恩曲他滨（emtricitabin）联用治疗人类免疫缺陷病毒（human immunodeficiency virus，HIV）感染，其商品名为Truvada™。

替诺福韦（图1.15）是一种前药，在细胞内迅速脱除保护，然后被单磷酸腺苷（adenosine monophosphate，AMP）激酶双磷酸化。由于膦酸盐的存在，生成的三磷酸盐类似物不会完全脱磷酸化。而且与其他不含膦酸盐基团的核苷类药物（如阿昔洛韦）相比，替诺福韦的活性不依赖于病毒激酶的初始磷酸化，因此具有广泛的活性。替诺福韦可选择性地抑制病毒逆转录酶，对人体DNA聚合酶表现出良好的选择性。霍勒最初合成的是这些化合物的膦酸盐形式，生物利用度很低，在开发为前药后，化合物口服后可迅速吸收[115]。

在20世纪80年代发现这类化合物后，百时美公司（Bristol-Myers）对其中几种衍生物进行了临床前探索。在与施贵宝（Squibb）合并后新公司停止了涉及这些化合物的项目，化合物的专利权被归还给大学。1989年吉利德（Gilead）重新启动了此类化合物的开发，并成功获批了3个不同的新化学实体（new chemical entity，NCE）。在一份授权协议中，吉利德同意向这两所大学支付1100万欧元的首付款，并支付不同授权产品净销售额的3%～5%作为权益费。由此有机化学与生物化学研究所每年获得的专利使用费高达9000万欧元。此外，2006年吉利德同意捐赠110万欧元在校园创建和运营吉利德科学研究中心。霍勒于2011年退休并于2012年7月16日去世，此时距替诺福韦获批治疗艾滋病仅差两个月。就在霍勒去世的同一天，特鲁瓦达（Truvada，恩曲他滨和替诺福韦的复方制剂）也被批准用于预防HIV感染。

1.6.3 达芦那韦

阿伦·戈什（Arun Ghosh）在默克公司工作了数年，工作期间积累了开发蛋白酶（protease）抑制剂的丰富经验。1994年他于伊利诺伊大学芝加哥分校（University of Illinois-Chicago）的一个独立实验室中开启了他的学术生涯，2005年加入普渡大学（Purdue University）。在戈什进入学术界时，HIV大流行是全球卫生健康的负担，而且没有较好的疗法。戈什决定解决耐药性发展的问题，他的研究思路是基于沙奎那韦（saquinavir）（图1.16）与HIV蛋白酶结合的X射线晶体结构，采用严格的基于结构的药物设计方法。沙奎那韦由罗氏开发，于1995年获批，是第一个获得FDA批准的HIV蛋白酶抑制剂。该药物生物利用度低且耐药迅速，G48V是HIV-1蛋白酶的关键特征性残基突变[116]。

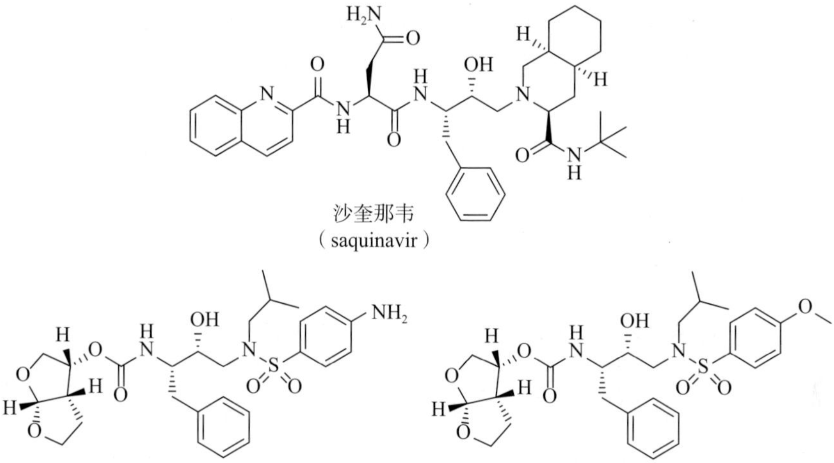

沙奎那韦
（saquinavir）

达芦那韦（darunavir）
K_i = 16 pmol/L, IC_{50} = 4.1 nmol/L

UIC-94003 (10, TMC-126)
K_i = 14 pmol/L, IC_{50} = 4.1 nmol/L

图1.16　HIV蛋白酶抑制剂

戈什小组采用的方法是最大限度地提高化合物与活性位点的相互作用，同时改善化合物的整体性质，特别是生物利用度。他们认为多个酰胺键的存在可能会阻碍化合物的吸收，并尝试用醚或砜取代这些化学键。此外，研究人员在全面研究多个HIV突变体结构后发现，突变体蛋白酶活性位点内的蛋白主链可以很好地重叠且只表现出微小的扭曲，而这些蛋白主链是化合物保持对突变体活性的最佳相互作用位点[117]。

全面的化合物优化促成了TMC-126的开发（图1.16）[118]，其对野生型酶及多种突变体表现出良好的活性。TMC-126可推迟病毒耐药性的产生，因TMC-126而产生的突变体仍然对其他绝大多数蛋白酶抑制剂敏感，这使得该药物成为联合治疗的最佳药物。

啮齿动物和犬的临床前PK（药代动力学）研究表明血浆中的TMC-126水平较低。进一步的构效关系研究发现了TMC-114，为纪念其发现者阿伦·戈什，TMC-114后来被命名为达芦那韦（darunavir），商品名为Prezista™[119]。1999年，达芦那韦被授权给蒂博泰克（Tibotec Therapeutics）公司，该公司最终被杨森制药（Janssen Pharma）收购。达芦那韦于2006年获FDA批准，并被列入WHO的基本药物目录，是几种重要复方药物的组成成分。该药物显示出极高的结合能力（K_D=4.5×10^{-12} mol/L），比其他HIV蛋白酶抑制剂高2～3个数量级[120]。

1.6.4 舒尼替尼

尽管当今激酶（kinase）抑制剂被广泛应用，但其作为一种治疗方式为人所知的历史不超过50年。1986年，梅泽（Umezawa）[121]报道了第一个靶向表皮生长因子受体（epidermal growth factor receptor）的激酶抑制剂厄布他汀（erbstatin）（图1.17）。由于细胞内ATP浓度很高，当时研究人员普遍认为激酶是不可成药的靶点。考虑到人体中含有大量不同的激酶，实现选择性似乎是另一个不可能的任务。然而在1991年，基于两个实验室的合作研究，约瑟夫·施莱辛格（Joseph Schlessinger）（耶鲁大学）和阿克塞尔·乌尔里希（Axel Ullrich）（马丁斯里德市马克斯·普朗克生物化学研究所）决定成立一家名为苏根（Sugen）的公司。“Sugen”一词是由两位创始人施莱辛格（Schlessinger）和乌尔里希（Ullrich）的姓氏首字母和后缀“gen”组成的，“gen”是“genetics”（遗传学）的缩写。该公司致力于通过调节细胞内信号通路及靶向激酶和磷酸酶（phosphatase）开发抗癌药物。1994年，他们提交了首个针对不同癌症适应证化合物SU101的IND申请（图1.17）。然而SU101的结构与霍赫斯特·马里恩·罗塞尔（Hoechst Marion Roussell）正在开发的来氟米特（leflunomide）结构相同。SU101的激酶抑制活性中等，事实上研究人员观察到的抗增殖活性可能与其活性代谢产物有关。最终SU101的临床开发失败，苏根公司开始专注于另一个化学系列——氧化吲哚衍生物的开发。他们利用SU5402和SU6668（图1.17）与成纤维细胞生长因子（fibroblast growth factor，FGF）受体[122]激酶结构域复合物的X射线晶体学数据进行细胞分析及基于结构的药物设计。苏根公司于1999年被法玛西亚普强（Pharmacia & Upjohn）收购，但继续以自主方式开展研究。他们将多种化合物推进至临床研究阶段，其中化合物SU11248，即舒尼替尼（sunitinib）（图1.17）于2006年获得FDA的批准。另一个化合物SU11654，即托西尼布（toceranib）（图1.17）获批用于治疗犬类肿瘤。2003年，辉瑞收购法玛西亚普强后关闭了苏根。值得注意的是，辉瑞公司销售的抗癌药物克唑替尼（crizotinib）也起源于苏根实验室，这也证明了苏根的成功。

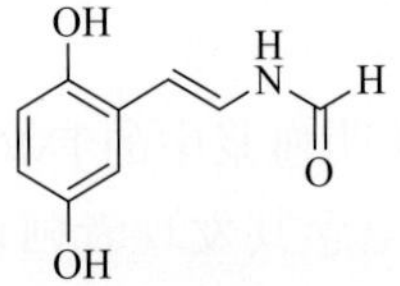

厄布他汀（erbstatin）

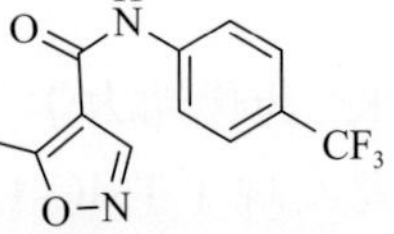

来氟米特（leflunomide，SU101）

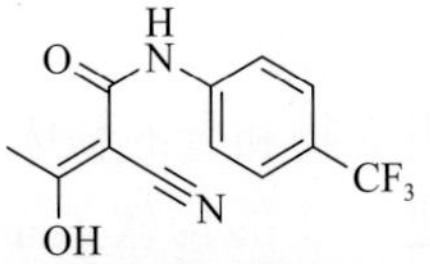

来氟米特的活性代谢物

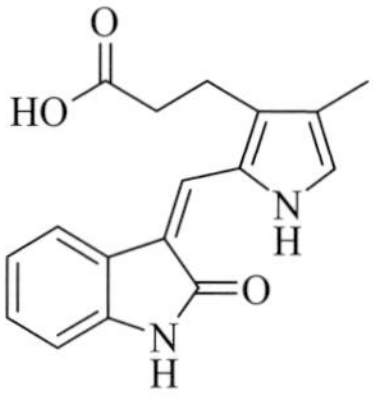

SU5402 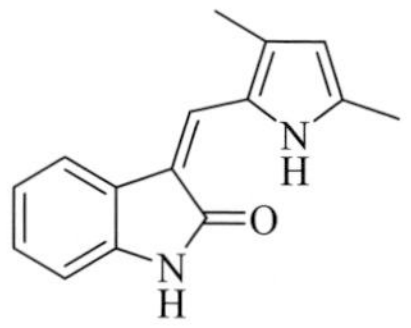　SU5416 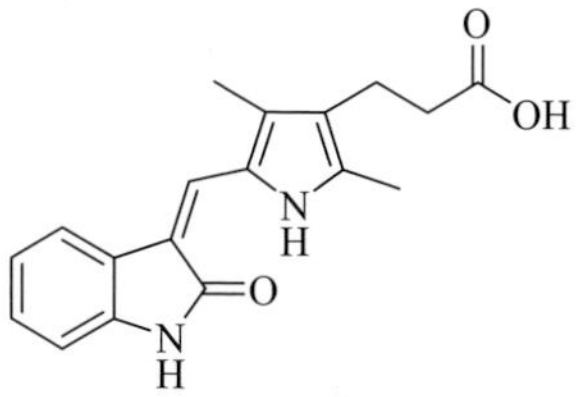　SU6668

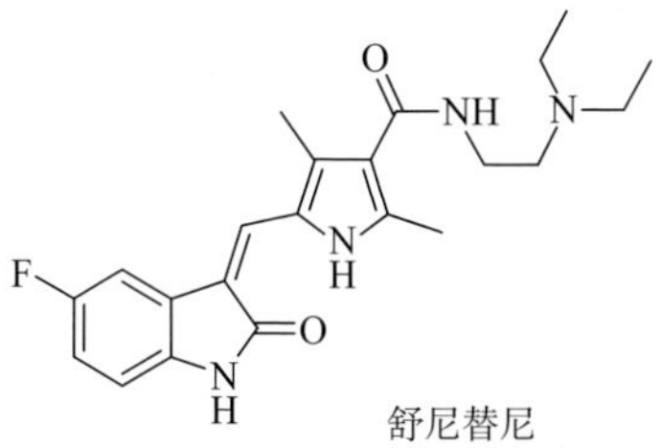

舒尼替尼（sunitinib，SU11248）　托西尼布（toceranib，SU11654）

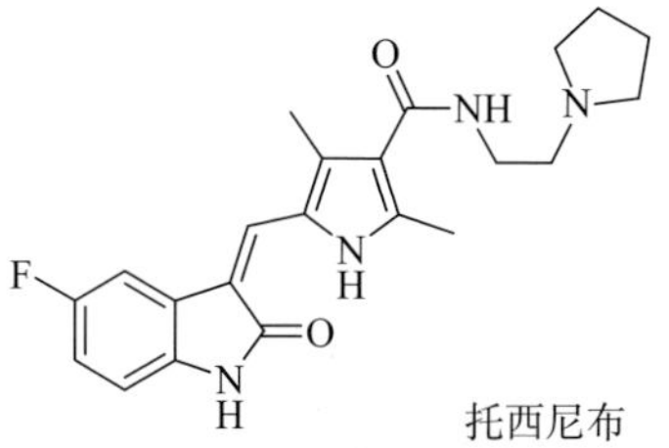

图1.17　由苏根公司开发的激酶抑制剂

1.7 学术界药物发现的最佳时机

即便对于大型制药公司，后期临床试验的巨额成本也可能造成重大的财务风险。因此，研究人员采取了强有力的措施来提高药物成功开发的可预测性，将与化合物开发相关的风险降至最低。这也使得通常采用严格的标准对进入临床前研究阶段和临床阶段之前的化合物进行筛选，并使开发过程尽可能标准化。当然，风险最小化可能伴随着机会的最小化。通常情况下，即使临床需求很高，制药公司也会放弃疑难疾病的相关领域。其中一个实例是痴呆症，特别是阿尔茨海默病治疗药物的开发。缺乏合适的预测模型，加之淀粉样蛋白和tau相关晚期临床研究的失败，以及其他有希望靶点的缺乏，使许多公司放弃了这一领域。新型抗生素的开发是大型制药公司近期放弃的另一个领域。基于靶点筛选的成功率及商业前景有限已成为该领域发展的障碍。当发现强效的新型抗生素时，它们会被保留为“最后的治疗手段”。这种做法显然与大型制药公司开发重磅炸弹药物的模式相矛盾，制药公司需要该模式为公司的大量员工提供资金。就抗生素而言，专利可能会在药物得到更广泛应用之前就已到期。最后，药物经济学方面的考虑使得大型制药公司正在离开糖尿病和心血管疾病等领域，而这两类疾病仍然是个人和社会经济的主要负担。西方国家糖尿病患病率极高，2018年有3420万美国人患有糖尿病，占人口总数的10.5%；欧洲25岁及以上的人口中有6000万糖尿病患者。即使经过100多年的研究，目前的药物仍然只是对症治疗。而心血管疾病仍然是西方国家最常见的死亡原因[123]。然而，许多国家严格的医保政策带来的成本压力，以及仿制药的冲击降低了潜在的利润空间，进一步削弱了相关疾病领域药物研发的吸引力。

这一趋势甚至因公司的合并而加速，公司被收购后经常导致其基础研究设施被削弱。此外，由于研究特定靶点的公司越来越少，针对这些特定靶点的解决方案也在减少。这导致现有和可用于临床测试的化合物显著减少，势必会对未来药物的可及性产生负面影响。

换一种角度来看，一些大型制药公司内部研究活动的减少也为学术界的药物发现提供了巨大的机会。学术研究的动机和主要目标与工业界有本质的不同。学术界的研究主要由科学兴趣和好奇心所驱动，无须创造商业案例并最大化潜在收益。相反，被忽视疾病或适应证的临床需求对大学而言是一个具有吸引力的研究领域。新颖性、科学创新和知识增长是学术研究人员的关键成果，各个实验室都在努力证明他们的创造力和科学能力。因此，遵循预先定义常规方案的标准方法不再受欢迎，因为其科学价值较低。研究人员被鼓励开展非常规且具有挑战性的项目。项目的驱动力是各主要研究人员（PI）的个人兴趣，他们通常在特定领域工作了很长时间，因此在某些方面积累了大量的专业知识，也可能更容易发现机会和创新的空间。此外，根据NIH和其他研究机构定义的资助标准，创新性是纳入资助评估的5个关键因素之一[124]，这使得科学家在追求渐进式创新时更难获得公共资金的资助。此外，时间不是关键标准，尽管工业界需要遵循严格定义的时间表以确保资源和预算规划，但学术界科学家可以一直开展他们的项目，只要他们个人认为这是合理的并且其好奇心和兴奋感持续存在。当然，财务约束也适用于学术界，因为与工业界科学家相比，他们的预算通常有限得多，但只要能够获得资金，可以购买实验耗材，招收到具有天赋和上进心的学生，就有可能取得新的成果。资源短缺和资助机构的高拒绝率对药物发现和开发时间的拉长也具有重大影响，但由于PI可以自主选择后续的研究兴趣，项目可能会暂停但却不会停止。学术研究环境中也经常会建立长期的项目合作关系。例如，罗恩·布雷斯洛与马克斯、埃里克·德克莱克与安东宁·莫利的合作持续了30多年。

药物发现的一个关键成功因素是跨学科研究的顺利衔接。在学术界可以找到大量经验互补的潜在合作伙伴，建立合作的障碍很小，并且经常可通过学术会议、同事推荐或通过发现有趣的论文并与作者联系来实现。与基于专业知识、可用资源和预算限制建立团队的公司不同，在学术环境中经常看到因长期合作关系和友谊而造就的项目。毕竟如果合作不成功，结束合作并寻找新的合作伙伴相对容易。此外，学术研究机构的数量庞大，每个机构都因其独特的、可识别的形象而蓬勃发展，而研究人员也在进行各种各样项目和方法的研究。研究机构的独特活动会迅速向公众传播，相关研究结果可以激励其他相关领域的研究人员，进而促进研究人员知识的快速增长和快速进步。

然而，学术界也可能是药物发现的困难之地。成功的药物发现需要多学科的协作，特别是药物化学、体外和体内药理学、结构生物学和ADME（吸收、分布、代谢和排泄）等。许多学术中心可能无法提供所需的全部基础设施。此外，尽管时间表可能不那么紧迫，但获得的资源可能非常有限。而且教学工作、同行评审和拨款申请书的撰写也消耗了学术研究人员大量的时间，这可能会导致学者注意力的分散，减缓甚至阻碍药物发现项目取得成功。再者，对高影响因子出版物的关注，以及为了获得更多资金而迅速发布研究结果的冲动，都可能会对专利申请工作和在优化阶段（有时是漫长的）的知识产权保护造成不利影响。博士生很难全身心投入到这类优化项目中，因为他们未来的职业生涯可能取决于论文是否能成功发表。即使对于PI而言，从烦琐的化合物微调优化工作开始，并最终确定临床前候选化合物，保持对优化项目资源和耐心的投入也可能具有挑战性。对项目的坚持需要合适的基础设施和关键资源的不断获取。

许多大学并没有教授如何成功优化分子的专业知识，这种专业知识主要存在于工业界研究部门。缺乏药物化学和关键参数优化经验往往会造成优化工作只关注抑制效力而忽略其他重要参数，如代谢稳定性、渗透性或溶解度等。

这些工作通常会产生微摩尔级效力但物理化学性质、选择性或ADME参数不佳的普通苗头化合物。在与大学和制药企业的业务发展部门进行谈判时，对项目成熟度和估值的不同意见可能会导致双方“严重失望”。虽然大学方面可能确信已确定的具有微摩尔级活性的分子刚好可以进入临床开发阶段，但制药公司方面可能会认为获得的化合物最多处于苗头化合物晚期或先导化合物早期阶段。这无疑会使里程碑和付款条款的定义复杂化。在这方面双方必须公开互动和相互学习。

综上，前面提及的案例已证明了学术界药物化学家对药物发现的宝贵贡献。许多新方法已付诸实践。大量经学术研究开发的药物被列入WHO基本药物目录。在经济上，大学追求药物发现并尝试将想法和概念从基础科学转化为临床实践，这些研究活动可以为大学带来回报。大型制药公司内部研究活动的减少需要新的研究模式，而更多具有制药行业经验的科学家正在学术环境中组建团队，并将制药行业的知识导入大学。而转化研究需求的增加要求学术中心开展专业化的药物研究，这将使药物发现成为学术机构不可或缺的重要学科。

（王超磊）

缩写词表

ADME	absorption，distribution，metabolism，and excretion	吸收、分布、代谢和排泄
AIDS	acquired immune deficiency syndrome	获得性免疫缺陷综合征
AMP	adenosine monophosphate	单磷酸腺苷

BMS	Bristol Myers Squibb	百时美施贵宝公司
CCNSC	Cancer Chemotherapy National Service Center	癌症化疗国家服务中心
CD20	cluster of differentiation 20	分化簇20
COVID-19	Coronavirus disease 2019	新型冠状病毒肺炎
CTCL	cutaneous T-cell lymphoma	皮肤T细胞淋巴瘤
DMSO	dimethyl sulfoxide	二甲基亚砜
FDA	Food and Drug Administration	美国食品药品监督管理局
FGF	Fibroblast Growth Factor	成纤维细胞生长因子
GABA	γ-aminobutyric acid	γ-氨基丁酸
GAD	*L*-glutamic acid decarboxylase	*L*-谷氨酸脱羧酶
GABA-AT	γ-aminobutyric acid aminotransferase	γ-氨基丁酸氨基转移酶
HDAC	histone deacetylase	组蛋白脱乙酰酶
HIV	human immunodeficiency virus	人类免疫缺陷病毒
MELC	murine erythroleukemia cell	小鼠红白血病细胞
NCE	new chemical entity	新化学实体
NME	new molecular entity	新分子实体
NCI	National Cancer Institute	美国国家癌症研究所
N-Lost	nitrogen lost	氮芥
NMR	nuclear magnetic resonance	核磁共振
RA	rheumatoid arthritis	类风湿关节炎
rac	racemic	外消旋的
SAHA	suberoylanilide hydroxamic acid	辛二酰苯胺异羟肟酸
SAR	structure-activity relationship	构效关系
S-lost	sulfur-lost	硫芥
USDA	US Department of Agriculture	美国农业部
WHO	World Health Organization	世界卫生组织

原作者简介

奥利弗·普列滕堡（Oliver Plettenburg）于伍珀塔尔大学（University of Wuppertal）学习化学，并于2000年在汉斯·约瑟夫·阿尔滕巴赫（Hans-Josef Altenbach）教授的指导下获得博士学位。随后他来到斯克利普斯研究所（The Scripps Research Institute），在翁启惠（Chi-Huey Wong）教授的指导下专注于糖脂的合成。此后他进入工业界，加入了安万特制药公司（Aventis Pharma），从事苗头化合物和先导化合物的优化，以及早期临床试验的经典药物化学和项目开发工作。此后，他越来越多地参与到“建立药物研究

中替代概念”的工作中，最后在德国法兰克福的赛诺菲-安万特（Sanofi-Aventis）担任化学生物学部门负责人，以及生物传感器和化学探针部门负责人。从2016年起，他开始担任亥姆霍兹慕尼黑中心药物化学研究所（Institute of Medicinal Chemistry of the Helmholtz Center Munich）的创始主任，同时也是汉诺威-莱布尼茨大学（Leibniz Universität Hannover）药物化学专业的全职教授。他专注于苗头化合物和先导化合物的优化研究，为糖尿病、肺病、炎症或传染病等严重疾病提供了新的治疗选择。此外，他开发了创新的靶向和智能药物递送方法，并致力于合成用于体内发病机制监测的新型显像剂。

参考文献

1 Iervolino, A. and Urquhart, L. (ed.) (2017). *EvaluatePharma World Preview 2017, Outlook to 2022,*, 10th ed, 19.

2 Philippidis, A. (2019). *Genetic Engineering & Biotechnology News*, vol. 2020. Mary Ann Liebert, Inc. Publishers.

3 Mullard, A. (2020). 2019 FDA drug approvals. *Nat. Rev. Drug Discovery* 19:79-84.

4 Stevens, A.J., Jensen, J.J., Wyller, K. et al. (2011). The role of public-sector research in the discovery of drugs and vaccines. *N. Engl. J. Med.* 364: 535-541.

5 Nayak, R.K., Avorn, J., and Kesselheim, A.S. (2019). Public sector financial sup-port for late stage discovery of new drugs in the United States: cohort study.*BMJ* 367: 15766.

6 Edwards, J.C.W., Cambridge, G., and Abrahams, V.M. (1999). Do self-perpetuating B lymphocytes drive human autoimmune disease? *Immunol-ogy* 97: 188-196.

7 Protheroe, A., Edwards, J.C.W., Simmons, A. et al. (1999). Remission of inflam-matory arthropathy in association with anti-CD20 therapy for non-Hodgkin’s lymphoma. *Rheumatology* 38: 1150-1152.

8 Edwards, J.C.W., Szczepanski, L., Szechinski, J. et al. (2004). Efficacy of B-cell-targeted therapy with rituximab in patients with rheumatoid arthritis. *N. Engl. J. Med.* 350: 2572-2581.

9 (a) Sheskin, J. (1965). Thalidomide in the treatment of lepra reactions. *Clin. Pharmacol. Ther.* 6: 303-306. (b) Sheskin, J. (1980). The treatment of lepra reaction in lepromatous leprosy-15 years experience with thalidomide. *Int. J. Dermatol.* 19: 318-322.

10 D’Amato, R.J., Loughnan, M.S., Flynn, E., and Folkman, J. (1994). Thalidomide is an inhibitor of angiogenesis. *Proc. Natl. Acad. Sci. U. S. A.* 91: 4082-4085.

11 Singhal, S., Mehta, J., Desikan, R. et al. (1999). Antitumor activity of thalido-mide in refractory multiple myeloma. *N. Engl. J. Med.* 341: 1565-1571.

12 Olson, K.B., Hall, T.C., Horton, J. et al. (1965). Thalidomide(N-phthaloylglutamimide) in treatment of advanced cancer. *Clin. Pharmacol. Ther.* 6: 292.

13 Krumbhaar, E.B. and Krumbhaar, H.D. (1919). The blood and bone marrow in yelloe cross gas (mustard gas) poisoning: changes produced in the bone marrow of fatal cases. *J. Med. Res.* 40: 497-508. 493.

14 Gilman, A. and Philips, F.S. (1946). The biological actions and therapeutic applications of the B-chloroethyl amines and sulfides. *Science* 103: 409-415.

15 Fenn, J.E. and Udelsman, R. (2011). First use of intravenous chemotherapy can-cer treatment: rectifying the record. *J. Am. Coll. Surgeons* 212: 413-417.

16 Goodman, L.S., Wintrobe, M.M. et al. (1946). Nitrogen mustard therapy; use of methyl-bis (beta-chloroethyl) amine hydrochloride and tris (beta-chloroethyl) amine hydrochloride for Hodgkin's disease, lymphosarcoma, leukemia and cer-tain allied and miscellaneous disorders. *J. Am. Med. Assoc.* 132: 126-132.

17 (a) DeVita, V.T. Jr., and Chu, E. (2008). A history of cancer chemotherapy.*Cancer Res.* 68: 8643-8653. (b) Verrill, M. (2009). Chemotherapy for early-stage breast cancer: a brief history. *Br. J. Cancer* 101 (Suppl 1): S2-S5. (c) Galmarini, D., Galmarini, C.M., and Galmarini, F.C. (2012). Cancer chemotherapy: a critical analysis of its 60 years of history. *Crit. Rev. Oncol. Hematol.* 84: 181-199.

18 (a) Silverman, R.B. (2016). Basic science to blockbuster drug: invention of Pre-gabalin (Lyrica (R)). *Technol. Innov.* 17: 153-158. (b) Silverman, R.B. (2008).From basic science to blockbuster drug: the discovery of Lyrica. *Angew. Chem. Int. Ed.* 47: 3500-3504.

19 Krnjevic, K. (1970). Glutamate and gamma-aminobutyric acid in brain. *Nature* 228: 119.

20 Baxter, C.F. and Roberts, E. (1961). Elevation of gamma-aminobutyric acid in brain-selective inhibition of gamma-aminobutyric-alpha-ketoglutaric acid transaminase. *J. Biolumin. Chemilumin.* 236: 3287.

21 Kuriyama, K., Roberts, E., and Rubinstein, M.K. (1966). Elevation of gamma-aminobutyric acid in brain with amino-oxyacetic acid and suscep-tibility to convulsive seizures in mice: a quantitative re-evaluation. *Biochem. Pharmacol.* 15: 221-236.

22 Loscher, W. (1980). A comparative study of the pharmacology of inhibitors of GABA-metabolism. *Naunyn-Schmiedeberg's Arch. Pharmacol.* 315: 119-128.

23 Silverman, R.B. and Levy, M.A. (1980). Irreversible inactivation of pig brain gamma-aminobutyric acid-alpha-ketoglutarate transaminase by 4-amino-5-halopentanoic acids. *Biochem. Bioph. Res. Co.* 95: 250-255.

24 (a) Taylor, C.P., Vartanian, M.G., Andruszkiewicz, R., and Silverman, R.B. (1992). 3-Alkyl GABA and 3-alkylglutamic acid analogs-2 new classes of anticonvulsant agents. *Epilepsy Res.* 11: 103-110. (b) Silverman, R.B., Andruszkiewicz, R., Nanavati, S.M. et al. (1991). 3-Alkyl-4-aminobutyric acids-the 1st class of anticonvulsant agents that activates L-glutamic acid decarboxylase. *J. Med. Chem.* 34: 2295-2298.

25 Verrey, F. (2003). System L: heteromeric exchangers of large, neutral amino acids involved in directional transport. *Pflug. Arch. Eur. J. Phy.* 445: 529-533.

26 Patridge, E., Gareiss, P., Kinch, M.S., and Hoyer, D. (2016). An analysis of FDA-approved drugs: natural products and their derivatives. *Drug Discovery Today* 21: 204-207.

27 Fleming, A. (1929). On the antibacterial action of cultures of a penicillium, with special reference to their use in the isolation of B. influenzæ. *Br. J. Exp. Pathol.* 10: 226-236.

28 Gaynes, R. (2017). The discovery of penicillin-new insights after more than 75 years of clinical use. *Emerg. Infect. Dis.* 23: 849-853.

29 Tan, S. and Tatsumura, Y. (2015). Alexander Fleming (1881-1955): discoverer of penicillin. *Singapore Med. J.* 56: 366-367.

30 Schatz, A., Bugie, E., and Waksman, S.A. (1944). Streptomycin, a substance exhibiting antibiotic activity against gram-positive and gram-negative bacteria. *Clin. Orthop. Relat. Res.* 2005: 3-6.

31 (a) Pringle, P. and Moss, D.W. (2012). *Experiment eleven: deceit and betrayal in the discovery of the cure for tuberculosis*. London; New York: Bloomsbury.(b) Wainwright, M. (1991). Streptomycin-discovery and resultant controversy.*Hist. Phil. Life Sci.* 13: 97-124.

32 Gall, Y.M. and Konashev, M.B. (2001). The discovery of Gramicidin S: the intel-lectual transformation of G.F. Gause from biologist to researcher of antibiotics and on its meaning for the fate of Russian genetics. *Hist. Phil. Life Sci.* 23: 137-150.

33 Zubrod, C.G., Schepartz, S.A., and Carter, S.K. (1977). Historical background of the National Cancer Institute's drug development thrust. *Natl. Cancer Inst. Monogr.*: 7-11.

34 Wall, M.E., Wani, M.C., Cook, C.E. et al. (1966). Plant antitumor agents. I. Iso-lation and structure of camptothecin a novel alkaloidal leukemia and tumor inhibitor from Camptotheca acuminata. *J. Am. Chem. Soc.* 88: 3888-3890.

35 Stork, G. and Schultz, A.G. (1971). The total synthesis of dl-camptothecin. *J. Am. Chem. Soc.* 93: 4074-4075.

36 (a) Danishefsky, S., Etheredge, S.J., Volkmann, R. et al. (1971). Nucleophilic additions to allenes-New synthesis of alpha-pyridones. *J. Am. Chem. Soc.* 93: 5575. (b) Volkmann, R., Danishefsky, S., Eggler, J., and Solomon, D.M. (1971). Total synthesis of DL-camptothecin. *J. Am. Chem. Soc.* 93: 5576.

37 Boch, M., Winterfeldt, E., Nelke, J.M. et al. (1972). Reactions with indole-derivatives. 17. Biogenetically orientated total-synthesis of DL-camptothecin and 7-chlorocamptothecin. *Chem. Ber-Recl.* 105: 2126.

38 (a) Hertzberg, R.P., Caranfa, M.J., and Hecht, S.M. (1989). On the mechanism of topoisomerase-I inhibition by camptothecin-evidence for binding to an enzyme DNA complex. *Biochemistry* 28: 4629-4638. (b) Staker, B.L., Feese, M.D., Cushman, M. et al. (2005). Structures of three classes of anticancer agents bound to the human topoisomerase I − DNA covalent complex. *J. Med. Chem.* 48: 2336-2345.

39 Wani, M.C., Taylor, H.L., Wall, M.E. et al. (1971). Plant antitumor agents. 6.Isolation and structure of taxol, a novel antileukemic and antitumor agent from Taxus-Brevifolia. *J. Am. Chem. Soc.* 93: 2325.

40 Wilson, C.R., Sauer, J.-M., and Hooser, S.B. (2001). Taxines: a review of the mechanism and toxicity of yew (*Taxus* spp.) alkaloids. *Toxicon* 39: 175-185.

41 Horwitz, S.B. (2019). Reflections on my life with taxol. *Cell* 177: 502-505.

42 (a) Schiff, P.B., Fant, J., and Horwitz, S.B. (1979). Promotion of microtubule assembly invitro by taxol. *Nature* 277: 665-667. (b) Schiff, P.B. and Horwitz,S.B. (1980). Taxol stabilizes microtubules in mouse fibroblast cells. *Proc. Natl. Acad. Sci. U. S. A.* 77: 1561-1565.

43 (a) Holton, R.A., Somoza, C., Kim, H.B. et al. (1994). First total synthesis of taxol. 1. Functionalization of the B-ring. *J. Am. Chem. Soc.* 116: 1597-1598.(b) Holton, R.A., Kim, H.B., Somoza, C. et al. (1994). First total synthesis of taxol. 2. Completion of the C-ring and D-ring. *J. Am. Chem. Soc.* 116: 1599-1600.

44 Nicolaou, K.C., Yang, Z., Liu, J.J. et al. (1994). Total synthesis of taxol. *Nature* 367: 630-634.

45 Masters, J.J., Link, J.T., Snyder, L.B. et al. (1995). A total synthesis of taxol. *Angew. Chem. Int. Ed.* 34: 1723-1726.

46 Wender, P.A. and Mucciaro, T.P. (1992). A new and practical approach to the synthesis of taxol and taxol analogs-the pinene path. *J. Am. Chem. Soc.* 114: 5878-5879.

47 (a) Morihira, K., Hara, R., Kawahara, S. et al. (1998). Enantioselective total synthesis of taxol. *J. Am. Chem. Soc.* 120: 12980-12981. (b) Kusama, H., Hara, R., Kawahara, S. et al. (2000). Enantioselective total synthesis of (-)-taxol. *J. Am. Chem. Soc.* 122: 3811-3820.

48 Mukaiyama, T., Shiina, I., Iwadare, H. et al. (1999). Asymmetric total synthesis of Taxol (R). *Chem-Eur. J.* 5: 121-161.

49 Takahashi, T., Okabe, T., Iwamoto, H. et al. (1997). A biomimetic approach to taxol: stereoselective synthesis of a 12-membered ring ene-epoxide. *Isr. J. Chem.* 37: 31-37.

50 McGuire, W.P., Rowinsky, E.K., Rosenshein, N.B. et al. (1989). Taxol: a unique antineoplastic agent with significant activity in advanced ovarian epithelial neoplasms. *Ann. Intern. Med.* 111: 273-279.

51 Gore, A. (2006). *An Inconvenient Truth: the Planetary Emergency of Global Warming and What We Can Do About It*. London: Bloomsbury.

52 Walsh, V. and Goodman, J. (1999). Cancer chemotherapy, biodiversity, public and private property: the case of the anti-cancer drug Taxol. *Soc. Sci. Med.* 49: 1215-1225.

53 Denis, J.N., Greene, A.E., Guenard, D. et al. (1988). A highly efficient, practical approach to natural taxol. *J. Am. Chem. Soc.* 110: 5917-5919.

54 Singla, A.K., Garg, A., and Aggarwal, D. (2002). Paclitaxel and its formulations. *Int. J. Pharm.* 235: 179-192.

55 Hirsh, V. (2014). nab-paclitaxel for the management of patients with advanced non-small-cell lung cancer. *Expert Rev. Anticancer Ther.* 14: 129-141.

56 Hofle, G.H., Bedorf, N., Steinmetz, H. et al. (1996). Epothilone A and B-novel 16-membered macrolides with cytotoxic activity: isolation, crystal structure, and conformation in solution. *Angew. Chem. Int. Ed.* 35: 1567-1569.

57 (a) Su, D.-S., Meng, D., Bertinato, P. et al. (1997). Total synthesis of(-)-epothilone B: an extension of the Suzuki coupling method and insights into structure-activity relationships of the epothilones. *Angew. Chem. Int. Ed.* 36: 757-759. (b) Balog, A., Meng, D.F., Kamenecka, T. et al. (1996). Total synthesis of (−)-epothilone A. *Angew. Chem. Int. Ed.* 35: 2801-2803.

58 (a) Yang, Z., He, Y., Vourloumis, D. et al. (1997). Total synthesis of epothilone A: the olefin metathesis approach. *Angew. Chem. Int. Ed.* 36: 166-168. (b) Nicolaou, K.C., Ninkovic, S., Sarabia, F. et al. (1997). Total syntheses of epothilones A and B via a macrolactonization-based strategy. *J. Am. Chem. Soc.* 119: 7974-7991.

59 (a) Fürstner, A., Mathes, C., and Grela, K. (2001). Concise total syntheses of epothilone A and C based on alkyne metathesis. *Chem. Commun.*: 1057-1059. (b) Fürstner, A., Mathes, C., and Lehmann, C.W. (2001). Alkyne metathesis: development of a novel molybdenum-based catalyst system and its application to the total synthesis of epothilone A and C. *Chem-Eur. J.* 7: 5299-5317.

60 Schinzer, D., Limberg, A., Bauer, A. et al. (1997). Total synthesis of (−)-epothilone A. *Angew. Chem. Int. Ed.* 36: 523-524.

61 Bode, J.W. and Carreira, E.M. (2001). Stereoselective syntheses of epothilones A and B via directed nitrile oxide cycloaddition1. *J. Am. Chem. Soc.* 123: 3611-3612.

62 Mulzer, J., Mantoulidis, A., and Öhler, E. (2000). Total syntheses of epothilones B and D. *J. Org. Chem.* 65: 7456-7467.

63 Lee, F.Y.F., Borzilleri, R., Fairchild, C.R. et al. (2008). Preclinical discovery of ixabepilone, a highly active antineoplastic agent. *Cancer Chemother. Pharma-col.* 63: 157-166.

64 (a) Hirata, Y. and Uemura, D. (1986). Halichondrins-antitumor polyether macrolides from a marine sponge. *Pure Appl. Chem.* 58: 701-710. (b) Uemura, D., Takahashi, K., Yamamoto, T. et al. (1985). Norhalichondrin-A-an anti-tumor polyether macrolide from a marine sponge. *J. Am. Chem. Soc.* 107: 4796-4798.

65 Hart, J.B., Lill, R.E., Hickford, S.J.H. et al. (2000). The halichondrins: chemistry, biology, supply and delivery. In: *Drugs from the Sea* (ed. N. Fusetani), 134-153. Basel: Karger.

66 Aicher, T.D., Buszek, K.R., Fang, F.G. et al. (1992). Total synthesis of halichondrin-B and norhalichondrin-B. *J. Am. Chem. Soc.* 114: 3162-3164.

67 (a) Bauer, A. (2016). *Synthesis of Heterocycles in Contemporary Medicinal Chemistry* (ed. Z. Č asar), 209-270. Cham: Springer International Publishing. (b)Jackson, K.L., Henderson, J.A., and Phillips, A.J. (2009). The halichondrins and E7389. *Chem. Rev.* 109: 3044-3079.

68 (a) Cortes, J., O'Shaughnessy, J., Loesch, D. et al. (2011). Eribulin monotherapy versus treatment of physician's choice in patients with metastatic breast cancer (EMBRACE): a phase 3 open-label randomised study. *Lancet* 377: 914-923. (b) Cortes, J., Twelves, C., Wanders, J. et al. (2011). Clinical response to eribu-lin in patients with metastatic breast cancer is independent of time to first metastatic event. EMBRACE study group. *Breast* 20: S48-S49.

69 (a) Kim, D.S., Dong, C.G., Kim, J.T. et al. (2009). New syntheses of E7389 C14-C35 and halichondrin C14-C38 building blocks: double-inversion approach. *J. Am. Chem. Soc.* 131: 15636-15641. (b) Dong, C.G., Henderson, J.A., Kaburagi, Y. et al. (2009). New syntheses of E7389 C14-C35 and halichondrin C14-C38 building blocks: reductive cyclization and oxy-Michael cyclization approaches. *J. Am. Chem. Soc.* 131: 15642-15646. (c) Yang, Y.R., Kim, D.S., and Kishi, Y. (2009). Second generation synthesis of C27-C35 building block of E7389, a synthetic halichondrin analogue. *Org. Lett.* 11: 4516-4519.

70 (a) Yu, M.J., Zheng, W.J., and Seletsky, B.M. (2013). From micrograms to grams: scale-up synthesis of eribulin mesylate. *Nat. Prod. Rep.* 30: 1158-1164. (b)Austad, B.C., Calkins, T.L., Chase, C.E. et al. (2013). Commercial man-ufacture of Halaven (R): chemoselective transformations en route to struc-turally complex macrocyclic ketones (vol 24, pg 333, 2013). *Synlett* 24, E3-E3.(c)Fukuyama, T., Chiba, H., Kuroda, H. et al. (2016). Application of contin-uous flow for DIBAL-H reduction and n-BuLi mediated coupling reaction in the synthesis of eribulin mesylate. *Org. Process Res. Dev.* 20: 503-509. (d)Fukuyama, T., Chiba, H., Takigawa, T. et al. (2016). Application of a rotor stator high-shear system for Cr/Mn-mediated reactions in eribulin mesylate synthesis. *Org. Process Res. Dev.* 20: 100-104.

71 Kawano, S., Ito, K., Yahata, K. et al. (2019). A landmark in drug discovery based on complex natural product synthesis. *Sci. Rep.* 9: 8656.

72 Levesque, F. and Seeberger, P.H. (2012). Continuous-flow synthesis of the anti-malaria drug artemisinin. *Angew. Chem. Int. Ed.* 51: 1706-1709.

73 (a) Chang, Z.Y. (2016). The discovery of Qinghaosu (artemisinin) as an effec-tive anti-malaria drug: a unique China story. *Sci. China Life Sci.* 59: 81-88. (b) Tu, Y.Y. (2011). The discovery of artemisinin (qinghaosu) and gifts from Chinese medicine. *Nat. Med.* 17: 1217-1220. (c) Wang, M.Y. (2016). Publication process involving the discovery of artemisinin (qinghaosu) before 1985.

Asian Pac. J. Trop. Biomed. 6: 461-467. (d) Jianfang, Z. and Arnold, K.M. (2013). *A Detailed Chronological Record of Project 523 and the Discovery and Development of Qinghaosu (Artemisinin)*. Strategic Book Publishing and Rights Company.

74 Gilmore, K., Kopetzki, D., Lee, J.W. et al. (2014). Continuous synthesis of artemisinin-derived medicines. *Chem. Commun.* 50: 12652-12655.

75 Turconi, J., Griolet, F., Guevel, R. et al. (2014). Semisynthetic artemisinin, the chemical path to industrial production. *Org. Process Res. Dev.* 18: 417-422.

76 Hanada, M., Sugawara, K., Kaneta, K. et al. (1992). Epoxomicin, a new antitu-mor agent of microbial origin. *J. Antibiot.* 45: 1746-1752.

77 Sin, N., Kim, K.B., Elofsson, M. et al. (1999). Total synthesis of the potent proteasome inhibitor epoxomicin: a useful tool for understanding proteasome biology. *Bioorg. Med. Chem. Lett.* 9: 2283-2288.

78 Meng, L., Mohan, R., Kwok, B.H.B. et al. (1999). Epoxomicin, a potent and selective proteasome inhibitor, exhibits in vivo antiinflammatory activity. *Proc. Natl. Acad. Sci. U. S. A.* 96: 10403-10408.

79 Myung, J., Kim, K.B., and Crews, C.M. (2001). The ubiquitin-proteasome path-way and proteasome inhibitors. *Med. Res. Rev.* 21: 245-273.

80 Groll, M., Kim, K.B., Kairies, N. et al. (2000). Crystal structure of epox-omicin: 20S proteasome reveals a molecular basis for selectivity of alpha',beta'-epoxyketone proteasome inhibitors. *J. Am. Chem. Soc.* 122: 1237-1238.

81 Elofsson, M., Splittgerber, U., Myung, J. et al. (1999). Towards subunit-specific proteasome inhibitors: synthesis and evaluation of peptide α', β'-epoxyketones. *Chem. Biol.* 6: 811-822.

82 Rosenfeld, L. (2002). Insulin: discovery and controversy. *Clin. Chem.* 48: 2270-2288.

83 Beals, J.M. (2005). *Successful Drug Discovery*, vol. 1, 35-60. Weinheim: Wiley-VCH.

84 Banting, F.G., Best, C.H., Collip, J.B. et al. (1922). Pancreatic extracts in the treatment of diabetes mellitus. *Can. Med. Assoc. J.* 12: 141-146.

85 Zuelzer, G. (1908). Ueber Versuche einer specifischen Fermenttherapie des Dia-betes. *Zeitschrift f. exp. Pathologie u. Therapie* 5: 307-318.

86 Scott, E.L. (1912). On the influence of intravenous injections of an extract of the pancreas on experimental pancreatic diabetes. *Am. J. Physiol.* 29: 306-310.

87 Ionescu-Tirgoviste, C. and Buda, O. (2017). Nicolae Constantin Paulescu. The First Explicit Description of the Internal Secretion of the Pancreas. *Acta Med. Hist. Adriat.* 15: 303-322.

88 Kohler, G. and Milstein, C. (1975). Continuous cultures of fused cells secreting antibody of predefined specificity. *Nature* 256: 495-497.

89 Stashenko, P., Nadler, L.M., Hardy, R., and Schlossman, S.F. (1980). Characteri-zation of a human B lymphocyte-specific antigen. *J. Immunol.* 125: 1678-1685.

90 Tedder, T.F., Streuli, M., Schlossman, S.F., and Saito, H. (1988). Isolation and structure of a cDNA encoding the B1 (CD20) cell-surface antigen of human B lymphocytes. *Proc. Natl. Acad. Sci. U. S. A.* 85: 208-212.

91 Nadler, L.M., Stashenko, P., Hardy, R. et al. (1980). Serotherapy of a patient with a monoclonal-antibody directed against a human lymphoma-associated antigen. *Cancer Res.* 40: 3147-3154.

92 (a) Boulianne, G.L., Hozumi, N., and Shulman, M.J. (1984). Production of func-tional chimaeric mouse/human antibody. *Nature* 312: 643-646. (b) Morrison, S.L., Johnson, M.J., Herzenberg, L.A., and Oi, V.T. (1984). Chimeric human antibody molecules: mouse antigen-binding domains with human constant region domains. *Proc. Natl. Acad. Sci. U. S. A.* 81: 6851-6855.

93 (a) Lampson, L.A. and Levy, R. (1979). A role for clonal antigens in cancer diagnosis and therapy. *J. Natl. Cancer Inst.* 62: 217-220. (b) Levy, R., Warnke, R., Dorfman, R.F., and Haimovich, J. (1977). The monoclonality of human B-cell lymphomas. *J. Exp. Med.* 145: 1014-1028.

94 Miller, R.A., Maloney, D.G., Warnke, R., and Levy, R. (1982). Treatment of B-cell lymphoma with monoclonal anti-idiotype antibody. *N. Engl. J. Med.* 306: 517-522.

95 Pierpont, T.M., Limper, C.B., and Richards, K.L. (2018). Past, present, and future of rituximab-the world's first oncology monoclonal antibody therapy. *Front. Oncol.* 8: 163.

96 Maloney, D.G., Liles, T.M., Czerwinski, D.K. et al. (1994). Phase-I clinical-trial using escalating single-dose infusion of chimeric anti-Cd20 monoclonal-antibody (Idec-C2b8) in patients with recurrent B-cell lymphoma. *Blood* 84: 2457-2466.

97 Brady, R.O., Kanfer, J.N., Bradley, R.M., and Shapiro, D. (1966). Demonstration of a deficiency of glucocerebroside-cleaving enzyme in Gaucher's disease. *J. Clin. Invest.* 45: 1112-1115.

98 Brady, R.O., Pentchev, P.G., Gal, A.E. et al. (1974). Replacement ther-apy for inherited enzyme deficiency-use of purified glucocerebrosidase in Gauchers-disease. *New Engl. J. Med.* 291: 989-993.

99 Brady, R.O. and Barton, N.W. (1994). Enzyme replacement therapy for Gaucher disease-critical investigations beyond demonstration of clinical efficacy. *Biochem. Med. Metab. B* 52: 1-9.

100 Brady, R.O. and Barton, N.W. (1996). Enzyme replacement and gene therapy for Gaucher's disease. *Lipids* 31: S137-S139.

101 Deegan, P.B. and Cox, T.M. (2012). Imiglucerase in the treatment of Gaucher disease: a history and perspective. *Drug Des. Dev. Ther.* 6: 81.

102 Breslow, R. (2016). *Successful Drug Discovery*, vol. 2 (ed. W.E.C. János Fischer), 1-11. Weinheim: Wiley-VCH.

103 Yoshida, M., Kijima, M., Akita, M., and Beppu, T. (1990). Potent and specific-inhibition of mammalian histone deacetylase both invivo and invitro by trichostatin-A. *J. Biolumin. Chemilumin.* 265: 17174-17179.

104 Finnin, M.S., Donigian, J.R., Cohen, A. et al. (1999). Structures of a histone deacetylase homologue bound to the TSA and SAHA inhibitors. *Nature* 401: 188-193.

105 Kelly, W.K., Richon, V.M., O'Connor, O. et al. (2003). Phase I clinical trial of histone deacetylase inhibitor: suberoylanilide hydroxamic acid administered intravenously. *Clin. Cancer Res.* 9: 3578-3588.

106 Molina, A.M., Van Der Mijn, J.C., Christos, P. et al. (2020). NCI 6896: a phase I trial of vorinostat (SAHA) and isotretinoin (13-cis retinoic acid) in the treat-ment of patients with advanced renal cell carcinoma. *Invest. New Drugs*.

107 Schiedel, M. and Conway, S.J. (2018). Small molecules as tools to study the chemical epigenetics of lysine acetylation. *Curr. Opin. Chem. Biol.* 45: 166-178.

108 (a) Eckschlager, T., Plch, J., Stiborova, M., and Hrabeta, J. (2017). Histone deacetylase inhibitors as anticancer drugs. *Int. J. Mol. Sci.* 18: 1414. (b) Jiang, Z.F., Li, W., Hu, X.C. et al. (2019). Tucidinostat plus exemestane for post-menopausal patients with advanced, hormone receptor-positive breast cancer (ACE): a randomised, double-blind, placebo-controlled, phase 3 trial. *Lancet Oncol.* 20: 806-815. (c) Yang, F., Zhao, N., Hu, Y. et al. (2020). The development process: from SAHA to hydroxamate HDAC inhibitors with branched CAP region and linear linker. *Chem. Biodivers.* 17: e1900427. (d) Zhang, Q., Wang, S., Chen, J., and Yu, Z. (2019). Histone deacetylases (HDACs) guided novel therapies for T-cell lymphomas. *Int. J. Med. Sci.* 16: 424-442.

109 Lu, X.P., Ning, Z.-Q., Li, Z.-B. et al. (2016). *Successful Drug Discovery* (ed. W.E.C.J. Fischer), 89-114. Weinheim: Wiley-VCH.

110 Prusoff, W.H. (1959). Synthesis and biological activities of iododeoxyuridine, an analog of thymidine. *Biochim. Biophys. Acta* 32: 295-296.

111 Clercq, E.D. and Holý, A. (2005). Acyclic nucleoside phosphonates: a key class of antiviral drugs. *Nat. Rev. Drug Discovery* 4: 928-940.

112 De Clercq, E., Descamps, J., De Somer, P., and Holy, A. (1978). (*S*)-9-(2,3-Dihydroxypropyl) adenine: an aliphatic nucleoside analog with broad-spectrum antiviral activity. *Science* 200: 563-565.

113 Declercq, E., Holy, A., Rosenberg, I. et al. (1986). A novel selective broad-spectrum anti-DNA virus agent. *Nature* 323: 464-467.

114 De Clercq, E., Sakuma, T., Baba, M. et al. (1987). Antiviral activity of phos-phonylmethoxyalkyl derivatives of purine and pyrimidines. *Antiviral Res.* 8: 261-272.

115 Pradere, U., Garnier-Amblard, E.C., Coats, S.J. et al. (2014). Synthesis of nucleo-side phosphate and phosphonate prodrugs. *Chem. Rev.* 114: 9154-9218.

116 Wittayanarakul, K., Aruksakunwong, O., Saen-Oon, S. et al. (2005). Insights into saquinavir resistance in the G48V HIV-1 protease: quantum calculations and molecular dynamic simulations. *Biophys. J.* 88: 867-879.

117 Ghosh, A.K., Sridhar, P.R., Leshchenko, S. et al. (2006). Structure-based design of novel HIV-1 protease inhibitors to combat drug resistance. *J. Med. Chem.* 49: 5252-5261.

118 (a) Ghosh, A.K., Anderson, D.D., Weber, I.T., and Mitsuya, H. (2012). Enhanc-ing protein backbone binding-a fruitful concept for combating drug-resistant HIV. *Angew. Chem. Int. Ed.* 51: 1778-1802. (b) Ghosh, A.K., Chapsal, B.D., Weber, I.T., and Mitsuya, H. (2008). Design of HIV protease inhibitors target-ing protein backbone: an effective strategy for combating drug resistance. *Acc. Chem. Res.* 41: 78-86.

119 Surleraux, D.L., Tahri, A., Verschueren, W.G. et al. (2005). Discovery and selec-tion of TMC114, a next generation HIV-1 protease inhibitor. *J. Med. Chem.* 48: 1813-1822.

120 King, N.M., Prabu-Jeyabalan, M., Nalivaika, E.A. et al. (2004). Structural and thermodynamic basis for the binding of TMC114, a next-generation human immunodeficiency virus type 1 protease inhibitor. *J. Virol.* 78: 12012-12021.

121 Umezawa, H., Imoto, M., Sawa, T. et al. (1986). Studies on a new epidermal growth factor-receptor kinase inhibitor, erbstatin, produced by MH435-hF3. *J. Antibiot. (Tokyo)* 39: 170-173.

122 Mohammadi, M., McMahon, G., Sun, L. et al. (1997). Structures of the tyrosine kinase domain of fibroblast growth factor receptor in complex with inhibitors. *Science* 276: 955-960.

123 Union, O.E. (2018). *Health at a Glance: Europe 2018: State of Health in the EU Cycle*, vol. 2020. Paris/Brussels: OECD Publishing/European Union.

124 NIH (2018). NIH Central Resource for Grants and Funding Information-Peer review, Vol. 2020, https://grants.nih.gov/grants/peer-review.htm (accessed 18 May 2020).

第2章

从降解剂到分子胶：疾病相关蛋白降解的新方式

2.1 引言

靶向蛋白降解（targeted protein degradation）正成为对抗“非成药”靶点的首选武器，有望扩大已知的药物靶点空间。这项新技术将降低疾病相关蛋白（disease-associated protein）水平作为一种治疗策略。大多数小分子药物通过阻断蛋白的活性位点而抑制蛋白活性，而降解剂或蛋白水解靶向嵌合体（proteolysis-targeting chimera，PROTAC）技术则利用细胞自身的回收机制来去除目标蛋白（protein of interest，POI）。

对于这项正从实验室向临床过渡的新技术而言，当前正是激动人心的时代。首批降解剂于2019年进入临床试验，该领域研究人员正迫切地等待结果，以证明其作为新疗法的潜力。小型生物技术公司和大型制药公司都对这项相对年轻的技术寄予厚望。

从2001年报道的第一代降解剂到目前刚进入临床的最新一代降解剂，本章将简要概述其发展史，并讨论其作为新治疗方式的潜力。此外，还将重点关注这一快速发展领域的研究进展，阐述降解剂设计、合成的经验，并综述目前已被成功降解的不同类型的蛋白靶点。

最后，本章将讨论该领域的未来前景和下一代降解剂的潜力，以及靶向细胞蛋白酶体水解机制的相关技术，如分子胶（molecular glues）或单价降解剂（monovalent degrader）。

2.2 降解剂的定义与发展历史

传统而言，小分子通过占据和阻断蛋白活性位点、配体结合位点或变构结合位点来抑制疾病相关蛋白；而通过挟持细胞的回收机制——泛素-蛋白酶体系统（ubiquitin-proteasome system，UPS）去除整个蛋白，已成为另一种替代的新方法[1]。为了实现这一目标，药物研发人员设计了所谓的降解剂或PROTAC，即一种异双功能分子，由一个连接臂组成，该连接臂的一端连接靶向POI的配体，另一端连接靶向E3泛素连接酶的配体，目标是形成三元复合物。将E3连接酶（E3 ligase）和目标蛋白拉近通常足以启动多重泛素化和随后的蛋白降解，进而将POI降解成小肽片段和氨基酸（图2.1）[2-4]。

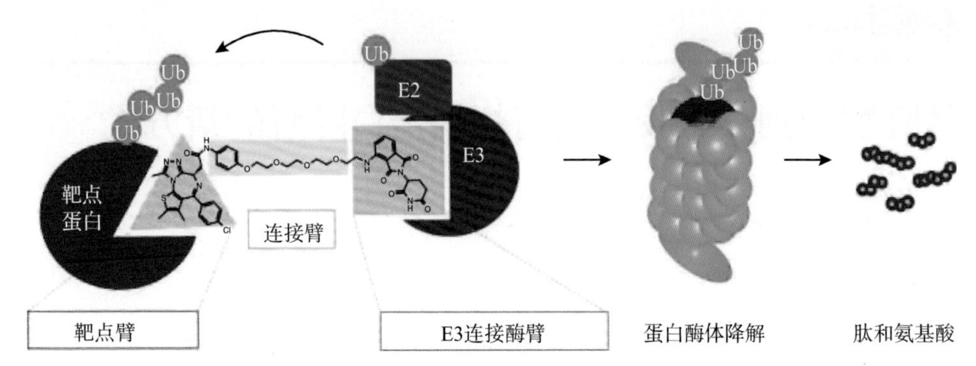

图2.1 降解剂介导的靶点蛋白降解（以BRD4降解剂ARV825为例说明）[2]

主要有三个家族的酶执行泛素化，分别是泛素活化酶（ubiquitin-activating enzyme，E1）、泛素缀合酶（ubiquitin-conjugating enzyme，E2）和泛素连接酶（ubiquitin ligase，E3）。人类基因组可编码600多个E3、40个E2和2个E1，它们参与调控多种蛋白复合物，其中E3对底物具有特异性[5, 6]。该领域目前仍有很多未知问题，近一半的E3没有得到明确的功能表征。

降解过程中的关键步骤是在泛素C端甘氨酸和目标蛋白赖氨酸侧链的 ε-氨基之间形成新化学键。泛素C端甘氨酸羧酸由E1活化，然后转移至E2，最后连接至E3识别的底物蛋白上。单泛素化后，重复后续每个泛素单元48位赖氨酸（K48）的泛素化，并介导多聚泛素化。在真核生物中，26S蛋白酶体可识别多聚泛素化的靶蛋白，进而引发去泛素化和后续的降解[7]。通过彻底地降解细胞中的靶蛋白，这项新技术类似敲低或敲除技术，但这种干预发生在翻译后水平而非基因水平。

值得注意的是，如果细胞内的蛋白酶体途径被蛋白酶体抑制剂［如硼替佐米（bortezomib）或卡非佐米（carfilzomib）］完全抑制，那么蛋白将开始在细胞中累积，最终导致细胞凋亡，这种效应也可用于杀死肿瘤细胞，治疗多发性骨髓瘤和套细胞淋巴瘤（mantle cell lymphoma）[8, 9]。

2001年，坂本（Sakamoto）等第一次报道了降解剂的概念验证，他们通过含有Skp-Cullin-F-box的E3复合物（Skp-Cullin-F-box-containing E3 complex，SCF）$SCF^{\beta\text{-TRCP}}$诱导MetAP2蛋白的多聚泛素化（图2.2）[10]。

由于当时还没有小分子可以结合E3，研究小组采用了一种10-mer磷酸肽来结合F-box蛋白β-TRCP。同年，两篇论文揭示了缺氧诱导因子-1α（hypoxia-inducible factor-1α，HIF-1α）衍生肽和冯·希佩尔-林道（von Hippel-Lindau，VHL）E3连接酶的结合模式，HIF-1α是一种参与细胞缺氧应答的转录因子[11, 12]，而VHL介导HIF-1α的多泛素化和后续的降解[13, 14]。HIF-1α与VHL的结合依赖于HIF-1α上特定的脯氨酸残基P564的羟基化[15]。受这一观察的启发，含有羟化脯氨酸的短肽被设计出来，并用于招募E3连接酶VHL降解靶蛋白，如12kDa FK506-结合蛋白（12kDa FK506-binding protein，FKBP12）和雄激素受体（androgen receptor，AR）[16]。然而，第一代肽类降解剂分子量（molecular weight，MW）较高、渗透性较低，且酰胺键不稳定，这些特点限制了肽类配体的应用前景，表明需要向更具小分子特征的E3连接酶配体的方向进行优化。

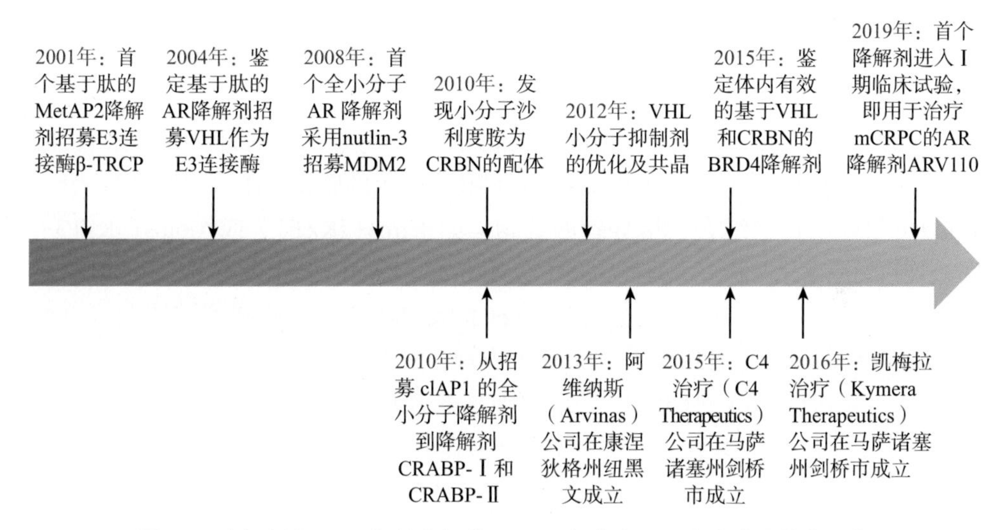

图2.2　降解剂自2001年首次报道至2019年首次进入临床试验的发展史

第一代完全意义上的小分子降解剂以nutlins作为配体，结合E3连接酶MDM2[17]。第二代小分子降解剂紧随其后，招募细胞凋亡蛋白1抑制剂（cellular inhibitor of apoptosis protein 1，cIAP1）作为E3连接酶，被命名为特异性和非遗传性IAP依赖的蛋白擦除剂（specific and non-genetic IAP-dependent protein eraser，SNIPER）。设计这类分子最初是为了降解细胞视黄酸结合蛋白（cellular retinoic acid-binding protein，CRABP）-Ⅰ、CRABP-Ⅱ[18, 19]。

研究发现，小分子沙利度胺（thalidomide）及其衍生物可与广泛表达的E3连接酶cereblon（CRBN）发生相互作用，该发现为全新一代降解剂的研发铺平了道路，此类降解剂可基于沙利度胺及其衍生物招募E3配体（图2.3）[2, 3]。

20世纪50年代中期，在欧洲、澳大利亚、亚洲和南美洲等地，沙利度胺作为镇静剂被批准上市。该药物最初被用于缓解孕妇晨吐，但由于严重的致畸活性，导致数千新生婴儿的先天缺陷，因此于20世纪60年代初被撤市[20]。

在认识到沙利度胺及其衍生物具有免疫调节和抗炎作用之后，其很快获批用于治疗红斑麻风结节病和多发性骨髓瘤，这也产生了一个新的术语——免疫调节性酰亚胺类药物（immunomodulatory imide drug，IMiD）（有关MoA的详细信息，请参阅第2.7节）[20]。

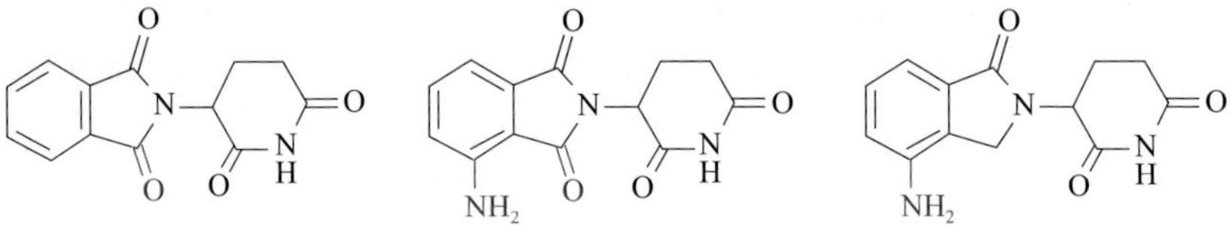

沙利度胺
（thalidomide）

泊马度胺
（pomalidomide）

来那度胺
（lenalidomide）

图2.3 结合E3连接酶CRBN的IMiD的结构（有关作用方式的更多详情，请参见图2.12）

2010年的机制研究显示，CRBN是IMiD的结合靶点，CRBN是cullin-4-RING-E3连接酶复合物CUL4-RBX1-DDB1-CRBN（$CRL4^{CRBN}$）的底物受体[21, 22]。研究表明，IMiD可与$CRL4^{CRBN}$结合，招募新的底物，如Ikaros（IKZF1）或Aiolos（IKZF3），可被连接酶泛素化并降解，而其生理底物MEIS2的泛素化则被阻断[23-26]。有趣的是，来那度胺（lenalidomide）可造成新底物CK1α的降解，而沙利度胺或泊马度胺（pomalidomide）却无此功能[27, 28]。研究发现了一类全新的CRBN调节剂CC-885，可招募新底物GSPT1到$CRL4^{CRBN}$泛素连接酶并进行降解，从而产生抗肿瘤活性[29]。此外，另一项有关GSPT1和ZFP91降解的研究表明，在泊马度胺上添加连接臂和靶向配体不干扰新底物的降解。这种新底物的降解不依赖靶向配体，而是由IMiD依赖的CRBN表面重塑造成的[30]。在所有这些示例中，IMiD是CRBN和新底物之间的分子胶，促使新底物与CRBN 结合，进而导致后续的泛素化和降解。

同时，VHL非肽类配体的结构导向优化，如基于上述HIF-1α 564位羟化脯氨酸结构设计的配体VHL-1（图2.4），不仅将配体的分子量降至400 Da左右，同时也显著改善了降解剂分子的极性表面积（polar surface area，PSA）和脂水分配系数（Log P），使其更具有类药性[31, 32]。VHL的晶体结构进一步帮助将解离常数（K_d）优化降至1 μmol/L以下。这些进展促进了各种招募VHL作为E3 连接酶的小分子降解剂的不断涌现[33, 34]。

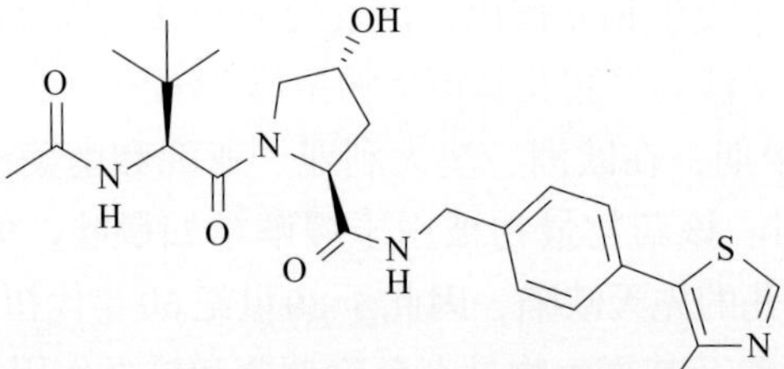

VHL-1

图2.4 VHL-1的结构，一个优化后的E3连接酶VHL的配体

自2015年出现这些突破性进展以来，有关体内外试验证实降解剂的文献报道数量呈指数级增长（图2.5）。

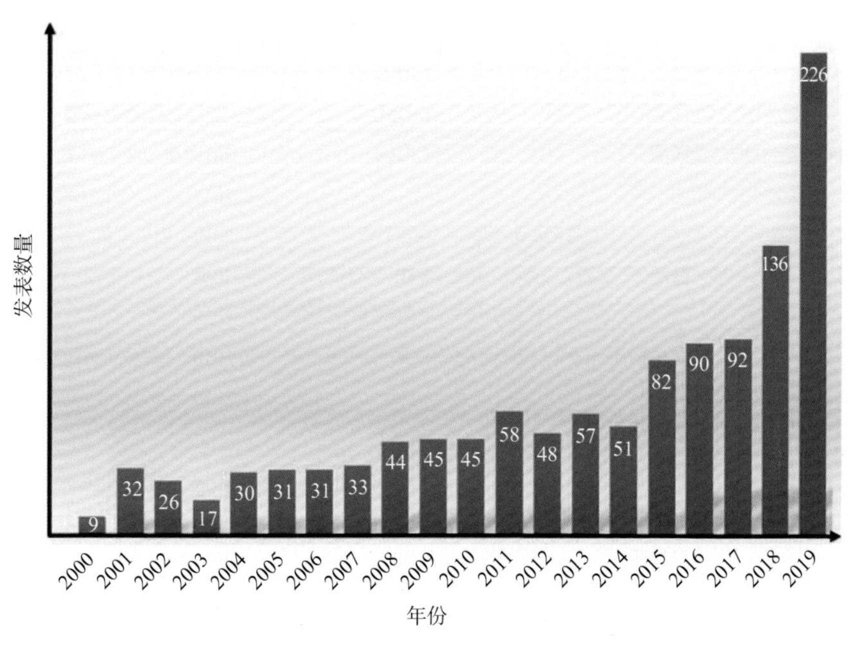

图2.5　有关降解剂论文的发表数量逐渐上升

来源：PubMed，04/2020，搜索关键词"degraders"和"PROTACs"

迄今为止，细胞溶质、膜结合或核蛋白，以及多种结构类型的蛋白，包括溴结构域、激素受体和受体酪氨酸激酶（receptor tyrosine kinase），均可被成功降解（表2.1）[35-37]。

表2.1　已被成功降解的不同靶点类型的代表性示例[35-38]

靶点	靶点类型	E3连接酶	发表年份	参考文献
ALK	激酶	VHL	2018	[39-41]
AR	转录因子	SCF	2018	[16，17，42-46]
		VHL	2019	
		MDM2		
		cIAP1		
BCL-2和BCL-XL	转录因子	VHL	2019	[47，48]
		CRBN		
BCR-ABL	融合蛋白	VHL	2016	[49-52]
		CRBN	2017	
		cIAP1		

续表

靶点	靶点类型	E3连接酶	发表年份	参考文献
		VHL	2015～2018	[2，3，53-60]
		CRBN		
		MDM2		
CDK4/6	激酶	CRBN	2016	[67-72]
			2017	
			2019	
EGFR	激酶	VHL	2018	[73，74]
		CRBN	2020	
ER	转录因子	SCF	2018	[46，75-77]
		VHL	2019	
		cIAP1		
FAK	具有骨架功能的激酶	VHL	2018	[78-80]
		CRBN	2019	
FKBP12	异构酶	CRBN	2015	[3，81-83]
			2018	
			2019	
FLT3	激酶	CRBN	2018	[62，84]
		VHL		
		CRBN	2018	[85-87]
		VHL	2019	
HDAC6	去乙酰化酶	CRBN	2018	[85-87]
		VHL	2019	
HRAK4	激酶	VHL	2019	[88]
MDM2	E3泛素-蛋白连接酶	CRBN	2018	[89，90]
			2019	
PARP1	多聚（ADP-核糖）聚合酶	MDM2	2018	[91]
PI3Ks	激酶	CRBN	2018	[92]
RIPK2	激酶	VHL	2015	[33]
STAT3	转录因子	CRBN	2019	[93]
Tau	微管相关的骨架蛋白	CRBN	2016	[94-96]
		Keap1	2018	
			2019	
NS3	丝氨酸型蛋白酶	CRBN	2019	[97]
PCAF和GCN5	乙酰转移酶	CRBN	2018	[98]

为了将靶向蛋白降解的概念转化为癌症和其他难治疾病的治疗策略，几家生物技术公司相继成立。例如，2013年，克鲁斯（Crews）及其同事基于他们在耶鲁大学的研究，在康涅狄格州纽黑文成立了阿维纳斯（Arvinas）公司，主要开发靶向如雄激素受体（androgen receptor，AR）和雌激素受体（estrogen receptor，ER）的降解剂[99]。2015年，与丹娜-法伯癌症研究所（Dana-Farber Cancer Institute）布拉德纳（Bradner）实验室有关的C4治疗（C4 Therapeutics）公司成立。2016年，凯梅拉治疗（Kymera Therapeutics）公司在马萨诸塞州剑桥市成立[100, 101]。目前，几乎所有的大型制药公司均被这一新技术所吸引，都在积极投资靶向蛋白降解的研究领域[102, 103]。

目前最成熟的降解剂之一是由阿维纳斯公司开发的一种具有口服生物利用度的AR降解剂ARV110，用于转移性去势抵抗性前列腺癌（metastatic castration-resistant prostate cancer，mCRPC）的治疗，该降解剂于2019年3月进入Ⅰ期临床试验，之后不久便获得FDA批准进入快速审评通道[104-106]。

2.3 泛素-蛋白酶体系统和E3连接酶的注意事项

蛋白的降解和循环利用是维持细胞稳态的重要过程。向底物蛋白上添加多聚泛素链是细胞生物学的基本操作。26S蛋白酶体可降解带有K48泛素链的多泛素化蛋白，而其他赖氨酸上的泛素链大多具有非蛋白酶体功能（如膜的重新定位），但仍不清楚细胞如何解读每种链。

由于E3连接酶介导了多种特异性底物，使其成为泛素化途径中种类最多的一类酶。目前，根据特征区域和底物蛋白上的泛素转移机制，E3连接酶可分为三类：RING E3、HECT E3和RBR E3。了解具体的某个蛋白如何、何时，以及被哪种E3连接酶泛素化是理解蛋白组调控的关键，但目前距离我们理解E3连接酶底物特异性背后的所有控制因素还很遥远[107]。一般而言，泛素化取决于E3连接酶与底物的接近程度。这是靶向蛋白降解的原理基础，该过程依赖降解剂诱导的接近度，使得E3连接酶接受新的底物。E3连接酶的杂泛性已经研究了很久。例如，研究表明5/6的连接酶可被重新用于其他很多不反应的底物[108]。目前E3连接酶大约有600种，而其他调节蛋白组的衔接蛋白也有很多，这在理论上为未来的新疗法开发提供了丰富的资源。

最近的综述已经深入探讨了E3连接酶靶向蛋白降解的机遇及局限性，并详细总结了其成为配体的可能性[38]，因此这些方面在本章中仅做简要介绍。

为了有效进行降解，连接酶和底物必须在空间和时间上同域化。E3连接酶可降解核内和细胞质中的蛋白。例如，临床已证明由IMiD重介导的CRBN对

Ikaros和Aiolos等核蛋白具有较强活性。理论上，连接酶也必须表达出足够的水平。有研究表明，来那度胺和泊马度胺的临床疗效与CRBN表达水平呈强正相关[109, 110]。这并不意味着连接酶的表达需要无处不在，而组织或区室特异性表达且具备活性可能更有益，因为这增加了连接酶系统参与的特异性，潜在提高了治疗指数。例如，最近研究发现，针对同一靶点，两种分别基于VHL和CRBN的降解剂在不同器官的肿瘤细胞株上表现出不同的降解活性[111]，表明在一个已知的疾病模型中增加1 v 1的对比可能是更有效的策略。在肿瘤学方面，对肿瘤细胞或者肿瘤本身，E3连接酶均是重要的靶点，因为细胞很依赖这些已经被用于靶向治疗的E3连接酶。因此，肿瘤细胞不能通过将其失活作为抗性途径而影响其自身的活力。在这方面，CRBN可能并不是理想的候选靶点，因为研究表明其在许多细胞株中并不重要[111-113]。

尽管有这些注意事项，但E3连接酶家族的多功能性仍为新配体的发现带来了新的机遇。然而，到目前为止，靶向蛋白降解领域对于全新的E3连接酶的探究仍远远不够。其中一个原因可能是可用的“弹头”有限。对于连接酶VHL、cIAP1、KEAP1、MDM2和CRBN而言，配体可得，且概念验证也相对容易。而其他连接酶的概念验证方法尚未建立。因此，目前并不清楚在设计降解剂时某个配体与E3连接酶底物的某个位点相连是否具有功能，很难预测某个配体对于某个新的连接酶是否有用。尽管如此，仍需要不断探索新的连接酶，尤其是那些已经发现功能性配体的连接酶，不管是通过前瞻性发现（如β-TRCP）还是偶然发现（DCAF15）[114, 115]。另一个开发全新 E3 连接酶较为迟缓的原因可能是从实用角度出发的。当前使用的连接酶均已得到广泛验证，并且似乎对广泛的靶点均具有活性[30, 62]。寻找E3连接酶的新配体是一个完整的药物发现项目，但不能保证能否将其配体成功转化为降解剂。向明确参与蛋白降解的E3连接酶传递的不是药物而是结合动机。因此，没有寻找全新连接酶的迫切需要。发现和验证新的E3连接酶作为降解锚，意味着要冒更大的风险，许多公司不愿意在这方面投资。鉴于降解剂的设计和合成并将其转化为药物是一项非常耗费资源的工作，并且二价降解方法（与分子胶样降解剂方法不同，参见2.7）尚未经过临床验证，因此可以理解研究人员在面对更多复杂性和风险时为何犹豫不前。

但是，有一个方面仍需要注意，使用已发表的配体和验证的E3连接酶时，报道的配体通常仍保留原有的功能，这可能是有益的，如有关基于MDM2降解剂的案例。一些含有MDM2结合部分的异双功能分子保留了原始功能，如p53的稳定化作用，这引起了癌细胞中的协同效应[60]。相比之下，肿瘤抑制因子VHL可靶向其生理底物HIF-1α[116]。因此，对于VHL的降解剂需要仔细监测，确保其不会复制与VHL功能丧失突变类似的任何不良影响。此外，也存在一定的CRBN相关风险。迄今为止，在所有报道的实例中，结合CRBN的异双功能分子均采用临床批准的CRBN调节剂衍生的基团，这可能导致意外的脱靶效应。例如，MEIS2的积累，而MEIS2既是CRBN的一种生理底物[23]，也参与Ikaros、Aiolos[67]、GSPT1[117]、CK1α[27, 28]或SALL4[118, 119]的降解。在某些情况下，这种影响可能是有益的，并产生协同作用，如在某些血液系统癌症中。与VHL配体不同（至少据目前所知），设计出不显著影响CRBN正常功能的异双功能分子是可能的，因为与肽衍生的VHL配体相比，在调节或消除新底物时，靶向CRBN的小分子显示出更大的修饰灵活性。

2.4 通用设计方面

降解剂通常分子量很大（大约1 kDa），包含E3泛素连接酶结合配体、靶蛋白结合配体和中间的连接臂。因此，与传统的小分子相比，这些化合物的合成、分析和纯化更具挑战性。

E3连接酶配体和连接臂的选择会影响降解剂的分子构象、结合方向、三元复合物形成、选择性和理化性质，这些因素同样会对活性造成影响。降解剂优化需要考虑的另一个方面是E3连接酶配体和靶蛋白配体上的“出口载体”，其是各自配体与连接臂桥接的化学基团[120]。

不同的E3连接酶拥有各自的靶向性非肽类降解剂。例如，基于nutlin的MDM2配体[17]，基于HIF-1α羟脯氨酸结构的VHL配体[31, 121]和基于邻苯二甲酰亚胺的CRBN配体（如沙利度胺、泊马度胺或来那度胺）（图2.6）。

降解剂的设计和优化仍然非常复杂，将小分子抑制剂转化为成功的降解剂有时需采用经验方法。理想情况下，可首先构建一个由不同长度连接臂与不同E3连接酶配体偶联得到的降解剂化合物库，然后测试三元复合物的形成和靶蛋白的降解。为了快速将多个配体或抑制剂骨架转化为候选降解剂化合物库，一个实用的方法是设计一组合成砌块和带有VHL或CRBN（迄今为止靶向蛋白降解领域研究最充分的E3连接酶）结合配体的降解前体，通过各种类型和长度的连接臂［如长度为1-5的碳氢化合物或聚乙二醇（PEG）连接臂］连接到一个终止官能团，该官能团可直接缀合到所选的靶点结合配体之上。这种方法可以为任何新靶点快速构建全面而系统的降解分子库。偶联可用反应基团的方式有很多，但首个降解剂使用了酰胺键进行连接，因为羧酸和胺的合成砌块广泛易得。这种方法目前特别引人关注，以至于一些公司正在提供可商业购买的降解剂合成砌块。

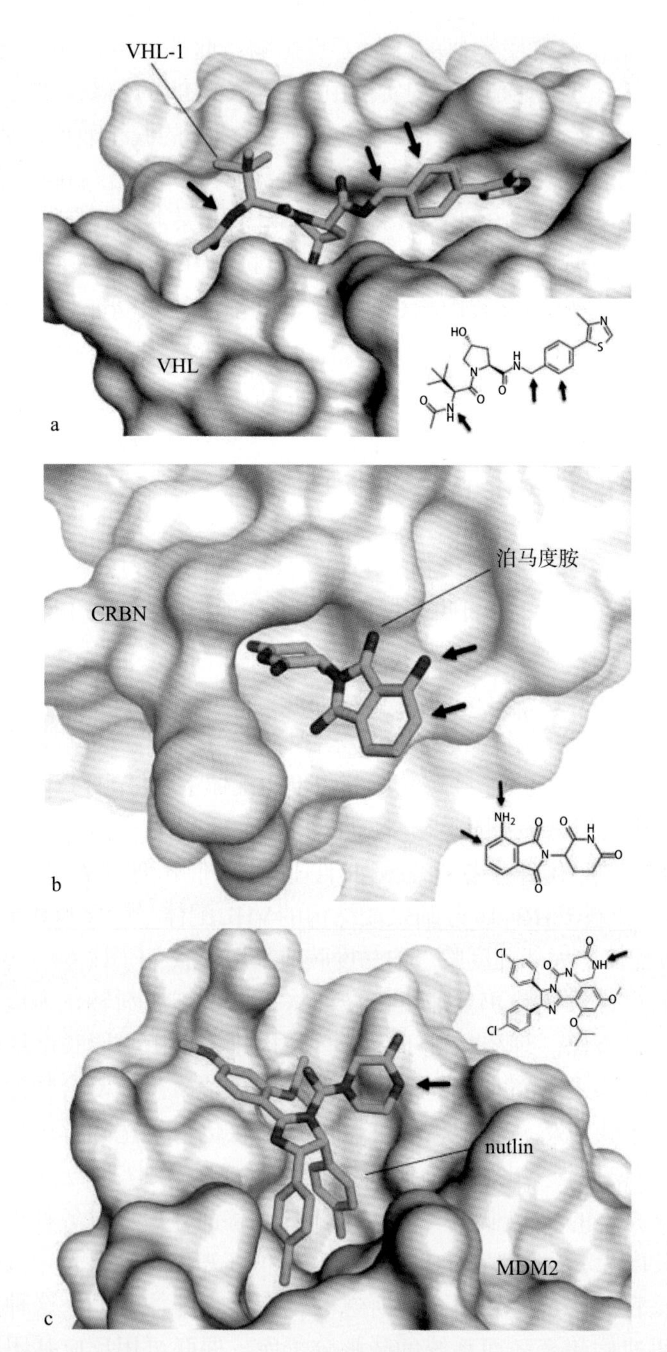

图2.6　招募不同的E3连接酶可用于设计降解剂的配体结构及其出口载体。连接臂潜在的连接位点以黑色箭头指示

a. 配体VHL-1提供了与 F-box蛋白VHL结合所必需的羟脯氨酸（PDB：4W9H）。b. 泊马度胺与其靶点F-box蛋白CRBN的结合（PDB：4TZU）。c. nutlin与其靶蛋白MDM2复合物的晶体结构（PDB：4HG7）

为了进一步加快新型降解剂的发现过程，研究出了另一个可靠的连接策略。该方法采用胡伊斯根（Huisgen）1, 3-偶极环加成，以平行反应方式偶联连接酶配体基团和靶蛋白配体[122, 123]。这种铜催化的反应可将叠氮化物与炔烃偶合形成新的三唑环，因为其易于应用，通常被称为“胡伊斯根反应”（Huisgen reaction）或“点击化学”（click chemistry）[124, 125]。该反应通常需要计量每种成分，反应的产率很高、官能团兼容性优异，且反应条件温和。假如所需的叠氮化物和炔烃均可制备，那么就可以开展降解剂的平行合成。为了测试该策略，可采用含有末端炔烃和不同乙二醇单元的连接臂修饰VHL和CRBN配体。POI配体须在对配体亲和力影响最小的合适位置引入叠氮基团，作为点击化学反应的叠氮化物供体（图2.7）。根据不同骨架分子的可及性，叠氮化物或炔烃弹头可以在POI和E3连接酶配体之间进行切换。

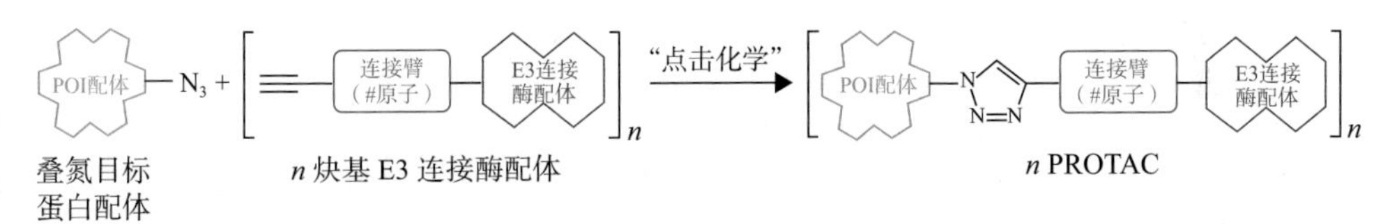

图2.7　采用“点击化学”反应平行合成降解剂的通用策略

越来越多的证据表明，连接臂在降解效率和选择性方面发挥着重要作用，应用合适的合成方法制备大量不同的连接臂是降解剂设计成功的关键。在生理环境下，POI和E3连接酶通常没有相互作用，二价降解剂的连接臂决定了两种蛋白接近的相对方向和接近程度。一个有效的连接臂将以表面互补的方式摆放两种蛋白（POI的赖氨酸能够接近E3连接酶），并形成局部最小相互作用。这导致三元复合物足够稳定，进而发生泛素化。连接臂也应足够长，以有助于三元复合物的形成。但是，如果连接臂过长，则系统可能会存在溶解度、其他理化性质、连接臂折叠和不利的熵效应（限制旋转自由度）等问题。除了连接臂类型和长度外，连接臂与POI及E3配体的连接方式也很重要。即便使用相同的POI配体、相同长度的连接臂、相同的E3连接酶配体，如果连接方式不同也会显著影响降解效果[126]。

一旦使用相对柔性的PEG或多构象的烷基连接臂（增加降解成功概率）时能够观察到降解现象，那么这类新开发的连接臂可以超越常规构建模块，通过微调性质创建有效的降解剂。

2.5　降解剂技术与传统方法的区别

与抑制靶蛋白功能区的小分子不同，降解剂可消除整个蛋白。本节将讨论靶向蛋白降解优于当前疗法的原因，以及所具有的超越传统酶抑制的优势。

2.5.1 扩大可成药蛋白的范围

类药性可以描述为“蛋白的折叠形式有利于与类药化合物形成相互作用”[127, 128]。缺乏这些结构特征的蛋白也许在生物学上很有趣，但其可能不适合通过药物分子进行调节。其他蛋白由于结构特征可能是具有类药性的，但对其生物学功能的调节可能不会达到治疗效果。基于目前小分子（而非生物制剂和RNAi）靶向的蛋白结构域数据组和公开的基因组数据库的数据，当前编码可成药蛋白的基因数量约为3000[128]；与疾病相关的基因数量也约为3000。可用于药物发现的靶蛋白的有效数量是由被认为可成药的基因数量及与特定疾病相关的基因数量之间的子集决定的。据估计，其仅占人类基因组的2%～5%，对应600～1500个小分子靶点（图2.8）[127]。

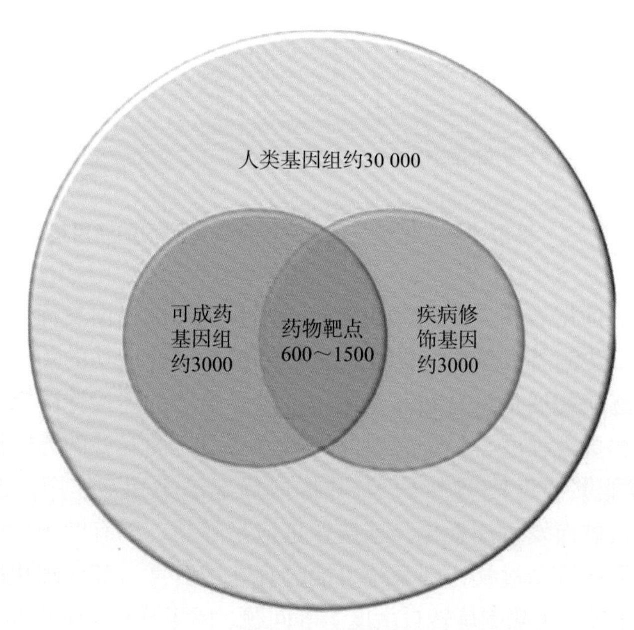

图2.8 （不）可成药基因组和潜在靶点的数量[127]

这意味着对于传统的小分子而言，绝大多数疾病相关蛋白是不能成药的（如缺乏经典的疏水结合口袋）。然后，靶向蛋白降解提供了一种处理此类蛋白的新策略，因为理论上只需要一个配体与蛋白的任何位点结合即可，而不一定在特定区域（活性位点），也可在其他外围位点，然后将其引导至蛋白酶体。甚至结合亲和力相对较弱而不适合经典抑制的配体，也可以考虑用于降解剂的设计，因为其只需要将POI拖至连接酶上即可，然后被释放再次进入下一个催化循环，而非长时间阻断蛋白功能。

配体所需要考虑的是与靶点的结合而非抑制，这大大拓宽了用于降解的可成药蛋白的范围，如涵盖了转录因子、跨膜受体、支架蛋白，或其他没有酶促或受体功能的疾病相关蛋白，这也改变了我们以往对可成药靶点的认知。

2.5.2　克服靶点蛋白的聚积

使用小分子抑制剂可以观察到靶蛋白在细胞中发生积累，一旦结合能够稳定蛋白，就会延长其半衰期。降解剂独特的作用方式（mode of action，MoA），可以避免这一情况。值得注意的是，与耐药相关或通过反馈回路上调靶点而引起的其他方式的蛋白积累，也可以被蛋白降解机制所逆转[34]。

2.5.3　去除骨架功能

靶向蛋白降解为去除受体或无酶活功能蛋白的骨架功能提供了可能，通过与蛋白任何位点相结合，将其泛素标记并拖至蛋白酶体降解。通常，这些蛋白不能被经典的小分子处理，因为其缺乏疏水结合位点。然而，可以考虑采用结合在其他外围位点的配体将蛋白靶点引导至蛋白酶体进行靶向降解。降解还可以防止骨架蛋白与其辅蛋白形成复合物的进化而导致的抑制剂耐药[34]。

2.5.4　创造靶点特异性

当靶向靶蛋白时，实现同源蛋白的选择性是必要的，但很具挑战性。在靶向蛋白降解的研究中，很多实例表明，即使使用杂泛性结合配体，也能观察到靶点选择性。这种选择性源于靶点表面暴露的赖氨酸相对于连接酶的位置，进而通过靶点降解而非结合本身产生靶点选择性/特异性[30, 129]。例如，这一过程可以通过修饰连接臂而实现（参见2.4）。值得一提的是，不同的E3连接酶可能通过不同方式接触靶点蛋白上暴露的赖氨酸，从而产生不同的选择性[34]。

据邦德森（Bondeson）等报道，在一项使用杂泛性招募CRBN和VHL降解剂针对50多种激酶的研究中，仅一组参与蛋白被降解。对于那些结合了但没有被降解的蛋白，可能是由于其与E3连接酶的空间存在冲突，无法形成稳定的三元复合物。在这项研究中，招募CRBN和VHL的降解剂相对于其母体，均显示出增强的功能特异性。此外，他们发现靶蛋白和E3连接酶之间形成稳定的三元复合物的能力比降解剂的结合亲和力更能预测靶蛋白的成功降解[30]。

另一个例子表明，尽管结合配体对于BRD4和BRD2两种蛋白的亲和力相似，但招募CRBN和VHL降解剂对BRD4降解的选择性更高[2, 56, 130]。这种招募VHL降解剂观察到的选择性，是由于在三元复合物中靶蛋白BRD4与E3连接酶表面产生了独特的相互作用，而这是在BRD2中无法实现的[130]。

总之，靶向蛋白质降解有潜力从非选择性或弱亲和力配体中产生选择性。

2.5.5 催化的作用方式

具有催化作用方式MoA的分子以亚化学计量比起效，并且有可能进行多轮转反应，最终导致比实际需要更少的药物量，便可诱导所需的药理作用。较低的暴露量可减少脱靶效应，产生更高的治疗指数。

当将降解剂与其相应的抑制剂进行头对头比较时，使用降解剂可以诱导更多的细胞凋亡，这表明降解可以维持在低浓度下进行[2]。例如，邦德森等报道称，1.0 pmol的PROTAC-RIPK2可催化2.9 pmol的RIPK2泛素化，这为降解剂的催化性质提供了证据[33]。

降解剂可以被描述为E3连接酶的“可编程激活剂”，因为其可以被设计用于任何所需的POI，并诱导催化活性三元复合物的形成。这种三元复合物的形成取决于降解剂的浓度，一定范围内的高浓度有利于复合物形成，但浓度过高会导致“钩子效应”（hook effect），干扰复合物的形成，因为过量的降解分子会分别与POI和E3连接酶形成二元复合物（图2.9）。因此，与传统的抑制剂相比，降解剂的优化需要集中在稳定三元复合物方面，而不仅仅是提高其对靶点蛋白的结合效率[131]。

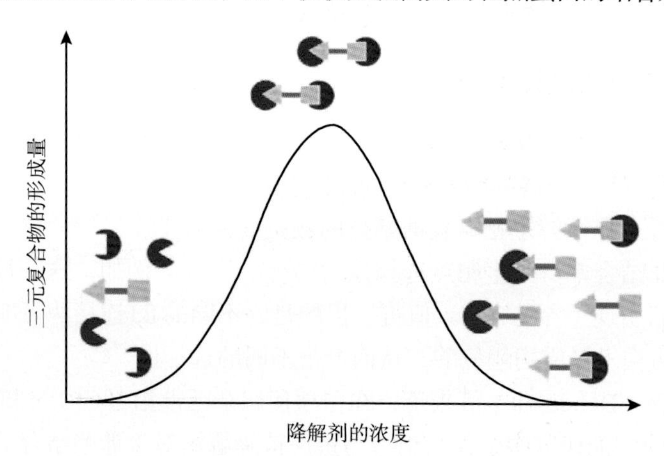

图2.9 体系中过饱和的降解剂会导致“钩子效应”。高浓度的降解剂分别与POI和E3连接酶形成二元复合物，进而抑制了可降解的三元复合物的形成

2.5.6 事件驱动药理学和延长的药效

遵循“占位驱动药理学”（occupancy-driven pharmacology）的药物会抑制疾病相关蛋白的功能，因此需要高浓度的抑制剂来维持持续抑制，以实现对疾病的治疗。相比之下，降解剂通过降低细胞内蛋白水平来控制蛋白功能，这种现象被称为“事件驱动药理学”（event-driven pharmacology）。这是靶点蛋白降解效率和再生速率之间的平衡。因此，降解剂的药代动力学特征不一定与其药效学特征相匹配。由于暴露量不需要持续高于有效水平，可采用较低的剂量，从而减少脱靶

效应。由于活化的三元复合物只需瞬间形成，降解剂甚至能够在其他亲和力更高的配体存在的情况下降解 POI。对于半衰期较长的蛋白而言，这种现象尤其明显，这种情况下降解剂能够克服蛋白质的稳态调节。但再生速率高的蛋白需要更高浓度的降解剂才能持续将其去除[34]。不同蛋白的再生速率差异很大，一些最有吸引力的治疗靶点往往轮转更替得较快[132]。

2.6 降解剂潜在的不足及局限性

经常被低估的是，前文提及的二价降解剂独特的特性也是需要付出一定“代价”的。例如，二价降解剂的设计并不像其原本预期的模块化。需要针对特定靶点进行大量的优化（与优化其他药物相似），并且控制三元复合物有效形成、泛素化和降解的精确规则目前尚未明确。一旦合成了活性降解分子，就面临着新的挑战——如何获得合适的物理化学性质，包括吸收、分布、代谢和排泄（ADME）性质，以及能否适合口服给药或实现中枢神经系统（central nervous system，CNS）或大脑暴露[132]。此外，在建立体外-体内相关性（in vitro-in vivo correlations，IVIVC）时，如体外渗透性与体内口服吸收的相关性，诸如低溶解度将成为实现可接受的口服药代动力学的不利因素，也会限制体外数据的使用。一些降解剂还可能是主动转运吸收机制的底物[133]。近年来，化学空间超出利平斯基（Lipinski）“类药五原则”（rule-of-5，Ro5），但获批药物的数量正在逐渐增加[134]。这些“超出类药五原则”（beyond rule-of-5，bRo5）的药物分子量通常达到600～700 Da，与降解剂类似，但仍保留合理的细胞渗透性和口服吸收[135]。众所周知，在一个较窄范围内保持亲脂性，实现细胞渗透性而不降低溶解度是非常重要的。为了获得合理的口服生物利用度，良好的渗透性是关键的先决条件，而分配系数（distribution coefficient，Log D）是被动渗透的主要驱动力。众所周知，高亲脂性（Log $D>5$）和高亲水性（Log $D<1$）对渗透率均不利[136, 137]。几个研究小组分析了不同bRo5的药物和临床候选药物，提供了全面的概述并讨论了可能的结构性质[138]。不同理化性质的术语，如分子量、亲脂性（cLog P、cLog D）、氢键供体（hydrogen-bond donor，HBD）、氢键受体（hydrogen-bond acceptor，HBA）、PSA和可旋转键数量（number of rotatable bond，nRotB），可用于研究降解剂是否具有口服生物利用度的潜力[139]。药物代谢和药代动力学（drug metabolism and pharmacokinetics，DMPK）专家从各个方面讨论过二价降解剂的DMPK优化策略。例如，常用的方法无法得到有价值的酸解离常数（acid dissociation constant，pK_a）测量值；Log D的比色法测量比摇瓶法更成功；而动力学溶解度不同程度地高估了降解剂的溶解度[140]。实现复杂小分子对有效药物靶点的口服生物利用度仍然是一门特殊的“艺术”。虽然某些综合得分满足Ro5，但仍然需要详细的临床

前和临床研究来保证口服给药时足够的靶点暴露量。

降解剂的另一个重要注意事项是所选靶点蛋白的再生速率。降解剂必须最终克服靶点的稳态调节来抑制蛋白表达的水平，这对具有高合成率和清除率的蛋白而言更具挑战性。不同蛋白的再生速率变化很大，不幸的是，一些最具治疗吸引力的靶点在细胞中会迅速更新换代（如肿瘤蛋白）。

积累和聚集的蛋白（如在神经病理学疾病中）可能是降解剂模式的另一个潜在限制，关于其作用，已发表的文献中存在争议。一方面，研究表明蛋白超载或底物聚集会阻断蛋白酶体[141]。如果是这种情况，聚集的蛋白将不会被UPS有效地降解。然而，也有研究表明降解这种蛋白是可能的[94, 142, 143]。所以这一领域仍处于开放状态，有必要开展进一步的研究。

当评价某一POI的降解剂时，另一个需要考虑的重要方面已在第2.3节中介绍了，即需要意识到E3连接酶配体有可能保留了原始功能，这可能导致脱靶效应。POI的结合配体通常自身就有活性，迄今为止绝大多数最先进的降解剂均属于这种情况。这背后有务实的原因，如配体的可用性和靶点的临床验证。在这种情况下，需要证明是靶点的真实降解才导致了预期的药理效果，而并非仅仅是其潜在蛋白抑制作用，这一点是至关重要的。如果结果属于这一情况，那么降解方法在某些情况下可能不具优势。

下文将简要讨论肿瘤中的耐药性问题。有研究人员认为，降解剂可以克服耐药性问题，如蛋白酶功能抑制剂诱导的耐药性。这当然是正确的，但任何其他变构抑制剂也可以实现（除非耐药性是由被抑制后癌蛋白的积累而造成的，但这并不常见）。降解剂不太可能成为能对抗任何耐药机制的灵丹妙药。降解剂只是一种新的模式，其虽然拥有一些非凡的特性，但也会具有与其他药物一样的缺点。目前，没有理由相信患者采用降解剂治疗后的耐药突变频率会低于经典抑制剂治疗。甚至可以想象存在引发更强耐药的可能性，因为细胞有两种选择：改变靶点或泛素连接酶的结合位点。后者已经在最近的报道中有所描述，研究人员首次在细胞模型中研究了靶向 BET 蛋白的异双功能分子的耐药机制[111, 112]。这两项研究的结果都非常重要，因为与通常靶向治疗研究观察到的现象不同，降解剂的耐药不是通过二次突变来影响化合物与靶点的结合。相比之下，破坏E2和E3连接酶核心成分及COP9信号体复合物的突变，如CRBN的损失，造成了基于VHL和CRBN的BET降解剂的获得性耐药。令人惊讶的是，细胞可以容忍这样的突变，这充分说明了E2-E3泛素连接酶系统功能是冗余的。如果这类耐药机制具有临床相关性，那么这仍然是一个值得讨论的问题。从CRBN的类似模式中能看到一些线索，如已在临床上使用多年用于治疗多发性骨髓瘤的IMiD。事实上，据报道，CRBN水平与接受沙利度胺治疗患者的临床结果具有相关性[144]，来那度胺耐药患者的CRBN表达水平较低[145]。同时，尚未检测到CRBN的失活突变[146]。总之，这些研究表明，CRBN下调确实可以发生在患者中，但完全失活很少发生，值得强调的是这一结论仅源于有限的患者数量。较低水平的CRBN仍然足以驱动有效降解，但其可能需要更有效的参与者[119]。同样，也有研究人员认为，相较于抑制剂，特定靶点的降解剂的耐药事件发生频率较低，因为降解剂的药效学效应更优（见2.5.5和2.5.6）。换言之，由于降解剂赋予的深度抑制/消耗，细胞没有时间产生耐药。显然当前对降解剂引起的耐药性问题盖棺定论还为时过早，但这无疑将是未来几年内广受关注的一个话题。

2.7 分子胶水样降解剂和单价降解剂

目前集中讨论了与泛素连接酶和靶点POI结合，且分别带有两个独立“弹头”的二价分子。然而，最近学术界和工业界的几个研究小组开始探索从细胞环境中去除疾病相关蛋白的替代方案，如使用分子胶样的降解剂或单价降解剂。这两类小分子——真正的小分子，与二价降解剂不同，遵循Ro5，并且在许多方面代表着下一代蛋白降解药物，值得进一步讨论。

2.7.1 定义与发展史

对蛋白-蛋白相互作用（protein-protein interaction，PPI）的本质和重要性的更好的理解，推动了一类新分子疗法的发展：该类分子破坏或增强蛋白之间或相同蛋白不同结构域之间的相互作用[147]。有趣的是，迄今为止大多数的关注集中在阻断PPI而不是介导新的或稳定原有存在的PPI[148, 149]。更令人惊讶的是，具有显著增强PPI活性的天然产物已在临床使用了数十年。这些例子包括：①环孢素（cyclosporine），一种免疫抑制剂，用于预防器官排斥反应，是一个含有33个原子的大环，通过黏合亲环蛋白，抑制钙调神经磷酸酶功能而发挥药效（图2.10，左）[150, 151]；②雷帕霉素（rapamycin），最初用作抗真菌剂和免疫抑制剂（图2.10，右）[152]，其类似物Toresel后续又用于癌症的治疗[153–155]，可促进哺乳动物雷帕霉素靶点（mammalian target of rapamycin，mTOR）、FKBP-雷帕霉素结合（FKBP-rapamycin binding，FRB，又名FRAP）结构域和FK506结合蛋白FKBP12三者之间的结合。有趣的是，由此产生的三元复合物，除了雷帕霉素和两种蛋白之间的相互作用外，FRB和FKBP12之间产生了新的相互作用，类似于将这两种蛋白黏合在一起[156]。反之，这一过程也可以理解为通过改变底物与催化位点的结合而干扰mTOR的生理功能[157]。值得注意的是，术语“分子胶”用于描述有能力在不同蛋白之间或同一蛋白的不同结构域之间诱导或调节PPI的化合物。例如，分子胶SHP2变构抑制剂SHP099，通过锁定磷酸酶的非活性构象，将SH2结构域黏合至SH2的C端和蛋白酪氨酸磷酸酶结构域[158]。如前所述，分子胶或小分子蛋白质-

配体界面稳定剂（small-molecule protein-ligand interface stabilizer，SPLINTS）[148]可通过与蛋白表面或界面结合，进而稳定与第二种蛋白的相互作用。在大多数情况下，尚不清楚这些分子胶是否参与蛋白结合伴侣（通常很小且非常局部）的构象变化。分子胶样降解剂和二价降解剂共同代表了以形成三元复合物为特征的分子疗法领域的一类新范式（图2.11）。

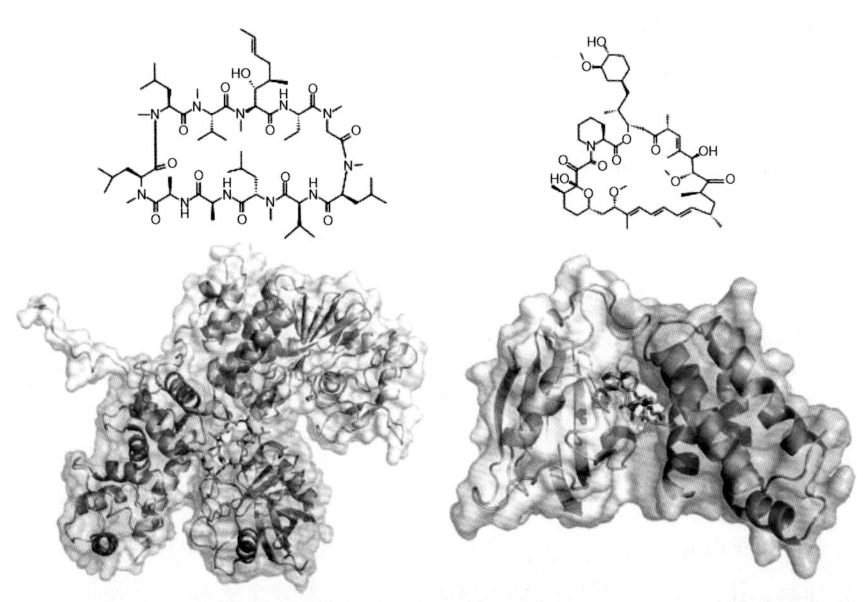

图2.10 天然产物分子胶的晶体结构。左侧为钙调神经磷酸酶-环孢素-亲环素复合物（PDB：1M63：钙调神经磷酸酶为白色和绿色，亲环素为粉红色，配体为青色），右侧为FRAP-雷帕霉素-FKBP12复合物（PDB：1FAP；FRAP为绿色，FKBP12为白色，配体为青色）

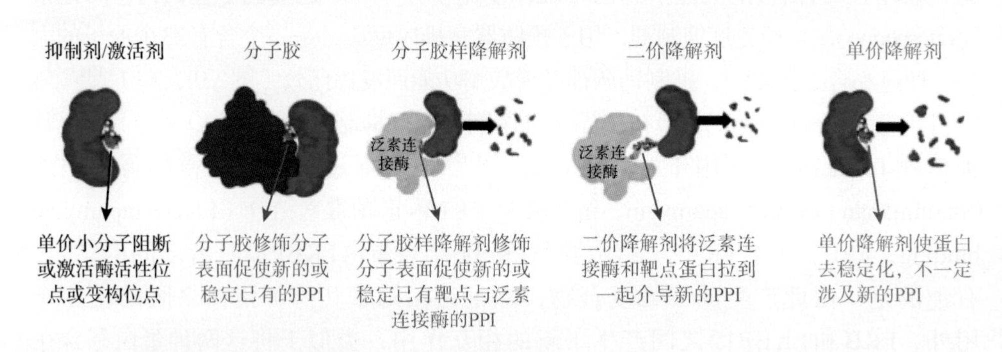

图2.11 新药发现中采用不同类别的分子和模式形成二元或三元复合物的方法比较。注意区别“分子胶”和“分子胶样降解剂”，二者往往被混用

传统的二元方法必须靶向功能结合位点，所以靶点占据对于药效而言十分关键，而三元复杂方法可针对任何结合位点进行设计，扩大了潜在靶点空间，延伸至之前被认为不可成药的蛋白。在分子胶样降解剂案例中，其中一个结合伴侣是泛素连接酶的分子胶（建议在这里进行区分，以免与经典的“分子胶”相混淆），靶点占据不受限制，因为这些分子具有催化活性（另见2.5.5和2.5.6）。二价降解剂的模式也是如此。与经典的抑制剂或激活剂不同，这些三元复合物诱导剂遵循“事件驱动药理学”的规则。这也可能适用于另一类最近成为关注焦点的蛋白降解药物——单价降解剂。对于这种方式的了解还很少，但类似于分子胶样降解剂，单价降解剂有潜力将二价降解剂的优点与小分子理想的物理化学性质相结合。其作为蛋白去稳定剂发挥作用，但不一定参与新的或预先存在的PPI。有趣的是，在过去三十年间，已发现并开发出了单价降解剂。例如，氟维司群（fulvestrant），一种选择性雌激素受体降解剂（selective estrogen receptor degrader，SERD），于2002年获批。很长一段时间以来，药物发现科学家都观察到几种激酶抑制剂可以在蛋白水平下调靶点，如通过干扰伴侣介导的稳定化[159]。这些分子新颖的方面在于我们看待它们的角度，可能是由于蛋白降解药物领域的研究进展，最终促使我们开始欣赏它们的潜力。

对于分子胶样降解剂而言，那些“古老”分子MoA的最新发现推动了其发展。分子胶样降解剂通常涉及劫持特定cullin RING E3 泛素连接酶的活性。不仅分子胶样降解剂的作用方式与二价降解剂非常相似，IMiD家族（第一代衍生物沙利度胺，第二代衍生物泊马度胺和来那度胺）在两类分子的早期发现和开发中也发挥了至关重要的作用。尽管IMiD拥有不堪的历史，但最近因其在多发性骨髓瘤方面具有显著的活性而受到认可。来那度胺有望成为2020 年第三畅销的抗癌药物[160]。不同的IMiD分子导致CRBN分子表面的修饰不同，因此对底物识别的偏好也有所不同（图2.12）。

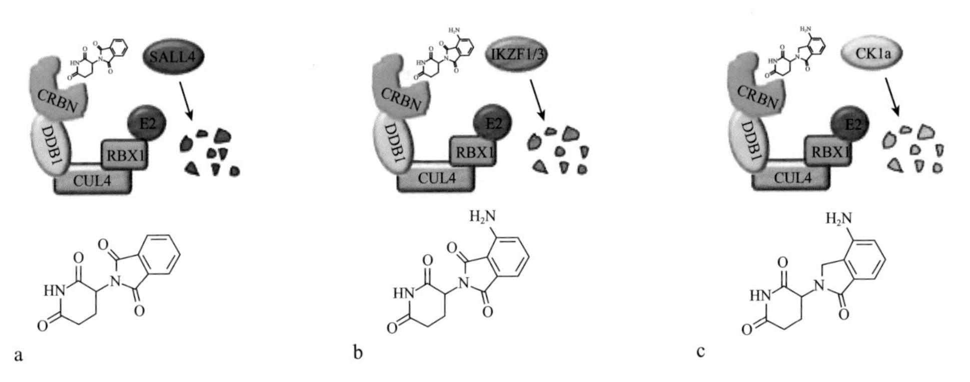

图2.12　CRBN靶向的分子胶样降解剂沙利度胺（a）、泊马度胺（b）、来那度胺（c），分别与各自主要新底物的作用方式

2014年鉴定并发表了分别结合沙利度胺、泊马度胺和来那度胺的DDB1-CRBN的晶体复合物结构，这些结构有助于解释CRBN-E3连接酶底物特异性的差异[23, 161]。所有IMiD分子的戊二酰亚胺部分均结合到CRBN中由3个色氨酸残基组成的疏水口袋，也称为“沙利度胺结合口袋”。相反，邻苯二甲酰亚胺部分暴露在溶剂区并改变了CRBN的分子表面，从而调节了底物识别[162]。分子相对较小的差异便可以招募不同类别新底物（转录因子、激酶）这一特点，引起了药物发现科学家的兴趣，他们已经在着手寻找更多分子胶样降解剂。

2.7.2 最新进展

寻找其他分子胶样降解剂的努力很快从CC-885的发现中得到了回报，CC-885是一种来那度胺的类似物，招募GSPT1作为CRBN的新底物（图2.13）[29]。马蒂斯基拉（Matyskiela）及其同事采用了一种表型筛选方法，筛选他们的IMiD分子库，并发现了可导致广谱肿瘤细胞死亡的苗头化合物。通过进一步的实验，他们鉴定出泛必需翻译终止因子（pan-essential translation termination factor）GSPT1是CC-885的靶点。这篇论文和佩佐德（Petzold）等发表的三元结构[28]，进一步阐明了由不同的CRBN 结合分子胶与底物GSPT1和CK1α之间的新结合界面。结果表明，尽管序列同源性很差，但两种新底物表现出一个共同的结构特征：在分子胶降解剂的界面存在一个带有关键甘氨酸残基的β-发夹结构。2018年发表的一项研究证实，含有锌指（zinc finger）结构的CRBN新底物中也存在这种“降解决定子”（degron）结构[163]。有趣的是，两种新底物GSPT1和CK1α从不同的方向对接至连接酶，突显了E3连接酶允许对新底物不同空间方向和形式进行泛素化。对其他CRBN新底物进行分类的研究工作仍在继续，这也为药物发现提供了新的前沿基础[132]。

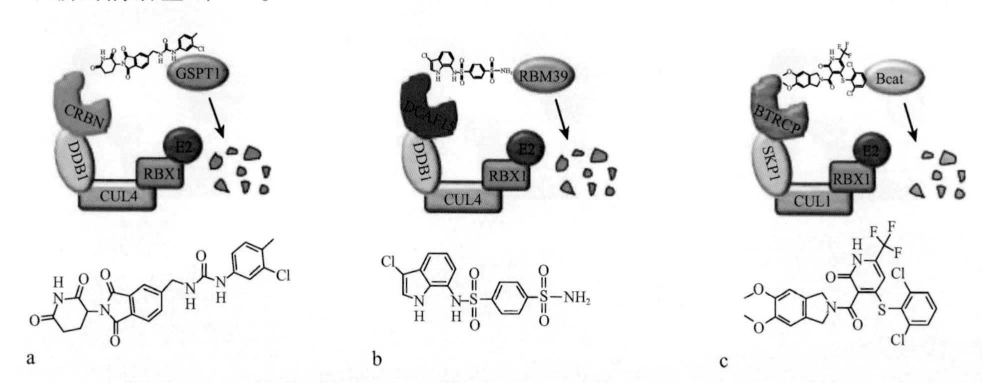

图2.13 新一代分子胶样降解剂CC-885（a）、Indisulam（b）、NRX-252262（c），分别与CRBN、DCAF15和β-TRCP结合

除了与沙利度胺类似物有关的发现之外，最近研究表明，Indisulam也可以用于靶向另一种CRL4 底物受体DCAF15，从而驱动新底物的降解。Indisulam是一种在骨髓瘤中具有活性的小分子，可将剪接因子RBM39招募至DCAF15并将其降解（图2.13）[115]。最近解析了这种新的相互作用背后的结构特征[164, 165]。两项研究均表明，α螺旋的降解决定子基序对DCAF15-RBM39新相互作用至关重要。与CRBN的降解决定子不同，DCAF15-RBM39相互作用更为专一，RBM39 关键位置的几个单突变严重损害了Indisulam介导的招募。反之，这可能意味着DCAF15的降解决定子由结构和序列决定，可能在其他蛋白中并不存在，这与CRBN的降解决定子不同。事实上，这也是其中一项研究的结论[164]。

西莫内塔（Simonetta）及其同事在最近的一项研究中首次描述了E3连接酶与底物相互作用增强剂的前瞻性发现[114]。他们成功筛选出了通过泛素连接酶β-TRCP，增强β-联蛋白的PPI、泛素化和降解的化合物（如NRX-252262）（图2.13）。β-TRCP是β-联蛋白的生理连接酶，并且仅招募和处理特定的β-联蛋白物种，因此人们可能会忽视这些发现，或者没有将其放在正确的环境中。事实上，这些鉴定的分子可能与其他分子胶样降解剂的作用不完全相同，因为其不涉及新的底物。然而，与前文描述的采用非反向药物发现的IMiD或磺胺类药物不同，这是第一例使用正向药物发现得到的分子胶样降解剂。

本节讨论的最后一类蛋白降解药物是单价降解剂。与IMiD类似，目前已有许多已知的单价降解剂，有的甚至已经在临床上使用了一段时间，但科学界直到最近才开始更多地了解这些药物的MoA。2019年美国癌症研究协会（American Association for Cancer Research，AACR）会议上展示了这种单价降解剂的一个实例[166]。这种靶向BRD4的分子（GNE-0011）很可能是偶然发现的，但就“降解尾链”的存在进行了探讨，并将这些发现与其他ER调节剂联系起来（图2.14）。事实上，多个SERD似乎具有一个“降解尾链部分”，这提出了一个令人兴奋的问题，即是否可以通过装配降解尾部将任何蛋白的结合剂转变为单价降解剂。然而，为了使该想法成为一条可行的途径，科学界首先必须阐明这些分子如何使蛋白失稳，测试其他蛋白家族的原理，并定义降解尾部的设计规则。同样的道理也适用于其他单价蛋白降解药物。GDC-0077就是其中一个实例。该分子是PI3K α的一种潜在抑制剂和降解剂，而PI3K α是一种在多种癌症中紊乱的激酶。GDC-0077促进了突变酶对野生型的选择性降解，但作用机制尚未报道[167]。另一个有趣的例子是单价BCL6降解剂BI-3802，其是在开发抑制BCL6与其辅抑制因子NCOR1相互作用分子的过程中被偶然发现的。该项目的先导分子之一是BI-3802，其是一种PPI干扰剂，与其单价降解剂对应物（BI-3812）仅存在微小的化学差异（图2.14）。理解这些微小的修饰如何能完全改变分子的作用机制是令人着迷的。遗憾的是，与GDC-0077一样，关于BI-3812如何诱导靶蛋白降解的信息尚未披露。

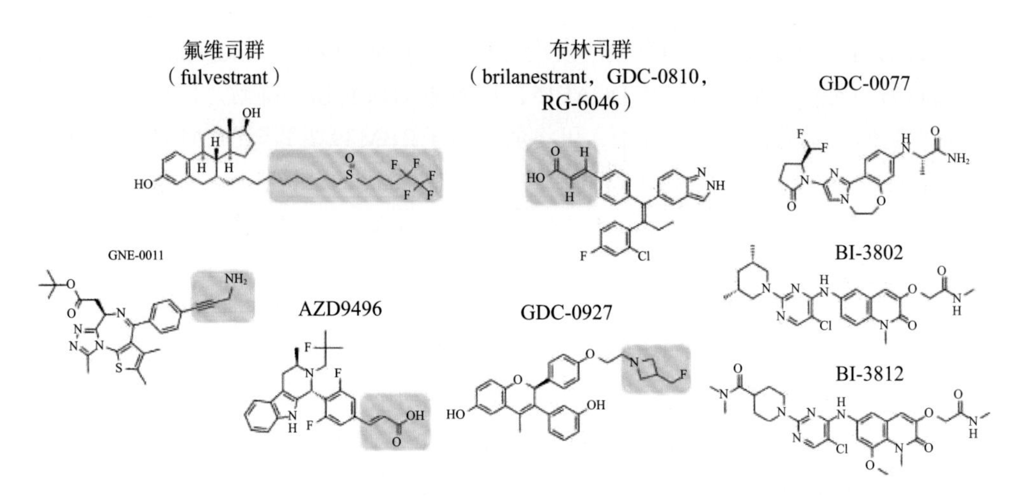

图2.14　**单价降解剂示例（已确定的降解尾部标记为橙色）。GNE-0011靶向BRD4；氟维司群、布林司群、AZD9496 和 GDC-0927靶向雌激素受体的SERD；GDC-0077靶向PI3Kα突变体（降解尾部未确定，作用方式未知）；BI-3802靶向BCL6与NCOR1（抑制剂）共抑制剂的PPI，在开发过程中发现BI-3812（降解剂）可下调BCL6蛋白，但作用方式未知**

对于分子胶样降解剂和单价降解剂而言，关于如何筛选和实施药物发现，以及找到有希望的化合物，并没有可用的范本。同样，对于二价降解剂，单价降解剂可能必须在细胞水平早期进行测试，并且最近已经开发了几种工具和报告体系，使其成为一种可行的策略[163, 168, 169]。如果是分子胶样降解剂，可采用生化手段或在细胞PPI测试中监测三元复合物的形成[114, 163, 170]。这既是机会也是挑战，因为这些三元复合物相互作用的定量建模是非常复杂的，需要勇敢的科研人员。此外，不出意外的是，靶点的诱导接近甚至泛素化不一定能转化为细胞水平的降解。因此，建议设计一个工作流程，其中包含对新底物降解所需所有事件的逐步筛选，如文献所述[163]。根据这样的先导鉴定过程，进一步对分子进行优化似乎是可能的，但肯定具有挑战性，β-TRCP-β-联蛋白相互作用增强剂的实例也证明了这一点[114]。β-联蛋白泛素化的生化水平相互作用测试活性（低至nmol/L），与细胞水平降解活性（高至两位数的μmol/L）之间的巨大差距也说明了这一点。

最后，需要指出的是，为每一个感兴趣的靶点找到一个分子胶样降解剂似乎是不可能的。将分子胶样降解剂方法视为始终存在的一个选项也是一个常见的错误。相反，其可能仅适用于有限数量的蛋白和很少的泛素连接酶，甚至采用这种模式进行无差别的前瞻性药物发现可能不可行。相反，可能需要关注如与IMiD类似的化合物，并将靶点空间缩小至含有CRBN降解决定子的蛋白。或者，在以分子为中心的方法中，采用表型筛选IMiD类化合物库，寻找目标化合物，然后再进行靶点鉴定，这可能是一种选择。

2.8 未来方向

对于研究异双功能降解剂的科研人员而言，2021年和2022年将是令人兴奋和决定性的时刻。不久的将来会告诉我们，降解剂是否真的可以转向成为具有类药性的小分子。该领域热切期待来自阿维纳斯、诺华（Novartis）和凯梅拉公司Ⅰ期临床试验的更多结果（阿维纳斯：ARV-110雄激素受体和ARV-471雌激素受体；诺华：靶点未公开；凯梅拉：KYM-001 IRAK4）[171]。据报道，ARV-110和ARV-471的耐受性良好，无剂量限制性毒性且具有足以保证临床疗效的良好PK/PD性质[172]。进一步的相关研究结果，包括药效数据，将是该领域的重要基础。许多公司已投资了这项技术，但在缺乏临床概念证明的情况下，最初的兴奋可能很快就会开始消退。最好的假设是这种模式有可能带来真正的变革。异双功能分子的设计也将发生根本性变化。下一代降解剂的特点是体积更小、物理化学性质更优，它们将以分子胶样的方式将靶点蛋白和泛素连接酶结合在一起，其连接臂能稳定现有的相互作用，并创造新的相互作用[130]。如前所述，迄今为止，由于便捷和风险管理等因素，异双功能靶向蛋白降解领域的努力主要集中在探索已有已知配体的蛋白组。除此之外，一旦概念验证得以完成，这种模式的未来前景无疑将冒险进入未知的领域，不可成药的蛋白也将会被触及。

对于分子胶样降解剂，IMiD已经完成了概念的临床验证。该模式具有改变游戏规则的潜力，但关键是要证明该方法是可行的，即可以应用于更广泛的靶点和筛选，理想情况下可用于正向而非反向药物筛选。

关于单价降解剂，还有很多需要开展的研究，如作用机制及是否可以定义规则来控制相关靶蛋白的失稳。如果这些可以实现，这类小分子能结合异双功能降解剂和分子胶样降解剂的所有优点：能去除蛋白而不是简单的酶抑制，拥有催化活性，理化性质好，以及广阔的开放靶点空间。与分子胶样降解剂相反（但与异双功能降解剂类似），潜在的任何蛋白均可成药。

2.9 总结

旨在降解POI而非酶抑制的药物最近已登上药物研发的中心舞台。几乎所有大型制药公司都在积极探索这种新模式。靶向蛋白降解之旅从早期概念到当前临床评估已历经二十多年。近年来，在学术界研究发现和制药业大力发展的驱动下，该领域取得了飞速发展。异双功能降解剂、分子胶样降解剂和单价降解剂具有变革的潜力，因为其具有独特的作用机制，并且有机会靶向以往无法成药的蛋白。但其也面临共同的障碍。相关药物的开发是资源密集型的，通常需要新颖的筛选方法，这超出了许多药物发现科学家的舒适区。突破这种令人着迷的新治疗方式的边界，将进一步装备药物的“化学武器库”，扩充可成药基因组，并且很有潜力为患者带来新的希望。

致谢

感谢伯恩德·库恩（Bernd Kuhn）和法比安·戴伊（Fabian Dey）协助准备本章的图表；感谢杰里米·博尚（Jeremy Beauchamp）、托马斯·吕伯斯（Thomas Lübbers）、韦恩·E. 柴尔德斯（Wayne E. Childers）、亚诺斯·费舍尔（János Fischer）和克里斯汀·克莱恩（Christian Klein）对章节手稿的审阅；同时感谢学术界和工业界所有辛勤付出的科学家，蛋白降解领域如此迅速的发展离不开他们的重要贡献。

（周圣斌　白仁仁）

缩写词表

AACR	American Association for Cancer Research	美国癌症研究协会
ADME	absorption，distribution，metabolism，and excretion	吸收、分布、代谢和排泄
ALK	anaplastic lymphoma kinase	间变性淋巴瘤激酶
AR	androgen receptor	雄激素受体
BCL-2	B-cell lymphoma 2	B 细胞淋巴瘤 2
BCL-XL	B-cell lymphoma extra large	B 细胞淋巴瘤超大号
BCR-ABL	breakpoint cluster region protein-abelson murine leukemia	断点簇区蛋白 - 阿贝尔森鼠白血病
BET	bromodomain and extra-terminal motif proteins	溴结构域和末端外基序蛋白
BRD2/4/7/9	bromodomain-containing protein 2/4/7/9	含溴结构域蛋白 2/4/7/9
BTK	Bruton tyrosine kinase	布鲁顿酪氨酸激酶
β-TRCP	beta-transducin repeat containing protein	含有 β- 转导素重复序列的蛋白质
CDK 4/6	cyclin-dependent kinase 4/6	细胞周期蛋白依赖性激酶 4/6
cIAP1	cellular inhibitor of apoptosis protein 1	细胞凋亡蛋白 1 抑制剂
cLog *D*	calculated distribution coefficient of a molecule between an aqueous and lipophilic phase	分子在水相和脂相之间计算的分配系数
cLog *P*	calculated partition coefficient of a molecule between an aqueous and lipophilic phase	分子在水相和脂相之间计算的分配系数
CNS	central nervous system	中枢神经系统
COP9	constitutive photomorphogenesis 9	组成型光形态发生 9
CRABP	cellular retinoic acid-binding proteins	细胞视黄酸结合蛋白
CRL4	cullin-RING ligase 4	cullin-RING 连接酶 4
DDB1	DNA damage-binding protein 1	DNA 损伤结合蛋白 1
EGFR	epidermal growth factor receptor	表皮生长因子受体
ER	estrogen receptor	雌激素受体

FAK	focal adhesion kinase	黏着斑激酶
FKBP12	12-kDa FK506-binding protein	12kDa FK506-结合蛋白
FLT3	FMS-like tyrosine kinase 3	FMS 样酪氨酸激酶 3
FRAP	FKBP12-rapamycin-associated protein	FKBP12- 雷帕霉素相关蛋白
FRB	FKBP-rapamycin binding	FKBP- 雷帕霉素结合
GCN5	general control nonderepressible 5	非抑制性一般控制 5
GSPT1	G_1 to S phase transition 1	G_1 期到 S 期相变 1
HDAC6	histone deacetylase 6	组蛋白去乙酰化酶 6
HECT	homologous to the E6-AP carboxyl terminus	与 E6-AP 羧基末端同源
HIF-1α	hypoxia-inducible factor-1α	缺氧诱导因子 -1α
IMiD	immunomodulatory imide drug	免疫调节性酰亚胺类药物
IRAK4	interleukin-1 receptor-associated kinase 4	白细胞介素 -1 受体相关激酶 4
K_d	dissociation constant	解离常数
Log *D*	distribution coefficient of a molecule between an aqueous and lipophilic phase	分子在水相和脂相之间的分配系数
Log *P*	partition coefficient of a molecule between an aqueous and lipophilic phase	分子在水相和脂相之间的分配系数
mCRPC	metastatic castration-resistant prostate cancer	转移性去势抵抗性前列腺癌
MDM2	murine double minute 2	鼠双分钟 2
MEIS2	myeloid ecotropic insertion site 2	骨髓向嗜性插入位点 2
MoA	mode of action	作用方式
mTOR	mammalian target of rapamycin	哺乳动物雷帕霉素靶点
NS3	Hepatitis C virus（HCV）NS3 protease	丙型肝炎病毒（HCV）NS3 蛋白酶
PARP1	poly（ADP-ribose）polymerase 1	多聚（ADP- 核糖）聚合酶 1
PCAF	P300/CBP-associated factor	P300/CBP 相关因子
PEG	polyethylene glycol	聚乙二醇
PI3K	phospho-inositide 3-kinases	磷酸肌醇 3- 激酶
PPI	protein-protein interaction	蛋白 - 蛋白相互作用
PROTAC	proteolysis-targeting chimera	蛋白水解靶向嵌合体
PSA	polar surface area	极性表面积
RING	really interesting new gene	真正有趣的新基因
RIPK2	receptor interacting serine/threonine kinase 2	受体相互作用的丝氨酸 / 苏氨酸激酶 2
RNAi	RNA interference	RNA 干扰
Ro5	rule of five	类药五原则
SALL4	sal-like protein 4	Sal- 样蛋白 4
SAR	structure-activity relationship	构效关系
SCF	Skp-Cullin-F-box-containing E3 complex	含有 Skp-Cullin-F-box 的 E3 复合物
SERD	selective estrogen receptor degrader	选择性雌激素受体降解剂
SHP2	Src homology region 2 domain-containing phosphatase-2	含有 Src 同源区 2 结构域磷酸酶 2
SNIPER	specific and nongenetic IAP-dependent protein eraser	特异性和非遗传性 IAP 依赖的蛋白擦除剂

STAT3	signal transducer and activator of transcription 3	信号转导和转录激活因子 3
Ub	ubiquitin	泛素
UPS	ubiquitin-proteasome system	泛素 - 蛋白酶体系统
VHL	von Hippel-Lindau E3	冯·希佩尔 - 林道 E3
ZFP91	zinc finger protein 91	锌指蛋白 91

原作者简介

伊冯娜·A.内格尔（Yvonne A. Nagel）是瑞士罗氏（Roche）公司肿瘤分子靶向治疗部门的资深科学家和实验室负责人。她于2008年于德国弗莱堡的阿尔伯特路德维希大学（Albert-Ludwigs University in Freiburg）获得有机化学学位。之后，她加入了海尔玛·温纳默斯（Helma Wennemers）教授在巴塞尔大学（University of Basel）及后来在苏黎世联邦理工学院（ETH Zurich）的课题组，完成了关于开发细胞穿膜肽（cell-penetrating peptide，CPP）作为药物输送载体的博士论文，并于2012 年获得博士学位。她对化学和生物学交叉研究充满热情，并且非常专注于以应用为导向的研究项目 。她于2013年加入了哈佛大学（Harvard University）化学与化学生物学系格雷戈里·L.凡尔丁（Gregory L. Verdine）教授课题组。在瑞士国家科学基金会（Swiss National Science Foundation，SNSF）奖学金的支持下，她从事装订肽领域的研究工作，研究抑制癌症信号通路的蛋白-蛋白相互作用，并开发活性更优的胰岛素类似物用于糖尿病治疗。她于2015年加入罗氏，作为研究项目负责人，她领导团队发现新型抗肿瘤药物并用于未被满足的临床需求，以改变癌症患者的生活。为了这一目标，她的团队正在研究用于靶向治疗的新型小分子和其他分子实体。她发表了多篇论文，并获得了多项相关研究领域的专利。

阿德里安·布里奇吉（Adrian Britschgi）目前是瑞士罗氏公司肿瘤分子靶向治疗部门的一名资深科学家，并担任实验室负责人和研究项目负责人。他于2003年获得了瑞士伯尔尼大学（University of Bern）生物学硕士学位，并于2009年获得了伯尔尼大学临床研究和实验肿瘤学/血液学系分子癌症研究博士学位。他随后在位于巴塞尔的弗里德里希·米歇尔研究所（Friedrich Miescher Institute）诺华研究基金会（Novartis Research Foundation，FMI）进行博士后研究工作，致力于乳腺癌的生物学、靶向治疗和治疗耐药性研究。2014年，他作为高级细胞分析测试组的肿瘤药物发现科学家，加入了位于美国加利福尼亚州圣地亚哥的诺华功能基因组学研究所（Novartis Institute for Functional Genomics，GNF）。2015～2016年，他回到巴塞

尔继续这项工作，他首先担任FMI 的项目负责人，而后加入罗氏公司的分子靶向治疗部门。他的主要专长是基于肿瘤适应证的小分子药物发现和生物学研究。另外，他在高级测试体系的设计、执行和筛选方面拥有丰富的经验。他的团队目前正在开发几种抗肿瘤小分子，并正在积极探索靶向潜在不可成药蛋白的新方式。他因科学贡献而获得了多个奖项，包括代表癌症领域杰出成就的Max Burger奖，查尔斯·鲁道夫·布鲁巴赫基金会的青年研究员奖（Young Investigator Award of the Charles Rodolphe Brupbacher Foundation），以及美国癌症研究协会-百时美施贵宝肿瘤学者奖（AACR-Bristol-Myers Squibb Oncology Scholar Award）。

安东尼奥·里奇（Antonio Ricci）是巴塞尔罗氏公司研究与创新中心小分子研究组的一位资深科学家和组长。他于1999年在罗氏公司开始了他的职业生涯，担任有机合成化学学徒。2002年完成学徒生涯后，他参加了罗氏在帕洛阿尔托（加利福尼亚州）研究中心为期6个月的实习计划，从事炎症治疗的新药发现工作。回到巴塞尔后，他作为研究助理加入药物化学部门，并晋升至研究科学家职位。他是一位充满激情的药物发现科学家，对后期项目做出了重大贡献，如Basimglurant的发现，这是一种很有前途的治疗精神疾病的新药。他的实验室目前专注于发现用于治疗突变型非小细胞肺癌的小分子药物。

参考文献

1 Lecker, S.H., Goldberg, A.L., and Mitch, W.E. (2006). Protein degradation by the ubiquitin-proteasome pathway in normal and disease states. *J. Am. Soc. Nephrol.* 17: 1807.

2 Lu, J., Qian, Y., Altieri, M. et al. (2015). Hijacking the E3 ubiquitin ligase Cere-blon to efficiently target BRD4. *Chem. Biol.* 22: 755-763.

3 Winter, G.E., Buckley, D.L., Paulk, J. et al. (2015). Phthalimide conjugation as a strategy for in vivo target protein degradation. *Science* 348: 1376.

4 Bulatov, E. and Ciulli, A. (2015). Targeting Cullin-RING E3 ubiquitin lig-ases for drug discovery: structure, assembly and small-molecule modulation. *Biochem. J* 467: 365.

5 Stewart, M.D., Ritterhoff, T., Klevit, R.E., and Brzovic, P.S. (2016). E2 enzymes: more than just middle men. *Cell Res.* 26: 423.

6 Metzger, M.B., Hristova, V.A., and Weissman, A.M. (2012). HECT and RING finger families of E3 ubiquitin ligases at a glance. *J. Cell Sci.* 125: 531.

7 Callis, J. (2014). The ubiquitination machinery of the ubiquitin system. *Ara-bidopsis Book* 12: e0174.

8 Ludwig, H., Moreau, P., Dimopoulos, M.A. et al. (2019). Health-related quality of life in the ENDEAVOR study: carfilzomib-dexamethasone vs bortezomib-dexamethasone in relapsed/refractory multiple myeloma. *Blood Cancer J.* 9: 23.

9 Robak, P. and Robak, T. (2019). Bortezomib for the treatment of hematologic malignancies: 15 years later. *Drugs R&D* 19: 73-92.

10 Sakamoto, K.M., Kim, K.B., Kumagai, A. et al. (2001). Protacs: Chimeric molecules that target proteins to the Skp1-Cullin-F box complex for ubiqui-tination and degradation. *Proc. Natl. Acad. Sci. U. S. A.* 98: 8554.

11 Ivan, M., Kondo, K., Yang, H. et al. (2001). HIF α targeted for VHL-mediated destruction by proline hydroxylation: implications for O_2 sensing. *Science* 292: 464.

12 Jaakkola, P., Mole, D.R., Tian, Y.-M. et al. (2001). Targeting of HIF- α to the von Hippel-Lindau Ubiquitylation complex by O_2-regulated prolyl hydroxylation. *Science* 292: 468.

13 Ohh, M., Park, C.W., Ivan, M. et al. (2000). Ubiquitination of hypoxia-inducible factor requires direct binding to the β -domain of the von Hippel-Lindau pro-tein. *Nat. Cell Biol.* 2: 423-427.

14 Wang, G.L., Jiang, B.H., Rue, E.A., and Semenza, G.L. (1995). Hypoxia-inducible factor 1 is a basic-helix-loop-helix-PAS heterodimer regulated by cellular O_2 tension. *Proc. Natl. Acad. Sci. U. S. A.* 92: 5510.

15 Bruick, R.K. and McKnight, S.L. (2001). A conserved family of prolyl-4-hydroxylases that modify HIF. *Science* 294: 1337.

16 Schneekloth, J.S., Fonseca, F.N., Koldobskiy, M. et al. (2004). Chemical genetic control of protein levels: selective in vivo targeted degradation. *J. Am. Chem. Soc.* 126: 3748-3754.

17 Schneekloth, A.R., Pucheault, M., Tae, H.S., and Crews, C.M. (2008). Tar-geted intracellular protein degradation induced by a small molecule: En route to chemical proteomics. *Bioorg. Med. Chem. Lett.* 18: 5904-5908.

18 Itoh, Y., Ishikawa, M., Naito, M., and Hashimoto, Y. (2010). Protein knockdown using methyl bestatin−ligand hybrid molecules: design and synthesis of induc-ers of ubiquitination-mediated degradation of cellular retinoic acid-binding proteins. *J. Am. Chem. Soc.* 132: 5820-5826.

19 Okuhira, K., Ohoka, N., Sai, K. et al. (2011). Specific degradation of CRABP-II via cIAP1-mediated ubiquitylation induced by hybrid molecules that crosslink cIAP1 and the target protein. *FEBS Lett.* 585: 1147-1152.

20 Bartlett, J.B., Dredge, K., and Dalgleish, A.G. (2004). The evolution of thalido-mide and its IMiD derivatives as anticancer agents. *Nat. Rev. Cancer* 4: 314-322.

21 Ito, T., Ando, H., Suzuki, T. et al. (2010). Identification of a primary target of thalidomide teratogenicity. *Science* 327: 1345.

22 Lopez-Girona, A., Mendy, D., Ito, T. et al. (2012). Cereblon is a direct protein target for immunomodulatory and antiproliferative activities of lenalidomide and pomalidomide. *Leukemia* 26: 2326.

23 Fischer, E.S., Böhm, K., Lydeard, J.R. et al. (2014). Structure of the DDB1-CRBN E3 ubiquitin ligase in complex with thalidomide. *Nature* 512: 49.

24 Gandhi, A.K., Kang, J., Havens, C.G. et al. (2014). Immunomodulatory agents lenalidomide and pomalidomide co-stimulate T cells by inducing degradation of T cell repressors Ikaros and Aiolos via modulation of the E3 ubiquitin ligase complex CRL4(CRBN.). *Br. J. Haematol.* 164: 811-821.

25 Krönke, J., Udeshi, N.D., Narla, A. et al. (2014). Lenalidomide causes selective degradation of IKZF1 and IKZF3 in multiple myeloma cells. *Science* 343: 301.

26 Lu, G., Middleton, R.E., Sun, H. et al. (2014). The myeloma drug lenalidomide promotes the

Cereblon-dependent destruction of Ikaros proteins. *Science* 343: 305.

27 Krönke, J., Fink, E.C., Hollenbach, P.W. et al. (2015). Lenalidomide induces ubiquitination and degradation of CK1 α in del(5q) MDS. *Nature* 523: 183.

28 Petzold, G., Fischer, E.S., and Thomä, N.H. (2016). Structural basis of lenalidomide-induced CK1 α degradation by the CRL4CRBN ubiquitin ligase. *Nature* 532: 127.

29 Matyskiela, M.E., Lu, G., Ito, T. et al. (2016). A novel cereblon modulator recruits GSPT1 to the CRL4CRBN ubiquitin ligase. *Nature* 535: 252.

30 Bondeson, D.P., Smith, B.E., Burslem, G.M. et al. (2018). Lessons in PROTAC design from selective degradation with a promiscuous warhead. *Cell Chem. Biol.* 25: 78-87.e75.

31 Buckley, D.L., Gustafson, J.L., Van Molle, I. et al. (2012). Small-molecule inhibitors of the interaction between the E3 Ligase VHL and HIF1 α . *Angew. Chem. Int. Ed.* 51: 11463-11467.

32 Van Molle, I., Thomann, A., Buckley, D.L. et al. (2012). Dissecting fragment-based lead discovery at the von Hippel-Lindau Protein:Hypoxia inducible factor 1 α protein-protein interface. *Chem. Biol.* 19: 1300-1312.

33 Bondeson, D.P., Mares, A., Smith, I.E.D. et al. (2015). Catalytic in vivo protein knockdown by small-molecule PROTACs. *Nat. Chem. Biol.* 11: 611.

34 Neklesa, T.K., Winkler, J.D., and Crews, C.M. (2017). Targeted protein degrada-tion by PROTACs. *Pharmacol. Ther.* 174: 138-144.

35 Lai, A.C. and Crews, C.M. (2016). Induced protein degradation: an emerging drug discovery paradigm. *Nat. Rev. Drug Discovery* 16: 101.

36 Moreau, K., Coen, M., Zhang, A.X. et al. (2020). Proteolysis-targeting chimeras in drug development: a safety perspective. *Br. J. Pharmacol.* 177: 1709-1718.

37 Sun, X., Gao, H., Yang, Y. et al. (2019). PROTACs: great opportunities for academia and industry. *Signal Transduct. Target Ther.* 4: 64-64.

38 Schapira, M., Calabrese, M.F., Bullock, A.N., and Crews, C.M. (2019). Tar-geted protein degradation: expanding the toolbox. *Nat. Rev. Drug Discovery* 18: 949-963.

39 Kang, C.H., Lee, D.H., Lee, C.O. et al. (2018). Induced protein degradation of anaplastic lymphoma kinase (ALK) by proteolysis targeting chimera (PRO-TAC). *Biochem. Biophys. Res. Commun.* 505: 542-547.

40 Powell, C.E., Gao, Y., Tan, L. et al. (2018). Chemically induced degradation of anaplastic lymphoma kinase (ALK). *J. Med. Chem.* 61: 4249-4255.

41 Zhang, C., Han, X.-R., Yang, X. et al. (2018). Proteolysis targeting chimeras (PROTACs) of anaplastic lymphoma kinase (ALK). *Eur. J. Med. Chem.* 151: 304-314.

42 Salami, J., Alabi, S., Willard, R.R. et al. (2018). Androgen receptor degrada-tion by the proteolysis-targeting chimera ARCC-4 outperforms enzalutamide in cellular models of prostate cancer drug resistance. *Commun. Biol.* 1: 100.

43 https://www.arvinas.com/pipeline-programs/androgen-receptor.

44 Shibata, N., Nagai, K., Morita, Y. et al. (2018). Development of protein degrada-tion inducers of androgen receptor by conjugation of androgen receptor ligands and inhibitor of apoptosis protein ligands. *J. Med. Chem.* 61: 543-575.

45 Han, X., Wang, C., Qin, C. et al. (2019). Discovery of ARD-69 as a highly potent proteolysis targeting chimera (PROTAC) degrader of androgen receptor (AR) for the treatment of prostate cancer.

J. Med. Chem. 62: 941-964.

46 Sakamoto, K.M., Kim, K.B., Verma, R. et al. (2003). Development of Protacs to target cancer-promoting proteins for ubiquitination and degradation. *Mol. Cell. Proteomics* 2: 1350.

47 Khan, S., Zhang, X., Lv, D. et al. (2019). A selective BCL-XL PROTAC degrader achieves safe and potent antitumor activity. *Nat. Med.* 25: 1938-1947.

48 Wang, Z., He, N., Guo, Z. et al. (2019). Proteolysis targeting chimeras for the selective degradation of Mcl-1/Bcl-2 derived from nonselective target binding ligands. *J. Med. Chem.* 62: 8152-8163.

49 Lai, A.C., Toure, M., Hellerschmied, D. et al. (2016). Modular PROTAC design for the degradation of oncogenic BCR-ABL. *Angew. Chem. Int. Ed.* 55: 807-810.

50 Shimokawa, K., Shibata, N., Sameshima, T. et al. (2017). Targeting the allosteric site of oncoprotein BCR-ABL as an alternative strategy for effective target protein degradation. *ACS Med. Chem. Lett.* 8: 1042-1047.

51 Demizu, Y., Shibata, N., Hattori, T. et al. (2016). Development of BCR-ABL degradation inducers via the conjugation of an imatinib derivative and a cIAP1 ligand. *Bioorg. Med. Chem. Lett.* 26: 4865-4869.

52 Shibata, N., Miyamoto, N., Nagai, K. et al. (2017). Development of protein degradation inducers of oncogenic BCR-ABL protein by conjugation of ABL kinase inhibitors and IAP ligands. *Cancer Sci.* 108: 1657-1666.

53 Bai, L., Zhou, B., Yang, C.-Y. et al. (2017). Targeted degradation of BET proteins in triple-negative breast cancer. *Cancer Res.* 77: 2476.

54 Qin, C., Hu, Y., Zhou, B. et al. (2018). Discovery of QCA570 as an exceptionally potent and efficacious proteolysis targeting chimera (PROTAC) degrader of the bromodomain and extra-terminal (BET) proteins capable of inducing complete and durable tumor regression. *J. Med. Chem.* 61: 6685-6704.

55 Raina, K., Lu, J., Qian, Y. et al. (2016). PROTAC-induced BET protein degrada-tion as a therapy for castration-resistant prostate cancer. *Proc. Natl. Acad. Sci. U. S. A.* 113: 7124.

56 Zengerle, M., Chan, K.-H., and Ciulli, A. (2015). Selective small molecule induced degradation of the BET bromodomain protein BRD4. *ACS Chem. Biol.* 10: 1770-1777.

57 Zhou, B., Hu, J., Xu, F. et al. (2018). Discovery of a small-molecule degrader of bromodomain and extra-terminal (BET) proteins with picomolar cellu-lar potencies and capable of achieving tumor regression. *J. Med. Chem.* 61: 462-481.

58 Remillard, D., Buckley, D.L., Paulk, J. et al. (2017). Degradation of the BAF complex factor BRD9 by heterobifunctional ligands. *Angew. Chem. Int. Ed.* 56: 5738-5743.

59 Zoppi, V., Hughes, S.J., Maniaci, C. et al. (2019). Iterative design and optimiza-tion of initially inactive proteolysis targeting chimeras (PROTACs) identify VZ185 as a potent, fast, and selective von Hippel-Lindau (VHL) based dual degrader probe of BRD9 and BRD7. *J. Med. Chem.* 62: 699-726.

60 Hines, J., Lartigue, S., Dong, H. et al. (2019). MDM2-recruiting PROTAC offers superior, synergistic antiproliferative activity via simultaneous degradation of BRD4 and stabilization of p53. *Cancer Res.* 79: 251-262.

61 Buhimschi, A.D., Armstrong, H.A., Toure, M. et al. (2018). Targeting the C481S Ibrutinib-resistance mutation in Bruton's tyrosine kinase using PROTAC-mediated degradation. *Biochemistry* 57: 3564-3575.

62 Huang, H.-T., Dobrovolsky, D., Paulk, J. et al. (2018). A chemoproteomic approach to query the degradable kinome using a multi-kinase degrader. *Cell Chem. Biol.* 25: 88-99.e86.

63 Sun, Y., Ding, N., Song, Y. et al. (2019). Degradation of Bruton's tyrosine kinase mutants by PROTACs for potential treatment of ibrutinib-resistant non-Hodgkin lymphomas. *Leukemia* 33: 2105-2110.

64 Sun, Y., Zhao, X., Ding, N. et al. (2018). PROTAC-induced BTK degradation as a novel therapy for mutated BTK C481S induced ibrutinib-resistant B-cell malignancies. *Cell Res.* 28: 779-781.

65 Zorba, A., Nguyen, C., Xu, Y. et al. (2018). Delineating the role of cooperativity in the design of potent PROTACs for BTK. *Proc. Natl. Acad. Sci. U. S. A.* 115: E7285.

66 Tinworth, C.P., Lithgow, H., Dittus, L. et al. (2019). PROTAC-mediated degra-dation of Bruton's tyrosine kinase is inhibited by covalent binding. *ACS Chem. Biol.* 14: 342-347.

67 Brand, M., Jiang, B., Bauer, S. et al. (2019). Homolog-selective degradation as a strategy to probe the function of CDK6 in AML. *Cell Chem. Biol.* 26: 300-306.e309.

68 Garrido-Castro, A.C. and Goel, S. (2017). CDK4/6 inhibition in breast cancer: mechanisms of response and treatment failure. *Curr. Breast Cancer Rep.* 9: 26-33.

69 Jiang, B., Wang, E.S., Donovan, K.A. et al. (2019). Development of dual and selective degraders of cyclin-dependent kinases 4 and 6. *Angew. Chem. Int. Ed.* 58: 6321-6326.

70 Su, S., Yang, Z., Gao, H. et al. (2019). Potent and preferential degradation of CDK6 via proteolysis targeting chimera degraders. *J. Med. Chem.* 62: 7575-7582.

71 Yang, C., Li, Z., Bhatt, T. et al. (2017). Acquired CDK6 amplification pro-motes breast cancer resistance to CDK4/6 inhibitors and loss of ER signaling and dependence. *Oncogene* 36: 2255-2264.

72 Zhao, B. and Burgess, K. (2019). PROTACs suppression of CDK4/6, crucial kinases for cell cycle regulation in cancer. *Chem. Commun.* 55: 2704-2707.

73 Burslem, G.M., Smith, B.E., Lai, A.C. et al. (2018). The advantages of targeted protein degradation over inhibition: an RTK case study. *Cell Chem. Biol.* 25: 67-77.e63.

74 Cheng, M., Yu, X., Lu, K. et al. (2020). Discovery of potent and selective epi-dermal growth factor receptor (EGFR) bifunctional small-molecule degraders. *J. Med. Chem.* 63: 1216-1232.

75 Hu, J., Hu, B., Wang, M. et al. (2019). Discovery of ERD-308 as a highly potent proteolysis targeting chimera (PROTAC) degrader of estrogen receptor (ER). *J. Med. Chem.* 62: 1420-1442.

76 https://www.arvinas.com/pipeline-programs/estrogen-receptor.

77 Ohoka, N., Morita, Y., Nagai, K. et al. (2018). Derivatization of inhibitor of apoptosis protein (IAP) ligands yields improved inducers of estrogen receptor α degradation. *J. Biol. Chem.* 293: 6776-6790.

78 Cromm, P.M., Samarasinghe, K.T.G., Hines, J., and Crews, C.M. (2018). Addressing kinase-independent functions of Fak via PROTAC-mediated degra-dation. *J. Am. Chem. Soc.* 140: 17019-17026.

79 Gao, H., Wu, Y., Sun, Y. et al. (2019). Design, synthesis, and evaluation of highly potent FAK-targeting PROTACs. *ACS Med. Chem. Lett.* 11: 1855-1862.

80 Popow, J., Arnhof, H., Bader, G. et al. (2019). Highly selective PTK2 proteolysis targeting chimeras to probe focal adhesion kinase scaffolding functions. *J. Med. Chem.* 62: 2508-2520.

81 Nabet, B., Roberts, J.M., Buckley, D.L. et al. (2018). The dTAG system for immediate and target-specific protein degradation. *Nat. Chem. Biol.* 14: 431-441.

82 Reynders, M., Matsuura, B.S., Bérouti, M. et al. (2020). PHOTACs enable optical control of protein degradation. *Science Adv.* 6: eaay5064.

83 Sun, X., Wang, J., Yao, X. et al. (2019). A chemical approach for global protein knockdown from mice to non-human primates. *Cell Discovery* 5: 10.

84 Burslem, G.M., Song, J., Chen, X. et al. (2018). Enhancing antiproliferative activity and selectivity of a FLT-3 inhibitor by proteolysis targeting chimera conversion. *J. Am. Chem. Soc.* 140: 16428-16432.

85 An, Z., Lv, W., Su, S. et al. (2019). Developing potent PROTACs tools for selec-tive degradation of HDAC6 protein. *Protein Cell* 10: 606-609.

86 Wu, H., Yang, K., Zhang, Z. et al. (2019). Development of multifunctional his-tone deacetylase 6 degraders with potent antimyeloma activity. *J. Med. Chem.* 62: 7042-7057.

87 Yang, K., Song, Y., Xie, H. et al. (2018). Development of the first small molecule histone deacetylase 6 (HDAC6) degraders. *Bioorg. Med. Chem. Lett.* 28: 2493-2497.

88 Nunes, J., McGonagle, G.A., Eden, J. et al. (2019). Targeting IRAK4 for degrada-tion with PROTACs. *ACS Med. Chem. Lett.* 10: 1081-1085.

89 Li, Y., Yang, J., Aguilar, A. et al. (2019). Discovery of MD-224 as a first-in-class, highly potent, and efficacious proteolysis targeting chimera murine double minute 2 degrader capable of achieving complete and durable tumor regression. *J. Med. Chem.* 62: 448-466.

90 Wang, B., Wu, S., Liu, J. et al. (2019). Development of selective small molecule MDM2 degraders based on nutlin. *Eur. J. Med. Chem.* 176: 476-491.

91 Zhao, Q., Lan, T., Su, S., and Rao, Y. (2019). Induction of apoptosis in MDA-MB-231 breast cancer cells by a PARP1-targeting PROTAC small molecule. *Chem. Commun.* 55: 369-372.

92 Li, W., Gao, C., Zhao, L. et al. (2018). Phthalimide conjugations for the degra-dation of oncogenic PI3K. *Eur. J. Med. Chem.* 151: 237-247.

93 Bai, L., Zhou, H., Xu, R. et al. (2019). A potent and selective small-molecule degrader of STAT3 achieves complete tumor regression in vivo. *Cancer Cell* 36: 498-511.e417.

94 Chu, T.-T., Gao, N., Li, Q.-Q. et al. (2016). Specific knockdown of endogenous tau protein by peptide-directed ubiquitin-proteasome degradation. *Cell Chem. Biol.* 23: 453-461.

95 Lu, M., Liu, T., Jiao, Q. et al. (2018). Discovery of a Keap1-dependent peptide PROTAC to knockdown Tau by ubiquitination-proteasome degradation pathway. *Eur. J. Med. Chem.* 146: 251-259.

96 Silva, M.C., Ferguson, F.M.; Cai, Q. et al. (2019). Targeted degradation of aber-rant tau in frontotemporal dementia patient-derived neuronal cell models. *eLife* 8: e45457.

97 de Wispelaere, M., Du, G., Donovan, K.A. et al. (2019). Small molecule degraders of the hepatitis C virus protease reduce susceptibility to resistance mutations. *Nat. Commun.* 10: 3468.

98 Bassi, Z.I., Fillmore, M.C., Miah, A.H. et al. (2018). Modulating PCAF/GCN5 Immune Cell Function through a PROTAC Approach. *ACS Chem. Biol.* 13: 2862-2867.

99 http://arvinas.com/about-us/company-overview/.

100 https://c4therapeutics.com/who-we-are/.

101 https://www.kymeratx.com/.

102 https://www.investors.com/news/technology/protein-degradation-eyed-pharmaceutical-companies-drug-development/.

103 https://www.businesswire.com/news/home/20190104005064/en/C4-Therapeutics-Announces-Transformation-Strategic-Collaboration-Discover.

104 Mullard, A. (2019). First targeted protein degrader hits the clinic. *Nat. Rev. Drug Discovery* 18: 237-239.

105 https://clinicaltrials.gov/ct2/show/NCT03888612.

106 https://www.globenewswire.com/news-release/2019/03/25/1760002/0/en/ Arvinas-Announces-Initiation-of-Patient-Dosing-in-the-First-Phase-1-Clinical- Trial-of-PROTAC-Protein-Degrader-ARV-110.html.

107 Morreale, F.E. and Walden, H. (2016). Types of ubiquitin ligases. *Cell* 165: 248-248.e241.

108 Ottis, P., Toure, M., Cromm, P.M. et al. (2017). Assessing different E3 ligases for small molecule induced protein ubiquitination and degradation. *ACS Chem. Biol.* 12: 2570-2578.

109 Heintel, D., Rocci, A., Ludwig, H. et al. (2013). High expression of cereblon (CRBN) is associated with improved clinical response in patients with multiple myeloma treated with lenalidomide and dexamethasone. *Br. J. Haematol.* 161: 695-700.

110 Schuster, S.R., Kortuem, K.M., Zhu, Y.X. et al. (2012). Cereblon expression predicts response, progression free and overall survival after pomalidomide and dexamethasone therapy in multiple myeloma. *Blood* 120: 194.

111 Ottis, P., Palladino, C., Thienger, P. et al. (2019). Cellular resistance mech-anisms to targeted protein degradation converge toward impairment of the engaged ubiquitin transfer pathway. *ACS Chem. Biol.* 14: 2215-2223.

112 Zhang, L., Riley-Gillis, B., Vijay, P., and Shen, Y. (2019). Acquired resis-tance to BET-PROTACs (proteolysis-targeting chimeras) caused by genomic alterations in core components of E3 ligase complexes. *Mol Cancer Ther* 18: 1302-1311.

113 Zhu, Y.X., Braggio, E., Shi, C.X. et al. (2011). Cereblon expression is required for the antimyeloma activity of lenalidomide and pomalidomide. *Blood* 118: 4771-4779.

114 Simonetta, K.R., Taygerly, J., Boyle, K. et al. (2019). Prospective discovery of small molecule enhancers of an E3 ligase-substrate interaction. *Nat. Com-mun.* 10: 1402.

115 Han, T., Goralski, M., Gaskill, N. et al. (2017). Anticancer sulfonamides target splicing by inducing RBM39 degradation via recruitment to DCAF15. *Science* 356: eaal3755.

116 Maxwell, P.H., Wiesener, M.S., Chang, G.W. et al. (1999). The tumour sup-pressor protein VHL targets hypoxia-inducible factors for oxygen-dependent proteolysis. *Nature* 399: 271-275.

117 Ishoey, M., Chorn, S., Singh, N. et al. (2018). Translation termination factor GSPT1 is a phenotypically relevant off-target of heterobifunctional phthalimide degraders. *ACS Chem. Biol.* 13: 553-560.

118 Donovan, K.A., An, J., Nowak, R.P. et al. (2018). Thalidomide promotes degradation of SALL4, a transcription factor implicated in Duane Radial Ray syndrome. *eLife* 7.

119 Matyskiela, M.E., Zhang, W., Man, H.W. et al. (2018). A cereblon modulator (CC-220) with improved degradation of ikaros and aiolos. *J. Med. Chem.* 61: 535-542.

120 Maple, H.J., Clayden, N., Baron, A. et al. (2019). Developing degraders: prin-ciples and perspectives on design and chemical space. *MedChemComm* 10: 1755-1764.

121 Galdeano, C., Gadd, M.S., Soares, P. et al. (2014). Structure-guided design and optimization of small molecules targeting the protein-protein interaction between the von Hippel-Lindau (VHL) E3 ubiquitin ligase and the hypoxia inducible factor (HIF) alpha subunit with in vitro nanomolar affinities. *J. Med. Chem.* 57: 8657-8663.

122 Wurz, R.P., Dellamaggiore, K., Dou, H. et al. (2018). A "click chemistry plat-form" for the rapid synthesis of bispecific molecules for inducing protein degradation. *J. Med. Chem.* 61: 453-461.

123 Huisgen, R. (1961) Proceedings of the Chemical Society. October 1961. Proceed-ings of the Chemical Society, 357-396.

124 Ronnebaum, J.M. and Luzzio, F.A. (2016). Synthesis of 1,2,3-triazole 'click' ana-logues of thalidomide. *Tetrahedron* 72: 6136-6141.

125 Singh, M.S., Chowdhury, S., and Koley, S. (2016). ChemInform abstract: Advances of azide-alkyne cycloaddition-click chemistry over the recent decade. *ChemInform* 47.

126 An, S. and Fu, L. (2018). Small-molecule PROTACs: An emerging and promis-ing approach for the development of targeted therapy drugs. *EBioMedicine* 36: 553-562.

127 Hopkins, A.L. and Groom, C.R. (2002). The druggable genome. *Nat. Rev. Drug Discovery* 1: 727-730.

128 Russ, A.P. and Lampel, S. (2005). The druggable genome: an update. *Drug Discovery Today* 10: 1607-1610.

129 Smith, B.E., Wang, S.L., Jaime-Figueroa, S. et al. (2019). Differential PRO-TAC substrate specificity dictated by orientation of recruited E3 ligase. *Nat. Commun.* 10: 131.

130 Gadd, M.S., Testa, A., Lucas, X. et al. (2017). Structural basis of PROTAC coop-erative recognition for selective protein degradation. *Nat. Chem. Biol.* 13: 514.

131 Fisher, S.L. and Phillips, A.J. (2018). Targeted protein degradation and the enzymology of degraders. *Curr. Opin. Chem. Biol.* 44: 47-55.

132 Chamberlain, P.P. and Hamann, L.G. (2019). Development of targeted protein degradation therapeutics. *Nat. Chem. Biol.* 15: 937-944.

133 DeGoey, D.A., Chen, H.J., Cox, P.B., and Wendt, M.D. (2018). Beyond the rule of 5: lessons learned from AbbVie's drugs and compound collection. *J. Med. Chem.* 61: 2636-2651.

134 Lipinski, C.A., Lombardo, F., Dominy, B.W., and Feeney, P.J. (2001). Experi-mental and computational approaches to estimate solubility and permeability in drug discovery and development settings. *Adv. Drug Delivery Rev.* 46: 3-26.

135 Doak, B.C., Over, B., Giordanetto, F., and Kihlberg, J. (2014). Oral druggable space beyond the rule of 5: insights from drugs and clinical candidates. *Chem. Biol.* 21: 1115-1142.

136 Leeson, P.D. (2016). Molecular inflation, attrition and the rule of five. *Adv. Drug Delivery Rev.* 101: 22-33.

137 Pye, C.R., Hewitt, W.M., Schwochert, J. et al. (2017). Nonclassical size depen-dence of permeation defines bounds for passive adsorption of large drug molecules. *J. Med. Chem.* 60: 1665-1672.

138 Egbert, M., Whitty, A., Keseru, G.M., and Vajda, S. (2019). Why some targets benefit from beyond rule of five drugs. *J. Med. Chem.* 62: 10005-10025.

139 Edmondson, S.D., Yang, B., and Fallan, C. (2019). Proteolysis targeting chimeras (PROTACs) in 'beyond rule-of-five' chemical space: Recent progress and future challenges. *Bioorg. Med. Chem. Lett.* 29: 1555-1564.

140 Cantrill, C., Chaturvedi, P., Rynn, C. et al. (2020). Fundamental aspects of DMPK optimization of targeted protein degraders. *Drug Discovery Today*.

141 Ciechanover, A. and Brundin, P. (2003). The ubiquitin proteasome system in neurodegenerative diseases: sometimes the chicken, sometimes the egg. *Neuron* 40: 427-446.

142 Lee, M.J., Lee, J.H., and Rubinsztein, D.C. (2013). Tau degradation: the ubiquitin-proteasome system versus the autophagy-lysosome system. *Prog. Neurobiol.* 105: 49-59.

143 Galves, M., Rathi, R., Prag, G., and Ashkenazi, A. (2019). Ubiquitin signal-ing and degradation of aggregate-prone proteins. *Trends Biochem. Sci.* 44: 872-884.

144 Broyl, A., Kuiper, R., van Duin, M. et al. (2013). High cereblon expres-sion is associated with better survival in patients with newly diagnosed multiple myeloma treated with thalidomide maintenance. *Blood* 121: 624-627.

145 Franssen, L., Nijhof, I., Couto, S. et al. (2018). Cereblon loss and up-regulation of c-Myc are associated with lenalidomide resistance in multiple myeloma patients. *Haematologica* 103: haematol.2017.186601.

146 Thakurta, A., Gandhi, A.K., Waldman, M.F. et al. (2014). Absence of mutations in cereblon (CRBN) and DNA damage-binding protein 1 (DDB1) genes and sig-nificance for IMiD therapy. *Leukemia* 28: 1129-1131.

147 Milroy, L.-G., Grossmann, T.N., Hennig, S. et al. (2014). Modulators of protein-protein interactions. *Chem. Rev.* 114: 4695-4748.

148 Fischer, E.S., Park, E., Eck, M.J., and Thomä, N.H. (2016). SPLINTS:small-molecule protein ligand interface stabilizers. *Curr. Opin. Struct. Biol.* 37: 115-122.

149 Thiel, P., Kaiser, M., and Ottmann, C. (2012). Small-molecule stabilization of protein-protein interactions: an underestimated concept in drug discovery? *Angew. Chem. Int. Ed.* 51: 2012-2018.

150 Jin, L. and Harrison, S.C. (2002). Crystal structure of human calcineurin com-plexed with cyclosporin A and human cyclophilin. *Proc. Natl. Acad. Sci. U. S. A.* 99: 13522-13526.

151 Ho, S., Clipstone, N., Timmermann, L. et al. (1996). The mechanism of action of Cyclosporin A and FK506. *Clin. Immunol. Immunopathol.* 80: S40-S45.

152 Abraham, R.T. and Wiederrecht, G.J. (1996). Immunopharmacology of rapamycin. *Annu. Rev. Immunol.* 14: 483-510.

153 Faivre, S., Kroemer, G., and Raymond, E. (2006). Current development of mTOR inhibitors as anticancer agents. *Nat. Rev. Drug Discovery* 5: 671-688.

154 Sabatini, D.M., Erdjument-Bromage, H., Lui, M. et al. (1994). RAFT1: a mam-malian protein that binds to FKBP12 in a rapamycin-dependent fashion and is homologous to yeast TORs. *Cell* 78: 35-43.

155 Brown, E.J., Albers, M.W., Bum Shin, T. et al. (1994). A mammalian protein targeted by G1-arresting rapamycin-receptor complex. *Nature* 369: 756-758.

156 Choi, J., Chen, J., Schreiber, S.L., and Clardy, J. (1996). Structure of the FKBP12-rapamycin complex interacting with binding domain of human FRAP. *Science* 273: 239-242.

157 Yang, H., Rudge, D.G., Koos, J.D. et al. (2013). mTOR kinase structure, mecha-nism and regulation. *Nature* 497: 217.

158 Chen, Y.N., LaMarche, M.J., Chan, H.M. et al. (2016). Allosteric inhibition of SHP2 phosphatase inhibits cancers driven by receptor tyrosine kinases. *Nature* 535: 148-152.

159 Jones, L.H. (2018). Small-molecule kinase downregulators. *Cell Chem. Biol.* 25: 30-35.

160 https://www.fiercepharma.com/special-report/top-10-drugs-by-sales-increase-2020.

161 Chamberlain, P.P., Lopez-Girona, A., Miller, K. et al. (2014). Structure of the human Cereblon-DDB1-lenalidomide complex reveals basis for responsiveness to thalidomide analogs. *Nat. Struct.*

Mol. Biol. 21: 803.

162 Hughes, S.J. and Ciulli, A. (2017). Molecular recognition of ternary complexes: a new dimension in the structure-guided design of chemical degraders. *Essays Biochem.* 61: 505-516.

163 Sievers, Q., Petzold, G., Bunker, R. et al. (2018). Defining the human C2H2 zinc finger degrome targeted by thalidomide analogs through CRBN. *Science* 362: eaat0572.

164 Bussiere, D.E., Xie, L., Srinivas, H. et al. (2020). Structural basis of indisulam-mediated RBM39 recruitment to DCAF15 E3 ligase complex. *Nat. Chem. Biol.* 16: 15-23.

165 Du, X., Volkov, O.A., Czerwinski, R.M. et al. (2019). Structural basis and kinetic pathway of RBM39 recruitment to DCAF15 by a sulfonamide molecular Glue E7820. *Structure* 27: 1625-1633.e1623.

166 Blake, R. (2019). Abstract 4452: GNE-0011, a novel monovalent BRD4 degrader.

167 Hong, R., Edgar, K., Song, K. et al. (2018). GDC-0077 is a selective PI3Kalpha inhibitor that demonstrates robust efficacy in PIK3CA mutant breast cancer models as a single agent and in combination with standard of care therapies. *Cancer Res.* 78.

168 Riching, K.M., Mahan, S., Corona, C.R. et al. (2018). Quantitative live-cell kinetic degradation and mechanistic profiling of PROTAC mode of action. *ACS Chem. Biol.* 13: 2758-2770.

169 Yen, H.-C.S., Xu, Q., Chou, D.M. et al. (2008). Global protein stability profiling in mammalian cells. *Science* 322: 918-923.

170 Dixon, A.S., Schwinn, M.K., Hall, M.P. et al. (2016). NanoLuc complementation reporter optimized for accurate measurement of protein interactions in cells. *ACS Chem. Biol.* 11: 400-408.

171 http://www.pmlive.com/pharma_intelligence/Can_protein_degraders_unlock_undruggable_drug_targets_1325656.

172 http://ir.arvinas.com/news-releases/news-release-details/arvinaspresentsplatform-update-including-initial-data-first.

第二篇　分类药物研究

第3章

GLP-1受体激动剂：2型糖尿病和肥胖症治疗药物

3.1 引言

胰岛素（insulin）自1921年由班廷（Banting）和贝斯特（Best）发现以来，被广泛用于1型糖尿病（type 1 diabetes mellitus，T1DM）的治疗，这使得通过长期施用外源性胰岛素来控制血糖水平成为可能。为更好地治疗1型和2型糖尿病（type 2 diabetes mellitus，T2DM），基于胰岛素分子的设计研究取得了显著进展。然而，胰岛素治疗的副作用也逐渐显现，如存在低血糖和体重增加的风险。因此，研发出了更多的糖尿病疗法，尤其是针对T2DM。

以胰高血糖素样肽-1（glucagon-like peptide-1，GLP-1）为靶点，是开发胰岛素替代药物的重要策略。本章主要介绍基于GLP-1的抗糖尿病药物的发现、开发与展望。

GLP-1属于肠促胰岛素（incretin，也称为肠降血糖素）激素家族，是一种响应营养摄入而从胃肠道分泌到循环系统中的激素。肠促胰岛素效应（incretin effect）通常用于描述与静脉注射葡萄糖相比，口服葡萄糖给药引起血浆胰岛素水平显著升高的现象。在19世纪70年代，第一种肠促胰岛素，即葡萄糖依赖性促胰岛素多肽（glucose-dependent insulinotropic polypeptide，GIP）首次被分离出来。然而，直到19世纪80年代，才通过哺乳动物胰高血糖素原基因（proglucagon gene）及互补DNA的克隆和测序鉴定出了GLP-1[1,2]。研究发现，胰高血糖素原基因编码胰高血糖素和其他两种与胰高血糖素具有50%同源性的肽激素（图3.1）。因此，这些肽被命名为胰高血糖素样肽1（GLP-1）和胰高血糖素样肽2（GLP-2）[2,3]。鉴于胰高血糖素的同源性，虽然GLP-1是唯一可以刺激胰岛素分泌的肽，但研究中仍然同时测试了GLP-1和GLP-2的促胰岛素活性（有关GLP-1发现的更全面信息，请参阅相关文献[1]）。

初步研究提出，当胰高血糖素原酶被剪切下时，具有生物活性的GLP-1是由37个氨基酸组成，被称为GLP-1（1-37），因此GLP-1的实际生物活性序列并未直接从胰高血糖素原基因中鉴定出来。胰高血糖素原的另一个剪切位点会产生比GLP-1少6个氨基酸的多肽，被称为GLP-1（7-37），以及缩短1个氨基酸的版本——GLP-1（7-36）-酰胺，其是由肽基甘氨酸α-酰胺化单加氧酶（peptidylglycine α-amidating monooxygenase）切割C端甘氨酸而生成的[1,4]。GLP-1（1-37）和GLP-1（7-36）-酰胺都是具有生物活性的GLP-1激素，而且是等效的[5]。因此，通常用GLP-1来表示这两种不同形式的GLP-1（图3.2）。

图3.1　人胰高血糖素原（在互补DNA上编码）

GRPP，glicentin-related pancreatic polypeptide，粘连素相关胰多肽；IP，intervening peptide，干预肽[1,2]

	序列
GLP-1 (1-37)	H D E F E R H A E G T F T S D V S S Y L E G Q A A K E F I A W L V K G R G (1, 7, 37)
GLP-1 (7-37)	H A E G T F T S D V S S Y L E G Q A A K E F I A W L V K G R G
GLP-1(7-36)-酰胺	H A E G T F T S D V S S Y L E G Q A A K E F I A W L V K G R－NH_2
Ex4	H G E G T F T S D L S K Q M E E E A V R E F I E W L K N G G P S S G A P P P S－NH_2 (1, 31)

图3.2　促胰岛素分泌肽GLP-1（1-37）、GLP-1（7-37）、GLP-1（7-36）-酰胺和Ex4的氨基酸序列

人体内源性激素GLP-1还有另一个著名的家族成员，即唾液素-4（Exendin-4，Ex4，也称为毒蜥外泌肽-4），是从希拉毒蜥（*Heloderma suspectum*）的唾液中分离而来的[6]。Ex4具有与GLP-1相似的生物学特性，并且GLP-1和Ex4具有53%的序列同源性，因此被认为源自共同的祖先[7-9]。值得注意的是，Ex4的肽序列编号从1开始，而不是像活性激素GLP-1那样从7开始（图3.2）。

3.2 GLP-1的生物学

为了响应营养的摄入，GLP-1由存在于小肠和大肠中的肠内分泌L细胞分泌。GLP-1具有多种生理作用。首先，GLP-1可以葡萄糖依赖的方式增强胰岛β细胞合成和释放胰岛素，并抑制胰岛α细胞释放胰高血糖素[10]。其次，GLP-1可增强饱腹感、减少能量摄入并抑制胃排空。最新的研究表明，GLP-1类似物还具有心血管保护作用。值得注意的是，GLP-1类似物的常见副作用是恶心和呕吐，但可通过缓慢增加剂量的方式缓解[1]。

基于GLP-1降低葡萄糖水平和抑制食物摄取的活性，研究人员在开发T2DM和肥胖症治疗药物方面进行了大量的研究工作并取得了丰硕的成果。尽管如此，因为GLP-1在血液中的半衰期很短，仅为数分钟，所以很难直接将GLP-1开发为治疗药物。GLP-1的半衰期短主要是肾脏肾小球滤过和二肽基肽酶-Ⅳ（dipeptidyl peptidase-Ⅳ，DPP-Ⅳ或DPP-4）共同作用的结果。DPP-Ⅳ可剪切GLP-1 N端的前两个氨基酸，所得的肽激素将无法激活胰高血糖素样肽-1受体（glucagon-like peptide-1 receptor，GLP-1R）（一种B类G蛋白偶联受体）。事实上，默克公司开发的西格列汀（sitagliptin）等口服小分子DPP-Ⅳ抑制剂已被用于T2DM的治疗[11]。

3.2.1　GLP-1受体的结合与激活

GLP-1的作用是通过结合和激活GLP-1R来介导的。GLP-1在受体结合状态下呈现α螺旋构象，近期通过冷冻电子显微术（cryo electron microscopy，cryo EM）得到的活性状态GLP-1R与GLP-1、信号蛋白Gs复合的3D结构，也证实了所提出的双结构域结合机制（图3.3）[12, 13]。研究显示，GLP-1的C端部分结合GLP-1R的胞外结构域（extracellular domain，ECD），而N端部分结合GLP-1R的跨膜结构域（transmembrane domain，TMD），最终引起受体的激活。GLP-1与分离的ECD复合物的晶体结构显示，GLP-1的C端部分足以与受体的ECD结合。GLP-1的N端部分对于受体激活至关重要，如果Ex4的N端被剪切，则会产生竞争性拮抗剂促胰岛素分泌肽Ex（9-39），其能保持与受体ECD的结合，但无法促发受体的TMD。

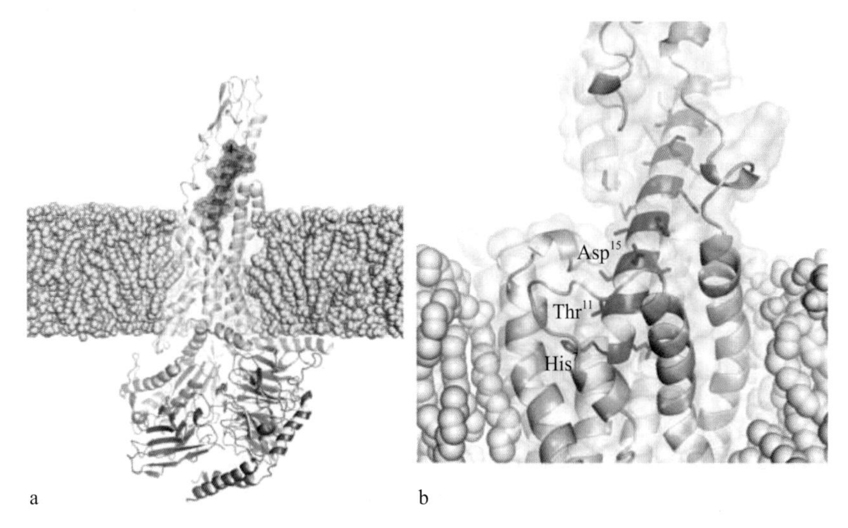

图3.3　a. GLP-1R与GLP-1、信号蛋白Gs复合物的冷冻电镜结构图，包含结合和激活的两个结构域机制。其中，GLP-1R显示为金色，Gs蛋白显示为灰色，GLP-1显示为蓝色，膜显示为绿色。b. GLP-1在受体结合位点的特写视图，显示His^{7}-Asp^{15}片段深入GLP-1R的TMD跨膜区（α螺旋结构），证实了GLP-1在受体激活中的关键作用

GLP-1的氨基酸序列自19世纪80年代被发现以来已被广泛研究，并在1993年通过丙氨酸（alanine，Ala）扫描（将每个氨基酸替换为*L*-丙氨酸）研究了每个氨基酸对GLP-1受体结合和激活的相对重要性[14]。研究发现，残基7-15的N端部分对于受体激活尤为重要。近期冷冻电镜的结构也证实了这些早期观察的结果，表明残基7-15恰好深入到GLP-1R的TMD。相比之下，除了苯丙氨酸（phenylalanine，Phe）28（Phe28）和异亮氨酸（isoleucine，Ile）29（Ile29）外，中

央和C端部分对丙氨酸取代并不是很敏感。事实上，Phe28-Ala取代对整个GLP-1序列中所有Ala取代的受体结合具有最强的影响。这一结果也与GLP-1R的晶体和冷冻电镜结构一致，表明Phe28和Ile29被包埋在主要由受体ECD提供的疏水结合位点中[13, 15, 16]。GLP-1的中央和C端部分的残基主要用于维持其螺旋结构，并以特定方式与细胞外环和GLP-1R的ECD发生相互作用。

3.2.2 GLP-1的药物开发

从19世纪80年代的最初发现到推出第一种基于GLP-1的受体激动剂而造福糖尿病患者，经历了长达数十年的时间。随着医药研发的突飞猛进，近10年已开发出一些新的药物。尽管GLP-1早在很久以前就已被发现，但无论是从生物学角度还是从结构角度而言，对GLP-1的研究仍具有较强的吸引力。最近，一种GLP-1R激动剂口服片剂获得美国FDA的批准。在未来，其与其他激素的联合治疗有可能成为一种新的治疗策略。下文将概述基于GLP-1受体激动剂疗法的药物开发及未来发展方向。图3.4概述了FDA批准的GLP-1R激动剂。

3.3 基于Ex4的类似物

3.3.1 艾塞那肽

艾塞那肽（exenatide）是第一种获批的GLP-1R激动剂，由艾米林制药（Amylin）和礼来（Lilly）公司共同开发，于2005年获FDA批准上市。艾塞那肽是人工合成的Ex4。如全文所述，Ex4是一种从希拉毒蜥唾液中分离而来的GLP-1R激动剂[17, 18]。Ex4是哺乳动物GLP-1的直系同源物，与人源GLP-1的相似性约为50%（图3.5）。唾液素基因（*exendin* 1-4）的进化起源尚未完全清楚，但科学家推测唾液素可能是通过胰高血糖素样肽基因前体的复制进化而来[7-9]。针对Ex4和来自不同物种的GLP-1之间的系统发育关系研究发现，Ex4与非洲爪蟾GLP-1最为“密切”相关[9]。

Ex4以与GLP-1类似的方式与完整的人体GLP-1R结合。与GLP-1不同的是，Ex4对DPP-Ⅳ的降解完全且稳定，对其他肽酶也显示出更高的稳定性，仅通过肾脏摄取清除[19]，此外，与GLP-1相比，Ex4具有更长的体内半衰期[20]。市售的艾塞那肽制剂每日皮下给药2次，通常在一天的第一餐和最后一餐之前使用。据报道，艾塞那肽能使糖化血红蛋白（HbA1c）水平降低0.5%～1%，与胰岛素制剂的效果相似[21]。

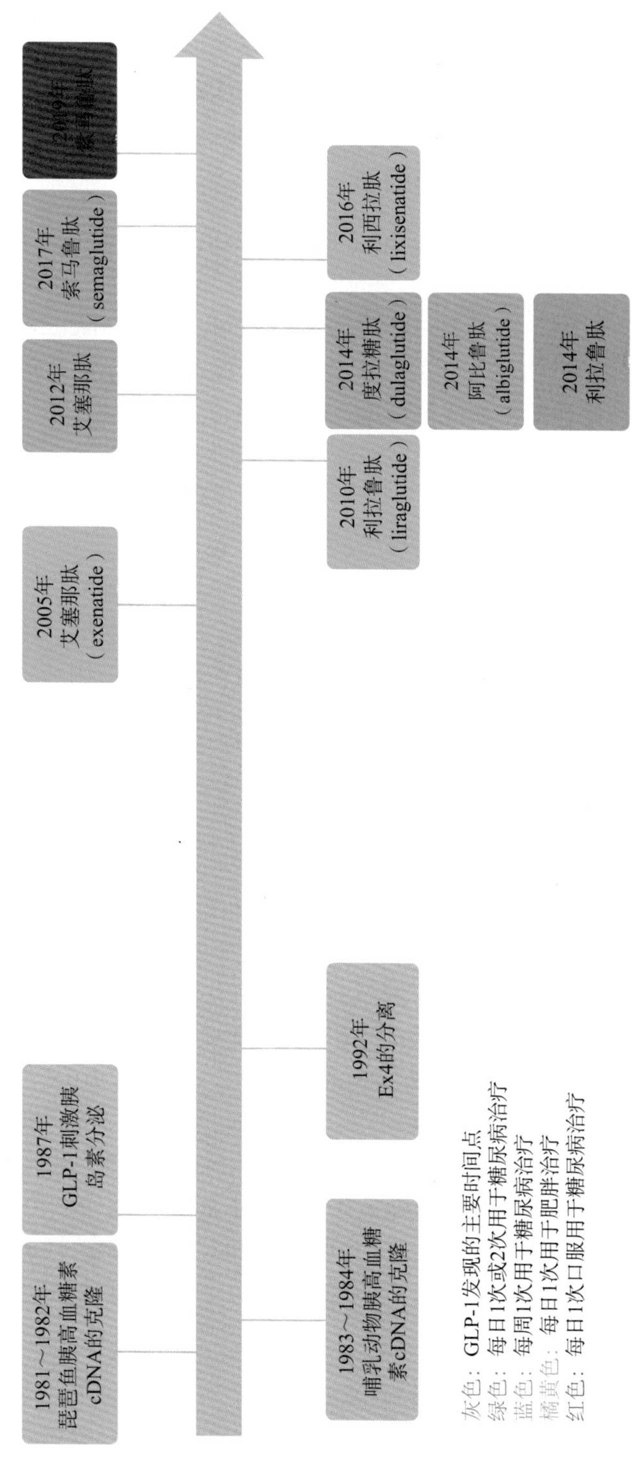

图 3.4　GLP-1 的发现和 FDA 批准相关药物及其不同给药方式的时间表

GLP-1 (7－37) H A E G T F T S D L S S Y L E G Q A A K E F I A W L V K G R G
Exendin 4 H G E G T F T S D L S K Q M E E E A V R L F I E W L K N G G P S S G A P P P S －NH₂

图3.5 人体GLP-1和Ex4的一级结构

3.3.2 艾塞那肽的长效缓释制剂

艾塞那肽的长效缓释（long-acting release，LAR）制剂是市场上第一种仅需每周注射1次的GLP-1受体激动剂。其活性成分仍为艾塞那肽，只是将艾塞那肽封装在可溶性聚-（*D*，*L*-丙交酯-共-乙交酯）[poly-（*D*，*L*-lactide-co-glycolide，PLG）] 微球中。每周1次皮下注射后，艾塞那肽微球会驻留在皮肤下并缓慢降解，将艾塞那肽持续释放至血液循环中[22]。据报道，市售的艾塞那肽LAR制剂能使HbA1c水平降低约1.5%，体重减轻约2 kg[23, 24]。

3.3.3 利西拉肽

利西拉肽（lixisenatide）是一种Ex4类似物，其去除了C端的1个脯氨酸（proline，Pro），添加了6个连续的赖氨酸（lysine，Lys），以延长体内作用时间（图3.6），使其适合每日注射1次[25]。利西拉肽最初由新西兰制药公司（Zealand Pharmaceuticals）于2003年研发，随后被授权给赛诺菲进行开发，并于2013年获得欧洲药品管理局（European Medicines Agency，EMA）的批准，用于治疗T2DM，而后于2016年获得FDA的批准。

GLP-1(7－37) H A E G T F T S D V S S Y L E G Q A A K E F I A W L V K G R G
Exendin 4 H G E G T F T S D L S K Q M E E E A V R L F I E W L K N G G P S S G A P P P S －NH₂
Lixisenatide H G E G T F T S D L S K Q M E E E A V R L F I E W L K N G G P S S G A P P S K K K K K K －NH₂

图3.6 利西拉肽（lixisenatide）的一级结构

在表达人源GLP-1R的中国仓鼠卵巢细胞（Chinese hamster ovary）-K1（CHO-K1）中，利西拉肽对GLP-1R的亲和力［IC_{50}=（1.4±0.2）nmol/L］比GLP-1（7-36）-酰胺［IC_{50}=（5.5±1.3）nmol/L］高4倍[26]。据报道，在临床Ⅲ期GetGoal研究中（GetGoal系列研究是目前影响最为深远的大型临床研究之一），利西拉肽每日1次20 μg的给药剂量可使HbA1c水平降低0.79%，体重降低（2.96±0.23）kg[27, 28]。除单独使用利西拉肽之外，还开发了利西拉肽和甘精胰岛素（insulin glargine，一种在中性溶液中溶解度低的人胰岛素类似物）固定剂量的联用药物治疗T2DM[29]。

3.3.4 依培那肽

依培那肽（efpeglenatide）是基于单个氨基酸修饰的Ex4类似物，与人免疫球蛋白G分子IgG4的免疫可结晶片段（fragment crystallizable，Fc）通过柔性连接臂偶联而得[30]（图3.7）。与度拉鲁肽（dulaglutide）（参见3.4.5）相比，其只有一个Ex4肽与Fc融合。研究表明，与Fc融合后依培那肽的血浆清除率减缓，因此可每周1次给药（QW），甚至预期能实现更少的给药频次。依培那肽由韩美制药（Hanmi Pharmaceuticals）开发，并于2015年11月授权给赛诺菲，目前正处于Ⅲ期临床研究。

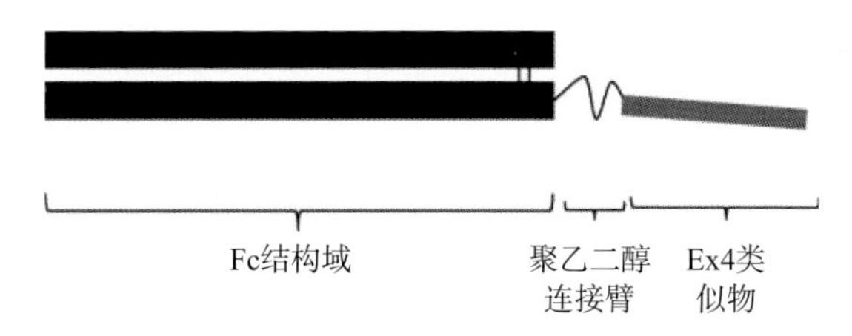

图3.7　依培那肽（efpeglenatide）的结构示意图[30]

3.3.5　聚乙二醇化洛塞那肽

洛塞那肽（loxenatide）是另一种基于Ex4的类似物，是Ex4的聚乙二醇化形式，通常每周给药1次。作为Ex4 的类似物，其主要在4个位点（dAla2、Nle14、Gln28 和Cys39）进行取代[31]，通过马来酰亚胺对其聚乙二醇化改性而得（图3.8）。洛塞那肽目前已经在中国获批，且正在开展深入的临床研究。临床试验结果表明，其用于降低HbA1c的剂量非常低，仅约为100 μg或200 μg，因此该化合物具有很大的成药潜力[31]。

图3.8　聚乙二醇化洛塞那肽（pegylated loxenatide）的结构示意图

mPEG，methoxy polyethylene glycol，甲氧基聚乙二醇；Nle，norleucine，正亮氨酸

3.4　基于GLP-1的类似物

继艾塞那肽之后，下一个临床获批的GLP-1R激动剂是基于人源GLP-1开发而得的，具有较大的结构差异。

3.4.1　利拉鲁肽

利拉鲁肽（liraglutide）是哥本哈根诺和诺德（Novo Nordisk）公司于2009年上市的第一种GLP-1类似物，通过连接脂肪酸来延长其半衰期。19世纪90年代初期，诺和诺德公司开创了这一领域[32, 33]，最初通过将肉豆蔻酸与胰岛素共价连接，并添加一定的锌离子，研制了地特胰岛素（insulin detemir）。其中，地特胰岛素分子与锌低聚化，而锌可在注射部位缓慢单体化，因此能从注射部位缓慢吸收释放，有效延长了作用时间。研究表明，地特胰岛素的确适合每日1次的给药频次。一旦被吸收，脂肪酸会可逆地与白蛋白结合并最终与细胞表面结合，从而降低了肾清除率。因此，注射部位的扩散速度减缓和清除率降低是影响该药物半衰期的主要因素。

随着GLP-1及其抗糖尿病作用的发现[1]，诺和诺德公司开始将脂肪酸技术应用于GLP-1[34, 35]。白蛋白是脂肪酸的转运载体，其表面具有带正电荷的氨基酸残基，可结合带负电荷的化合物。但是，当脂肪酸通过酰胺形式连接至主肽上时会失去电荷。因此，可通过添加带负电荷的连接子来增强脂肪酸与白蛋白的结合。在利拉鲁肽中，负电荷以γ-Glu部分的形式运用到利拉鲁肽的连接臂结构中（图3.9）。GLP-1在第26位和第34位含有两个游离的赖氨酸（Lys），适合连接脂肪酸。重要的是，与第34位相比，GLP-1第26位的脂肪酸修饰能保护其不受DPP-Ⅳ介导的降解和失活。虽然第26位距离DPP-Ⅳ的剪切位点很远，但由于DPP-Ⅳ酶的通道样结构，使得该位点的脂肪酸修饰可以提供保护[36]。为了实现重组GLP-1骨架第26位赖氨酸的选择性酰化，利拉鲁肽第34位的另一个天然赖氨酸被精氨酸（arginine，Arg）取代。生物物理研究表明，中性制剂中的利拉鲁肽主要以七聚体形式存在[37]。与地特胰岛素一样，这可使其从注射部位缓慢吸收并释放出活性物质，并结合全身白蛋白，可以实现每日给药1次。另一个重要特征是，利拉鲁肽在结构上非常接近天然GLP-1，因此推测其在临床使用中的免疫原性较低。自2009年以来，利拉鲁肽已在全球上市，用于治疗T2DM；从2014年开始用于治疗肥胖症。值得注意的是，除了单独使用利拉鲁肽外，还开发了一种固定剂量的利拉鲁肽和德谷胰岛素（insulin degludec）的复方制剂，用于治疗T2DM[38]。

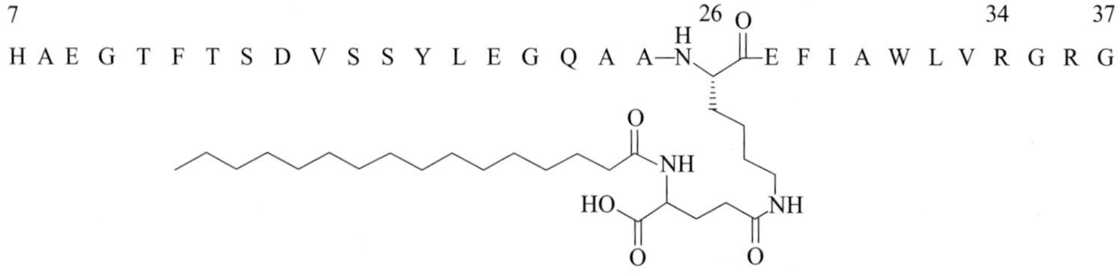

7 26 34 37
H A E G T F T S D V S S Y L E G Q A A–N(H)–E F I A W L V R G R G

图3.9 利拉鲁肽（liraglutide）的结构

3.4.2 索马鲁肽

诺和诺德公司对利拉鲁肽的药效和半衰期进行了优化，得到可以每周给药1

次的索马鲁肽（semaglutide），结构如图3.10所示。索马鲁肽与利拉鲁肽的区别在于三个重要结构单元的不同，即第8位的非天然氨基酸、间隔结构和修饰的脂肪酸。首先，其在第8位引入了氨基异丁酸（amino-isobutyric acid，Aib），可保护其免受DPP-Ⅳ的降解。其次，与利拉鲁肽中使用的C16单酸单元相比，脂肪二酸能提供更强的白蛋白结合力，而且两个氨基-二乙氧基-乙酰基（amino-diethoxy-acetyl，OEG）作为间隔结构能提供最佳的药效[39]。由此产生的索马鲁肽分子于2017年上市。与利拉鲁肽相比，该药物每周所需的剂量要低得多，仅需0.5 mg或1.0 mg。

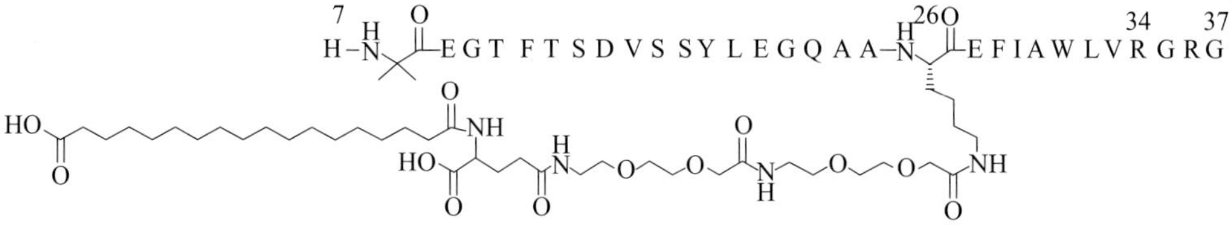

图3.10　索马鲁肽（semaglutide）的结构

这种高药效对于随后靶向口服索马鲁肽的研发也至关重要（因为肽的口服生物利用度普遍较低）。由于高分子量、高亲水性和低渗透性，肽类口服给药会受到蛋白水解酶降解和从胃肠道屏障进入血液吸收不良的阻碍[40, 41]。为了增强索马鲁肽的口服吸收，埃米斯菲尔技术公司（Emisphere Technologies）开发了一种与吸收促进剂*N*-[8（2-羟基苯甲酰基）氨基]辛酸钠{sodium *N*-[8（2-hydroxybenzoyl）amino]caprylate，SNAC}联用的复方制剂。该复方制剂在临床试验[42]中取得良好的结果，近期已被FDA批准用于T2DM的治疗。

3.4.3　他司鲁泰

他司鲁泰（taspoglutide）是人源GLP-1（7-36）-酰胺的类似物，具有超过90%的同源序列，由罗氏和易普森（Ipsen）制药公司共同研发。与人源GLP-1相比，他司鲁泰中的两个氨基酸被取代，即Ala8和Gly35被Aib取代。与索马鲁肽类似，取代可以保护其免受DPP-Ⅳ的降解。因为在血浆中发现了[Aib8]hGLP-1（7-36）-酰胺的进一步酶促C端裂解产物，所以在第35位又引入了额外的Aib，得到了[Aib8，Aib35]人源GLP-1（7-36）-酰胺（图3.11）。

众所周知，Aib可以稳定肽的螺旋结构，这是对GLP-1的生物活性至关重要的一个特征。受体结合和激活实验表明，在他司鲁泰中引入的氨基酸取代不会损害其与GLP-1受体的相互作用[43, 44]。与天然GLP-1相比，他司鲁泰在大鼠血浆中具有更高的稳定性，一级消除动力学显示其半衰期约为人源GLP-1的10倍。在临床试验中，对通过添加氯化锌制成的他司鲁泰缓释制剂进行了研究。研究表明，在皮下注射24小时后能产生最大暴露量，且具有持续两周的血浆水平。

7 35

H–N(H)–C(=O)–E G T F T S D V S S Y L E G Q A A K E F I A W L V K–N(H)–C(=O)–R–NH_2

图3.11 他司鲁泰（taspoglutide）的一级结构

在24周的T-emerge临床试验中，2名接受20 mg他司鲁泰治疗受试者的HbA1c较基线降低了1.24%，体重减轻了2.3 kg[45]。2010年9月，在Ⅲ期临床试验中，包括胃肠道症状和局部注射部位反应在内的大量不良事件导致罗氏在上市前撤回了他司鲁泰。抗药抗体的出现被确定是造成注射部位不良反应的根本原因[46]。

3.4.4 阿必鲁肽和阿贝那肽

与通过脂肪酸进行可逆结合相反，另一种延长GLP-1半衰期的方法是直接与白蛋白共价连接。代表药物阿必鲁肽（albiglutide）是由葛兰素史克（GlaxoSmithKline，GSK）研发上市的第一个每周使用1次的GLP-1受体激动剂。阿必鲁肽是GLP-1二聚体与人白蛋白的融合物（图3.12）。类似于他司鲁泰和索马鲁肽，在阿必鲁肽中使用天然氨基酸Gly替代Ala8能保护其免受DPP-Ⅳ的降解[48, 49]。

图3.12 阿必鲁肽（albiglutide）的示意图[47]

由于新生儿Fc受体（neonatal Fc receptor，FcRn）[50]循环，白蛋白具有非常长的血清半衰期（在人体内约19天），因此阿必鲁肽GLP-1-白蛋白融合蛋白在人体中的半衰期为6～8天，最大血浆浓度维持在第2～4天，使其适合每周1次给药的给药频率[51]。

在HARMONY 7临床试验中，接受32周阿必鲁肽30 mg每周1次治疗的受试者，在第6周将给药剂量调整至50 mg，调整后HbA1c从基线到第32周的变化约为–0.8%，体重变化约为–0.6 kg[52]。2017年7月，GSK宣布，由于该药物的处方有限和销售额下降，将停止在全球范围内生产和销售阿必鲁肽。

白蛋白偶联的另一个代表药物是由美国Conjuchem生物技术有限公司开发的阿贝那肽（albenatide，CJC-1134-PC），其中人血清白蛋白（human serum albumin，HSA）表面暴露的游离半胱氨酸（cysteine，Cys）通过马来酰亚胺与Ex4的C端偶联。临床试验的初步结果表明，化合物在人体内的半衰期约为8天，使其适合每周给药1次[53]。此外，在Ⅱ期临床试验中，阿贝那肽可使HbA1c降低1.4%并能适度减轻体重[54]。

3.4.5 度拉鲁肽

度拉鲁肽（dulaglutide）[Gly8，Glu22，Gly36]GLP-1（7-37）-（Gly_4Ser）$_3$Ala-（Ala234，Ala235，Pro228）-IgG4-Fc，是一种二聚体GLP-1类似物，通过连接臂与工程化Fc片段融合，由礼来公司于2014年研发上市。GLP-1部分使用Gly8进行DPP-Ⅳ的酶解保护，通过引入Glu22（如Ex4中所示）和添加多肽连接臂提高了其体外药效。同时，引入Gly36以使融合蛋白去免疫。免疫球蛋白是一种修饰的IgG4同种型，分别在F234A和L235A位点进行了优化，以减少与高亲和力Fc受体的相互作用。与IgG1形式相比，该修饰能使剂量依赖性细胞毒性显著降低。最后，将S228突变为脯氨酸（proline，Pro）以消除半抗体形成[55]（图3.13）。

在人体内，由于能通过FcRn循环，度拉鲁肽的半衰期达到约3.75天，适合每周1次的给药频次。在AWARD-6临床试验中，接受度拉鲁肽1.5 mg每周1次治疗的试验受试者，从基线至第24周的HbA1c变化约为–1.4%，体重变化约为–2.9 kg[57]。

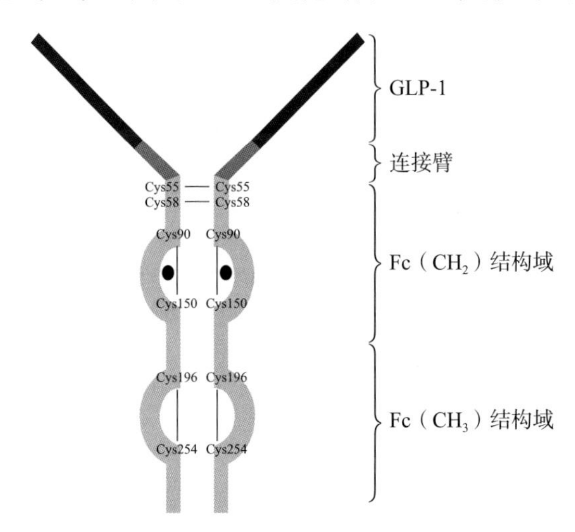

图3.13 度拉鲁肽（dulaglutide）的结构示意图。图中显示了GLP-1类似物、连接臂、IgG4 Fc（CH_2）和Fc（CH_3）结构域，以及参与链间和链内二硫键键合的12个Cys残基。黑点代表每条多肽链中Asn126处的*N*-连接糖基化[56]

3.5 共激动剂

自从GLP-1被引入糖尿病治疗后，部分大型制药公司致力于对产品进行改进，并将其扩展至治疗肥胖症。目前，只有利拉鲁肽被批准用于治疗肥胖症。尽管利拉鲁肽在一定程度上能使体重减轻，但其却远低于减肥手术所达到的效果。研究表明，减肥手术后体重减轻和糖尿病缓解的原因之一是过强的肠道和胰腺激素水平升高，包括GLP-1、胃泌酸调节素（oxyntomodulin）、胰高血糖素和PYY （peptide YY，一种肠道激素，可调节食欲和控制分泌）。为了避免进行不可逆的手术，GLP-1可以与其他激素联用，从而模仿减肥手术引起的内分泌变化。第一种策略是将已经上市的GLP-1单激动剂与其他单激动剂混合，但在监管批准方面可能具有一定的挑战性。第二种策略是将两种激素进行共价连接，但这会使药物整体的分子量过大。第三种策略是使用由迪马尔基（DiMarchi）及其同事[58-60]开创的“单分子多激动剂”。在这一概念中，利用一些最重要的肠道激素的相似性来产生对多个受体系统具有亲和力的杂合物。图3.14显示了NNC0090-2746和GLP-1/GIP/FGF-21三重激动剂的结构，其分别整合了前五个结构中的相似序列（5种重要肠道激素的红色残基是相同的）。

在将两种或多种活性底物改造为一种肽的过程中，还可以纠正天然激素面临的一些稳定性问题，并添加如脂肪酸之类的结构以延长半衰期。对于GLP-1，必须增加某些修饰来产生对DPP-Ⅳ降解的保护，而胰高血糖素的溶解度非常差，也需要通过修饰来调节。肽胃泌酸调节素是GLP-1和胰高血糖素受体的共激动剂，但只有中等的药效。

3.5.1 GLP-1/GIP共激动剂

通过巧妙结合胰高血糖素、Ex4和GIP的结构元素，迪马尔基课题组开发了NNC0090-2746，该分子在每日1次给药的临床试验中效果突出[61]。2018年，当礼来公司公布替西帕肽（tirzepatide，LY3298176）的Ⅱ期临床试验结果后，该领域获得了更广泛的关注。与礼来公司自研的GLP-1单激动剂度拉鲁肽相比，替西帕肽显示出明显的降低HbA1c和减轻体重的优势[62]。目前，除了诺和诺德和礼来，还有来自赛诺菲、武田（Takeda）、新西兰制药和Carmot Therapeutics[58, 59]的与之相关的临床及临床前实验结果的报道。

3.5.2 GLP-1/胰高血糖素共激动剂

自从发现胰高血糖素可作为胰岛素生产的副产品以来，就发现其能提高血糖水平。另外，胰高血糖素水平通常在饭后升高，尤其是由于蛋白的摄入，进而会增加能量消耗并降低食物的摄入量。在迪马尔基的开创性工作之后，许多制药公司积极寻求在GLP-1中引入胰高血糖素活性的方法。布洛姆（Bloom）等[63]也以胃泌酸调节素为起点在该领域展开研究，以将胰高血糖素拮抗剂推向肥胖症治疗药物市场。显然，啮齿动物模型存在一定风险，其不能预测将胰高血糖素激动剂和GLP-1R激动剂联用对于糖尿病和肥胖症的潜在益处。推测可以精确地调整GLP-1与胰高血糖素活性的比率，以便获得胰高血糖素激动的潜在益处。迪马尔基课题组通过将三种激素活性整合到一个分子中，进一步开拓了该领域的研究（参见图3.14中的三重激动剂）[64]。

GLP-1　H A E G T F T S D V S S Y L E G Q A A K E F I A W L V K G R G

Ex4　H G E G T F T S D L S K Q M E E E A V R L F I E W L K N G G P S S G A P P P S $-NH_2$

胰高血糖素　H S Q G T F T S D Y S K Y L D S R R A Q D F V Q W L V M N T $-NH_2$

胃泌酸调节素　H S Q G T F T S D Y S K Y L D S R R A Q D F V Q W L V M N T K R N R N I A $-NH_2$

GIP　Y Q E G T F I S D Y S I A M D K I H Q Q D F V N W L L A Q K G K K N D W K H N I T Q $-NH_2$

NNC0090-2746　Y X E G T F T S D Y S I Y L D K Q A A X E F V N W L L A G G P S S G A P P P S K (C16) $-NH_2$ (X=Alb)

Triagonist　H X Q G T F T S D K S K Y L D E R A A Q D F V Q W L L D G G P S S G A P P P S $-NH_2$ [X=Aib, K=Lys(gGlu-C16)]

图3.14　GLP-1、Ex4、胰高血糖素、胃泌酸调节素、GIP、NNC0090-2746和GLP-1/GIP/FGF-21三重激动剂（Triagonist）的结构序列。红色标注代表不同肽之间的共有残基

3.5.2.1 其他GLP-1R激动剂

百时美施贵宝公司的科学家在2009年报道了仅含有11个氨基酸的GLP-1R激动剂[65]。其中，N端的前9个氨基酸与天然GLP-1的N端高度相似，C端剩余的氨基酸被Phe取代[65, 66]。

据报道，在一项评价刺激CHO细胞（该细胞系过表达人GLP-1受体）内环磷酸腺苷（cyclic adenosine monophosphate，cAMP）积累能力的测试中，先导肽（肽21）（图3.15）的EC_{50}仅为（87±4）pmol/L。在同样的功能测定中，GLP-1（7-36）-酰胺的EC_{50}为（34±1）pmol/L，这意味着与全长GLP-1相比，11-氨基酸GLP-1R激动剂的体外药效降幅超过61%。在ob/ob小鼠（纯合的*Lepob*突变小鼠）的葡萄糖耐量试验中，由于需要300 nmol/kg的肽21才能获得与1 nmol/kg的Ex4相同程度的血浆葡萄糖降低，因此认为肽21的药效显著低于Ex4。据报道，11聚体中最好的犬皮下给药后的平均停留时间为（20±5）h[65]。随后，研究人员进一步对这些分子进行了优化，将最后一个C端Phe替换为高苯基（homophenyl）类似物，以获得更有效的化合物[67]。GLP-1R的晶体结构表明，与天然GLP-1一样，11聚体可与GLP-1R的TMD结合，但与天然GLP-1相比，其与GLP-1R的ECD相互作用很弱[68]。

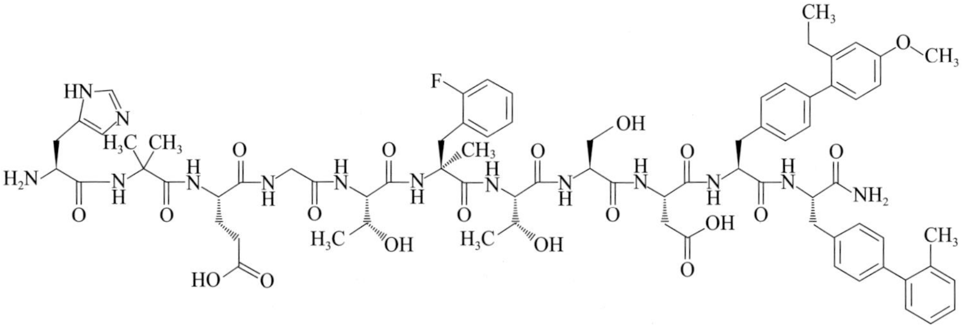

图3.15 来自BMS的11聚体GLP-1R激动剂的先导结构（肽21）

GLP-1R小分子激动剂的开发已经进行了数年，目前一些化合物正处于临床试验，包括TTP273和PF-06882961。有趣的是，最近GLP-1R 的冷冻电镜结构揭示了TTP273相关化合物的结合位点，其与天然 GLP-1结合位点相比具有显著的差异[69]。

3.6 总结

自19世纪80年代发现GLP-1及第一个用于治疗T2DM的GLP-1R激动剂问世

以来，化合物结构修饰和改造方面的研究取得了显著进展，给药方式已从每日 2 次发展为每日 1 次和每周 1 次，且化合物疗效不断提高，使患者得以受益。最近一种基于多肽的 GLP-1R 口服激动剂已获得 FDA 批准，因此未来该领域将继续蓬勃发展，并会涌现出更多用于治疗糖尿病的共激动剂疗法。

（章映茜　白仁仁）

缩写词表

Ala，A	alanine	丙氨酸
Aib	amino-isobutyric acid	氨基异丁酸
Arg，R	arginine	精氨酸
Asn，N	asparagine	天冬酰胺
Asp，D	aspartic acid	天冬氨酸
CHO	Chinese hamster ovary	中国仓鼠卵巢
Cys，C	cysteine	半胱氨酸
GIP	glucose-dependent insulinotropic polypeptide	葡萄糖依赖性促胰岛素多肽
GLP-1	glucagon-like peptide-1	胰高血糖素样肽-1
DPP-Ⅳ	dipeptidyl peptidase-Ⅳ	二肽基肽酶-Ⅳ
ECD	extracellular domain	细胞外结构域
EM	electron microscopy	电子显微镜
EMA	European Medicines Agency	欧洲药品管理局
Ex4	Exendin-4	唾液素-4
Fc	fragment crystallizable	可结晶片段
FcRn	neonatal Fc receptor	新生儿Fc受体
Gln，Q	glutamine	谷氨酰胺
Glu，E	glutamic acid	谷氨酸
Gly，G	glycine	甘氨酸
HbA1c	glycosylated hemoglobin	糖化血红蛋白
His，H	histidine	组氨酸
Ile，I	isoleucine	异亮氨酸
Leu，L	leucine	亮氨酸
Lys，K	lysine	赖氨酸
Met，M	methionine	甲硫氨酸
OEG	amino-diethoxy-acetyl	氨基-二乙氧基-乙酰基
Phe，F	phenylalanine	苯丙氨酸
Pro，P	proline	脯氨酸
Ser，S	serine	丝氨酸
SNAC	sodium *N*-[8(2-hydroxybenzoyl)amino]caprylate	*N*-[8(2-羟基苯甲酰基)氨基]辛酸钠

T1DM	type 1 diabetes mellitus	1型糖尿病
T2DM	type 2 diabetes mellitus	2型糖尿病
Thr，T	threonine	苏氨酸
TMD	transmembrane domain	跨膜结构域
Trp，W	tryptophan	色氨酸
Tyr，Y	tyrosine	酪氨酸
Val，V	valine	缬氨酸

原作者简介

亚诺斯·T. 科德拉（János T. Kodra）于1999年毕业于瑞士联邦理工学院（Swiss Federal Institute of Technology，ETH）化学系，在史蒂文·A. 本纳（Steven A. Benner）教授的指导下完成了研究生学习。他于1998年加入丹麦哥本哈根的诺和诺德公司，此后一直从事小分子药物化学、多肽和蛋白合成化学研究，以开发治疗代谢紊乱的新疗法。

托马斯·克鲁斯（Thomas Kruse）于1992年获得欧登塞大学（Odense University）化学/生物学博士学位，其间与阿拉巴马大学（University of Alabama）的简·贝克尔（Jan Becher）教授和迈克尔·卡瓦（Michael Cava）教授一起从事电活性分子传感器相关研究。而后在杜伦大学（University of Durham）马丁布莱斯（Martin Bryce）教授的指导下完成博士后研究工作。他于1993年加入丹麦哥本哈根的诺和诺德公司，目前担任高级首席科学家。他于2002年开始从事多肽化学研究，并研发出索马鲁肽。此后，他从事多种代谢肽的研究，包括CCK（cholecystokinin，胆囊收缩素）、胰高血糖素和胰岛淀粉素，研发的许多临床候选药物目前都处于临床开发的不同阶段。

拉斯林·德罗斯（Lars Linderoth）于2008年获得丹麦技术大学（Technical University of Denmark，TUD）化学博士学位，其间与托马斯·安德森（Thomas Andresen）教授、君特·彼得斯（Günther Peters）教授及罗伯特·马德森（Robert Madsen）教授共同从事酶介导的药物递送研究。他于2008年加入丹麦哥本哈根的诺和诺德公司，进行博士后研究并留任研究科学家。他主要从事代谢多肽和口服给

药领域的研究工作。目前担任丹麦某研究化学部门的经理。

雅各布·科福德（Jacob Kofoed）于 2006 年获得伯尔尼大学（University of Berne）生物有机化学博士学位，从事肽树枝状大分子领域的工作。他于2007年首先以研究科学家的身份加入丹麦哥本哈根的诺和诺德公司，并建立了多个蛋白和多肽化学研究部门，该团队在糖尿病、肥胖症和心血管疾病领域做出了突出贡献。目前，他担任该公司的首席科学家，主要研究方向包括治疗性多肽半衰期延长策略、多价蛋白-肽偶联物、口服生物可利用肽、化学自动化和药物发现中的人工智能等技术的开发。

史蒂芬·瑞兹-朗格（Steffen Reedtz-Runge）于1999年毕业于哥本哈根大学（University of Copenhagen）分子生物学研究所，并在哥本哈根大学获得药理学博士学位，专注于G蛋白偶联受体的结构/活性研究，尤其是GLP-1R。他于2004年加入丹麦哥本哈根的诺和诺德公司，进行博士后研究，并与德国马丁路德·哈勒维滕贝格大学（Martin-Luther University of Halle-Wittenberg）的雷纳·鲁道夫（Rainer Rudolph）教授合作研究GLP-1R的结构表征。他拥有部门经理和项目经理的任职经验，目前担任公司的首席科学家，主要研究方向为在GPCR领域通过X射线晶体学和电子显微镜进行糖尿病与肥胖症相关受体的配体设计及结构生物学研究。

参考文献

1 Drucker, D.J., Habener, J.F., and Holst, J. (2017). Discovery, characterization, and clinical development of the glucagon-like peptides. *J. Clin. Invest.* 127: 4217-4227.

2 Baggio, L.L. and Drucker, D.J. (2007). Biology of incretins: GLP-1 and GIP.*Gastroenterology* 132: 2131-2157.

3 Drucker, D.J. (1998). Glucagon-like peptides. *Diabetes* 47: 159-169.

4 Mojsov, S., Heinrich, G., Wilson, I.B. et al. (1986). Preproglucagon gene expres-sion in pancreas and intestine diversifies at the level of post-translational processing. *J. Biol. Chem.* 261: 11880-11889.

5 Orskov, C., Wettergren, A., and Holst, J.J. (1993). Biological effects and metabolic rates of glucagonlike peptide-1 7-36 amide and glucagonlike peptide-1 7-37 in healthy subjects are indistinguishable. *Diabetes* 42: 658-661.

6 Eng, J., Kleinman, W.A., Singh, L. et al. (1992). Isolation and characterization of exendin-4, an exendin-3 analogue, from *Heloderma suspectum* venom. *J. Biol. Chem.* 267: 7402-7405.

7 Fry, B.G., Roelants, K., Winter, K. et al. (2010). Novel venom proteins produced by differential domain-expression strategies in beaded lizards and gila monsters (genus *Heloderma*). *Mol. Biol. Evol.* 27: 395-407.

8 Kodra, J.T., Skovgaard, M., Madsen, D., and Liberles, D.A. (2007). Linking sequence to function in drug design with ancestral sequence reconstruction. In: *Ancestral Sequence Reconstruction* (ed. D.A. Liberles). Oxford University Press.

9 Skovgaard, M., Kodra, J.T., Gram, D.X. et al. (2006). Using evolutionary informa-tion and ancestral sequences to understand the sequence-function relationship in GLP-1 agonists. *J. Mol. Biol.* 363: 977-988.

10 Meier, J.J. (2012). GLP-1 receptor agonists for individualized treatment of type 2 diabetes mellitus. *Nat. Rev. Endocrinol.* 8: 728-742.

11 Thornberry, N.A. and Weber, A.E. (2007). Discovery of JANUVIA™ (sitagliptin), a selective dipeptidyl peptidase IV inhibitor for the treatment of type2 diabetes. *Curr. Top. Med. Chem.* 7: 557-568.

12 Hoare, S.R. (2005). Mechanisms of peptide and nonpeptide ligand binding to Class B G-protein-coupled receptors. *Drug Discov. Today* 10: 417-427.

13 Zhang, Y., Sun, B., Feng, D. et al. (2017). Cryo-EM structure of the activated GLP-1 receptor in complex with a G protein. *Nature* 546: 248-253.

14 Adelhorst, K., Hedegaard, B.B., Knudsen, L.B., and Kirk, O. (1994).Structure-activity studies of glucagon-like peptide-1. *J. Biol. Chem.* 269: 6275-6278.

15 Runge, S., Thogersen, H., Madsen, K. et al. (2008). Crystal structure of the ligand-bound glucagon-like peptide-1 receptor extracellular domain. *J. Biol. Chem.* 283: 11340-11347.

16 Underwood, C.R., Garibay, P., Knudsen, L.B. et al. (2010). Crystal structure of glucagon-like peptide-1 in complex with the extracellular domain of the glucagon-like peptide-1 receptor. *J. Biol. Chem.* 285: 723-730.

17 Eng, J. and Eng, C. (1992). Exendin-3 and-4 are insulin secretagogues. *Regul.Pept.* 40: 142.

18 Goke, R., Fehmann, H.C., Linn, T. et al. (1993). Exendin-4 is a high potency agonist and truncatedE xendin-(9-39)-amide an antagonist at the glucagon-like peptide 1-(7-36)-amide receptor of insulin-secreting b-cells. *J. Biol. Chem.* 268: 19650-19655.

19 Simonsen, L., Holst, J.J., and Deacon, C.F. (2006). Exendin-4, but not glucagon-like peptide-1, is cleared exclusively by glomerular filtration in anaes-thetised pigs. *Diabetologia* 49: 706-712.

20 Parkes, D.G., Pittner, R., Jodka, C. et al. (2001). Insulinotropic actions of exendin-1 and glucagon-like peptide-1 in vivo and in vitro. *Metabolism* 50: 583.

21 Gentilella, R., Bianchi, C., Rossi, A., and Rotella, C.M. (2009). Exenatide: a review from pharmacology to clinical practice. *Diabetes Obes. Metab.* 11: 544-556.

22 DeYoung, M.B., MacConell, L., Sarin, V. et al. (2011). Encapsulation of exe-natide in poly-(d,l-lactide-co-glycolide) microspheres produced an investigational long-acting once-weekly formulation for type 2 diabetes. *Diabetes Technol. Therap.* 13: 1145-1154.

23 MacConell, L., Maggs, D., Li, Y. et al. (2013). *Diabetologia* 56: S393.

24 Wysham, C., Grimm, M., and Chen, S. (2013). Once weekly exenatide: efficacy, tolerability and place in therapy. *Diabetes Obes. Metab.* 15: 871-881.

25 Christensen, M., Knop, F.K., Holst, J.J., and Vilsboll, T. (2009). Lixisenatide, a novel GLP-1

receptor agonist for the treatment of type 2 diabetes mellitus. *Idrugs* 12: 503-513.

26 Thorkildsen, C., Neve, S., Larsen, B.D. et al. (2003). Glucagon-like peptide 1 receptor agonist ZP10A increases insulin mRNA expression and prevents diabetic progression in db/db mice. *J. Pharmacol. Exp. Ther.* 307: 490-496.

27 Rosenstock, J., Raccah, D., Koranyi, L. et al. (2013). Efficacy and safety of lixisen-atide once daily versus exenatide twice daily in type 2 diabetes inadequately con-trolled on metformin. *Diabetes Care* 36: 2945-2951.

28 Bain, S.C. (2014). The clinical development program of lixisenatide: a once-daily glucagon-like peptide-1 receptor agonist. *Diabetes Therap.* 5: 367-383.

29 Rosenstock, J., Aronson, R., Grunberger, G. et al. (2016). Benefits of LixiLan, a titratable fixed-ratio combination of insulin glargine plus lixisenatide, versus insulin glargine and lixisenatide monocomponents in type 2 diabetes inade-quately controlled on oral agents: the LixiLan-O randomized trial. *Diabetes Care* 39: 2026-2035.

30 Watkins, E., Kang, J., Trautman, M. et al. (2015). LAPSCA-exendin-4 (efpeglenatide) enhances insulin secretion and beta cell responsiveness in sub-jects with type 2 diabetes, European Association for the Study of Diabetes 51st Annual Meeting, Stockholm.

31 Chen, X., Lv, X., Yang, G. et al. (2017). Polyethylene glycol loxenatide injections added to metformin effectively improve glycemic control and exhibit favorable safety in type 2 diabetic patients. *J. Diabetes* 9: 158-167.

32 Kurtzhals, P., Havelund, S., Jonassen, I. et al. (1995). Albumin binding of insulins acylated with fatty acids: characterization of the ligand-protein inter-action and correlation between binding affinity and timing of the insulin effect in vivo. *Biochem. J.* 312: 725-731.

33 Kurtzhals, P., Havelund, S., Jonassen, I., and Markussen, J. (1997). Effect of fatty acids and selected drugs on the albumin binding of a long-acting, acylated insulin analogue. *J. Pharm. Sci.* 86: 1365-1368.

34 Knudsen, L.B. and Lau, J. (2019). The Discovery and Development of Liraglutide and Semaglutide. *Front. Endocrinol.* 10: 155.

35 Knudsen, L.B., Nielsen, P.F., Huusfeldt, P.O. et al. (2000). Potent derivatives of glucagon-like peptide-1 with pharmacokinetic properties suitable for once daily administration. *J. Med. Chem.* 43: 1664-1669.

36 Aertgeerts, K., Ye, S., Tennant, M.G. et al. (2004). Crystal structure of human dipeptidyl peptidase Ⅳ in complex with a decapeptide reveals details on substrate specificity and tetrahedral intermediate formation. *Protein Sci.*13: 412-421.

37 Steensgaard, D.B., Thogersen, J.K., Olsen, H.B., and Knudsen, L.B. (2008). The molecular basis for the delayed absorption of the once-daily human GLP-1 analogue, liraglutide. *Diabetes* 57: A164.

38 Gough, S.C., Bode, B., Woo, V. et al. (2014). Efficacy and safety of a fixed-ratio combination of insulin degludec and liraglutide (IDegLira) compared with its components given alone: results of a phase 3, open-label, randomised, 26-week, treat-to-target trial in insulin-naive patients with type 2 diabetes. *Lancet Diabetes Endocrinol.* 2: 885-893.

39 Lau, J., Bloch, P., Schaffer, L. et al. (2015). Discovery of the once-weekly glucagon-like peptide-1 (GLP-1) analogue semaglutide. *J. Med. Chem.* 58: 7370-7380.

40 Aguirre, T.A., Teijeiro-Osorio, D., Rosa, M. et al. (2016). Current status of selected oral peptide technologies in advanced preclinical development and in clinical trial. *Adv. Drug Deliv. Rev.* 106: 223-241.

41 Drucker, D. (2020). Advances in oral peptide therapeutics. *J. Nat. Rev. Drug Discov.* 19: 277-289.

42 Davies, M., Pieber, T.R., Hartoft-Nielsen, M.L. et al. (2017). Effect of oral semaglutide compared with placebo and subcutaneous semaglutide on glycemic control in patients with type 2 diabetes. *JAMA* 318: 1460-1470.

43 Dong, J.Z., Shen, Y., Zhang, J. et al. (2011). Discovery and characterization of tas-poglutide, a novelanalogue of human glucagon-like peptide-1, engineeredfor sus-tained therapeutic activity in type 2 diabetes. *Diabetes Obes. Metab.* 13: 19-25.

44 Sebokova, E., Christ, A.D., Wang, H. et al. (2010). Taspoglutide, an analog of human glucagon-like peptide-1 with enhanced stability and in vivo potency.*Endocrinology* 151: 2474-2482.

45 Rosenstock, J., Balas, B., Charbonnel, B. et al. (2013). The fate of taspoglutide, a weekly GLP-1 receptor agonist, versus twice-daily exenatide for type 2 diabetes. *Diabetes Care* 36: 498-504.

46 Kueh, C.J. and Fisher, M. (2014). Taspoglutide. *Pract. Diabetes* 31: 393-394.

47 Lorenz, M., Evers, A., and Wagner, M. (2013). Recent progress and future options in the development of GLP-1 receptor agonists for the treatment of dia-besity. *Bioorg. Med. Chem. Lett.* 23: 4011-4018.

48 Trujillo, J.M. and Nuffer, W. (2014). Albiglutide: a new GLP-1 receptor agonist for the treatment of type 2 diabetes. *Ann. Pharmacother.* 48: 1494-1501.

49 St Onge, E.L. and Miller, S.A. (2010). Albiglutide: a new GLP-1 analog for the treatment of type 2 diabetes. *Expert. Opin. Biol. Ther.* 10: 801-806.

50 Chaudhury, C., Mehnaz, S., Robinson, J.M. et al. (2003). The major histocompat-ibility complex-related Fc receptor for IgG (FcRn) binds albumin and prolongs its lifespan. *J. Exp. Med.* 197: 315-322.

51 Bush, M.A., Matthews, J.E., De Boever, E.H. et al. (2009). Safety, tolerabil-ity, pharmacodynamics and pharmacokinetics of albiglutide, a long-acting glucagon-like peptide-1 mimetic, in healthy subjects. *Diabetes Obes. Metab.* 11: 498-505.

52 Pratley, R.E., Nauck, M.A., Barnett, A.H. et al. (2014). Once-weekly albiglutide versus once-daily liraglutide in patients with type 2 diabetes inadequately con-trolled on oral drugs (HARMONY 7): a randomised, open-label, multicentre, non-inferiority phase 3 study. *Lancet Diabetes Endocrinol.* 2: 289-297.

53 Baggio, L.L., Huang, Q., Cao, X., and Drucker, D.J. (2008). An albumin-exendin-4 conjugate engages central and peripheral circuits regulating murine energy and glucose homeostasis. *Gastroenterology* 134: 1137-1147.

54 Wang, M., Matheson, S., Picard, J., and Pezullo, J. (2009). Exendin-4(CJC-1134-PC) significantly reduces HbA1c and body weight as an adjunct therapy to metformin: two randomizxed, double-blind, placebo-controlled, 12 week, phase Ⅱ studies in patients with type 2 diabetes mellitus. Presented at the 69th Scientific Sessions of the American Diabetes Association, New Orleans, LA, Abtract553-P.

55 Glaesner, W., Vick, A.M., Millican, R. et al. (2010). Engineering and characteriza-tion of the long-acting glucagon-like peptide-1 analogue LY2189265, an Fc fusion protein. *Diabetes Metab. Res. Rev.* 26: 287.

56 EMA/CHMP (2014). EMA/CHMP/524604/2014, Committee for Medicinal Prod-ucts for Human Use.

57 Dungan, K.M., Povedano, S.T., Forst, T. et al. (2014). Once-weekly dulaglutide versus once-daily liraglutide in metformin-treated patients with type 2 diabetes (AWARD-6): a randomised, open-label, phase 3, non-inferiority trial. *Lancet* 384: 1349-1357.

58 Clemmensen, C., Finan, B., Muller, T.D. et al. (2019). Emerging hormonal-based combination pharmacotherapies for the treatment of metabolic diseases. *Nat. Rev. Endocrinol.* 15: 90-104.

59 Tschop, M.H., Finan, B., Clemmensen, C. et al. (2016). Unimolecular polyphar-macy for treatment of diabetes and obesity. *Cell Metab.* 24: 51-62.

60 Brandt, S.J., Gotz, A., Tschop, M.H., and Muller, T.D. (2018). Gut hormone polyagonists for the treatment of type 2 diabetes. *Peptides* 100: 190-201.

61 Frias, J.P., Bastyr, E.J. 3rd, Vignati, L. et al. (2017). The sustained effects of a dual GIP/GLP-1 receptor agonist, NNC0090-2746, in patients with type 2 dia-betes. *Cell Metab.* 26: 343-352.

62 Frias, J.P., Nauck, M.A., Van, J. et al. (2018). Efficacy and safety of LY3298176,a novel dual GIP and GLP-1 receptor agonist, in patients with type 2 diabetes: a randomised, placebo-controlled and active comparator-controlled phase 2 trial. *Lancet* 392: 2180-2193.

63 Dakin, C.L., Gunn, I., Small, C.J. et al. (2001). Oxyntomodulin inhibits food intake in the rat. *Endocrinology* 142: 4244-4250.

64 Finan, B., Yang, B., Ottaway, N. et al. (2015). A rationally designed monomeric peptide triagonist corrects obesity and diabetes in rodents. *Nat. Med.* 21: 27-36.

65 Mapelli, C., Natarajan, S.I., Meyer, J.P. et al. (2009). Eleven amino acid glucagon-like peptide-1 receptor agonists with antidiabetic activity. *J. Med. Chem.*52: 7788-7799.

66 Hague, T.S., Martinez, R.L., Lee, V.G. et al. (2010). Exploration of structure-activity relationships at the two C-terminal residues of potent 11mer Glucagon-Like Peptide-1 receptor agonist peptides via parallel synthesis. *Peptides* 31: 1353-1360.

67 Haque, T.S., Lee, V.G., Riexinger, D. et al. (2010). Identification of potent 11mer glucagon-like peptide-1 receptor agonist peptides with novel C-terminal amino acids: homohomophenylalanine analogs. *Peptides* 31: 950-955.

68 Jazayeri, A., Rappas, M., Brown, A.J.H. et al. (2017). Crystal structure of the GLP-1 receptor bound to a peptide agonist. *Nature* 546: 254-258.

69 Zhao, P., Liang, Y.L., Belousoff, M.J. et al. (2020). Activation of the GLP-1 recep-tor by a non-peptidic agonist. *Nature* 577: 432-436.

第4章

SGLT2抑制剂的研究进展：合成方法、疗效及不良反应

4.1 引言

本章回顾了钠-葡萄糖耦联转运体2（sodium-glucose linked transporter 2，SGLT2）抑制剂的最新研究进展，包括研究最广泛的列净类SGLT2抑制剂的合成、疗效和不良反应（adverse effect，AE）。列净类药物是最近进入市场的一类抗高血糖药物，其通过促使葡萄糖经肾脏排泄，减少了其他降血糖药物的副作用，如低血糖、体重增加和肝脏副作用。此类药物的药理学潜力促使科学界对其结构开展了广泛的研究，仅在2019年和2020年就发表了51篇相关论文。

首个列净类SGLT2抑制剂达格列净（dapagliflozin）是由威廉·沃什伯恩（William Washburn）及其同事于2007年发现的[1,2]。他们研发的*C*-糖苷类化合物在化学和酶的条件下较为稳定，克服了以往*O*-糖苷类抗糖尿病药物稳定性不好的问题，从而避免使用更高的剂量。随后，研究人员对相关化合物的母核结构开展了进一步的结构改造，这也促进了大量候选药物的开发，部分药物获得了美国食品药品监督管理局（FDA）和欧洲药品管理局（EMA）的批准，用于治疗2型糖尿病，如达格列净、恩格列净（empagliflozin）、埃格列净（ertugliflozin）和卡格列净（canagliflozin），而依碳酸瑞格列净（remogliflozin etabonate）于2019年在印度获批。在日本，目前共有6个SGLT2抑制剂［达格列净、伊格列净（ipragliflozin）、鲁格列净（luseogliflozin）、托格列净（tofogliflozin）、卡格列净和恩格列净］获批用于2型糖尿病的治疗。达格列净和索格列净（sotagliflozin）也于2019年被EMA批准作为胰岛素的辅助药物，用于体重指数（body mass index，BMI）≥27 kg/m^{2}的1型糖尿病患者的治疗，因为对该类患者即使采用最佳的胰岛素疗法也难以良好地控制血糖[3]。

本章将着重介绍使用列净类SGLT2抑制剂对心血管和肾脏的益处，使用此类药物的可能风险，并讨论双抑制剂（SGLT2和SGLT1）治疗1型糖尿病的疗效。

据国际糖尿病联合会（International Diabetes Federation）估计，在20～79岁成年人中，患糖尿病的人数令人震惊，2019年为4.63亿，预计2030年和2045年将分别达到5.784亿和7.002亿[4]。这些数字充分证明了研发抗糖尿病药物的迫切需要，以发现控制1型和2型糖尿病及其相关并发症的更好疗法。而SGLT抑制剂

改善了糖尿病患者的病情，提升了其幸福感，确实是有希望实现这一目标的多靶点药物，也是目前学术界和工业界的研究焦点。

4.2　SGLT2抑制剂的作用机制

SGLT2转运体位于近曲小管的第一段，在肾小球中负责80%～90%过滤后葡萄糖的重吸收；而SGLT1转运体位于近曲小管的后段，只负责其余10%～20%过滤后葡萄糖的重吸收[5]。在正常情况下，几乎所有进入肾脏过滤系统的葡萄糖都会被重吸收回血液中[6]。然而，由于天然葡萄糖重吸收的阈值在198 mg/dL左右，在高于这一血糖水平（这是糖尿病患者的典型情况）时，肾脏便会通过尿液排出葡萄糖，进而导致糖尿病。通过抑制葡萄糖从近曲小管向血液的重吸收，SGLT2抑制剂可降低肾脏葡萄糖重吸收的阈值（也降低了糖尿阈值），进一步增加了葡萄糖的尿液排出量，从而显著降低血糖水平（图4.1）[5,6]。

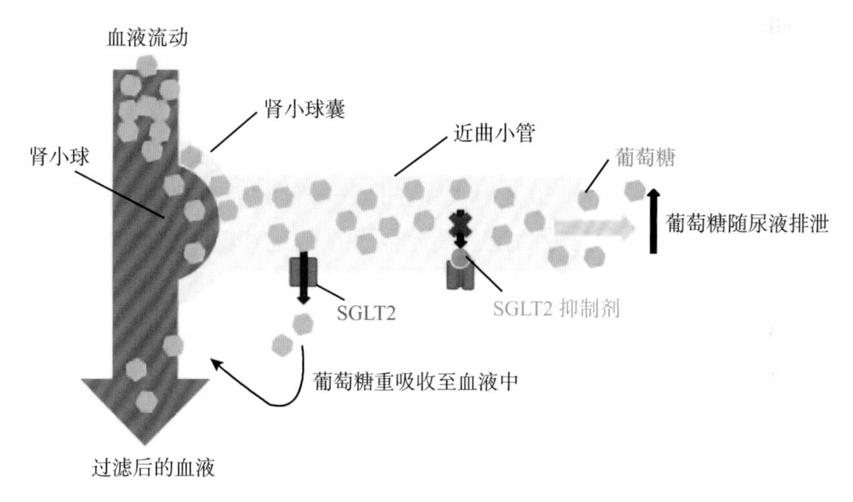

图4.1　SGLT2抑制剂在肾脏中的作用机制示意图

鉴于这种作用机制只依赖于血糖水平，不依赖于胰岛素，因此SGLT2抑制剂导致低血糖的风险很低，而低血糖仍是其他降血糖药常见的不良反应，包括广泛使用的磺酰脲类（sulfonylurea）和噻唑烷二酮类（thiazolidinedione）降血糖药物[7-9]。然而，除了上述降血糖作用外，越来越多的证据表明，SGLT2抑制剂可能通过干扰与糖尿病相关的其他关键生理途径，如肝脏葡萄糖输出、胰岛β细胞的胰岛素分泌能力和外周胰岛素敏感性等，进一步促进血糖的正常化[7]。此外，2020年发表的一项最新报告强调了SGLT抑制剂在改善小鼠2型糖尿病相关非酒精性脂肪性肝病（non-alcoholic fatty liver disease，NAFLD）组织学体征方面的潜力，其恢复了肝细胞核因子1A/4A/3B在*Slc2a2*[可编码葡萄糖转运体2

(glucose transporter 2，GLUT2)]中的结合活性，并降低了肝脏中葡萄糖-6-磷酸酶(glucose-6-phosphatase)、磷酸烯醇丙酮酸羧激酶(phosphoenolpyruvate carboxykinase)和GLUT2本身的表达[10]。2019年发表的另一项研究表明，SGLT2抑制剂恩格列净也可能降低高血糖小鼠的动脉粥样硬化进展，表现为脂质和$CD68^+$巨噬细胞含量的降低，以及白细胞与血管壁黏附能力的降低[11]。

这些额外的获益还未在人体中得到验证，但其他重要的作用，如心血管保护、肾脏保护和体重减轻等，已在随机对照临床试验中得到证实。因此，专家建议将SGLT2抑制剂作为2型糖尿病及相关心血管并发症患者的一线治疗药物[12]。本文将进一步探讨这些有价值的临床获益。

4.3 列净类药物的合成方法

列净类SGLT2抑制剂的基本结构来源于骨架A，如化合物1～9所示(图4.2)，其中葡萄糖基是以C—C键连接至芳环上(*C*-葡萄糖苷)，从而提升了对水解和酶促代谢的稳定性。*O*-葡萄糖苷通常具有较差的药代动力学特性，如根皮苷(phlorizin)，一种二氢查耳酮(dihydrochalcone)*O*-葡萄糖苷(图4.3)，其也是第一种被发现可同时靶向SGLT2和SGLT1的抑制剂[13]。但由于其生物利用度低、肠道吸收差、水解降解率高，以及对人SGLT2选择性差而引起肠道副作用，根皮苷未能进入临床研究[13]。有趣的是，最近合成的*C*-葡萄糖苷类似物nothofagin对SGLT2的抑制IC_{50}为11.9 nmol/L，对SGLT2的抑制选择性是SGLT1的1597倍[14]。

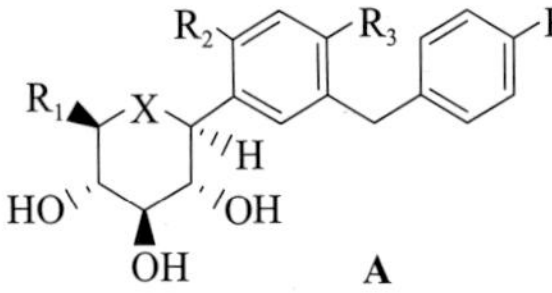

达格列净(dapagliflozin，**1**) X = O, $R_1 = CH_2OH$, R_2 = H, R_3 = Cl, R_4 = OEt

索格列净(sotagliflozin，**2**) X = O, R_1 = SMe, R_2 = H, R_3 = Cl, R_4 = OEt

恩格列净(empagliflozin，**3**) X = O, $R_1 = CH_2OH$, R_2 = H, R_3 = Cl, R_4 =

A

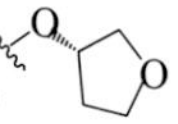

贝沙格列净(bexagliflozin，**4**) X = O, $R_1 = CH_2OH$, R_2 = H, R_3 = Cl, R_4 =

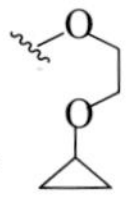

鲁格列净(luseogliflozin，**5**) X = S, $R_1 = CH_2OH$, R_2 = OMe, R_3 = Me, R_4 = OEt

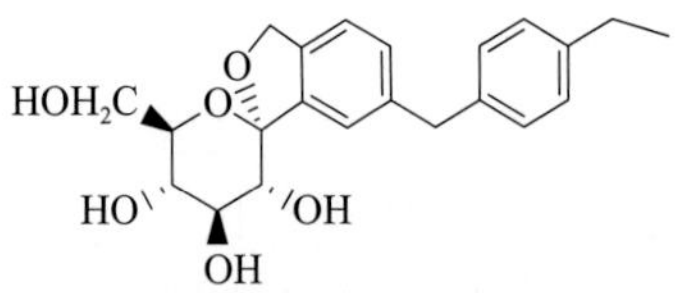

托格列净(tofogliflozin，**6**)

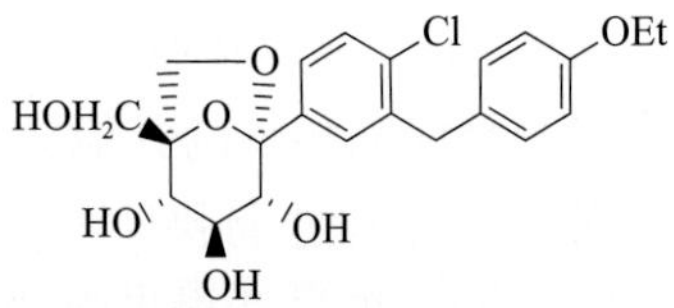

埃格列净(ertugliflozin，**7**)

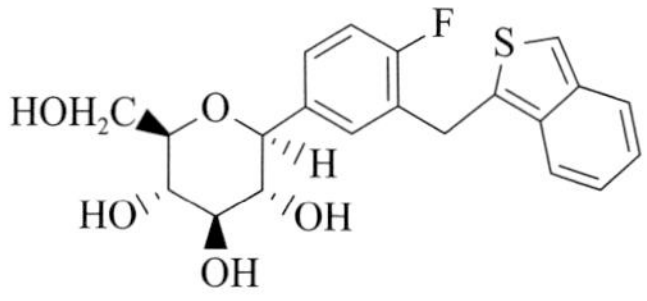

伊格列净（ipragliflozin，**8**）

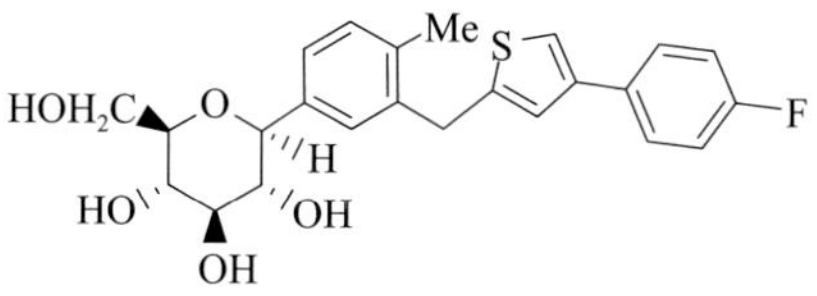

卡格列净（canagliflozin，**9**）

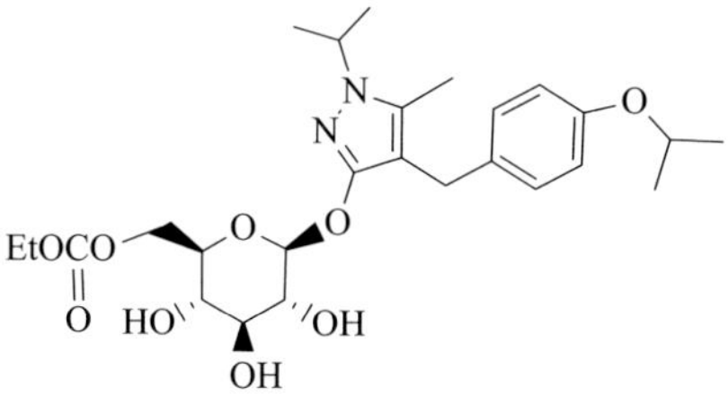

依碳酸瑞格列净（remogliflozin etabonate，**10**）

图4.2 **临床应用的列净类药物及进入Ⅲ期临床试验的候选药物（索格列净和贝沙格列净）的结构**

根皮苷（phlorizin）

1-(3-β-*D*-吡喃葡萄糖基-2, 4, 6-三羟基苯基)-3-(4-羟基苯基)-1-丙酮（nothofagin）

利可格列净（licogliflozin）

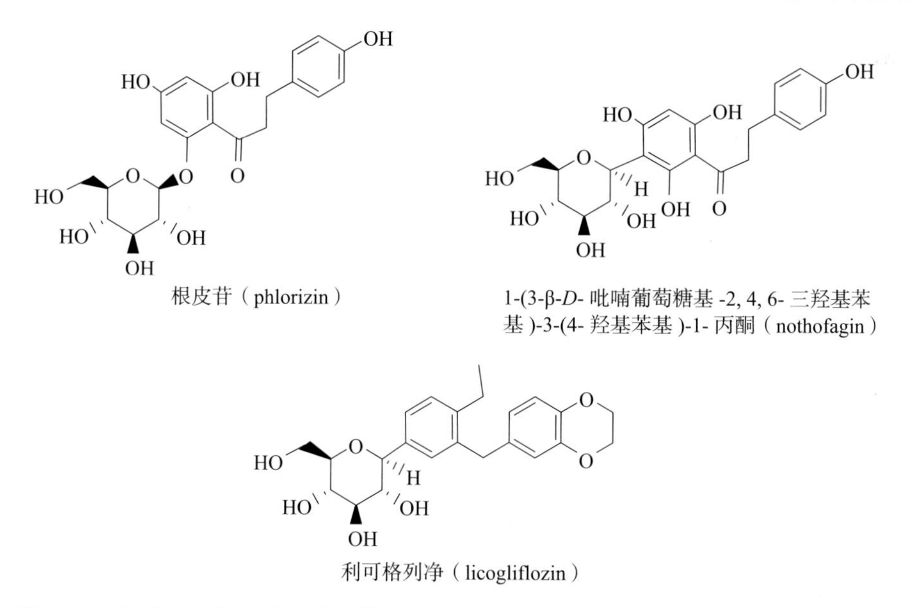

图4.3 **双重抑制剂根皮苷、利可格列净，以及SGLT2选择性抑制剂nothofagin的结构**

利可格列净（licogliflozin）是一种*C*-葡萄糖苷类双重抑制剂，但诺华（Novartis）制药已停止将其用于心力衰竭和2型糖尿病的治疗（图4.3）。

获批的列净类抑制剂一般含有异头β构型的二芳基甲烷*C*-葡萄糖苷结构，而瑞格列净（remogliflozin，10）为*O*-葡萄糖苷结构。这些列净类药物的芳环及其取代基表现出较大的结构变化，但若具有糖基，则糖基只能进行非常保守的变化。例如，索格列净（2）中糖基的5位羟甲基被甲基磺酰基取代，鲁格列净（5）含有一个5-硫代糖基，埃格列净（7）含有1, 6-酐糖作为糖基，而2、3和4位羟基的立体构型与葡萄糖相同（图4.2）。

由于文献中已经报道了许多商业化列净类药物的合成方法[15-18]，本章将聚焦于2019年和2020年发表的最新合成方法，以及具有强效治疗潜力的新型列净类药物的合成路线。

4.3.1 达格列净

达格列净于2007年由百时美施贵宝公司的威廉·沃什伯恩（William Washburn）及其研究团队发现[1,2]。受到含邻苄苯酚苷元的*O*-葡萄糖苷类SGLT2抑制剂效价的启发，研究人员对含有这种苷元的芳基*C*-葡萄糖苷变体进行了研究，以期增强其代谢稳定性。通过对芳基*C*-葡萄糖苷构效关系（structure-activity relationship，SAR）的研究，设计、合成并评价了多种潜在的候选化合物。这些尝试最终促使了达格列净的发现，该药物是一种强效、选择性的SGLT2抑制剂，是目前市场上用于治疗2型糖尿病的新型降血糖药物之一。达格列净的合成以5-溴-2-氯苯甲酸（11）为起始原料（图4.4），首先与草酰氯反应生成相应的苯甲酰氯，再与苯乙醚（PhOEt）经过弗里德-克拉夫茨（Friedel-Crafts）酰化反应得到主产物对二苯甲酮（12），分离收率为64%。采用三乙基硅烷和三氟化硼乙醚将羰基还原为亚甲基，得到中间体13。经过锂-卤素交换后，与预先三甲基硅烷化的

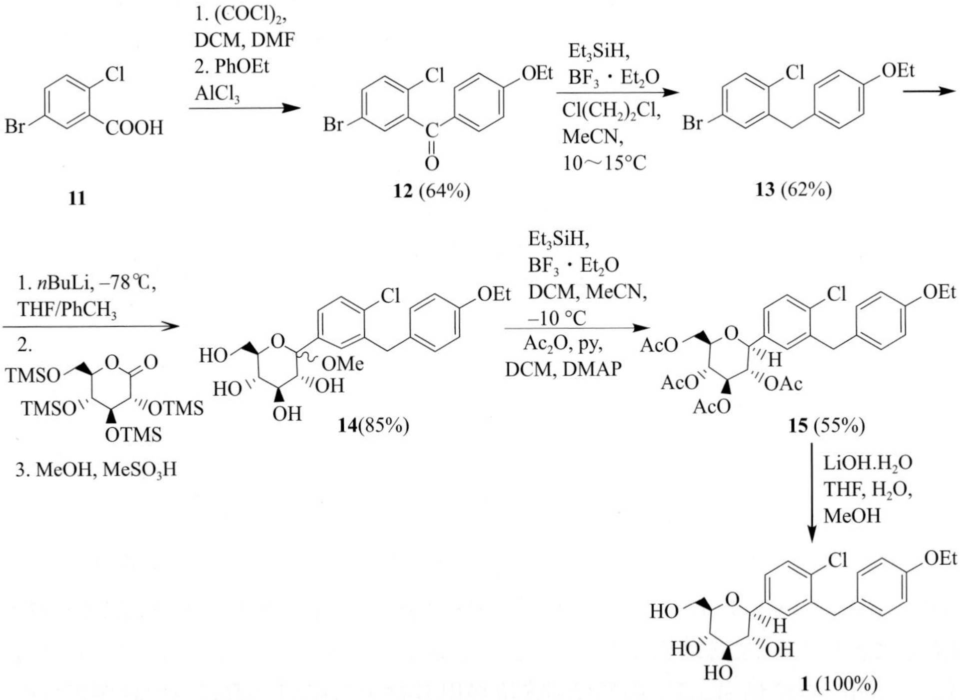

图4.4 沃什伯恩（Washburn）等首次报道的达格列净的合成方法[2]

D-葡萄糖酸内酯发生*C*-糖基化反应，然后在甲磺酸/甲醇中脱除甲硅烷基醚，生成异头缩醛（14）。再次采用三乙基硅烷和三氟化硼乙醚进行还原得到一种异头混合物，经乙酰化和重结晶后以55%的分离收率得到化合物15。最后经氢氧化锂脱保护，以定量的收率得到达格列净。

达格列净是第一个SGLT2抑制剂，分别于2012年和2014年1月获得EMA和FDA的批准上市。

最近，在2019年，受先前文献报道的工作启发，苟少华（Shaohua Gou）及其同事开发了一种绿色、简便的合成方法，只需四步反应即可制备达格列净，总收率为49%（图4.5）[19]。该合成路线同样以5-溴-2-氯苯甲酸（11）为原料，首先在三氟化硼乙醚催化下与三氟乙酸酐发生苯乙醚的酰化反应，再在甲醇中与原甲酸三甲酯反应生成二甲基缩醛以保护羰基，从而一锅法合成二苯甲酮（12）的二甲基缩醛（16），收率为76%。然后采用正丁基锂进行锂-溴交换，并与三甲基硅烷保护的葡萄糖酸内酯反应，随后在甲醇中加入催化量的三氟乙酸得到化合物17，2步总收率为68%。通过X射线衍射分析确证了中间体化合物17的β连接，最后在三氟化硼乙醚的催化下，以三乙基硅烷还原得到达格列净。采用甲磺酸会产生甲磺酸盐，其是活性药物成分（又称为原料药，active pharmaceutical ingredient，API）中的一种遗传毒性物质，而该方法采用三氟乙酸进行甲基缩醛的还原，适于放大到工业生产。这种绿色的合成方法不仅在生产达格列净的过程中具有较高的产量和经济效益，还有助于减少废料的处理，旨在实现环境友好的达格列净生产工艺。

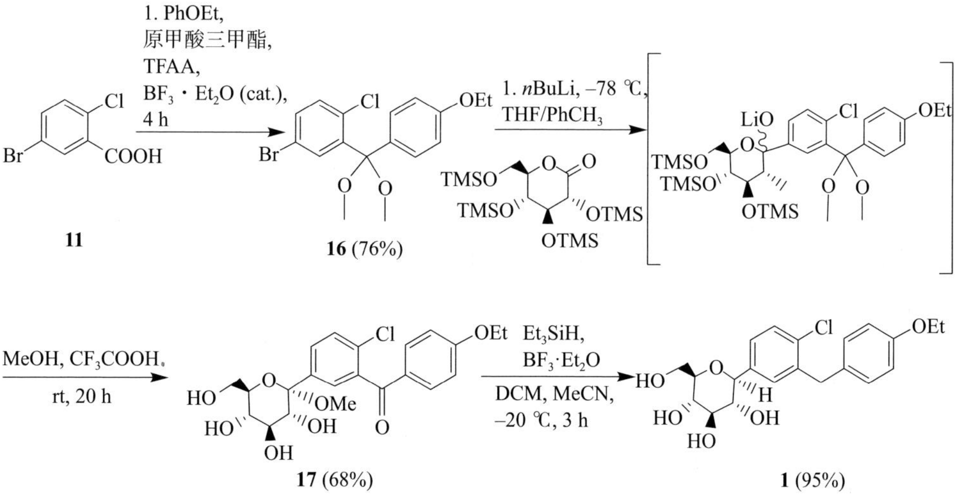

1. PhOEt, 原甲酸三甲酯, TFAA, $BF_3 \cdot Et_2O$ (cat.), 4 h

1. *n*BuLi, −78 ℃, THF/PhCH$_3$

MeOH, CF_3COOH, rt, 20 h

Et_3SiH, $BF_3 \cdot Et_2O$, DCM, MeCN, −20 ℃, 3 h

11　**16** (76%)　**17** (68%)　**1** (95%)

图4.5　苟少华（Shaohua Gou）等报道的达格列净（1）的合成方法[19]

沃尔查克（Walczak）课题组报道了一种“激动人心”的糖基与芳环交叉的偶联方法，并将其应用于苄基保护的达格列净的合成中（图4.6）[20, 21]。这种立体选择性反应通过糖基锡烷（18）形成C-糖苷，导致唯一构型的糖基异构体1的形成。采用三（二亚苄基丙酮）二钯（0）[$Pd_2(dba)_3$]（2.5 mol%）、氯化亚铜（300 mol%）和氟化钾（KF，200 mol%）作为催化剂，以催化（2, 3, 4, 6-四-*O*-苄基-*β*-*D*-吡喃葡萄糖基）三丁基锡烷（18）和1-氯-2-(4-乙氧苯基）甲基-4-碘苯（19）的反应。JackiePhos（20）是控制竞争性C2-苄氧基消除的最佳磷配体，最终以83%的收率生成了苄基保护的达格列净（图4.6）。

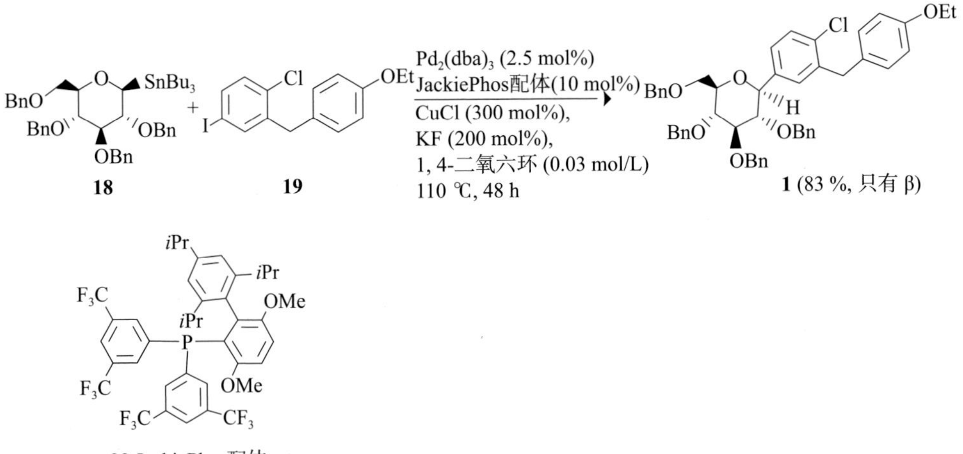

$Pd_2(dba)_3$ (2.5 mol%)
JackiePhos配体(10 mol%)
CuCl (300 mol%),
KF (200 mol%),
1, 4-二氧六环 (0.03 mol/L)
110 ℃, 48 h

18 **19** **1** (83 %, 只有 β)

20 JackiePhos配体

图4.6 沃尔查克（Walczak）等报道的达格列净的合成方法[20, 21]

余军（Jun Yu）及其同事在2019年报道了一种合成达格列净的新方法，可进行公斤级制备（图4.7）[22]。其采用4-溴-1-氯-2-[(4-乙氧苯基）甲基］苯（13）为起始原料，经丁基锂作用后，与三甲基硅烷保护的葡萄糖酸内酯反应，随后加入三氟乙酸和水，制得内半缩醛中间体（21）。该化合物无须分离，直接在乙醇中用甲磺酸处理，得到油状物缩醛（22），而后成功地从丙醇和庚烷混合物中结晶，2步法制备化合物22的分离收率为78%。在–15℃条件下，以三乙基硅烷和三氟化硼乙醚直接还原这种无保护的C-葡萄糖苷，得到C-葡萄糖苷β异头物（非对映选择性β：α大于99：1）。为了尽量减少副产物葡萄糖呋喃甲酰基C-葡萄糖苷（23）的生成，先以共沸蒸馏方法除去残留的丙醇，加入4Å分子筛后再进行还原。

4.3.2 索格列净

与目前市场上销售的用于治疗2型糖尿病的SGLT2选择性列净类药物不同，索格列净为肾脏SGLT2和肠道SGLT1的双重抑制剂。因此，正在进行的Ⅲ期临床试验结果具有很重要的意义，可以确定通过葡萄糖尿排泄与抑制肠道葡萄糖吸收相结合的策略是否能获得额外益处。

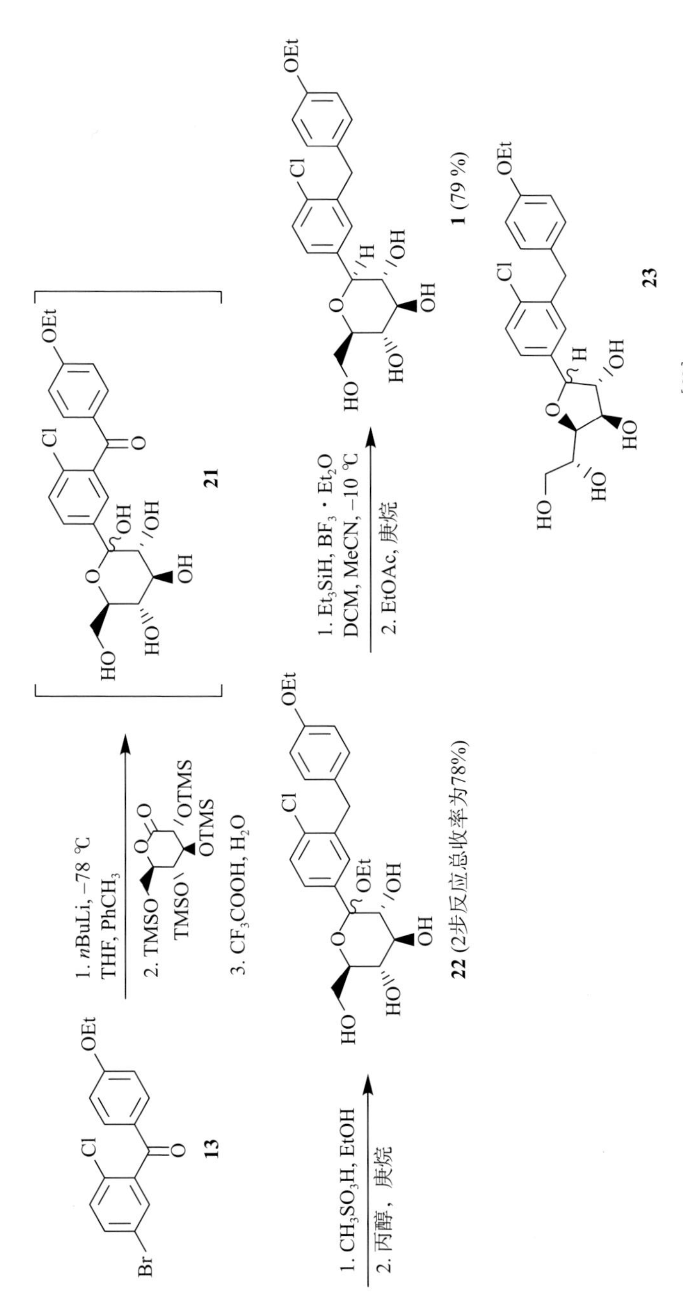

图4.7　余军（Jun Yu）等报道的达格列净的合成方法[22]

索格列净的第一个合成方法于2009年获得专利保护[23]。该方法基于一种独特的合成策略，以亚异丙基保护的*L*-糖醛酸（24）为原料（图4.8），与*N*-甲基吗啉进行酰胺化反应。化合物19中的碘与锂交换后，与酰胺（25）反应，以较高的收率制得酮（26）。硼氢化钠还原后，经酸水解形成六元环，再对游离的羟基进行乙酰化保护。随后与三氟甲磺酸三甲基硅酯和硫脲反应，于异头位点引入磺酰基，再经碘甲烷甲基化得到化合物27。上述4步反应的总收率较好。最后，在甲醇中以甲醇钠脱保护，以95%的收率制得索格列净。

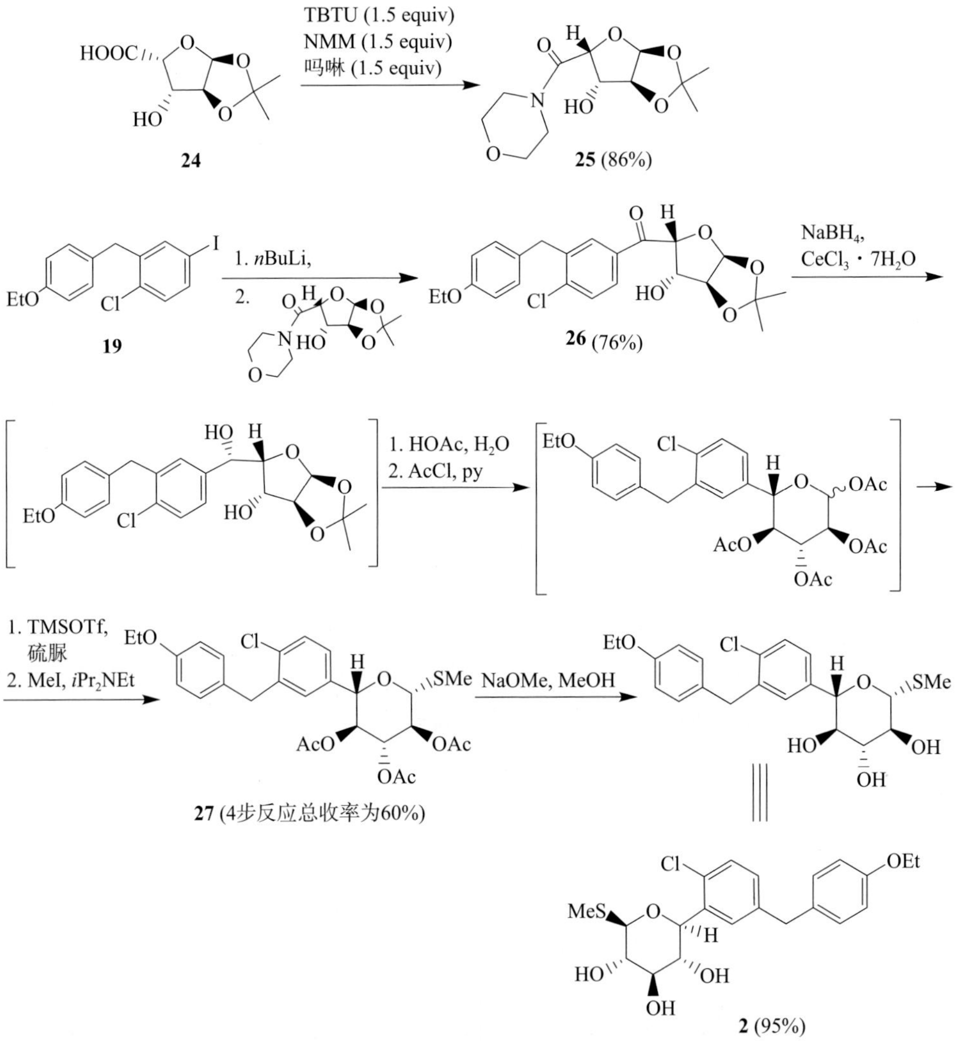

TBTU (1.5 equiv)
NMM (1.5 equiv)
吗啉 (1.5 equiv)

HOOC, HO, O, **24**

H, O, N, HO, **25** (86%)

EtO, Cl, I, **19**

1. *n*BuLi,
2.

EtO, Cl, HO, H, O, **26** (76%)

$NaBH_4$,
$CeCl_3 \cdot 7H_2O$

1. HOAc, H_2O
2. AcCl, py

OAc, AcO

1. TMSOTf,
硫脲
2. MeI, *i*Pr_2NEt

SMe, **27** (4步反应总收率为60%)

NaOMe, MeOH

HO, OH, MeS, OEt

2 (95%)

图4.8 古德温（Goodwin）等报道的索格列净的合成方法[23]

最近，李明（Ming Li）及其同事报道了一种合成索格列净的简便方法。该方法通过一个关键反应实现了索格列净的制备，即由伯烷氧基自由基β断裂引起的葡萄糖脱羟亚甲基氟化反应（图4.9）[24]。该反应在无须开环的条件下对葡萄糖5位进行氟化。经C—F键激活后，氟化的糖基可发生亲核取代。以过乙酰基糖基化二苯甲酮（28）为起始原料，与碳酸银和氟试剂（Selectfluor）反应，得到5′*R*/5′*S*异构体（1∶6）的混合物，收率为78%，通过色谱法分离得到5′*S*非对映异构体（29）。其羰基经硼氢化钠还原为亚甲基，再经2步反应得到化合物30，收率为70%。然后，经甲磺酰基（三丁基）锡烷和三氟化硼乙醚作用得到5′-甲磺酰衍生物31，收率为87%。最后，采用氨水/甲醇体系脱乙酰基，以93%的收率制得索格列净。

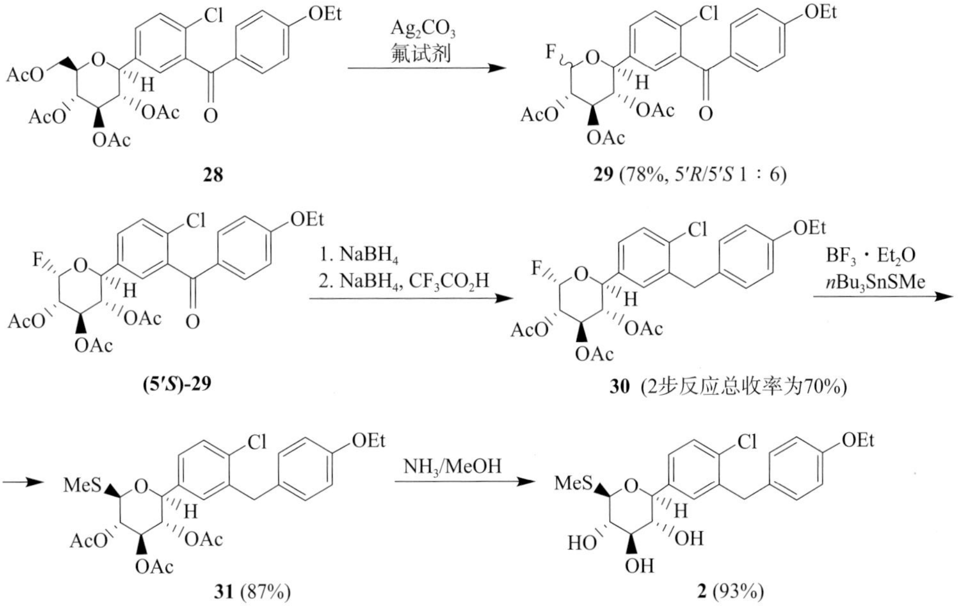

图4.9　李明（Ming Li）等报道的索格列净的合成方法[24]

4.3.3　恩格列净

在所有临床应用的SGLT抑制剂中，恩格列净对SGLT2的选择性高于SGLT1。乔拉（Chawla）和乔杜里（Chaudhary）综述了其开发、合成、药理和分析研究的概况[17]。

2014年，王晓军（Xiaojun Wang）等首次报道了恩格列净的合成方法，主要是基于对化合物35的*C*-糖基化反应（图4.10a）[25]。采用一锅法，首先将2-氯-5-碘苯甲酸（32）与草酰氯反应，再与$AlCl_3$和氟苯进行弗里德-克拉夫茨反应，生成氟苯甲酮（33），收率为95%。然后，以（3*S*）-3-羟基四氢呋喃进行亲核芳香取代反应制得中间体34，再经还原得到化合物35，收率为92%。采用*i*PrMgCl · LiCl进行金属-卤素交换后（图4.10b），与预先三甲基硅烷化的*D*-葡萄糖酸内酯（36）进行*C*-糖基化反应，再以HCl和甲醇处理得到*C*-葡萄糖苷（37）。该化合物及其乙酰基、苄基和烯丙基保护的衍生物（38～40）可以较高的收率经三乙基硅烷/$AlCl_3$还原得到*C*-葡萄糖苷（41～43）。有趣的是，上述反应生成*C*-葡萄糖苷β/α异头物的比例差异很大，从高于99：1的无保护葡萄糖基部分，到难以分离的5：1苄基保护的*C*-葡萄糖苷混合物[25]。

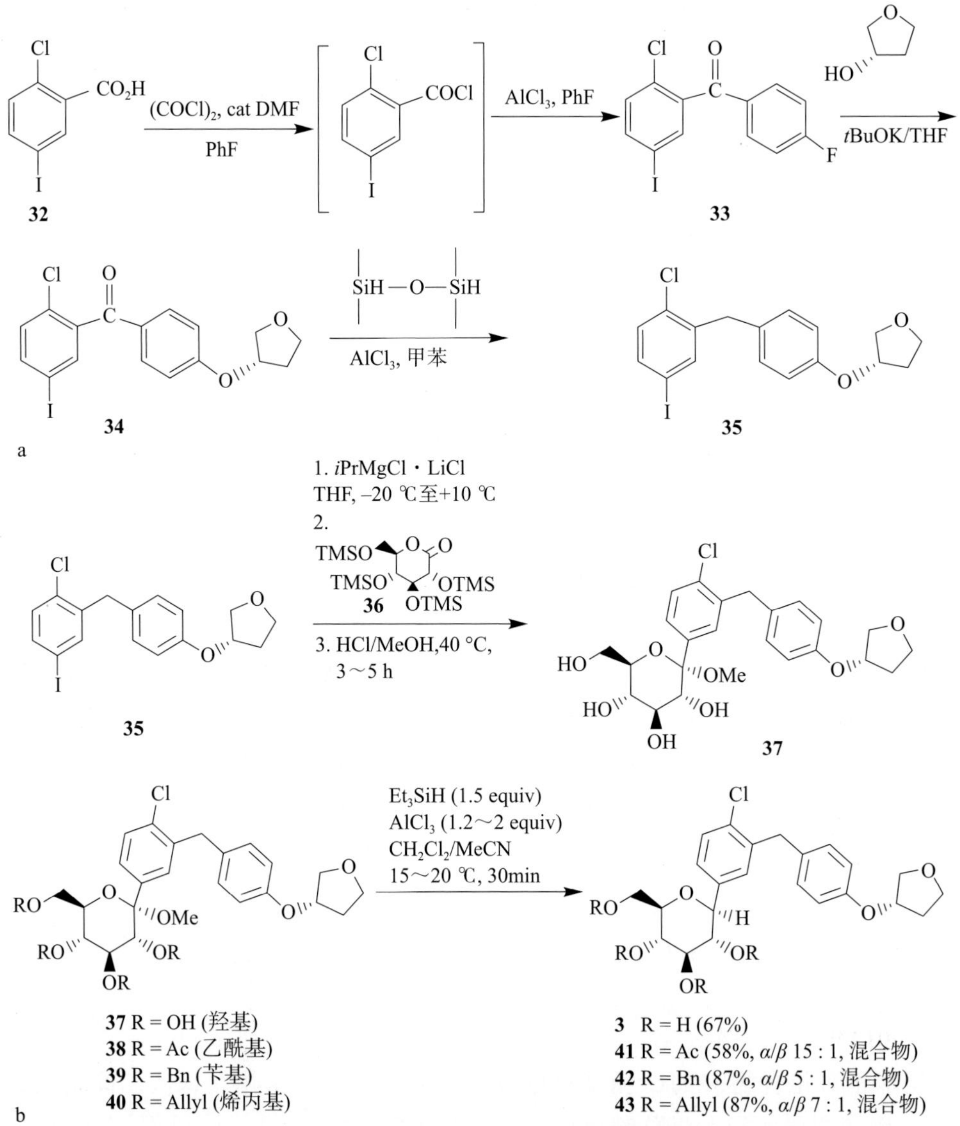

(COCl)$_2$, cat DMF; PhF
AlCl$_3$, PhF
*t*BuOK/THF
AlCl$_3$, 甲苯
32 33 34 35
a

1. *i*PrMgCl · LiCl THF, –20 ℃至+10 ℃
2. 36
3. HCl/MeOH, 40 °C, 3～5 h
35 37

Et$_3$SiH (1.5 equiv)
AlCl$_3$ (1.2～2 equiv)
CH$_2$Cl$_2$/MeCN
15～20 ℃, 30min

37 R = OH (羟基)
38 R = Ac (乙酰基)
39 R = Bn (苄基)
40 R = Allyl (烯丙基)

3 R = H (67%)
41 R = Ac (58%, *α*/*β* 15 : 1, 混合物)
42 R = Bn (87%, *α*/*β* 5 : 1, 混合物)
43 R = Allyl (87%, *α*/*β* 7 : 1, 混合物)
b

图4.10 王晓军（Xiaojun Wang）等报道的恩格列净的合成方法[25]

2014年，同一实验室还合成了^{14}C和^{13}C标记的恩格列净[26]。其合成策略与王晓军等报道的方法十分相似[25]，但化合物35的5-溴-2-氯类似物需要首先被正丁基锂金属化，再与$^{13}C_6$标记的三甲基硅烷保护的葡萄糖酸内酯进行*C*-糖基化反应。对于^{14}C标记恩格列净的合成，最有效的方法是以羰基标记的5-溴类似物（34）为起始原料，采用三乙基硅烷和三氟化硼乙醚还原为标记的亚甲基，然后在类似于之前报道的制备恩格列净的条件下进行。

沃尔查克及其同事报道了通过糖基锡烷将糖基与芳环进行交叉偶联，用于合成苄基保护的达格列净[20, 21]，该方法也应用于恩格列净核心结构的合成（图4.11）[27]。在体积较大的JackiePhos磷配体存在下，*β-D*-葡萄糖基（三丁基）锡烷（18）经$Pd_2(dba)_3$催化，与三氟甲磺酸二芳基碘鎓盐（44）反应，得到苄基保护的恩格列净（45）。

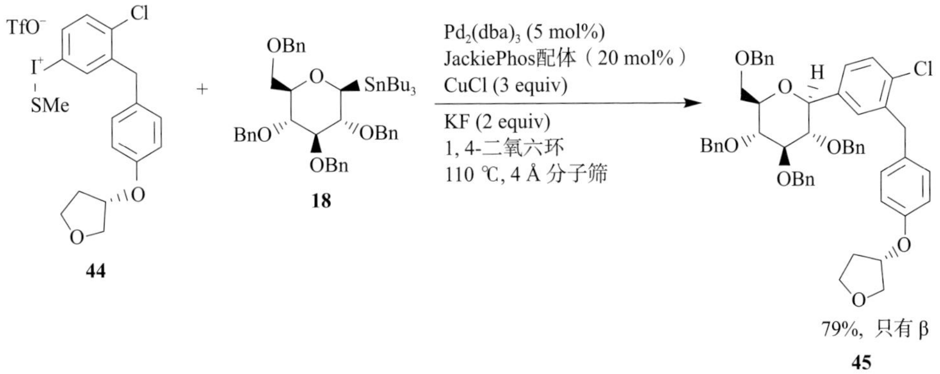

图4.11 三氟甲磺酸二芳基碘鎓盐（44）与糖基锡烷（18）反应合成苄基保护的恩格列净[27]

由于恩格列净的四氢呋喃取代基具有潜在的氧化代谢敏感性，这促使雷迪（Reddy）及其同事合成了一种含有4, 4-二甲基四氢呋喃环的恩格列净类似物（图4.12）[28]。他们假设，借二甲基的引入将改善药物的药代动力学（pharmacokinetics，PK）性质，并最终通过影响构象和增加与靶点的结合亲和力来改善药效学。为此，他们以*L*-(+)-泛酰内酯（46）为原料合成了基本结构（3*S*)-4，4-二甲基四氢呋喃-3-醇。采用叔丁基（二甲基）氯化硅对其羟基进行保护，再经二异丁基氢化铝（diisobutylaluminum hydride，DIBAL-H）还原成内半缩醛（47）[8, 9]。然后与三氟化硼乙醚和三乙基硅烷反应得到醚（48），分离收率为85%，再以氟化叔丁铵脱保护得到目标醇（49），收率为79%。在叔丁醇钾的存在下，醇（49）与二苯甲酮（50）反应得到化合物51，分离收率为75%。然后通过三氟化硼乙醚和三乙基硅烷还原羰基，以86%的收率得到中间体52。采用正丁基锂进行锂-溴交换后，与三甲基硅烷保护的葡萄糖酸内酯反应，得到内半缩醛

（53）。然后以甲磺酸脱除三甲基硅烷保护基后，经三氟化硼乙醚和三乙基硅烷还原，生成目标化合物恩格列净类似物（54）。最后三步的总收率为63%。采用相同的方法制备了相应的含（3*R*）-四氢呋喃环的类似物，但13.8%的总收率远低于制备化合物54的40.6%[28]。

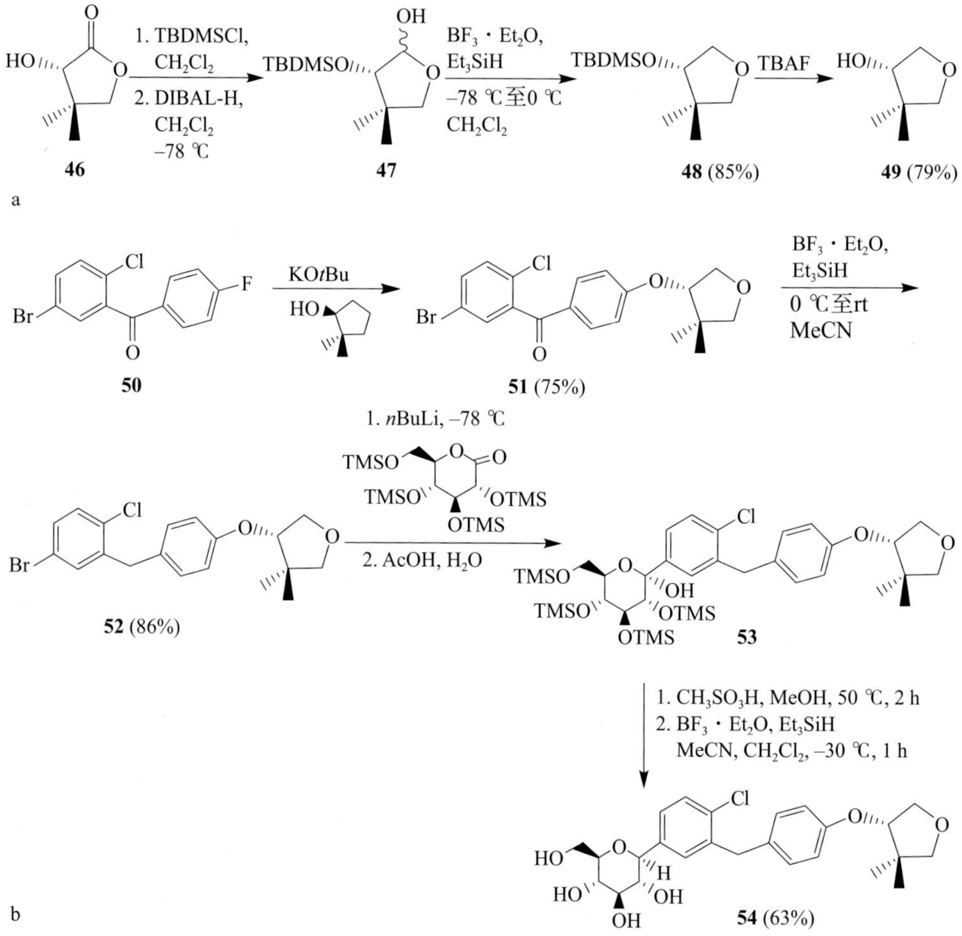

图4.12 恩格列净类似物（54）的合成方法[28]

4.3.4 贝沙格列净

贝沙格列净（bexagliflozin）对人SGLT2的体外抑制IC_{50}值仅为2 nmol/L，且具有高度的选择性，对SGLT2的选择性是SGLT1的2435倍[29]。2016年，孙逊（Xun Sun）及其同事报道了一种简便、可扩展的贝沙格列净合成路线（图4.13），并以化合物13（参照图4.4反应式制备）为起始原料[2]。

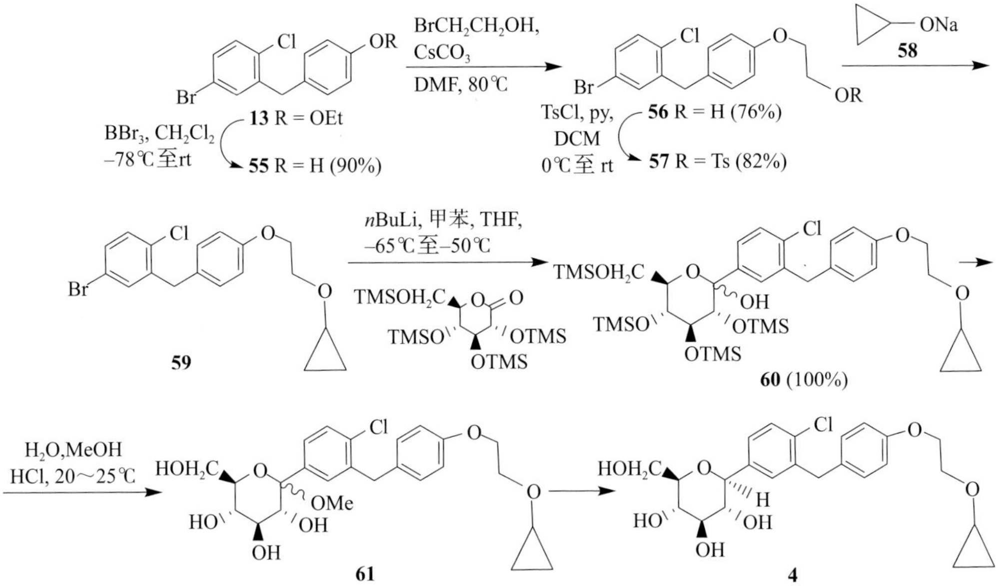

图4.13　孙逊（Xun Sun）等报道的贝沙格列净的合成方法[30]

首先，化合物13与三溴化硼回流反应得到苯酚（55），收率为90%[29-31]。在碳酸铯作用下，与溴乙醇发生亲核取代反应生成醇（56），经甲苯磺酰化后再与环丙酸钠（58）发生亲核取代反应生成化合物59。然后，溴与锂交换后与*D*-葡萄糖酸内酯反应，以定量的收率得到内半缩醛（60），再以酸性甲醇处理得到缩醛（61），最后将其还原生成贝沙格列净。其高效的β立体选择性高度依赖于所用的路易斯酸。采用三氟乙酸和三氟甲磺酸三甲基硅酯、三氟甲磺酸铟、三氟甲磺酸铜或三氯化铝的混合物均以失败告终；然而，单独使用三氟化硼或三氯化铝得到的β/α的比值却高于99∶1[30]。实际上，三氯化铝存在下的立体选择性还原反应是最稳健的，对含水量和反应温度的敏感性都较低。

4.3.5　鲁格列净

鲁格列净是一种强效的选择性SGLT2抑制剂，于2014年在日本获批用于2型糖尿病的治疗[32]。该药物对SGLT2抑制的IC_{50}值为2.26 nmol/L，选择性是SGLT1的1770倍[33]。研究*C*-硫代葡萄糖苷的根本原因在于，硫代葡萄糖基部分可能是比其糖基类似物更好的酶结合剂，具有更好的体内稳定性和药代动力学性质。随着芳环取代基的变化，部分*C*-硫代葡萄糖苷新家族的成员表现出较强的IC_{50}值（低于5 nmol/L），选择性高于SGLT1（超过1500倍）。对链脲佐菌素（streptozotocin，STZ）诱导的糖尿病大鼠进行给药治疗后，鲁格列净表现出了很有前景的降血糖作用。此外，鲁格列净在大鼠和犬体内表现出良好的药代动力学性质，且在人体代谢稳定性、血清蛋白结合、Caco-2渗透性和尿葡萄糖排泄等研究中也获得了令人鼓舞的结果，最终被选作临床候选药物。

柿沼（Kakinuma）等首次报道了鲁格列净的合成方法（图4.14）[32]。该合成策略主要基于关键中间体硫代内酯（72）和适当糖苷的合成及偶联。以亚异丙基保护的*D*-葡萄糖醛酸内酯（62）为原料，利用德里盖（Driguez）和汉瑞森特（Henrissat）报道的方法合成了硫代糖（71），进而制备得到硫代内酯（72）（图4.14a）[33]。甲苯磺酰化后的化合物（62）经硼氢化锂还原生成二醇（63），收率为81%。随后在甲醇中以甲醇钠作用得到环氧化物64，再与硫脲反应4天得到环氧化物65，继而经乙酰解反应得到中间体66。从化合物63到化合物66的总收率为77%。亚异丙基首先被90%的三氟乙酸水溶液水解，随后经甲醇钠介导的酯基转移反应生成5-硫代吡喃葡萄糖（67），2步反应的分离总收率为71%。该合成路线不需要进行色谱分离，制备化合物67的总收率为35%。化合物67经过乙酰化保护和异头乙酰基的选择性裂解后得到化合物69，再采用经典糖类保护基化学法制备被保护的硫醚（71），随后以DMSO/乙酸酐氧化得到化合物72。

糖苷（76）的合成是以市售的4-甲氧基-2-甲基苯甲酸为原料，在铁催化下溴化得到3-溴和5-溴异构体（1∶1）混合物，以甲醇重结晶分离得到所需的化合物74（图4.14b）。在氯仿中依次加入草酰氯和催化量的二甲基甲酰胺，随后在三氯化铝催化下与苯乙醚进行弗里德-克拉夫茨反应生成酮（75），再以三乙基硅烷/三氟化硼乙醚还原，以较高的收率得到糖苷（76）。化合物76依次与镁和硫代内酯（72）反应生成糖基化产物（77），再采用三乙基硅烷和三氟化硼乙醚进行立体选择性还原，以77%的收率得到*C*-葡萄糖苷β异头物78（α/β=4/96）。最后，在氢氧化钯存在下氢化得到鲁格列净，收率为81%。

1. TsCl, py, CH_2Cl_2, 89%
2. $LiAlH_4$, THF, 5 h, 81%

1. MeONa, MeOH −15～20℃, 1 h
2. 硫脲，甲醇，rt，4天

62 **63** **64** X = O **65** X = S

NaOAc, Ac_2O, AcOH 130℃, 36 h

1. CF_3CO_2H, H_2O (9∶1), rt, 20 min
2. NaOMe, MeOH, N_2

Ac_2O, py

66 (3步反应总收率为77%)

67 (2步反应总收率为71%)

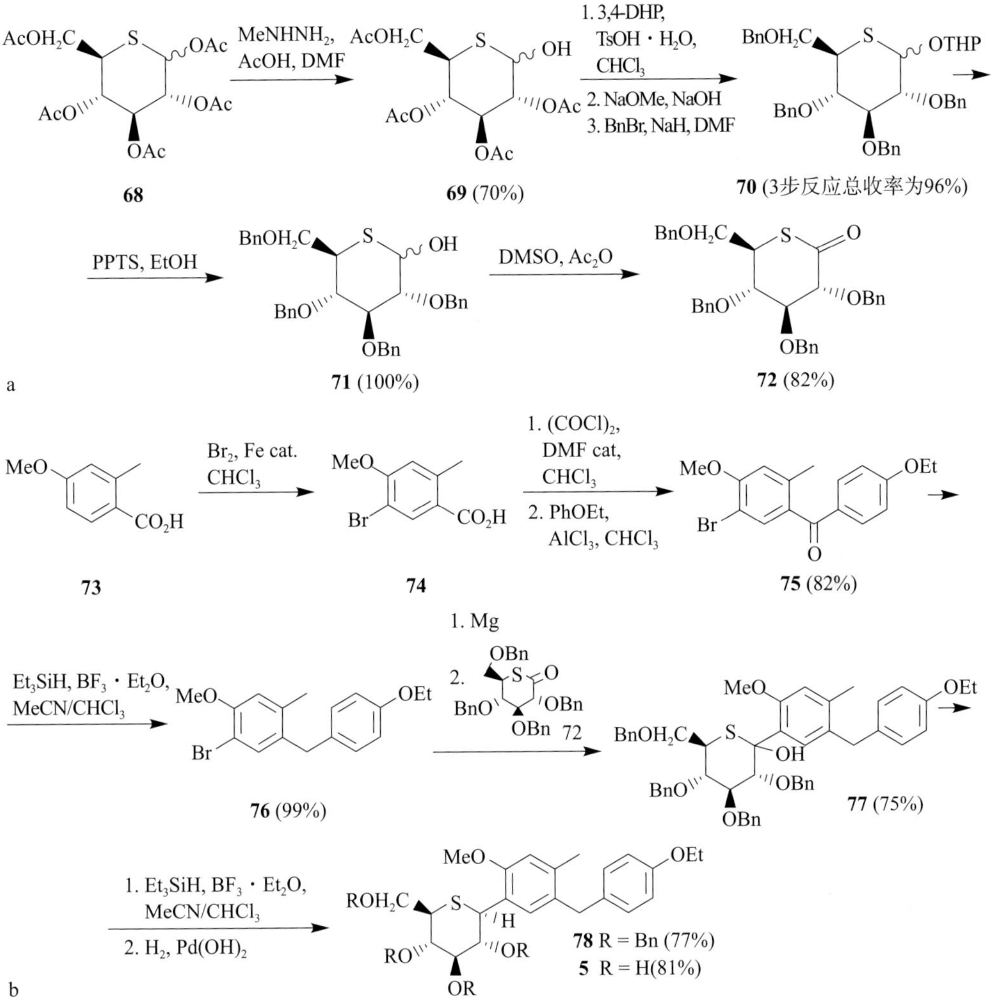

图4.14　柿沼（Kakinuma）等报道的鲁格列净的合成方法[32]

a. 硫代内酯（72）的合成[32, 33]；b. 鲁格列净（5）的全合成[32]

4.3.6　托格列净

托格列净是一种选择性SGLT2抑制剂，其对人源SGLT2（hSGLT2）抑制的 IC_{50} 值仅为2.9 nmol/L，而对人源SGLT1的 IC_{50} 值为8444 nmol/L，与达格列净、鲁格列净、卡格列净、恩格列净和伊格列净相比，托格列净对SGLT2的选择性最高[34, 35]。该药物可作为单一疗法使用，也可与其他降血糖药联合使用。

托格列净是一种由*O*-螺环缩酮环组成的芳基*C*-葡萄糖苷，于2012年由日本中外制药（Chugai Pharmaceuticals）首次报道[34]。在构建独特的螺环缩酮之前，三苯甲基保护的芳香化合物（79）在经锂-卤素交换后，与预先苄基化的*D*-葡萄糖酸内酯进行糖基化反应生成化合物80。采用三乙基硅烷和三氟化硼乙醚在乙腈中还原该化合物是构建环的关键，通过脱去化合物80的三苯甲基，再环合得到中间体（81），收率为56%。现有多种策略均能成功地将醇（81）或其对应的溴化苄酯转化为托格列净[18, 36, 37]。

然而，生成托格列净的最短路线是采用戴斯·马丁（Dess Martin）高碘化物将化合物81氧化成相应的醛。随后与4-乙基苯基溴化镁反应，再经三乙基硅烷和三氟化硼乙醚还原，最后脱除苄基，完成托格列净的合成（图4.15）[34]。

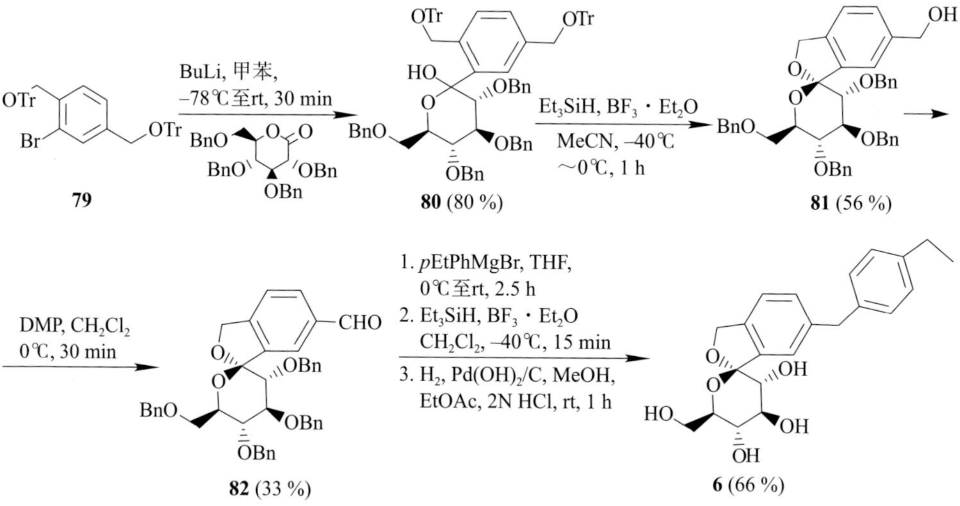

BuLi, 甲苯, –78℃至rt, 30 min
OTr
Br
OTr
BnO O O
BnO OBn
OBn
79
OTr OTr
HO
O OBn
BnO
OBn
OBn
80 (80 %)
Et_3SiH, BF_3 · Et_2O
MeCN, –40℃ ～0℃, 1 h
OH
O
O OBn
BnO
OBn
OBn
81 (56 %)
DMP, CH_2Cl_2
0℃, 30 min
CHO
O
O OBn
BnO
OBn
OBn
82 (33 %)
1. pEtPhMgBr, THF, 0℃至rt, 2.5 h
2. Et_3SiH, BF_3 · Et_2O CH_2Cl_2, –40℃, 15 min
3. H_2, $Pd(OH)_2/C$, MeOH, EtOAc, 2N HCl, rt, 1 h
O
O OH
HO
OH
OH
6 (66 %)

图4.15　日本中外制药报道的托格列净的合成方法[34]

2019年，中外制药开发了一条新的合成路线，利用二烯酮-炔底物的［4+2］环加成反应作为关键步骤，获得二氢异苯并呋喃结构。环加成反应的二烯组分如图4.16所示。由市售的戊-4-炔-1-醇与2-甲氧基丙烯反应制得缩醛（83），再在三乙胺、碘化亚铜和二氯二（三苯基膦）钯存在的条件下与对乙基苯甲酰氯酰化生成化合物84，随后在甲苯中与三苯基膦和2, 6-二甲基苯酚进行异构化得到二烯酮（85）。化合物85经HCl水溶液处理得到化合物86，4步反应总收率为76%[38]。

环加成反应的另一组分为化合物90，由*D*-葡萄糖酸内酯（87）经4步反应得到。化合物87先被新戊酰基保护得到化合物88（图4.17），再将三甲基硅基乙炔锂/四甲基乙二胺（tetramethylethylenediamine，TMEDA）加入完全保护的内酯（88）中，使醇被乙酸酐保护，以64%的收率生成化合物89，其异头物中心的构型尚未确定[38]。氟化钾介导的三甲基硅基的脱除可将化合物89转化为化合物90，收率为80%。

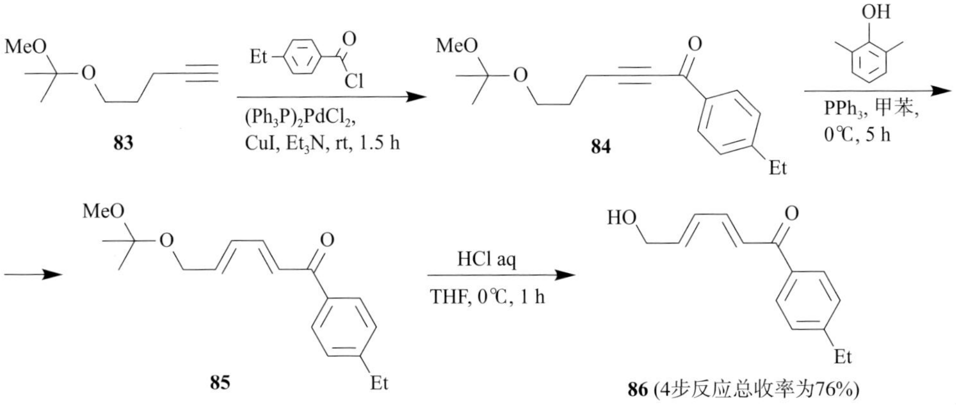

图4.16　托格列净糖苷配基的制备[38]

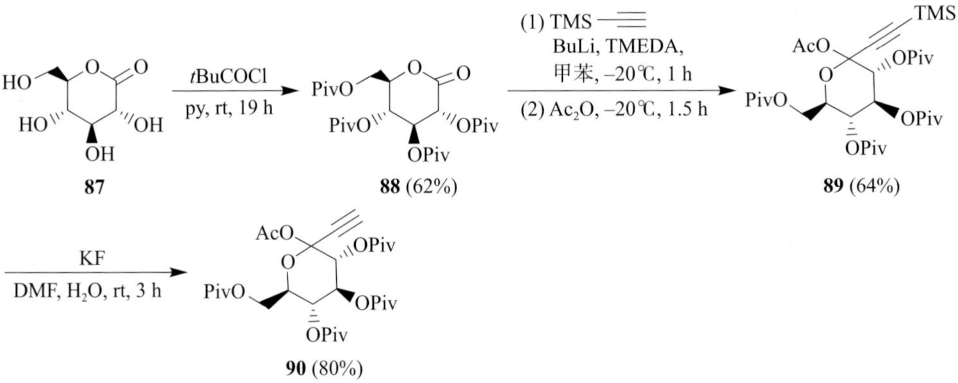

图4.17　糖基90的合成方法[38]

如图4.18所示，在乙腈中，糖基90和糖苷配基86在三氟化硼乙醚的存在下很容易反应得到91a/b，转化率为97%，α/β比例为61∶39。在甲苯中升温，在不纯化91a/b的情况下完成环化反应。环化产物92a/b的异头物比例与91a/b类似。然而，将异头混合物在甲苯中经三氟化硼乙醚处理后，α异头物（92a）能够完全转化为β异头物（92b），转化率为94%。至此，化合物92b的总收率为52%。化合物92b经氢氧化钯氢化得到化合物93，收率为68%。化合物93与碘化锂发生去乙酰丙基化反应生成托格列净，收率为60%（图4.18）。

4.3.7　埃格列净

埃格列净是FDA和EMA批准用于2型糖尿病治疗的第4种SGLT2抑制剂，其对SGLT2的选择性是SGLT1的2000倍。

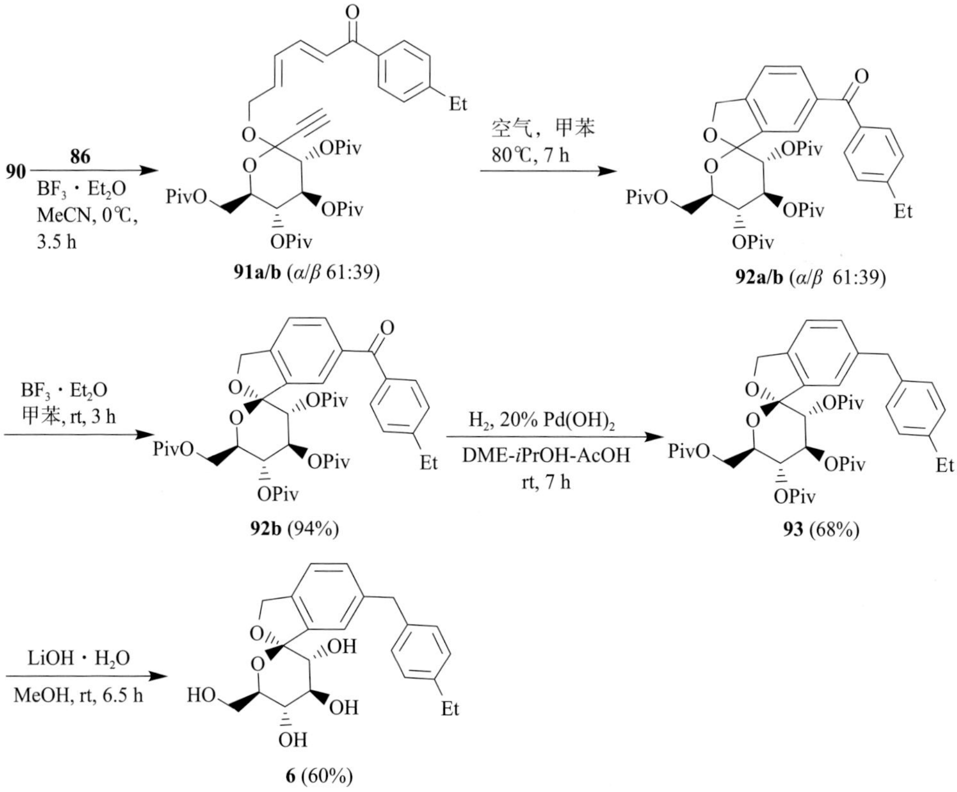

90 → 86, $BF_3 \cdot Et_2O$, MeCN, 0℃, 3.5 h → **91a/b** (*α*/*β* 61:39)

空气，甲苯, 80℃, 7 h → **92a/b** (*α*/*β* 61:39)

$BF_3 \cdot Et_2O$, 甲苯, rt, 3 h → **92b** (94%)

H_2, 20% $Pd(OH)_2$, DME-*i*PrOH-AcOH, rt, 7 h → **93** (68%)

$LiOH \cdot H_2O$, MeOH, rt, 6.5 h → **6** (60%)

图4.18　托格列净的合成方法[38]

在过去的几年间，已经开发了几条合成路线来制备埃格列净[39-42]。在2019年提出了一条新颖的路线[43]，通过一系列保护和脱保护策略将*D*-葡萄糖转化为硫代缩醛（94，图4.19）[44]。硫代缩醛（94）与*N*-溴代丁二酰亚胺在丙酮中反应得到醛95，再与所需的芳基糖苷格氏试剂反应，以1∶1的比例生成不可分离的非对映体混合物（96），2步反应收率为58%。对醇96进行保护得到叔丁基二甲基硅基醚（97），随后在K_2CO_3和MeOH中搅拌除去苯甲酸酯，生成醇98。在DMSO和二氯甲烷（DCM，收率97%）中，采用草酰氯和三乙胺将已经脱保护的醇98氧化生成醛99，随后在甲醇中与碳酸钾和甲醛进行坎尼扎罗（Cannizzaro）反应，以72%的收率生成二醇（100）。在四氢呋喃中，采用四正丁基氟化铵（tetra-*n*-butylammonium fluoride，TBAF）脱除甲硅烷基，以68%的收率得到三醇101，再在DCM中经二氧化锰选择性氧化转化为酮102，收率为87%。最后，采用三氟乙酸水溶液水解102，除去缩醛基，促进环化，得到埃格列净，收率为92%。

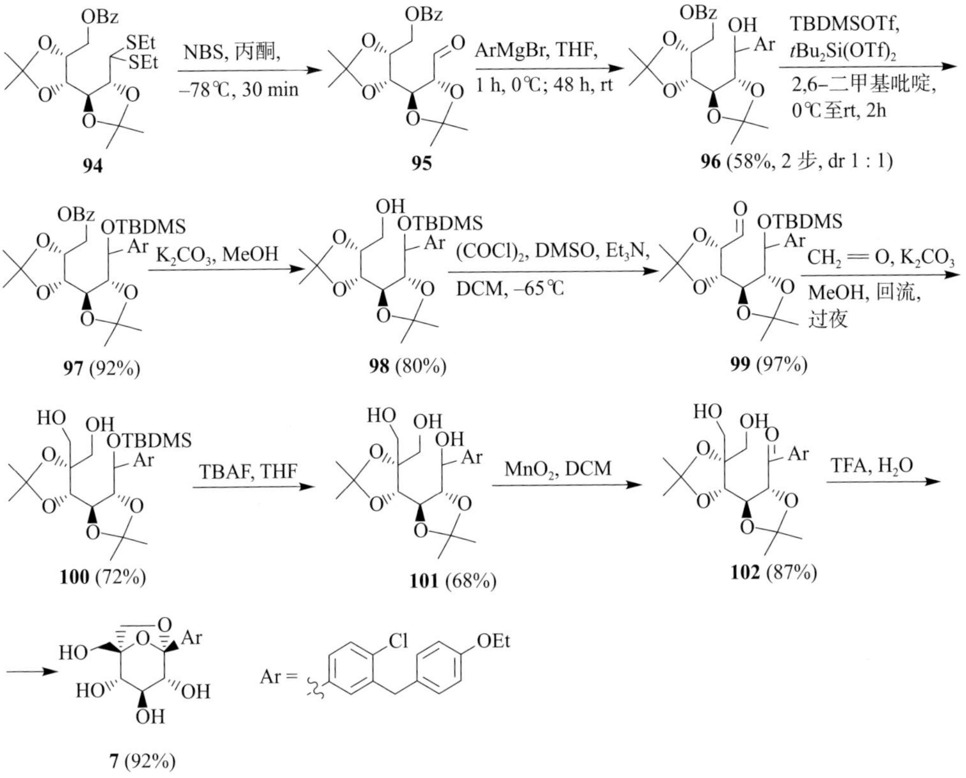

94 → NBS, 丙酮, –78℃, 30 min → 95 → ArMgBr, THF, 1 h, 0℃; 48 h, rt → 96 (58%, 2 步, dr 1 : 1) → TBDMSOTf, $tBu_2Si(OTf)_2$, 2,6–二甲基吡啶, 0℃至rt, 2h →

97 (92%) → K_2CO_3, MeOH → 98 (80%) → $(COCl)_2$, DMSO, Et_3N, DCM, –65℃ → 99 (97%) → $CH_2=O$, K_2CO_3, MeOH, 回流, 过夜 →

100 (72%) → TBAF, THF → 101 (68%) → MnO_2, DCM → 102 (87%) → TFA, H_2O →

→ 7 (92%)

Ar =

图4.19　特瑞安塔康斯坦丁（Triantakonstanti）等报道的埃格列净的合成方法[43]

4.3.8　伊格列净

2017年，周伟澄（Weicheng Zhou）及其同事报道了一种巧妙的立体选择性合成伊格列净的方法[45]。采用勒梅尔（Lemaire）的合成方法（之前描述的卡格列净和达格列净的合成方法）[46]，他们优化了金属化的2-[（5-卤素-2-氟苯基）甲基]苯并噻吩（103）与酰基保护的糖基卤化物（以化合物104为例）的糖基化反应条件，生成保护的伊格列净（105）。化合物106的形成可以通过改变卤化锌/锂/溴化物的比例、温度、溶剂和糖基供体来调控。无须担心α异头物的形成，因为在所有条件下形成的α异头物都少于4%。最佳条件下，正丁基锂金属化的103在–20℃于含0.55当量$ZnBr_2$/LiBr的甲苯/二丁醚（dibutyl ether，DBE）中与特戊酰基保护的葡萄糖基溴化物（104）反应生成化合物105，分离收率为78%，同时形成约20%的被还原的糖苷（106）。在回流条件下，以甲醇和甲醇钠对化合物105进行脱保护，经重结晶得到伊格列净，收率为95.3%（图4.20）。

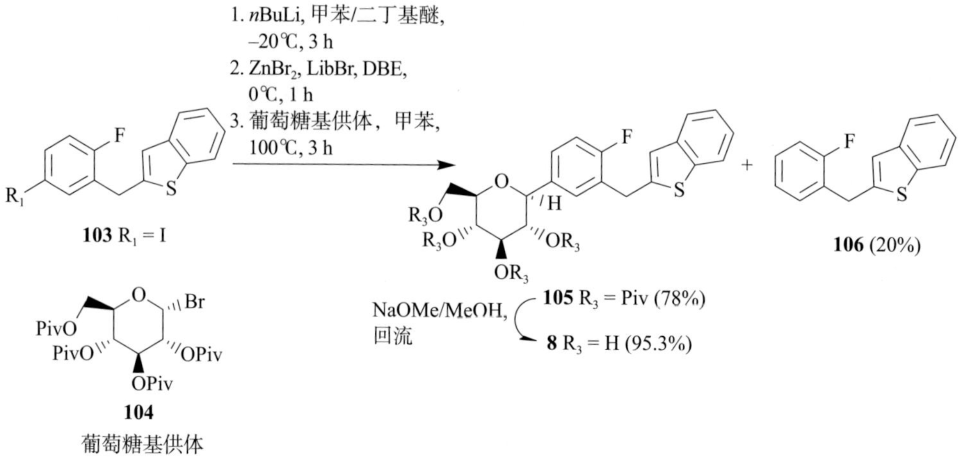

图4.20 周伟澄（Weicheng Zhou）等报道的伊格列净的合成方法[45]

4.3.9 卡格列净

卡格列净是一种强效的SGLT2抑制剂（IC_{50}=2.2 nmol/L），于2013年获得FDA和EMA批准[47]。该药物是一种由氟苯基环取代的噻吩衍生物，由田边三菱制药公司（Mitsubishi Tanabe Pharma Corporation）于2010年首次开发[48]。以2-氟噻吩（107）为原料，经弗里德-克拉夫茨酰基化反应得到化合物109，收率为85.7%，随后还原酮得到化合物110，收率为78%（图4.21）。糖苷（110）经锂-溴交换活化后，与三甲基硅烷保护的*D*-葡萄糖酸内酯反应生成糖基化的内半缩醛，再在甲醇中加入甲磺酸转化为脱硅烷化的甲基缩醛（111），收率为91.3%[48]。以三乙基硅烷和三氟化硼乙醚在DCM中对111进行立体选择性还原，得到卡格列净，收率为56.7%。

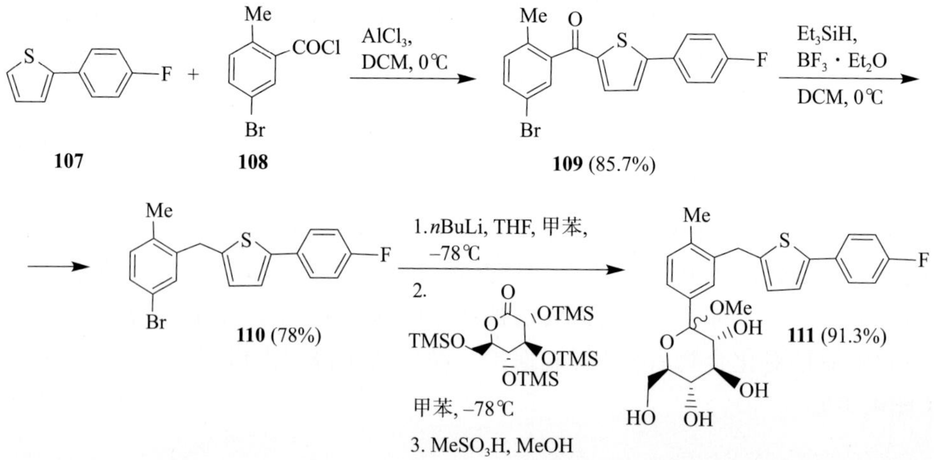

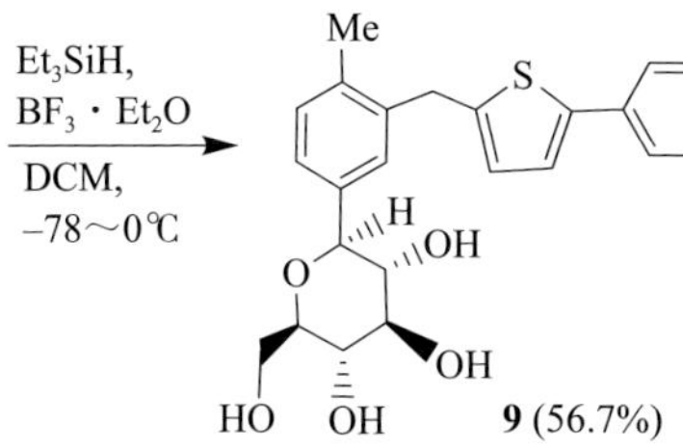

图4.21　野村（Nomura）等报道的卡格列净的合成方法[48]

2017年，中村（Nakamura）及其同事[49]报道了卡格列净的另一种合成方法，采用了前所未有的铁催化交叉偶联反应，实现了高度立体选择性碳碳键的形成，立体选择性地捕获化合物113糖基化过程中生成的糖基自由基中间体（图4.22）。采用2-（4-氟苯基）-5-（5-碘-2-甲基苄基）噻吩（112）与异丙基氯化镁和氯化锂的配合物（*i*PrMgCl·LiCl）反应，再在四氢呋喃中加入$ZnBr_2$/TMEDA，制得芳基锌结构部分。不幸的是，在$FeCl_2$（TMS-SciOPP）存在的情况下，锌金属化的糖苷与乙酰化的葡萄糖基溴化物（113）在THF中反应，以61%的收率得到化合物114（6∶4的α/β异头混合物），其中卡格列净的前体为次要成分。异头物分离后，以二丁基氧化锡在甲醇中回流，对化合物114的β异头物进行脱乙酰反应得到卡格列净，收率为95%。

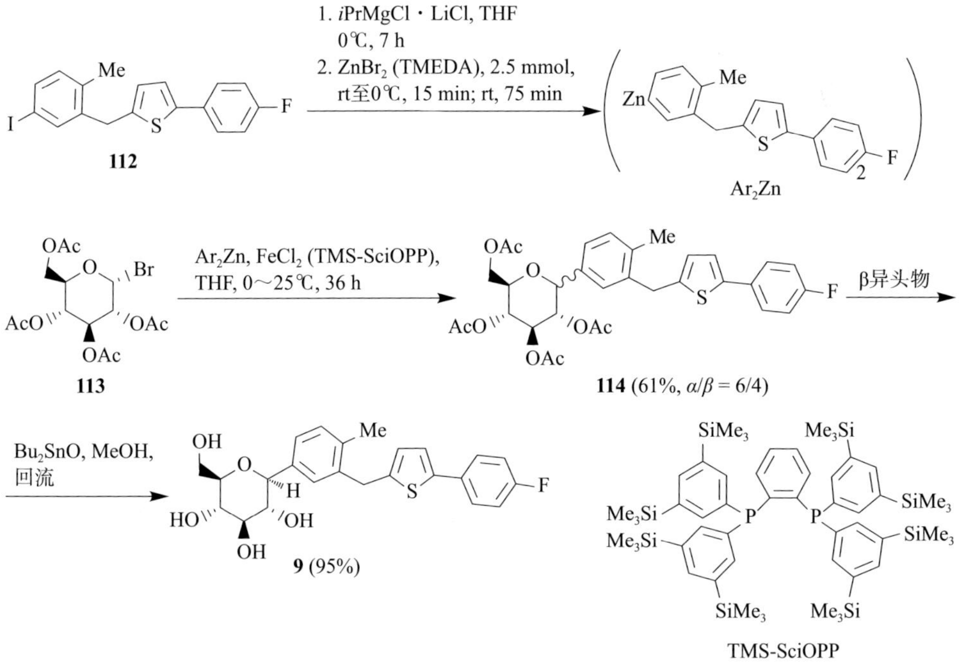

图4.22　中村（Nakamura）等报道的卡格列净的合成方法[49]

一项2017年的专利描述了卡格列净的商业化合成工艺，其中二芳基酮的弗里德-克拉夫茨反应产物115的二甲基缩醛（116）被糖基化，生成内半缩醛（117）。以含甲磺酸的甲醇水溶液处理得到化合物118，随后在三氟化硼乙醚（作为路易斯酸）存在的条件下，以三乙基硅烷还原得到卡格列净（图4.23）[50]。

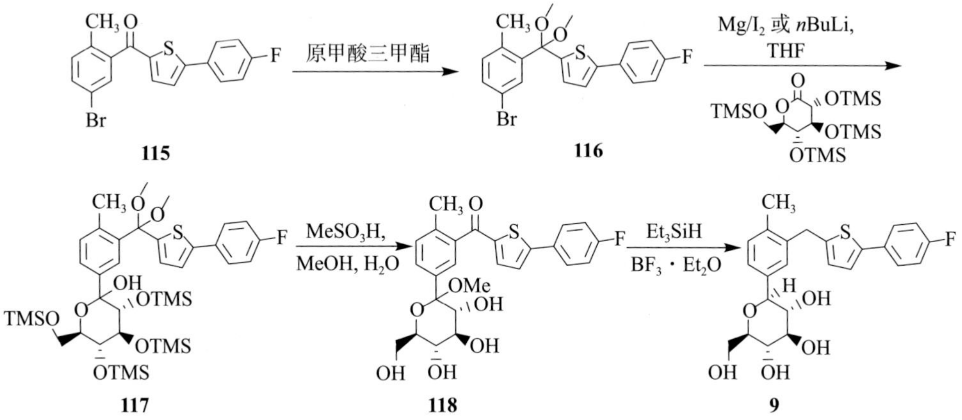

原甲酸三甲酯

Mg/I_2 或 nBuLi, THF

TMSO OTMS OTMS OTMS

115 116

$MeSO_3H$, MeOH, H_2O

Et_3SiH $BF_3 \cdot Et_2O$

117 118 9

图4.23 Optimus Drugs Pvt. Ltd制药公司申请的卡格列净专利合成方法[50]

文献中描述的大多数方法对于获得所需纯度（＞99.5%）的卡格列净都具有局限性，因此需要使用额外的保护/脱保护步骤，以及烦琐的工艺等，从而降低了总收率。为了克服这一问题，班迪查尔（Bandichhor）及其同事开发了一种改进的、具有商业可行性的卡格列净合成工艺（图4.24）[51]。以5-碘-2-甲基苯甲酸（119）为原料制备相应的苯甲酰氯（120），并与4-氟苯基噻吩（121）发生弗里德-克拉夫茨反应生成酮（122），再经1, 1, 3, 3-四甲基二甲硅醚和$AlCl_3$还原得到化合物123，3步反应总收率为83%。在正丁基锂存在的条件下，与2, 3, 4, 6-四-O-三甲基硅基-β-D-葡萄糖酸内酯在四氢呋喃中进行C-糖基化反应，再用三氟乙酸脱去甲硅烷基，得到五羟基酮（124），收率为84%。在甲醇中经甲磺酸催化得到甲基缩醛中间体（125），随后立体选择性还原为卡格列净，收率为67%。卡格列净的高效液相色谱（HPLC）纯度在99.8%以上[51]。

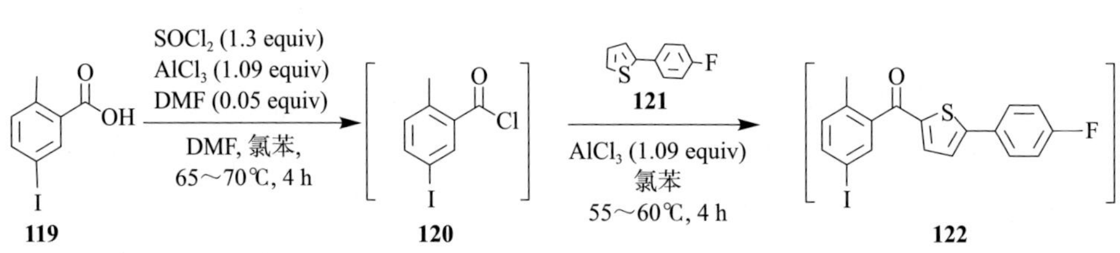

$SOCl_2$ (1.3 equiv)
$AlCl_3$ (1.09 equiv)
DMF (0.05 equiv)
DMF, 氯苯, 65～70℃, 4 h

121
$AlCl_3$ (1.09 equiv)
氯苯
55～60℃, 4 h

119 120 122

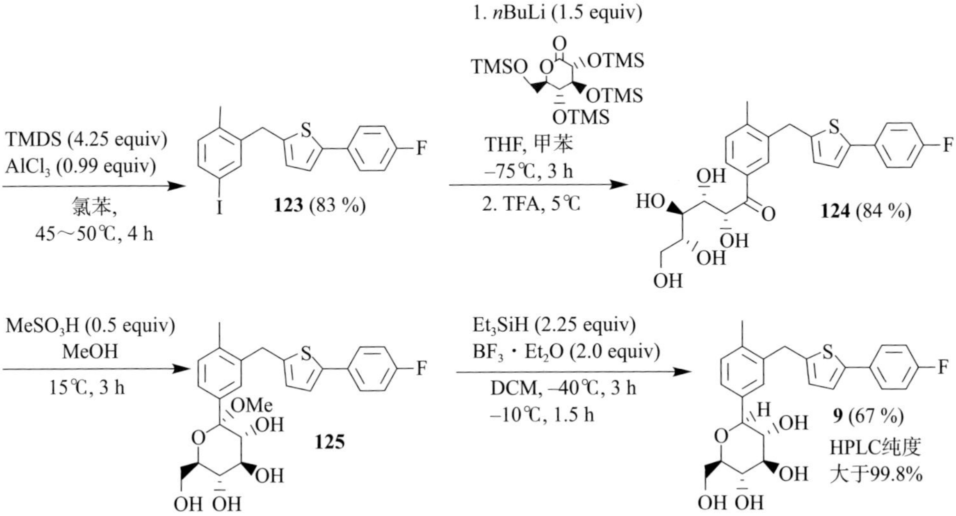

图4.24　班迪查尔（Bandichhor）等改进的卡格列净的合成方法[51]

4.3.10　瑞格列净

瑞格列净是一种含有*O*-葡萄糖苷的选择性SGLT2抑制剂，对SGLT2的选择性是SGLT1的365倍，于2019年在印度获批上市[52]。由于*O*-葡萄糖苷易于水解降解，其被制成酯类前药依碳酸瑞格列净来减少胃肠道的降解。依碳酸瑞格列净在胃肠道黏膜中可被迅速吸收，并被广泛地去酯化，从而释放出瑞格列净[53]。

2016年，小林（Kobayashi）及其同事报道了瑞格列净的最新合成方法（图4.25）[54]。首先，乙酰乙酸甲酯经取代的氯化苄（126）处理后，与水合肼反应得到吡唑啉酮（128），再以乙酸酐乙酰化得到吡唑啉酮（129）。将化合物（129）与新戊酰保护的溴化葡萄糖基进行糖基化反应得到β异头物（130），收率为92%。然后，以碳酸氢钾在甲醇中去乙酰化得到化合物131，收率为98%。化合物131与异丙基碘化物烷基化后，新戊酸酯经碱水解生成瑞格列净。将瑞格列净与氯甲酸乙酯进行选择性酰化得到依碳酸瑞格列净，收率为72%。

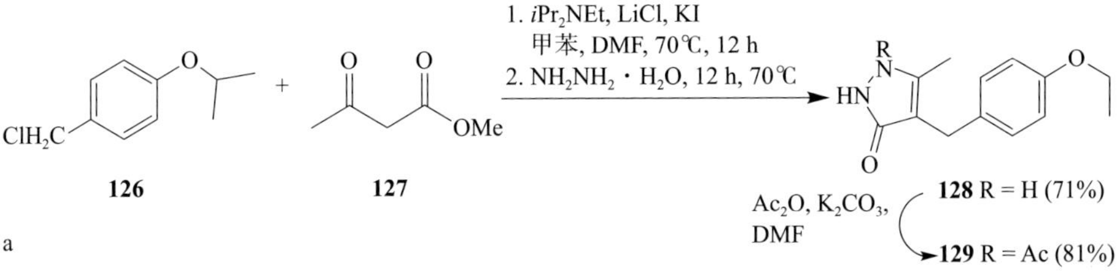

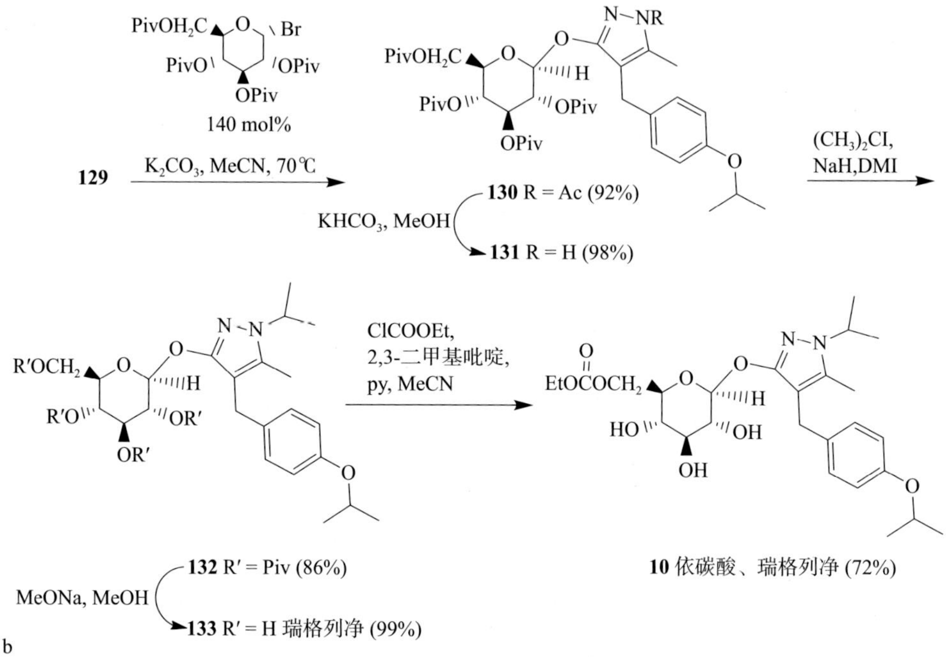

$PivOH_2C$ Br PivO OPiv OPiv
140 mol%
129 K_2CO_3, MeCN, 70℃
$PivOH_2C$ N—NR O H PivO OPiv OPiv O
130 R = Ac (92%)
$KHCO_3$, MeOH
131 R = H (98%)
$(CH_3)_2CI$, NaH,DMI

N-N R′OCH₂ O H R′O OR′ OR′ O
ClCOOEt, 2,3-二甲基吡啶, py, MeCN
EtOCOCH₂ O N—N H HO OH OH O
132 R′ = Piv (86%)
MeONa, MeOH
133 R′ = H 瑞格列净 (99%)
10 依碳酸、瑞格列净 (72%)
b

图4.25　小林（Kobayashi）等报道的依碳酸瑞格列净的全合成方法[54]
a. 吡唑啉酮的合成；b. 葡萄糖苷化及依碳酸瑞格列净的制备

4.4 SGLT2抑制剂的临床优势

本节回顾了2018年以来SGLT2抑制剂的最新临床发现，包括其抗高血糖作用、预防糖尿病相关心血管事件、肾脏保护和体重减轻作用，以及此类药物在2型糖尿病治疗中的临床疗效和有效性。

4.4.1　降低HbA1c水平

2型糖尿病患者长期服用列净类SGLT2抑制剂后，通过测试糖化血红蛋白（HbA1c）的水平差异，发现患者的血糖控制达到了有益的效果。

埃格列净是FDA最近批准的SGLT2抑制剂（2017年12月获批），用于治疗血糖控制不充分的患者。一项基于1544名糖尿病患者的三项随机、安慰剂对照临床试验（VERTIS MONO、VERTIS MET和VERTIS SITA2）的汇总分析表明，与安慰剂相比，埃格列净在血糖控制方面的改善与之前获批的第一批SGLT2抑制剂类似（表4.1）[55]。治疗26周后，在不同预定义的患者亚组中［根据年龄、性别、种族、民族、地区、基线BMI、估算的肾小球滤过率（estimated glomerular filtration rate，eGFR）和2型糖尿病病程进行分类]，埃格列净5 mg和15 mg剂量组（口服，每日1次；VERTIS MONO试验不使用背景药物，VERTIS MET试验采用二甲双胍单药治疗，VERIS SITA2试验采用二甲双胍+西格列汀联合治疗）的HbA1c水平经安慰剂调整后的最小二乘平均值（least squares mean，LSM）变化分别为–0.8%[95%置信区间（confidence interval，CI）：–0.9%～–0.7%]和–0.9%（95% CI：–1.0%～–0.8%）（P＜0.001 *vs.* 每个个体研究中的安慰剂组），埃格列净的治疗效果优于安慰剂。此外，对于第26周时能够达到目标HbA1c水平的患者比例，埃格列净5 mg剂量组为32.3%（n=519），埃格列净15 mg剂量组为38.7%（n=509），而安慰剂组仅为15.3%[56]。在VERTIS MET试验中，经104周的治疗后，埃格列净5 mg和15 mg剂量组的HbA1c水平与基线相比的平均变化分别维持在–0.6%±0.08%和–0.9%±0.08%[57]。

表4.1 SGLT2抑制剂在2型糖尿病患者中与安慰剂和活性对照药疗效随机对照试验的初步结果总结

SGLT2抑制剂	患者总数	每日剂量（mg）	治疗时间（周）	相对于基线的HbA1c平均水平降低（%）	发布时间
达格列净（dapagliflozin）	546	2.5	24	0.58	2010年
		5.0		0.77	
		10.0		0.89	
卡格列净（cannagliflozin）	584	100	26	0.77	2013年
		300		1.03	
恩格列净（empagliflozin）	899	10	24	0.74[a)]	2013年
		25		0.85[a)]	

a）安慰剂调整值。
资料来源：参考文献[5]。

一项包括847名2型糖尿病患者的5项临床试验的数据分析显示，与单独使用二甲双胍相比，在二甲双胍治疗基础上添加50 mg伊格列净（2014年于日本获批）也可显著降低HbA1c水平。治疗12周和24周后标准化均差（standardized mean difference，SMD）变化分别为–0.30%（95% CI：–0.51%～–0.10%，P=0.004）和–0.88%（95% CI：–1.04%～–0.72%，P＜0.0001）。一项对8788名接受临床治疗的日本患者进行的STELA-LONG TERM研究发现，用伊格列净治疗12个月后，与基线相比，HbA1c水平平均下降0.8%±1.2%，且与年龄（小于65岁或65岁及以上）、基线HbA1c水平和基线BMI无关[58]。此外，另一项同样在日本进行的长期上市后的J-STEP/LT研究的中期分析显示，2型糖尿病患者（n=6461）接受托格列净（20 mg，每日1次）治疗后，第104周的HbA1c水平较基线下降了0.70%（$P<0.0001$）[59]。

在印度，最新上市的SGLT2抑制剂瑞格列净的临床试验表明，当单独服用100～250 mg的二甲双胍（每日2次）时，印度患者（n=612）的HbA1c水平未得到充分控制。而与广泛研究的达格列净联用（每天10 mg）时，24周后患者平均HbA1c降幅高达0.19%（95% CI：–0.42%～0.05%），但未表现出统计学意义[60]。

在2020年的一项研究中，仍处于Ⅲ期临床试验阶段的贝沙格列净（图4.26），对于以前未接受治疗的患者，或在6周洗脱期之前口服抗高血糖药物的患者，可有效降低HbA1c的水平（n=292）。治疗12周后，贝沙格列净3个剂量下（每天5 mg、10 mg或20 mg）的HbA1c水平较基线分别变化–0.55%（95% CI：–0.76%～–0.34%，$P<0.0001$）、–0.68%（95% CI：–0.89%～–0.47%，$P<0.0001$）和–0.80%（95% CI：–1.01%～–0.59%，$P<0.0001$）。此外，在同一份报告中，所有接受贝沙格列净20 mg治疗的患者实现HbA1c目标水平低于7.0%的比例（36%）显著高于安慰剂组（15%，P=0.0015）[61]。重要的是，贝沙格列净在2型糖尿病和3期慢性肾脏病患者中也显示出有效性。

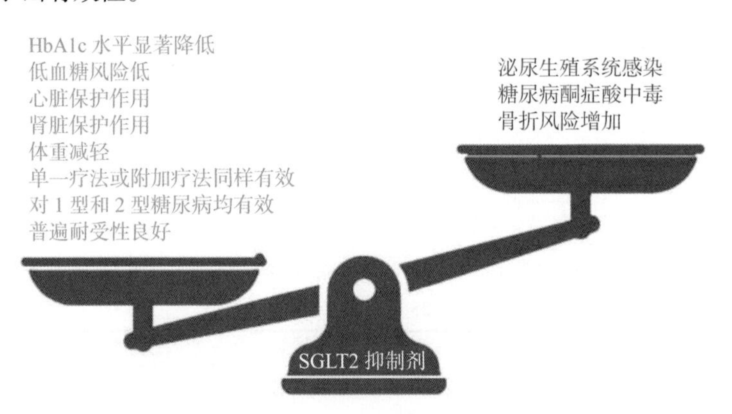

图4.26　SGLT2抑制剂治疗的益处与风险

在2019年发表的一项涉及312名患者的研究中，与安慰剂组（$P<0.001$）相比，贝沙格列净（20 mg，每日1次）对24周内的HbA1c水平降幅为0.37%（95% CI：0.20%～0.54%），且无须考虑eGFR[45～60 mL/(min·1.73m^2)（3a期）患者：–0.31%（P=0.007）；30～45 mL/(min·1.73m^2)（3b期）患者：–0.43%（P=0.002）][62]。

综上所述，相关数据清楚地证明，无论是单药治疗还是与其他降血糖药物联合治疗，SGLT2抑制剂对2型糖尿病患者的长期血糖控制都是有效的。然而，与埃格列净、伊格列净、托格列净、达格列净、卡格列净和贝沙格列净相比，采用*O*-葡萄糖苷瑞格列净治疗可能需要更高的剂量才能降低HbA1c水平。

4.4.2　糖尿病患者心血管不良反应的预防

在多项旨在评估SGLT2抑制剂血糖控制有效性的试验中，研究人员还观察到心血管情况的改善，即与安慰剂组相比，收缩压下降[63, 64]。2020年初发表的DECLARE-TIMI 58试验的结果显示，在17 160名2型糖尿病患者，以及多种危险因素或粥样硬化性心血管疾病（atherosclerotic cardiovascular disease，ASCVD）患者中，与安慰剂组相比，达格列净（10 mg，每日1次）在总人群中显著降低了19%的心房颤动（atrial fibrillation，AF）和心房扑动（atrial flutter，AFL）事件的风险［风险比（hazard ratio，HR）=0.81，95% CI：0.68%～0.95%，*P*=0.009，平均随访4.2年］[65]。重要的是，这些心血管益处的发生与既往是否存在此类事件（既往AF/AFL：HR=0.79，95% CI：0.58%～1.09；无既往AF/AFL：HR=0.81，95% CI：0.67%～0.98%；交互作用*P*为0.89），是否存在ASCVD *vs.* 心血管事件的多重危险因素（ASCVD：HR=0.83，95% CI：0.66%～1.04%；多重危险因子：HR=0.78；95% CI：0.62%～0.99%；交互作用*P*为0.72），甚至是否患有心力衰竭史（有心力衰竭史：HR=0.78，95% CI：0.55%～1.11%；无心力衰竭史：HR=0.81，95% CI：0.68%～0.97%；交互作用*P*为0.88）无关。基于DECLARE-TIMI 58试验的结果，2019年底，达格列净获得FDA批准，用于预防2型糖尿病患者因心力衰竭而住院的情况[66]。

此外，在10 142例2型糖尿病患者中（平均随访188周），CANVAS试验证明了卡格列净（每日100～300 mg）治疗相对于安慰剂的临床益处。与达格列净相似，卡格列净降低了心血管死亡或因心力衰竭住院（HR=0.78，95% CI：0.67%～0.91%）、因心力衰竭死亡或住院（HR=0.70，95% CI：0.55%～0.89%），或仅因心力衰竭住院（HR=0.67，95% CI：0.52%～0.87%）复合结果的风险。然而，对于卡格列净而言，与研究开始时无心力衰竭病史的患者（HR=0.87 *vs.* 安慰剂，95% CI：0.72%～1.06%，交互作用*P*为0.021）相比，既往具有心力衰竭病史的患者（HR=0.61 *vs.* 安慰剂，95% CI：0.46%～0.80%）获益（心血管死亡或因心力衰竭住院）可能更大[67]。此外，EMPA-REG OUTCOME试验还研究了恩格列净潜在的心脏保护作用。该研究发表于2020年，一项事后分析显示，与安慰剂组相比，使用恩格列净（10 mg或25 mg，每日1次）治疗的2型糖尿病和ASCVD患者（*n*=7020）全因死亡（中低风险类别：HR=0.68，95% CI：0.48%～0.97%；非常高的风险类别：HR=0.69，95% CI：0.52%～0.91%）、心血管死亡（分别为HR=0.75，95% CI：0.48%～1.18%和HR=0.56，95% CI：0.41%～0.78%）和心力衰竭住院（分别为HR=0.53，95% CI：0.28%～1.01%和HR=0.67，95% CI：0.48%～0.96%）的风险更低[68]。

此外，在42名日本2型糖尿病老年患者中，与基线值相比，使用托格列净

20 mg治疗1个月后，收缩压［从（137.4±27.0）mmHg降至（124.1±18.0）mmHg，$P<0.01$］和舒张压［从（74.5±13.5）mmHg降至（69.3±11.4）mmHg，$P<0.01$］均显著降低，且左心房尺寸从（39.7±7.4）mm显著改善至（36.8±7.3）mm（$P<0.01$）[69]。

CVD-REAL 2是一项基于总计235 064次治疗数据的研究，其不仅为达格列净、卡格列净和恩格列净的心脏保护作用提供了证据，而且与其他降血糖药物相比，伊格列净、托格列净和鲁格列净也表现出了心脏保护作用（根据SGLT2与其他降血糖药物的综合分析，其心力衰竭死亡或住院的HR=0.60，95% CI：0.47%～0.76%，$P<0.001$）[70]。这些结果显示了不同SGLT2分子对心血管保护的共同机制，但在某种程度上可能与直接抗高血糖作用（其他抗高血糖药物也可实现）无关。重要的是，相关研究表明，在随机和安慰剂对照试验中观察到的益处实际上已经转化为临床实践。

事实上，SGLT2抑制剂心脏保护作用的分子机制显然是多因素的，但目前尚不完全清楚。然而，SGLT2抑制剂在心血管预后方面的治疗潜力是非常明显的，这也推动了一系列的最新研究，而这些研究关注的不仅仅是SGLT2在高危糖尿病患者心血管保护方面的额外益处[64]。例如，在2019年底发表于《新英格兰医学杂志》（*The New England Journal of Medicine*）的DAPA-HF研究中，与安慰剂组相比，达格列净（10 mg，每日1次）降低了4744例心力衰竭患者的心力衰竭恶化（需要住院或紧急静脉治疗）或心血管相关的死亡风险，并降低了射血分数（HR=0.74，95% CI：0.65%～0.85%，$P<0.001$）[71]。值得注意的是，达格列净治疗的心血管益处与是否患有2型糖尿病无关（患2型糖尿病：HR=0.75，95% CI：0.63%～0.90%；无2型糖尿病：HR=0.73，95% CI：0.60%～0.88%）[71]。这表明，对于非糖尿病患者，达格列净也可用于降低患者的心血管疾病风险。事实上，基于DAPA-HF研究的结果，FDA于2020年1月批准了达格列净对非糖尿病患者心力衰竭的优先审查[72]。

4.4.3 SGLT2抑制剂对2型糖尿病患者的肾脏保护作用

2型糖尿病患者患慢性肾脏病的风险增加，而慢性肾脏病往往是心血管并发症的诱因之一。值得注意的是，在过去十年间，SGLT2抑制剂在糖尿病患者中显示出肾脏保护的潜力，这可能在一定程度上与早期描述的心血管改善有关。然而，在肾脏中，SGLT2抑制剂的作用导致致密斑（远曲小管）Na^+浓度的增加，引起入球小动脉血管收缩，并伴随肾小球内压的降低。由此导致的肾脏高滤过性的减弱被认为对整体肾脏损害的减轻具有重要的额外贡献[65]。

事实上，最近报道的CREDENCE试验结果表明，与安慰剂组相比，经卡格列净（100 mg，每日1次）治疗的2型糖尿病和慢性肾脏病患者（n=4401）发生主要复合研究结果的风险更低，包括发生终末期肾病（end-stage kidney disease，ESKD）、血清肌酐加倍、肾脏或心血管死亡，基线HbA1c水平与安慰剂组无关联性（HbA1c＜7%：HR=0.63，95% CI：0.41%～0.98%；7%≤HbA1c＜8%：HR=0.84，95% CI：0.63%～1.13%；HbA1c≥8%：HR=0.63，95% CI：0.51%～0.79%；交互作用*P*值为0.277）[73]。基于这些结果，卡格列净于2019年9月被FDA批准用于糖尿病肾病的治疗[74]。

此外，在2020年的4项Ⅲ期临床试验的汇总分析中，糖尿病肾病患者（*n*=941）在使用鲁格列净（2.5 mg，每日1次）治疗2周后eGFR恢复，并在随后的12个月维持，即使是在eGFR急性下降的患者中亦是如此[75]。在2019年年底发表的一项回顾性队列研究中，与未接受治疗的糖尿病患者相比（HR=0.36，95% CI：0.25%～0.41%，未接受治疗的患者*n*=7624），达格列净（10 mg，每日1次，*n*=3274）和恩格列净（10 mg，每日1次，*n*=1696；或25 mg，每日1次，*n*=2654）在治疗的1年内均显著降低了中国2型糖尿病患者eGFR降低的风险，相较于基线水平至少降低了40%。与未接受治疗的患者相比（HR=0.65，95% CI：0.49%～0.86%），接受恩格列净10 mg和达格列净10 mg治疗的患者因急性肾损伤而住院的比例也显著降低[76]。

重要的是，在先前描述的DECLARE-TIMI 58试验中，与安慰剂组相比，达格列净治疗可降低继发性心肾复合转归的风险（包括eGFR下降40%或以上，新的终末期肾病，以及肾脏或心血管原因导致的死亡），且与年龄无关（65岁以下：HR=0.72，95% CI：0.59%～0.88%；65岁以上75岁以下：HR=0.80，95% CI：0.65%～0.98%；75岁及以上：HR=0.82，95% CI：0.52%～1.29%；交互作用*P*值为0.7299）[77]。基于这项试验的结果，FDA于2019年批准了达格列净用于2型糖尿病和慢性肾脏病患者的扩展适应证，并授予其用于伴或不伴糖尿病的慢性肾脏病的快速审查资格[78]。

现有数据有望得到DAPA-CKD和EMPA-KIDNEY两项正在进行的随机和安慰剂对照试验研究结果的支持，这两项试验旨在分别评估达格列净和恩格列净在慢性肾脏病患者中（包括2型糖尿病患者和非2型糖尿病患者）的疗效[79]。值得注意的是，基于EMPA-KIDNEY研究，FDA授予恩格列净用于预防肾病进展的快速审查资格[80]。类似地，DAPA-CKD的研究结果促使FDA授予达格列净快速审查资格，用以延缓慢性肾脏病患者肾衰竭的进展，以预防心血管和肾死亡。

4.4.4 减轻体重

肥胖是2型糖尿病及其并发症发生的主要危险因素[81]。然而，体重增加实际上是许多常用抗糖尿病药物患者的常见副作用，如胰岛素、磺酰脲类药物和噻唑烷二酮类药物。相比之下，SGLT2抑制剂具有相反的效果，因此是肥胖2型糖尿病患者的治疗选择[82]。事实上，在之前描述的VERTIS MET长期试验中，与安慰剂/格列美脲相比，埃格列净治疗的患者在第26周和第52周实现了较基线更高的平均体重减轻，并维持到第104周[埃格列净5 mg：(–3.77±0.35)kg；埃格列净15 mg：(–3.63±0.32)kg *vs.* 安慰剂/格列美脲：(–0.18±0.32)kg][57]。在DECLARE-TIMI 58试验中，达格列净在所有研究年龄组的结果与安慰剂组相似，在治疗4年后，治疗人群中高达53%的患者体重降低了5%($P<0.0001$)[77]。

2型糖尿病患者使用贝沙格列净（5～20 mg，每日1次）治疗12周后，经安慰剂调整后的体重LSM变化高达–1.75 kg(95% CI：1.08～2.43 kg，$P<0.0001$)[61]，而慢性肾脏病的糖尿病患者（20 mg，每日1次；n=312）在治疗24周后，与安慰剂组相比，平均体重减轻1.61 kg($P<0.001$)[62]。在2019年的一项涉及37名中度肥胖的日本2型糖尿病患者的研究中，鲁格列净（2.5 mg，每日1次）的治疗达到了类似的体重下降情况，治疗52周后，与基线值相比（$P<0.001$），体重变化高达–3.13 kg(95% CI：–4.15～–2.11 kg)，腹部周长（–2.21 cm，95% CI：–3.21～–1.15 cm，$P<0.001$）和皮下脂肪面积（–18.1 cm^2，95% CI：–27.3～–8.87 cm^2，$P<0.001$）也显著下降[83]。另外，在J-STEP/LT观察性试验中，使用托格列净（20 mg，每日1次）治疗的患者(n=6461)在两年内体重减轻了2.95 kg($P<0.0001$ *vs.* 基线)[59]。

此外，2019年发表的一项贝叶斯（Bayesian）综合分析研究结果[包括来自29项随机临床试验的数据（n=11 999）]表明，使用SGLT2抑制剂（恩格列净10/25 mg，达格列净5/10 mg，卡格列净100/300 mg，托格列净20 mg，鲁格列净2.5/5 mg，伊格列净25/50 mg，埃格列净5/15 mg）的患者，平均减重范围从使用卡格列净300 mg时的–3.17 kg(95% CI：–3.67～–2.57 kg）到使用伊格列净25 mg时–0.93 kg的（95% CI：–1.92～0.05 kg）。同时观察到剂量依赖性效应，优于二甲双胍和DPP-Ⅳ抑制剂[84]。有趣的是，在最近发表的一项随机和安慰剂对照试验中，与安慰剂组相比，使用利可格列净（一种新型SGLT1和SGLT2双重抑制剂，剂量高达50 mg，每日2次）治疗超重或肥胖且至少有一种肥胖并发症（包括心血管疾病、高血压和2型糖尿病病史）的成年人，24周后体重也出现了显著的平均百分比变化（从–0.45%到–3.85%，95% CI：–5.26%～–2.48%，$P<0.0001$）[85]。

关于实际生活中SGLT2抑制剂对体重的影响，英国于2020年3月发表的一项观察性研究显示，101例2型糖尿病患者长期服用达格列净[有或没有抗糖尿病治疗背景，平均基线体重：(106.21±21)kg，平均基线BMI：(36.7±7)kg/m^2]超过44个月后，与基线值相比，平均体重（–7 kg）和BMI(–3 kg/m^2）显著降低($P<0.0001$)。这些结果表明达格列净在实际生活中可有效降低体重，支持了其在临床实践中用于超重和肥胖的2型糖尿病患者的治疗[86]。

4.5 SGLT2抑制剂的安全性及相关不良反应

多年来SGLT2抑制剂的临床证据表明，相关药物普遍耐受性良好，但泌尿生殖系统感染、糖尿病酮症酸中毒及骨折风险增加是这些药物最常见的不良反应[87]。为了区别于4.3和4.4的内容，本节只描述最近发布的相关安全性数据。

在DECLARE-TIMI 58试验的安全性分析中，与安慰剂组相比，达格列净组的生殖器感染更为常见（74例 *vs.* 4例）。在每128名接受达格列净治疗的患者中，就有1人因不良反应而停止用药。然而，尿路感染的发生率在各组之间是相似的，与基线HbA1c水平无关（每组约为1.5%）。而对于糖尿病酮症酸中毒，虽然很少见，但在达格列净治疗组的发生率（27例患者发生29次）高于安慰剂组患者（12例患者发生12次）。糖尿病酮症酸中毒发生的原因有疾病或感染、食物或水摄入不良、脱水、胰岛素剂量减少或酒精摄入等。至于DECLARE-TIMI 58试验中报告的其余不良反应，如急性肾损伤、血容量不足、恶性肿瘤、严重低血糖、骨折和截肢，其发生率在两个治疗组之间是平衡的，或在达格列净治疗组（严重低血糖和急性肾损伤）中更低[77]。重要的是，与未接受SGLT2抑制剂治疗的2型糖尿病住院患者相比，接受治疗的患者发生糖尿病酮症酸中毒的风险似乎尤为显著［比值比（odds ratio，OR）=37.4，95% CI：8.0%～175.9%，$P<0.0001$］[88]。

在VERTIS MET试验中，与安慰剂组相比，接受埃格列净治疗的患者最常见的不良反应也是生殖器霉菌感染，在女性（埃格列净5 mg，7.3%；埃格列净15 mg，9.8%；安慰剂：0.9%）和男性（埃格列净5 mg，5.2%；埃格列净15 mg，5.4%；安慰剂：2.0%）中均会发生。与安慰剂组相比，在第52周（LSM差异：–0.50%，95% CI：–0.95%～–0.04%）和第104周（LSM差异：–0.84%，95% CI：–1.44%～–0.24%），埃格列净15 mg剂量组的髋部骨密度较基线均明显降低[57]。

事实上，最近发表的一项包括133 993名2型糖尿病患者的队列研究结果表明，与DPP-Ⅳ抑制剂［阿格列汀（alogliptin）、利格列汀（linagliptin）、沙格列汀（saxagliptin）或西格列汀（sitagliptin）的合并数据］相比，SGLT2抑制剂（卡格列净、达格列净或恩格列净的合并数据）似乎显著提高了骨折风险。值得注意的是，骨折风险在初始治疗期（即治疗开始后的第1～14天）相当高（治疗早期的HR=1.82，95% CI：0.99%～3.32%；治疗后期的HR=1.07，95% CI：0.92%～1.24%）。在随访期间（219天的中期），共报告745例骨折，其中足部骨折占32.8%，其次是手部骨折（13.7%）、桡骨骨折（10.3%）、踝关节骨折（8.19%）、肱骨骨折（7.52%）和肋骨骨折（7.52%）[89]。

在2型糖尿病和慢性肾脏病患者中，与安慰剂组（3.2% *vs.* 0）相比，贝沙格列净治疗导致生殖器真菌感染的发生率更高，并伴有利尿效应（11.5% *vs.*

3.2%）和尿路感染（7.0% *vs.* 3.2%）[62]。此外，在一项针对日本患者（J-STEP/LT，*n*=6712）的托格列净（20 mg，每日1次）长期上市后研究中发现，24个月内均未观察到显著的安全性问题，报道的最常见的不良反应为多尿/尿频（1.28%）、血容量不足（1.46%）、尿路感染（1.18%）和生殖器感染（1.62%）[59, 61]。另外，在224例印度2型糖尿病患者中，采用瑞格列净（100～250 mg，每日2次）和二甲双胍联合治疗，最常见的不良反应为发热（1.2%～4.5%）、细菌尿（1.8%～2.9%）、肾功能下降（0.4%～2.9%）、头痛（1.8%～3.3%）和尿路感染（3.1%～6.6%）[60]。

在最近发表的一项针对意大利408名2型糖尿病患者的回顾性队列长期有效性和安全性试验中，研究了达格列净、恩格列净和卡格列净在实际生活中使用18个月的情况，包括接受或未接受抗糖尿病治疗的背景对照。最常见的不良反应（汇总分析）同样是慢性或复发性生殖器酵母菌感染（发生率67.4%）和持续或复发性尿路感染（发生率11.2%），而其他报道的不良反应如多尿、恶心、低血压、头晕、急性冠状动脉事件、血糖控制恶化，或肾功能迅速恶化，总发生率为21.4%[90]。

有趣的是，伊格列净对不同的患者似乎表现出不同的安全性。一项对5个随机对照试验的综合分析显示，在使用SGLT2抑制剂联合二甲双胍治疗后，皮肤和皮下组织疾病，如多汗症、荨麻疹、脱发、热疹、皮疹、红斑、瘙痒和湿疹的发生率明显高于二甲双胍联合安慰剂组（OR=2.11，95% CI：0.92%～4.84%，*P*=0.08），便秘的发生率同样如此（OR=9.80，95% CI：1.31%～73.61%，*P*=0.03）[59]。在STELLA-LONG TERM试验中，接受伊格列净治疗的患者只有0.02%发生骨折，1.5%发生皮肤并发症，但在所有年龄组中，最常见的不良反应为多尿（5.2%）和血容量不足（1.8%）。生殖器和尿路感染的发生率分别为1.2%和1.0%[58]。

总之，泌尿生殖系统感染、糖尿病酮症酸中毒和骨折仍然是与SGLT2抑制剂治疗最相关的不良反应，因此在处方前评估每位患者的风险效益比时，应予以全面考虑[87]。值得一提的是，尽管截肢风险的增加也与SGLT2抑制剂有关，但2019年的一项针对27个随机和安慰剂对照试验数据的综合分析得出结论称，没有证据表明这些药物确实与此类不良反应的更高发生率有关[91]。

4.6 SGLT2抑制剂在1型糖尿病中的应用

SGLT2抑制剂在针对2型糖尿病及其并发症的抗糖尿病药物市场中占据重要地位后，也同样被研究作为1型糖尿病的有价值治疗选择[92]。

2018年，14项随机对照试验、共4591名1型糖尿病患者的综合分析显示，采用SGLT2抑制剂进行治疗可以显著降低HbA1c的水平（约0.4%，95% CI：0.35%～0.46%，P＜0.001 *vs.*安慰剂），同时降低了胰岛素的用量（每日3.6单位，95% CI：每日2.0～5.2单位）和基础胰岛素剂量（每日4.2单位，95% CI：每日2.2～6.3单位）。与安慰剂组相比，低血糖（OR=1.01，95% CI：0.99%～1.03%）或严重低血糖（OR=0.96，95% CI：0.7%～1.34%）的发生率未明显升高；然而，在2型糖尿病患者试验中，糖尿病酮症酸中毒（OR=3.38，95% CI：1.74%～6.56%）和尿路感染（OR=3.44，95% CI：2.34%～5.07%）的风险显著升高[93]。

在2019年对Tandem Program 24周连续血糖监测数据的汇总分析中，有278名1型糖尿病患者分别接受了200 mg、400 mg索格列净或安慰剂的治疗。结果表明，24周内70 mg/dL＜血糖水平≤180 mg/dL的时间平均百分比，以及血糖水平＜70 mg/dL的时间百分比分别为51.6%和5.9%；而安慰剂组分别为57.8%和5.5%；对于索格列净400 mg（P＜0.001）剂量组，血糖控制得到总体改善[94]。而对来自DEPICT-1和DEPICT-2试验的连续血糖监测数据的汇总分析显示，在1591名1型糖尿病患者中，与安慰剂组相比（调整后的基线平均变化为–2.59%±0.61%），给予达格列净5 mg和10 mg治疗24周后，使得每日血糖水平在更多时间段内处于目标范围（调整后第24周与基线的平均变化分别为6.48%±0.60%和8.08%±0.60%）[95]。总之，这些研究表明，SGLT2抑制剂的治疗有可能改善1型糖尿病患者的血糖控制，而不会增加低血糖的时间百分比。事实上，达格列净于2019年获EMA批准，作为第一个口服的胰岛素附加治疗药物，用于治疗BMI≥27 kg/m^{2}的超重或肥胖的1型糖尿病患者[96]。有趣的是，采用胰岛素治疗的1型糖尿病患者停用达格列净2周后，导致具有临床意义的HbA1c水平升高（预计年化改变+0.99%，95% CI：0.39%～1.59%）、体重增加（预计年化改变+3.75 kg，95% CI：1.65%～5.86%）和胰岛素剂量增加（+3.6 IU，+6.0012×10^{-8} kat），证明了SGLT2抑制剂对这些患者的临床益处[97]。

2019年底，在175名胰岛素治疗失控的日本1型糖尿病患者中进行了一项Ⅲ期临床试验，采用伊格列净（50 mg）的附加治疗得出了类似的结论。治疗24周后，与安慰剂组相比，调整后的HbA1c水平与基线的平均差异为–0.36%（95% CI：–0.57%～–0.14%，P＜0.001），同时显著降低了每日的总胰岛素剂量（调整后的平均差为–7.35 IU，95% CI：–9.09～–5.61 IU，P＜0.001）和体重（调整后的平均差为–2.87 kg，95% CI：–3.58～–2.16，P＜0.001）。在本试验中，伊格列净具有良好的耐受性，大多数不良反应的程度为轻度或中度。此外，未在任何患者中发生糖尿病酮症酸中毒不良反应[98]。伊格列净现已在日本获批上市，用于单独使用胰岛素控制不充分的1型糖尿病患者的治疗[99]。

4.7 总结

在过去十年间，多项研究已经探索了SGLT2抑制剂作为2型糖尿病治疗药物的有效性、实际疗效和安全性，而关于其他重要应用和可能副作用的最新相关数据每天都在文献中不断出现。本章介绍了用于制备列净类药物的最新合成方法及其临床研究结果，而这些结果决定了世界各地的临床医生使用其治疗糖尿病的方式。事实上，这些研究已经证实，SGLT2抑制剂作为一种新型药物，能够预防心力衰竭（无论是对于糖尿病患者还是非糖尿病患者）及糖尿病肾病患者的肾功能恶化。其胰岛素非依赖性的作用机制确保了SGLT2抑制剂能有效地控制血糖，降低低血糖的风险，并伴有温和却显著的体重减轻。与其他抗糖尿病治疗方案相比，这是一项重大的进展。其他治疗药物不仅表现出相当大的低血糖风险，而且还可能继续增加大多数已经超重或肥胖患者的体重。此外，SGLT2抑制剂是为数不多的可同时适用于1型和2型糖尿病的降血糖药物。无论是单药治疗还是与其他药物联合应用，SGLT2抑制剂通常都具有良好的耐受性，自2018年以来发表的相关研究没有提出新的安全问题。最常见的相关不良反应仍然是泌尿生殖系统感染、糖尿病酮症酸中毒（尤其是住院患者）和骨折风险增加。然而，从2013年开始，FDA、EMA和日本医药品与医疗器械管理局（Japanese Pharmaceuticals and Medical Devices Agency）认为，列净类药物对患者的益处超过了对这些不良结果的补偿（图4.4），因此批准了多个列净类药物上市。本章为有机化学、药物化学和生物化学研究人员及临床医生提供了一个多学科的简要信息更新，而SGLT2抑制剂依旧会赢得广大学者们的关注，并继续以其独特的治疗价值使科学界为之惊叹。

（蒋筱莹　白仁仁）

缩写词表

Ac	acetyl	乙酰基
Ac_2O	acetic anhydride	乙酸酐
AcOH	acetic acid	乙酸
AE	adverse effect	不良反应
AF	atrial fibrillation	心房颤动
AFL	atrial flutter	心房扑动
API	active pharmaceutical ingredient	活性药物成分
Ar	aryl	芳基
ASCVD	atherosclerotic cardiovascular disease	粥样硬化性心血管疾病

BMI	body mass index	体重指数
Bn	benzyl	苄基
Bu	butyl	丁基
Bz	benzoyl	苯甲酰基
cat	catalyst	催化剂
CD68	cluster of differentiation 68	分化簇68
CI	confidence interval	置信区间
dba	dibenzylideneacetone	联甲基苯乙烯酮
DBE	dibutyl ether	二丁醚
DCM	dichloromethane	二氯甲烷
3, 4-DHP	3, 4-dihydro-2*H*-pyran	3, 4-二氢-2*H*-吡喃
DIBAL-H	diisobutylaluminum hydride	二异丁基氢化铝
DMAP	4-dimethylaminopyridine	4-二甲氨基吡啶
DME	dimethoxyethane	二甲氧基乙烷
DMI	1, 3-dimethylimidazolidin-2-one	1, 3-二甲基-2-咪唑啉酮
DMSO	dimethylsulfoxide	二甲基亚砜
DMF	dimethylformamide	二甲基甲酰胺
DPP-Ⅳ	dipeptidyl peptidase-Ⅳ	二肽基肽酶-Ⅳ
eGFR	estimated glomerular filtration rate	估算的肾小球滤过率
EMA	European Medicines Agency	欧洲药品管理局
equiv	equivalent	当量
ESKD	end stage kidney disease	终末期肾病
Et	ethyl	乙基
EtOAc	ethyl acetate	乙酸乙酯
FDA	Food and Drug Administration	美国食品药品监督管理局
GLP-1	glucagon-like peptide-1	胰高血糖素样肽-1
GLUT2	glucose transporter 2	葡萄糖转运体2
HbA1c	glycosylated haemoglobin	糖化血红蛋白
HPLC	high pressure liquid chromatography	高效液相色谱法
HR	hazard ratio	风险比
hSGLT	human sodium-glucose-linked transporter	人源钠-葡萄糖耦联转运体
*i*Pr	isopropyl	异丙基
kat	Katal，the unit of catalytic activity in the International System of Units（SI）for quantifying enzyme catalytic activity	开特，国际单位制（SI）中用于定量酶催化活性的催化活性单位
LSM	least squares mean	最小二乘平均值
Me	methyl	甲基
MeCN	acetonitrile	乙腈

MeOH	methanol	甲醇
$MeSO_3H$	methanesulfonic acid	甲磺酸
MS	molecular sieves	分子筛
NAFLD	non-alcoholic fatty liver disease	非酒精性脂肪性肝病
NBS	*N*-bromosuccinimide	*N*-溴代丁二酰亚胺
NMM	*N*-methylmorpholine	*N*-甲基吗啉
OR	odds ratio	比值比
Ph	phenyl	苯基
PhOEt	phenetole	苯乙醚
Piv	pivaloyl	三甲基乙酰基
PK	pharmacokinetics	药代动力学
PPTS	pyridinium *p*-toluenesulfonate	对甲苯磺酸吡啶盐
py	pyridine	吡啶
rt	room temperature	室温
SAR	structure-activity relationship	构效关系
SGLT	sodium-glucose cotransporter	钠-葡萄糖耦联转运体
SMD	standardized mean difference	标准化均差
STZ	streptozotocin	链脲佐菌素
TBAF	tetra-*n*-butylammonium fluoride	四正丁基氟化铵
TBDMS	*tert*-butyldimethylsilyl	叔丁基二甲基氯硅烷
TBTU	2-(1*H*-benzotriazol-1-yl)-1, 1, 3, 3-tetramethylaminium tetrafluoroborate	2-(1*H*-苯并三偶氮-1-基)-1, 1, 3, 3-四甲基脲四氟硼酸酯
TfO	triflate	三氟甲磺酸基因
TFA	trifluoroacetic acid	三氟乙酸
TFAA	trifluoroacetic anhydride	三氟乙酸酐
THF	tetrahydrofuran	四氢呋喃
THP	tetrahydropyranyl	吡柔比星
TMDS	1, 1, 3, 3-tetramethyldisiloxane	1, 1, 3, 3-四甲基二硅氧烷
TMEDA	tetramethylethylenediamine	四甲基乙二胺
TMS	trimethylsilyl	三甲基硅烷基
TMSOTf	trimethylsilyl trifluoromethanesulfonate	三氟甲磺酸三甲基硅酯
TMS-SciOPP	1, 2-bis{bis[3, 5-bis(trimethylsilyl)phenyl]phosphino} benzene	1, 2-二{二[3, 5-二(三甲基硅烷基)苯基]磷基}苯
Tr	trityl	三苯甲基
Ts	tosyl	甲苯磺酰基

原作者简介

安娜·M. 马托斯（Ana M. de Matos）出生于葡萄牙里斯本，分别于2011年、2013年和2019年获得里斯本大学（University of lisbon）科学学院生物化学学士学位、药物化学硕士学位和有机化学博士学位。她还于礼来公司进行了为期9个月的访学，积累了丰富的药物化学研究经验。她的研究方向主要为糖化学和类黄酮化学针对2型糖尿病和阿尔茨海默病的新分子实体发现，以及脂质靶向糖缀合物的广谱抗病毒药物。

帕特丽西亚·卡拉多（Patrícia Calado）出生于葡萄牙托雷斯诺瓦斯，于2017年获得里斯本大学科学学院化学学士学位，2020年获得里斯本大学化学、健康和营养学硕士学位。目前为里斯本大学结构化学中心（Centro de Química Estrutural，CQE）糖类化学课题组研究员。她的研究方向主要为糖类合成化学，具体涉及烷基*C*-糖苷的抗菌活性研究，以及查耳酮型*C*-糖苷的抗2型糖尿病和阿尔茨海默病的潜在候选药物。

威廉·沃什伯恩（William Washburn）于1967年毕业于普林斯顿大学（Princeton University）化学专业，并于1971年获得哥伦比亚大学（Columbia University）有机化学博士学位，师从罗纳德·布雷斯洛（Ronald Breslow）教授，从事非苯类芳香族体系研究。他于哈佛大学（Harvard University）师从科里（E. J. Corey）教授，完成了博士后研究工作，并担任加利福尼亚大学伯克利分校（University of California，Berkeley）化学系助理教授，从事物理有机和生物有机研究。他曾于伊士曼柯达研究实验室（Research Laboratories of Eastman Kodak）工作12年，后于1991年担任百时美施贵宝高级研究员，直至2014年1月退休。自加入百时美施贵宝公司以来，沃什伯恩博士一直领导有关肥胖和2型糖尿病的药物研发项目，如β_3肾上腺素激动剂、选择性甲状腺激动剂、SGLT抑制剂、TGR5激动剂和黑色素浓缩激素受体拮抗剂的研发。

艾米莉亚·P. 鲁特（Amélia P. Rauter），担任里斯本大学科学学院有机化学教授、化学和生物化学系主任至2020年7月，担任化学和生物化学中心（Center of Chemistry and Biochemistry，CQB）协调员至2020年1月。她是国际碳水化合物组织（International Carbohydrate Organisation）的首席执行官和欧洲碳水化合物组织（European Carbohydrate Organisation）秘书，并担任国际纯粹与应用化学联合会（International Union of Pure and Applied Chemistry，IUPAC）有机和生物分子化学部副主席、IUPAC化学命名和结构表征部名誉委员，同时担任其术语、命名法和符号部门委员会（Interdivisional Committee on Terminology, Nomenclature, and Symbols）委员。她还是葡萄牙化学协会碳水化合物化学集团（Portuguese Chemical Society Carbohydrate Chemistry Group）的创始人，也是里斯本大学CQE糖化学课题组的创始人和领导者。她的研究领域包括治疗或预防代谢病（糖尿病）、退行性疾病（阿尔茨海默病、朊病毒病和癌症）及感染的新分子实体开发，以及相关天然产物的分离。她曾获得西班牙皇家化学会Madinaveitia-Lourenço奖，并担任西班牙皇家化学会会士和欧洲化学会员。自2007年以来，她在所有课程的国家一级评估中均获得了里斯本大学的优秀提名奖。

参考文献

1 Washburn, W. N., Meng, W., Ellsworth, B. A., Nirschl, A., McCann, P. J., Patel, M., Girotra, R. N., Wu, G., Sher, P. M., Biller, S. A., Deshpande, P. P., Hagan, D. L., Taylor, J. R., Obermeier, M., Humphreys, H. J., Khanna, A., Robertson, J. G., Wang, A., Han, S. P., Wetterau, J. R., Janovitz, E., Flint, O., Whaley, J. M. (2007). Synthesis and characterization of dapagliflozin, a potent selective SGLT2 inhibitor for the treatment of diabetes. 234th ACS National Meeting, MEDI028, Boston, 19-23 August 2007.

2 Meng, W., Ellsworth, B.A., Nirschl, A.A. et al. (2008). Discovery of dapagliflozin: a potent, selective renal sodium-dependent glucose cotransporter 2 (SGLT2) inhibitor for the treatment of type 2 diabetes. *J. Med. Chem.* 51: 1145-1149.

3 Committee for Medicinal Products for Human Use (CHMP) (2019). Summary of opinion (post authorisation), Forxiga dapagliflozin. https://www.ema.europa.eu/ en/documents/smop/chmp-post-authorisation-summary-positive-opinion-forxiga- ws-1344_en.pdf (accessed April 19 2020).

4 International Diabetes Federation (2019). Global Picture, Chapter 3. In: *IDF Dia-betes Atlas*, 9e, 35. IDF.

5 Tentolouris, A., Vlachakis, P., Tzeravini, E. et al. (2019). SGLT2 inhibitors: a review of their antidiabetic and cardioprotective effects. *Int. J. Environ. Res. Public Health* 16: E2965.

6 Poudel, R.R. (2013). Renal glucose handling in diabetes and sodium glucose con-transporter 2 inhibition. *Indian J. Endocrinol. Metab.* 17: 588-593.

7 Yaribeygi, H., Sathyapalan, T., Maleki, M. et al. (2020). Molecular mechanisms by which SGLT2

inhibitors can induce insulin sensitivity in diabetic milieu: a mech-anistic review. *Life Sci.* 240: 117090.

8 Roumie, C.L., Min, J.Y., Greevy, R.A. et al. (2016). Risk of hypoglycemia fol-lowing intensification of metformin treatment with insulin versus sulfonylurea. *CMAJ* 188: E104-E112.

9 Kalra, S. (2014). Sodium glucose co-transporter-2 (SGLT2) inhibitors: a review of their basic and clinical pharmacology. *Diabetes Ther.* 5: 355-366.

10 David-Silva, A., Esteves, J.V., Morais, M.R.P.T. et al. (2020). Dual SGLT1/SGLT2 inhibitor phlorizin ameliorates non-alcoholic fatty liver disease and hepatic glucose production in type 2 diabetic mice. *Diabetes Metab. Syndr. Obes.* 13: 739-751.

11 Pennig, J., Scherrer, P., Gissler, M.C. et al. (2019). Glucose lowering by SGLT2-inhibitor empagliflozin accelerates atherosclerosis regression in hyper-glycemic STZ-diabetic mice. *Sci. Rep.* 9: 17937.

12 Cosentino, F., Grant, P.J., Aboyans, V. et al. (2019). ESC Guidelines on diabetes, pre-diabetes, and cardiovascular diseases developed in collaboration with the EASD. *Eur. Heart J.* 41: 255-323.

13 Ehrenkranz, J.R.L., Lewis, N.G., Kahn, C.R., and Roth, J. (2005). Phlorizin: a review. *Diabetes Metab. Res. Rev.* 21: 31-38.

14 Jesus, A.R., Vila-Viçosa, D., Machuqueiro, M. et al. (2017). Targeting type 2 diabetes with *C*-glucosyl dihydrochalcones as selective sodium glucoseco-transporter 2 (SGLT2) inhibitors: synthesis and biological evaluation. *J. Med. Chem.* 60: 568-579.

15 Haider, K., Pathak, A., Rohilla, A. et al. (2019). Synthetic strategy and SAR stud-ies of *C*-glucoside heteroaryls as SGLT2 inhibitor: a review. *Eur. J. Med. Chem.* 184: 111773.

16 Moradi-Marjaneh, R., Paseban, M., and Sahebkar, A. (2019). Natural products with SGLT2 inhibitory activity: possibilities of application for the treatment of diabetes. *Phytother. Res.* 33: 2518-2530.

17 Chawla, G. and Chaudary, K.K. (2019). A complete review of empagliflozin: most specific and potent SGLT2 inhibitor used for the treatment of type 2 dia-betes mellitus. *Diabetes Metab. Res. Rev.* 13: 2001-2008.

18 Aguillón, A.R., Mascarello, A., Segretti, N.D. et al. (2018). Synthetic strategies toward SGLT2 Inhibitors. *Org. Process. Res. Dev.* 22: 467-488.

19 Hua, L., Zoua, P., Weib, W. et al. (2019). Facile and green synthesis of dapagliflozin. *Synth. Commun.* 49: 3373-3379.

20 Zhu, F., Yang, T., and Walczak, M.A. (2019). Glycosyl Stille cross-coupling with anomeric nucleophiles - a general solution to a long-standing problem of stereo-controlled synthesis of *C*-glycosides. *Synlett* 28: 1510-1516.

21 Zhu, F., Rourke, M.J., Yang, T. et al. (2016). Highly stereospecific cross-coupling reactions of anomeric stannanes for the synthesis of *C*-aryl glycosides. *J. Am.Chem. Soc.* 138: 12049-12052.

22 Yu, J., Cao, Y., Yu, H., and Wang, J. (2019). A concise and efficient synthesis of dapagliflozin. *Org. Process Res. Rev.* 23: 1458-1461.

23 Goodwin, N. C., Harrison, B. A., Limura, S., et al. (2009). Methods and com-pounds useful for the preparation of sodium glucose co-transporter 2 inhibitors. US Patent 8293878B2, Lexicon Pharmaceuticals Inc., filed 11 August 2011 and issued 23 September 2012.

24 Zhou, X., Ding, H., Chen, P. et al. (2020). Radical dehydroxymethylative fluori-nation of carbohydrates and divergent transformations of the resulting reverse glycosyl fluorides. *Angew. Chem. Int. Ed.* 59: 4138-4144.

25 Wang, X.J., Zhang, L., Byrne, D. et al. (2014). Efficient synthesis of empagliflozin, an inhibitor of SGLT-2, utilizing an $AlCl_3$-promoted silane reduction of a β-glycopyranoside. *Org. Lett.* 16: 4090-4093.

26 Hrapchak, M., Latli, B., Wang, X.J. et al. (2014). Synthesis of empagliflozin, a novel and selective sodium-glucose co-transporter-2 inhibitor, labeled with carbon-14 and carbon-13. *J. Labelled Comp. Radiopharm.* 57: 687-694.

27 Yi, D., Zhu, F., and Walczak, M.A. (2018). Glycosyl cross-coupling with diaryliodonium salts: access to aryl *C*-glycosides of biomedical relevance. *Org. Lett.* 20: 1936-1940.

28 Athawale, P.R., Kumari, N., Dandawate, M.R. et al. (2019). Synthesis of chiral tetrahydrofuran building blocks from pantolactones: application in the synthesis of empagliflozin and amprenavir analogs. *Eur. J. Org. Chem.* 2019: 4805-4810.

29 Zhang, W., Welihinda, A., Mechanic, J. et al. (2011). EGT1442, a potent and selective SGLT2 inhibitor, attenuates blood glucose and HbA(1c) levels in db/db mice and prolongs the survival of stroke-prone rats. *Pharmacol. Res.* 63: 284-293.

30 Xu, G., Xu, B., Song, Y., and Sun, X. (2016). An efficient method for synthesis of bexagliflozin and its carbon-13 labeled analogue. *Tetrahedron Lett.* 57: 4684-4687.

31 Xu, B., Feng, Y., Cheng, H. et al. (2011). *C*-Aryl glucosides substituted at the 4′-position as potent and selective renal sodium-dependent glucose co-transporter 2 (SGLT2) inhibitors for the treatment of type 2 diabetes. *Bioorg. Med. Chem. Lett.* 21: 4465-4470.

32 Kakinuma, H., Oi, T., Hashimoto-Tsuchiya, Y. et al. (2010). (1*S*)-1,5-Anhydro-1-[5-(4-ethoxybenzyl)-2-methoxy-4-methylphenyl]-1-thio-D-glucitol (TS-071) is a potent, selective sodium-dependent glucose cotransporter 2 (SGLT2) inhibitor for type 2 diabetes treatment. *J. Med. Chem.* 53: 3247-3261.

33 Driguez, H. and Henrissat, B. (1981). A novel synthesis of 5-thio-D-glucose. *Tetra-hedron Lett.* 22: 5061-5062.

34 Ohtake, Y., Sato, T., Kobayashi, T. et al. (2012). Discovery of tofogliflozin, a novel *C*-arylglucoside with an *O*-spiroketal ring system, as a highly selective sodium glucose cotransporter 2 (SGLT2) inhibitor for the treatment of type 2 diabetes. *J. Med. Chem.* 55: 7828-7840.

35 Poole, R.M. and Prossler, J.E. (2014). Tofogliflozin: first global approval. *Drugs* 74: 939-944.

36 Ohtake, Y., Emura, T., Nishimoto, M. et al. (2016). Development of a scalable synthesis of tofogliflozin. *J. Org. Chem.* 81: 2148-2153.

37 Murakata, M., Ikeda, T., Kimura, N. et al. (2017). The regioselective bromine-lithium exchange reaction of alkoxymethyldibromobenzene: a new strategy for the synthesis of tofogliflozin as a SGLT2 inhibitor for the treatment of diabetes. *Tetrahedron* 73: 655-660.

38 Murakata, M., Kawase, A., Kimura, N. et al. (2019). Synthesis of tofogliflozin as an SGLT2 inhibitor via construction of dihydroisobenzofuran by intramolecular [4+2] cycloaddition. *Org. Process. Res. Dev.* 23: 548-557.

39 Mascitti, V. and Préville, C. (2010). Stereoselective synthesis of a dioxa-bicyclo[3.2.1]octane SGLT2 inhibitor. *Org. Lett.* 12: 2940-2943.

40 Bernhardson, D., Brandt, T.A., Hulford, C.A. et al. (2014). Development of an early-phase bulk enabling route to sodium-dependent glucose cotransporter 2 inhibitor ertugliflozin. *Org. Process. Res. Dev.* 18: 57-65.

41 Bowles, P., Brenek, S.J., Caron, S. et al. (2014). Commercial route research and development for SGLT2 inhibitor candidate ertugliflozin. *Org. Process. Res. Dev.* 18: 66-81.

42 Triantakonstanti, V.V., Mountanea, O.G., Papoulidou, K.E.C. et al. (2018). Stud-ies towards the synthesis of ertugliflozin from L-arabinose. *Tetrahedron* 74: 5700-5708.

43 Triantakonstanti, V.V., Andreou, T., Koftis, T.V., and Gallos, J.K. (2019). Synthesis of ertugliflozin from D-glucose. *Tetrahedron Lett.* 60: 994-996.

44 Tsutsui, N., Tanabe, G., Gotoh, G. et al. (2014). Structure-activity relationship studies on acremomannolipin A, the potent calcium signal modulator with a novel glycolipid structure 2: role of the alditol side chain stereochemistry. *Bioorg. Med. Chem.* 22: 945-959.

45 Ma, S., Liu, Z., Pan, J. et al. (2017). A concise and practical stereoselective syn-thesis of ipragliflozin L-proline. *Beilstein J. Org. Chem.* 13: 1064-1070.

46 Lemaire, S., Houpis, I.N., Xiao, T. et al. (2012). Stereoselective *C*-glycosylation reactions with arylzinc reagents. *Org. Lett.* 14: 1480-1483.

47 Haas, B., Eckstein, W., Pfeifer, V.P. et al. (2014). Efficacy, safety and regulatory status of SGLT2 inhibitors: focus on canagliflozin. *Nutr. Diabetes* 4: e143.

48 Nomura, S., Sakamaki, S., Hongu, M. et al. (2010). Discovery of canagliflozin, a novel *C*-glucoside with thiophene ring, as sodium-dependent glucose cotrans-porter 2 inhibitor for the treatment of type 2 diabetes mellitus. *J. Med. Chem.* 53: 6355-6360.

49 Adak, L., Kawamura, S., Toma, G. et al. (2017). Synthesis of aryl *C*-glycosides via iron-catalyzed cross coupling of halosugars: stereoselective anomeric arylation of glycosyl radicals. *J. Am. Chem. Soc.* 139: 10693-10701.

50 Reddy, S. R., Rane, D. R., Velivela, V. S. R. (2017). A novel process for the prepa-ration of canagliflozin, PCT/IB2016/050080, WO2017/046655, Optimus Drugs (P) Ltd, filed 08 January 2016 and issued 16 September 2015.

51 Metil, D.S., Sonawane, S.P., Pachore, S.S. et al. (2018). Synthesis and optimization of canagliflozin by employing quality by design (QbD) principles. *Org. Process. Res. Dev.* 22: 27-39.

52 Markham, A. (2019). Remogliflozin etabonate: first global approval. *Drugs* 79: 1157-1161.

53 Fujimori, Y., Katsuno, K., Nakashima, I. et al. (2008). Remogliflozin etabon-ate, in a novel category of selective low-affinity sodium glucose cotransporter(SGLT2) inhibitors, exhibits antidiabetic efficacy in rodent models. *J. Pharmacol.Exp. Ther.* 327: 268-276.

54 Kobayashi, M., Isawa, H., Sonehara, J. et al. (2016). *O*-Glycosylation of 4-(substituted benzyl)-1,2-dihydro-3*H*-pyrazol-3-one derivatives with 2,3,4,6-tetra-*O*-acyl- α -D-glucopyranosyl bromide via N1-acetylation of the pyrazole ring. *Chem. Pharm. Bull.(Tokyo)* 64: 1009-1018.

55 Liu, J., Tarasenko, L., Terra, S.G. et al. (2019). Efficacy of ertugliflozin in monotherapy or combination therapy in patients with type 2 diabetes: a pooled analysis of placebo-controlled studies. *Diab. Vasc. Dis. Res.* 16: 415-423.

56 Chen, W., Li, P., Wang, G. et al. (2019). Efficacy and safety of ipragliflozin as add-on to metformin for type 2 diabetes: a meta-analysis of double-blind ran-domized controlled trials. *Postgrad. Med.* 131: 578-588.

57 Gallo, S., Charbonnel, B., Goldman, A. et al. (2019). Long-term efficacy and safety of ertugliflozin in patients with type 2 diabetes mellitus inadequately controlled with metformin monotherapy: 104-week VERTIS MET trial. *Diabetes Obes. Metab.* 21: 1027-1036.

58 Maegawa, H., Tobe, K., Nakamura, I., and Uno, S. (2019). Safety and effec-tiveness of ipragliflozin in elderly versus non-elderly Japanese type 2 diabetes mellitus patients: 12 month interim results of the STELLA-LONG TERM study. *Curr. Med. Res. Opin.* 35: 1901-1910.

59 Utsunomiya, K., Kakiuchi, S., Senda, M. et al. (2020). Safety and effectiveness of tofogliflozin in Japanese patients with type 2 diabetes mellitus: results of 24-month interim analysis of a long-term post-marketing study (J-STEP/LT). *J. Diabetes Investig.* 11: 132-141.

60 Dharmalingam, M., Aravind, S.R., Thacker, H. et al. (2020). Efficacy and safety of remogliflozin etabonate, a new sodium glucose co-transporter-2 inhibitor, in patients with type 2 diabetes mellitus: a 24-week, randomized, double-blind, active-controlled trial. *Drugs* 80: 587-600.

61 Halvorsen, Y.D., Walford, G., Thurber, T. et al. (2020). A 12-week, randomized,double-blind, placebo-controlled, four-arm dose-finding phase 2 study evaluat-ing bexagliflozin as monotherapy for adults with type 2 diabetes. *Diabetes Obes. Metab.* 22: 566-573.

62 Allegretti, A.S., Zhang, W., Zhou, W. et al. (2019). Safety and effectiveness of bexagliflozin in patients with type 2 diabetes mellitus and stage 3a/3b CKD. *Am. J. Kidney Dis.* 74: 328-337.

63 Wiviott, S.D., Raz, I., Bonaca, M.P. et al. (2018). The design and rationale for the dapagliflozin effect on cardiovascular events (DECLARE)-TIMI 58 trial. *Am. Heart J.* 200: 83-89.

64 Kaplinsky, E. (2020). DAPA-HF trial: dapagliflozin evolves from a glucose-lowering agent to a therapy for heart failure. *Drugs Context* 9: 2019-11-3.

65 Zelniker, T.A., Bonaca, M.P., Furtado, R. et al. (2020). Effect of dapagliflozin on atrial Fibrillation in patients with type 2 diabetes mellitus: insights from the DECLARE-TIMI 58 trial. *Circulation* 141: 1227-1234.

66 Busko, M. (2017). FDA approves SGLT2 inhibitor ertugliflozin for type 2 dia-betes. https://www.medscape.com/viewarticle/890446 (accessed 15 April 2020).

67 Rådholm, K., Figtree, G., Perkovic, V. et al. (2018). Canagliflozin and heart fail-ure in type 2 diabetes mellitus: results from the CANVAS program. *Circulation* 138: 458-468.

68 Verma, S., Sharma, A., Zinman, B., Ofstad, A. P., Fitchett, D., Brueckmann, M., Wanner, C., Zwiener, I., George, J. T., Inzucchi, S. E., Butler, J., Mazer, C. D. (2020). Empagliflozin reduces the risk of mortality and hospitalization for heart failure across thrombolysis in myocardial infarction risk score for heart failure in diabetes categories: post hoc analysis of the EMPA-REG OUTCOME trial. *Diabetes Obes. Metab.*. doi: https://doi.org/10.1111/dom.14015 (accepted for publication).

69 Higashikawa, T., Ito, T., Mizuno, T. et al. (2020). Effects of tofogliflozin on car-diac function in elderly patients with diabetes mellitus. *J. Clin. Med. Res.* 12: 165-171.

70 Kosiborod, M., Lam, C.S.P., Kohsaka, S. et al. (2018). CVD-REAL investigators and study group. Cardiovascular events associated with SGLT-2 inhibitors versus other glucose-lowering drugs: the CVD-REAL 2 study. *J. Am. Coll. Cardiol.* 71: 2628-2639.

71 McMurray, J.J.V., Solomon, S.D., Inzucchi, S.E. et al. (2019). DAPA-HF trial committees and investigators. Dapagliflozin in patients with heart failure and reduced ejection fraction. *N. Engl. J. Med.* 381: 1995-2008.

72 Caffrey, M. (2020). FDA grants dapagliflozin priority review for heart failure, even for those without diabetes. https://www.ajmc.com/newsroom/fda-grants- dapagliflozin-priority-review-for-heart-failure-even-for-those-without-diabetes (accessed 15 April 2020).

73 Cannon, C.P., Perkovic, V., Agarwal, R. et al. (2020). Evaluating the effects of canagliflozin on cardiovascular and renal events in patients with type 2 diabetes mellitus and chronic kidney disease according to baseline HbA1c, including those with HbA1c <7%: results from the CREDENCE trial. *Circulation* 141:407-410.

74 Raritan, N. J. (2019). U.S. FDA approves INVOKANA®(canagliflozin) to treat diabetic kidney disease (DKD) and reduce the risk of hospitalization for heart failure in patients with type 2 diabetes (T2D) and DKD. https://www.jnj.com/ u-s-fda-approves-invokana-canagliflozin-to-treat-diabetic-kidney-disease-dkd- and-reduce-the-risk-of-hospitalization-for-heart-failure-in-patients-with-type-2- diabetes-t2d-and-dkd (accessed 15 April 2020).

75 Kohagura, K., Yamasaki, H., Takano, H., Ohya, Y., Seino, Y. (2020).Luseogliflozin, a sodium-glucose cotransporter 2 inhibitor, preserves renal func-tion irrespective of acute changes in the estimated glomerular filtration rate in Japanese patients with type 2 diabetes. *Hypertens. Res.*. doi: https://doi.org/10.1038/s41440-020-0426-0. (accepted for publication)

76 Lin, Y.H., Huang, Y.Y., Hsieh, S.H. et al. (2019). Renal and glucose-lowering effects of empagliflozin and dapagliflozin in different chronic kidney disease stages. *Front. Endocrinol. (Lausanne)* 10: 820.

77 Cahn, A., Mosenzon, O., Wiviott, S.D. et al. (2020). Efficacy and safety of dapagliflozin in the elderly: analysis from the DECLARE-TIMI 58 study. *Diabetes Care* 43: 468-475.

78 Gavidia, M. (2019). FDA grants fast track designation for dapagliflozin to pre-vent kidney failure. https://www.ajmc.com/newsroom/fda-grants-fast-track- designation-for-dapagliflozin-to-prevent-kidney-failure (accessed 15 February 2020).

79 Rhee, J.J., Jardine, M.J., Chertow, G.M., and Mahaffey, K.W. (2020). Dedicated kidney disease-focused outcome trials with sodium-glucose cotransporter 2 inhibitors: lessons from CREDENCE and expectations from DAPA-HF, DAPA-CKD, and EMPA-KIDNEY. *Diabetes Obes. Metab.* 22: 46-54.

80 Taylor, P. (2020). FDA fast-tracks Lilly/Boehringer's jardiance in chronic kid-ney disease. https://pharmaphorum.com/news/fda-fast-tracks-lilly-boehringers- jardiance-in-chronic-kidney-disease (accessed 15 April 2020).

81 Barnes, A.S. and Coulter, S.A. (2011). The epidemic of obesity and diabetes trends and treatments. *Tex. Heart Inst. J.* 38: 142-144.

82 Higbea, A.M., Duval, C., Chastain, L.M., and Chae, J. (2017). Weight effects of antidiabetic agentes. *Expert. Rev. Endocrinol. Metab.* 12: 441-449.

83 Sasaki, T., Sugawara, M., and Fukuda, M. (2019). Sodium-glucose cotransporter 2 inhibitor-induced changes in body composition and simultaneous changes in metabolic profile: 52-week prospective LIGHT (luseogliflozin: the components of weight loss in Japanese patients with type 2 diabetes mellitus) study. *J. Diabetes Investig.* 10: 108-117.

84 Wang, H., Yang, J., Chen, X. et al. (2019). Effects of Sodium-glucose cotrans-porter 2 inhibitor monotherapy on weight changes in patients with type 2 diabetes mellitus: a Bayesian network meta-analysis. *Clin. Ther.* 41: 322-334, e11.

85 Bays, H.E., Kozlovski, P., Shao, Q. et al. (2020). Licogliflozin, a novel SGLT1 and 2 inhibitor:

body weight effects in a randomized trial in adults with overweight or obesity. *Obesity (Silver Spring)* 28 (5): 870-881.

86 Shrikrishnapalasuriyar, N., Shaikh, A., Ruslan, A.M. et al. (2020). Dapagliflozin is associated with improved glycaemic control and weight reduction at 44 months of follow-up in a secondary care diabetes clinic in the UK. *Diabetes Metab. Syndr.* 14: 237-239.

87 Lupsa, B.C. and Inzucchi, S.E. (2018). Use of SGLT2 inhibitors in type 2 dia-betes: weighing the risks and benefits. *Diabetologia* 6: 2118-2125.

88 Hamblin, P.S., Wong, R., Ekinci, E.I. et al. (2019). SGLT2 inhibitors increase the risk of diabetic ketoacidosis developing in the community and during hospital admission. *J. Clin. Endocrinol. Metab.* 104: 3077-3087.

89 Adimadhyam, S., Lee, T.A., Calip, G.S. et al. (2019). Sodium-glucoseco-transporter 2 inhibitors and the risk of fractures: a propensity score-matched cohort study. *Pharmacoepidemiol. Drug Saf.* 28: 1629-1639.

90 Mirabelli, M., Chiefari, E., Caroleo, P. et al. (2019). Long-term effectiveness and safety of SGLT-2 inhibitors in an Italian Cohort of patients with type 2 diabetes mellitus. *J. Diabetes Res.* 2019: 3971060.

91 Dicembrini, I., Tomberli, B., Nreu, B. et al. (2019). Peripheral artery disease and amputations with sodium-glucose co-transporter-2 (SGLT-2) inhibitors: a meta-analysis of randomized controlled trials. *Diabetes Res. Clin. Pract.* 153: 138-144.

92 Herring, R. and Russell-Jones, D.L. (2018). SGLT2 inhibitors in type 1 diabetes: is this the future? *Diabet. Med.* 35: 1642-1643.

93 Yamada, T., Shojima, N., Noma, H. et al. (2018). Sodium-glucose co-transporter-2 inhibitors as add-on therapy to insulin for type 1 diabetes mellitus: systematic review and meta-analysis of randomized controlled trials. *Diabetes Obes. Metab.* 20: 1755-1761.

94 Danne, T., Cariou, B., Buse, J.B. et al. (2019). Improved time in range and glycemic variability with sotagliflozin in combination with insulin in adults with type 1 diabetes: a pooled analysis of 24-week continuous glucose monitoring data from the in tandem program. *Diabetes Care* 42: 919-930.

95 Mathieu, C., Dandona, P., Phillip, M. et al. (2019). DEPICT-1 and DEPICT-2 investigators. glucose variables in type 1 diabetes studies with dapagliflozin: pooled analysis of continuous glucose monitoring data from DEPICT-1 and-2. *Diabetes Care* 42: 1081-1087.

96 European Medicines Agency (2019). First oral add-on treatment to insulin for treatment of certain patients with type 1 diabetes. https://www.ema.europa.eu/en/news/first-oral-add-treatment-insulin-treatment-certain-patients-type-1- diabetes (accessed 16 April 2020).

97 Gordon, J., Danne, T., Beresford-Hulme, L. et al. (2020). Adverse changes in HbA1c, body weight and insulin use in people with type 1 diabetes mellitus following dapagliflozin discontinuation in the DEPICT clinical trial programme. *Diabetes Ther.* 11 (5): 1135-1146.

98 Kaku, K., Isaka, H., Sakatani, T., and Toyoshima, J. (2019). Efficacy and safety of ipragliflozin add-on therapy to insulin in Japanese patients with type 1 diabetes mellitus: a randomized, double-blind, phase 3 trial. *Diabetes Obes. Metab.* 21: 2284-2293.

99 Astellas (2018). Approval of Slugat® Tablets, selective SGLT2 inhibitor, for additional indication of type 1 diabetes mellitus and additional dosage and administration in Japan. https://www.astellas.com/en/news/14481 (accessed 16 April 2020).

第5章

CAR-T细胞：一类新型生物药物

5.1 引言

2017年，美国FDA批准了有史以来第一种基于自体细胞开发的基因治疗药物替沙仑赛（tisagenlecleucel，Kymriah®），该药物是由CD19导向的自体性嵌合抗原受体（chimeric antigen receptor，CAR）T细胞疗法。替沙仑赛首先被批准应用于治疗儿童复发/难治性急性淋巴细胞白血病（acute lymphoblastic leukemia，ALL），随后被批准用于治疗成人复发/难治性弥漫大B细胞淋巴瘤（diffuse large B cell lymphoma，DLBCL），从而缓解了这两类肿瘤急切的临床需求。同时，该疗法的批准拓展了基因修饰细胞治疗领域相关药品的应用潜力，使得基因修饰细胞疗法从一种有前途的潜在研究性疗法转变为实用型的治疗手段。该药物的成功上市不仅让白血病和淋巴瘤治疗领域的临床医生感到兴奋，同时也让致力于研究针对实体肿瘤、传染病，以及自身免疫和器官移植相关CAR疗法的科学家们感到兴奋，因为其将会给医学界带来革命性的变化。本章将详细介绍作为癌症新兴治疗方法的CAR-T疗法，从介绍细胞疗法的简要历史开始讲起，到CAR的基本结构和功能，再到如何针对特定的靶点开发CAR-T疗法，最后也会讨论托珠单抗（tocilizumab，Actemra®）应用于CAR-T疗法治疗过程中出现的毒性情况。

5.2 细胞疗法简史

细胞疗法是指将任何有生命的细胞注入或移植至患者体内，使之成为治疗疾病的一种手段。这些治疗性细胞可用来替代受损或患病的组织，补充存在缺陷的细胞，作为释放生长因子或细胞因子等可溶性因子的辅助来源，提供功能性酶类或靶向特定抗原等。细胞疗法的使用可追溯至20世纪初，瑞士医生保罗·尼汉斯（Paul Niehans）首次将细胞疗法应用于一名摘除甲状旁腺的重症患者。尼汉斯博士之前曾进行过将动物腺体移植至人体的研究，但这名患者的病情严重，无法进行移植，因此尼汉斯转而将混合了生理盐水的公牛甲状旁腺组织碎片注射入患者体内，这使得患者很快恢复。

后来，随着骨髓移植技术的发展，细胞治疗领域的另一个开创性的进步出现了。尽管今天骨髓移植技术已成为多种恶性血液病或造血系统疾病的标准治疗手段，并取得了巨大的成功，但我们今天的认知来自数十年的动物实验和临床试验，并建立在放射学、基础免疫学、血液学、人类白细胞抗原（HLA）配型、移植物抗宿主病（graft versus-host disease，GVHD）和排斥反应等相关学科的经验教训基础之上。1939年，科学家们对一名再生障碍性贫血患者进行第一次骨髓移植的尝试，但未获得成功。1957年，E. 唐纳尔·托马斯（E. Donnall Thomas）博士在一名白血病患者体内进行了第一次安全的骨髓移植，当时没有立即引起输血反应。但直到1963年，才有了第一例完全意义上成功的骨髓移植，该例患者在接受移植之后存活了1年以上。又过了10年，第一例使用非亲缘供体的骨髓移植才获得成功。尽管骨髓是最早被用作进行移植以治疗该类疾病的组织，但随着科学的发展和细胞分离技术的进步，一些包含造血干细胞的外周血或脐带血逐渐成为移植的组织来源。

现有技术可以分离我们所感兴趣的细胞，这一技术在过继细胞转移疗法（adoptive cell transfer，ACT）中也发挥了关键作用。过继细胞转移疗法是一种细胞疗法，在这种疗法中，细胞（通常是T细胞）首先在体外进行扩增，然后注入患者体内，以用于抗击疾病。这些细胞通常来自患者自身，在扩增过程中，经实验室改造，使其更好地针对相关疾病。此类疗法的代表性实例是使用肿瘤浸润淋巴细胞（TIL）进行针对实体瘤的过继细胞治疗。TIL是从患者手术切除的肿瘤中分离而来的具有高抗肿瘤活性的精选T细胞亚群。然后，这些细胞在高剂量白细胞介素-2（IL-2）存在的情况下进行体外扩增培养，通常是多批次单独培养，然后检测针对患者特定肿瘤的抗肿瘤效果。那些具有抗肿瘤活性的TIL将被进一步扩增，然后回输给患者，以期这些抗肿瘤特异性细胞重新浸润到肿瘤中，裂解肿瘤细胞，从而实现肿瘤的临床消退。

20世纪90年代，史蒂文·罗森伯格（Steven Rosenberg）博士及其团队在NIH外科分院开展的开创性工作，使得TIL疗法的潜在临床效果得到了广泛认可。他们的工作主要聚焦于应用自体TIL疗法来治疗转移性皮肤黑色素瘤。罗森伯格等的几项研究证实了这种方法的有效性，该疗法的客观反应率为40%～70%[1-5]。然而，TIL用于其他实体肿瘤（如非小细胞肺癌、肾细胞癌、宫颈癌和乳腺癌）治疗时的疗效在很大程度上仍未确定，因此，其在临床上仍难以取得广泛的成功，相关的治疗方法目前仍在探索中。

由于对TIL的成功改造进展有限，研究人员进而设想通过基因工程的方法改造T细胞，使其能够特异性识别癌细胞表达的抗原。细胞疗法也从简单地分离和扩增患者体内与肿瘤发生反应的细胞，发展到创造可对肿瘤起反应的细胞并将其引入患者体内，这一进步要归功于基因工程技术的发展。针对特异肿瘤抗原的重组T细胞受体（TCR）进行设计后，患者的T细胞可在体外被改造修饰，使之能够识别特定的肿瘤抗原，然后将这些细胞重新引入患者体内后，作为肿瘤靶向的T细胞来消灭肿瘤。TCR修饰细胞疗法的第一次试验是在一名成功接受TIL治疗的患者中进行的，这也是采用TCR细胞疗法的首个成功案例[6]。随后，进一步的研究发现，可以通过改变TCR互补决定区（CDR）的氨基酸序列来增加TCR的亲和力[7]，而TCR亲和力的提升会使其更有能力识别低表达水平的抗原。但这也为该疗法带来了安全隐患，由于TCR细胞的靶点通常为在肿瘤中高表达但在正常细胞中低表达的抗原，因此TCR亲和力的提升有可能会对低表达抗原的正常细胞产生影响。事实上，在过继细胞治疗中，TCR的交叉反应是该疗法最严重的安全问题之一。在2011年的一项研究中，使用表达黑色素瘤相关抗原（MAGE-A3）TCR的T细胞靶向实体肿瘤，导致3名患者出现严重的神经毒性，并造成其中2人死亡。这种神经毒性被证实是由TCR与大脑中表达MAGE-A12抗原的细胞发生的交叉反应造成的[8]。另一项关于MAGE-A3 TCR的研究也导致2名患者死亡，事后发现表达MAGE-A3 TCR的细胞可与高表达titin蛋白的心肌细胞发生反应，造成脱靶效应[9, 10]。尽管如此，随着交叉反应测试水平的不断进展，TCR细胞治疗的安全性也得到了增强。在一项研究中，临床研究人员向晚期骨髓瘤患者体内注射了高达1×10^{10}个可识别纽约食管鳞状细胞癌1（New York esophageal squamous cell carcinoma-1，NY-ESO-1）抗原且亲和力增强的转基因TCR细胞，6周后有80%的患者表现出良好的客观反应。而注射1年后，良好反应率下降到44%。该疗法耐受性良好，在接受治疗的25名患者中，没有发生严重的不良反应及细胞因子释放综合征（cytokine release syndrome，CRS），表明其安全性较好[11]。

当前，细胞转移疗法中最有应用前景的方法是通过CAR来靶向相关疾病。CAR是一种人工改造的TCR，与普通TCR只通过简单修饰来增强对抗原的亲和力不同的是，CAR在经过基因工程改造后，赋予了T细胞靶向特定蛋白的能力。其将具有抗原结合能力的抗体部分和具有T细胞激活能力的部分结合到一个单一的人工受体中，因此这些受体是“嵌合性”的。这也使得该疗法超越了与TCR相关的对主要组织相容性复合体（major histocompatibility complex，MHC）的依赖（将在5.3.1中讨论），从而消除了基因工程改造过程中遗传限制的障碍。通过设计靶向特定蛋白的CAR，并在体外扩增这些CAR-T细胞，随后将这些扩增后的细胞注入患者体内，靶向表达特定蛋白的细胞，最终可激活强大的免疫反应。当这些CAR-T细胞遇到其特异性抗原时，能在体内进行增殖，并启动免疫反应，从而介导对靶细胞的杀伤，因此这是一种“有生命的药物”。

首个应用CAR-T细胞治疗疾病的临床试验于1998年启动，该试验评估了在感染人类免疫缺陷病毒（HIV）的患者中使用CAR-T疗法的安全性。该疗法使用伽马逆转录病毒修饰的T细胞，使其表达由CD4和CD3 zeta链组成的CAR（CD4zeta CAR）。这项初步试验及其他相关的CD4zeta CAR试验在确定CAR疗法安全性及可行性中起关键作用[12-14]。在对受试者进行超过568个患者年的长期监测中，未发现严重的不良事件。同时，被修饰后的T细胞可明显稳定存在于患者体内，CD4zeta CAR-T细胞可持续维持在占总T细胞比率0.5%的水平。在接受CAR-T细胞输入11年后，39名患者中有37人的循环系统中仍可检测到CD4zeta CAR-T细胞。通过对被修饰细胞中CAR整合位点的分析，证实在癌基因或癌抑制基因附近不存在CAR的整合[15]。

虽然早期CAR试验没有实现对HIV复制的持续控制，但这些试验证实了该疗法的安全性和持续性，这为后来抗癌领域CAR的发展和改进奠定了基础，也为后来CAR试验的成功实施积累了普遍经验。此外，HIV是一种影响T细胞的病毒，针对艾滋病的CAR疗法会面临细胞耗尽和抗原逃逸的问题，而如何成功解决这些问题也为肿瘤CAR疗法提供了借鉴。CAR疗法若想取得成功，则必须面对这一挑战。本章后续将讨论针对CD4和CD8 CAR-T细胞的需求，以及在CAR设计中纳入共刺激区域的重要性。

5.3 基因工程方法构建的T细胞疗法

5.3.1 T细胞受体改造的T细胞

最初的细胞疗法需要通过过继转移来自TIL的抗原特异性T细胞系来实施，这些TIL已在体外被肿瘤细胞或装载抗原肽的抗原提呈细胞（antigen-presenting cell，APC）选择性地刺激并扩增。但TIL所需的一系列刺激可能会加速T细胞的终末期分化、衰竭直至衰老。如果采用基因工程策略，将需转入的TCR基因插入自体T细胞，就能够快速获得大量抗原特异性T细胞，这种创造性的解决方案能解决患者在接受治疗前的T细胞质量问题。输注TCR-T细胞可增加外周循环系统中抗原特异性T细胞的占比，这些抗原特异性T细胞能够识别并消除表达特异性抗原的肿瘤细胞。经TCR重编程改造后的T细胞疗法已经在全球80多个临床试验中进行了评估，其中大多数临床开发都集中在实体瘤方面[16]。

5.3.1.1 TCR简介

免疫系统的适应性反应由一群特殊的白细胞（WBC），即T淋巴细胞完成。前体T细胞从骨髓迁移到胸腺后，在胸腺中分化成熟，并经阳性和阴性选择，使成熟的T细胞具备区分自我（自身组织）与非我（外来入侵者）抗原的能力。这种区分自我和非我的能力对防范全身性自身免疫疾病至关重要。

在人体循环系统和淋巴系统中，大约规律性地分布300亿个T细胞（3×10^{11}个细胞），每个T细胞表达一个独特的、抗原特异性的TCR，而该TCR可与细胞表面表达的抗原肽-主要组织相容性复合体复合物（p-MHC）结合。TCR与p-MHC的结合激活了T细胞，触发下游的细胞内信号级联转导，引起T细胞的增殖、分化、可溶性因子的分泌及细胞毒作用的发挥。为了广泛并高效地保护自身免受可能遇到的各种外来“侵略者”的侵袭，TCR受体的总数目非常庞大。考虑到体内空间的限制，T细胞在竞争相应资源的同时也发展了独特的能力，即通过抗原诱导的克隆性增大和消除抗原后的克隆性收缩来实现动态平衡，同时保留免疫记忆，以确保接受重复暴露时对目标的快速清除。

TCR的结构是含有两条多肽链（α链和β链）的异源二聚体，α链和β链于T细胞表面通过二硫键相连。每条链都含有两个胞外区（可变区和恒定区）、一个跨膜区和一个较短的胞质区。TCR的互补决定区通过与真核细胞表面的Ⅰ类主要组织相容性复合体（major histocompatibility complex class Ⅰ，MHC Ⅰ）分子（p-MHC、$CD8^+$ T细胞负责结合）或Ⅱ类主要组织相容性复合体（major histocompatibility complex class Ⅱ，MHC Ⅱ）分子（APC、$CD4^+$ T细胞负责结合）结合，完成特异性的抗原提呈。TCR的细胞质部分不包含任何信号转导激活功能的结构域；TCR分子与6个CD3共受体亚基（2个ε、1个δ、1个γ、2个ζ）形成复合体。这些亚基具有细胞内侧的信号转导激活结构域，可触发下游的一系列事件。然而，完全激活T细胞至少需要两个信号（图5.1）。第一个信号通过p-MHC与TCR的相互作用发生；第二个信号通过结合T细胞上的共刺激受体触发，包括激活B7/CD28、4-1BB/CD137、ICOS/CD278或其他诱导细胞内信号转导的级联反应，以实现更强大的激活和持久的反应。抗原提呈细胞上存在着T细胞共刺激受体的配体，当细胞结合和处理外来抗原时其表达会上调，并以p-MHC的形式呈现，以诱导抗原特异性T细胞的免疫反应，包括产生一些可溶的多效性细胞因子，以诱导T细胞的克隆性增殖，从而增加抗原特异性T细胞的比例，获得足够的可发挥免疫反应的特异性T细胞。此外，如果T细胞的抑制性受体被刺激，如程序性死亡受体配体1（programmed death ligand 1，PD-L1）/CD271和CTLA4/CD152，可对T细胞产生相反的作用，使其关闭，并诱导细胞死亡，而邻近的免疫细胞可间接参与或诱导这一过程。

在使用TCR重编程定向疗法时，必须预先了解免疫系统如何在移植后的环境中工作，以确保该疗法的可行性和安全性。使用自体T细胞作为生产TCR基因工程细胞的原材料也是一样。人体中的MHC分子被称为人类白细胞抗原（HLA），具有非常多样化的特点，特定的等位基因与某些易感性疾病有关，包括自身免疫性疾病[18]。多样化的HLA系统具备独特的抗原肽提呈来激活T细胞，这在免疫监测中发挥着至关重要的作用。鉴于本章的重点是介绍识别天然蛋白的CAR，而不是识别p-MHC的TCR，因此TCR/HLA一节的介绍仅限于非常基本的概念。在人类白细胞抗原系统中，MHC Ⅰ类等位基因在所有真核细胞中均有表达，包括

HLA-A、HLA-B和HLA-C，而MHC Ⅱ类等位基因只在APC中表达，包括HLA-DR、HLA-DP和HLA-DQ。6种主要MHC分子的编码基因在每个个体中都有一对等位基因——其中一个来自母亲，另一个来自父亲。每个等位基因有两种命名体系。最初，每个单倍体都被赋予一个编号（如HLA-A2）；然而，由于在给定的单倍体中发现了额外的等位基因，原始名称中包含了4个额外的数字（即HLA-A2*0201）。在世界范围的人群中，已观察到至少15 000种不同的HLA等位基因[19]，其中一些等位基因比其他等位基因分布更为普遍[20]。每个TCR分子都与特定的HLA等位基因产物结合，因此在设计TCR结构时，除了考虑抗原肽，还应考虑HLA等位基因的结构，并确保TCR工程的T细胞可用于遗传匹配等位基因的患者。将TCR转基因T细胞注射给具有不相容的HLA等位基因的受试者会导致移植物抗宿主病、T细胞功能障碍，以及随后的宿主排斥反应，最终导致TCR-T细胞被消除。

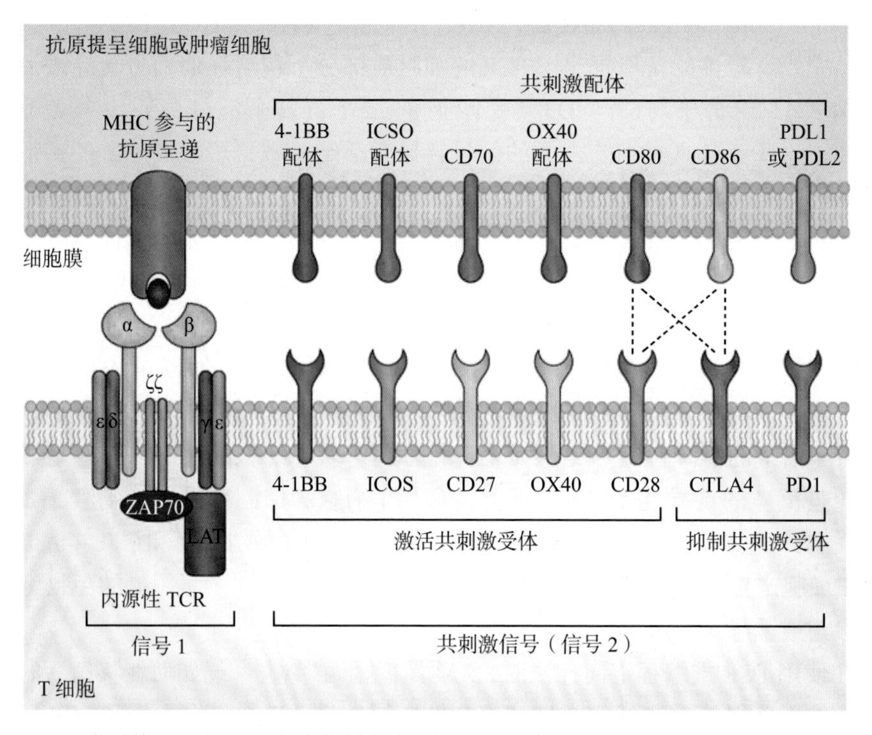

图5.1　T细胞受体，以及T细胞的共刺激激活和共刺激抑制。内源性T细胞受体（TCR）具有一个α链和一个β链，与之相关的δ链、ε链和γ链，以及信号ζ链。当TCR识别到MHC Ⅰ或MHC Ⅱ提呈的抗原时，TCR将被激活（图示为MHC Ⅱ），该信号被称为信号1。而与共刺激受体连接产生的信号被称为信号2。共激活受体和共抑制受体如图所示。受体CD28和CTLA4均能与配体CD80和CD86结合。同时许多肿瘤会上调PD1配体（PDL1或PDL2）以关闭T细胞。肿瘤也会下调MHC以逃逸有效的免疫反应[17]

5.3.1.2　TCR-T细胞面临的挑战

若要成功地应用TCR工程的过继性T细胞进行治疗，仍需要解决人体正常免疫系统的一些基本问题，包括：①需要TCR的结构与受体患者HLA等位基因表达产物相容，以减少移植物抗宿主病风险和宿主对植入的TCR工程T细胞的排斥反应；是否与HLA兼容为TCR细胞的有效治疗产生了一定的障碍。②需要肿瘤或APC细胞具有处理内源性蛋白的能力，可将内源性肿瘤蛋白分解成多肽，并提呈至细胞表面的p-MHC分子上，并最终与T细胞表面的TCR结合（通常这种处理机制会受损，如蛋白表达的减少或细胞表面MHC表达的下调，导致免疫逃避）。③T细胞在胸腺内的早期发育过程中，要避免产生自身免疫病的风险，使TCR的表达被自然消除或抑制，这就需要经TCR改造后的T细胞既能有效地打破免疫耐受，又能区分自身抗原。④需要将TCR的工程基因与能够摧毁健康组织的内源性基因区分开，以防止自我反应性TCR克隆的产生。⑤最后需要克服肿瘤细胞过度表达的抑制性配体，这些配体将作为信号与T细胞表面的抑制性受体结合，从而导致T细胞的抑制而不是激活。综上所述，以上提到的实施TCR工程T细胞治疗中所面临的挑战，可以通过CAR设计T细胞的策略来克服。

5.3.2　CAR-T细胞

CAR-T细胞是指T细胞经过体外修饰后，表达一种被称为CAR结构的工程T细胞。CAR-T细胞可以为患者自己的T细胞（自体），也可以为同种异体来源的T细胞，通过白细胞分离的方法进行收集。除T细胞来源问题外，CAR-T细胞疗法的另一个关键部分是CAR本身。

5.3.2.1　什么是CAR

CAR结构结合了T细胞或B细胞的固有特征，是一种对目标抗原具有更强靶向能力的受体。B细胞是人体内负责产生抗体的免疫细胞。抗体既可以是可溶性的，也可以附着在细胞表面，被称为B细胞受体（B-cell receptor，BCR）。抗体通过一个称为抗原结合片段（Fab）的可变区识别抗原，该可变区由一条完整的轻链与重链的VH（可变区）和CH1（恒定区）结构域组成。可变区也被称为Fv区，其对于抗原结合是必不可少的。抗原-抗体结合后，会标记受感染的细胞，以供免疫系统攻击或直接中和目标。除可变区外，抗体还含有一个恒定的Fc（抗原决定簇）区域，其在调节免疫反应的类型方面发挥着重要作用。在抗体/BCR的背景下，抗原识别和抗原-抗体反应是不依赖MHC的（图5.2）。

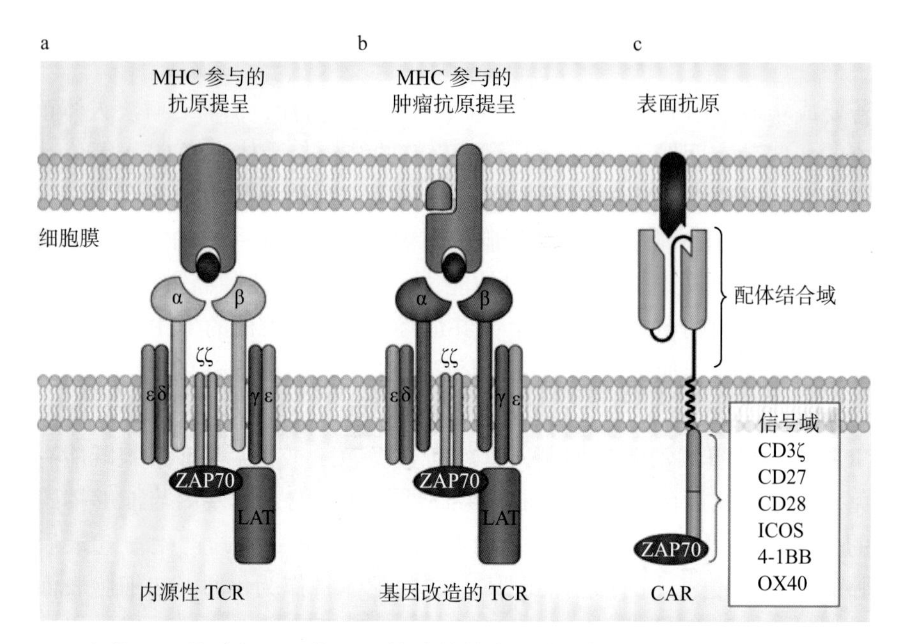

图5.2 工程化TCR构造与工程化CAR构造的基本结构比较。(a)内源性TCR结构。内源性下游信号分子的募集，包括LAT、ZAP70。(b)转基因TCR的构建类似于内源性TCR，在MHC(HLA限制性)背景下识别肿瘤抗原，并需要连接共刺激受体激活信号2，才能实现有效的激活。(c)CAR结构缺少TCR αβ分子，需要募集类似ZAP70的信号分子，同时含有单链可变区片段(scFv)以与靶细胞表达的天然蛋白相结合。共刺激作用是在CAR表达的顺式共刺激区域中提供的，并且不依赖于MHC(没有HLA限制性)[17]

CAR将与抗原结合的能力及TCR T细胞激活能力结合到单一受体中，并且这一过程是MHC非依赖性的，可赋予T细胞一种特定而有效的方式来发起对癌症等疾病的免疫反应。CAR通常由胞外单链抗体、胞外铰链区、跨膜区和胞内信号激活结构域组成。在细胞外，单链抗体发挥抗原识别功能，而铰链（也称为连接区或间隔区）提供抗原部分和信号激活部分之间的间隔区段。这种间隔具有灵活性，并可通过减少空间位阻来提供更好的抗原结合。若CAR的抗原结合部分过于接近细胞膜，则可能会产生空间限制方面的干扰。跨膜结构域通过跨膜蛋白（如CD4或CD8等）穿过细胞膜。CAR的细胞内信号结构域部分则负责引发T细胞的激活，通常这一结构域包含CD3 zeta链的细胞内部分。CAR的更新迭代也是按照信号域的不同进行分类。最初第一代CAR的胞内信号域中只包含一个单一刺激区域。这个单一的刺激区域提供了一个初始信号，但不足以完全激活T细胞。具有额外共刺激区域的CAR结构被认为是第二代CAR。这些CAR可以接收“信号2”，以充分激活T细胞，这被认为可以促进细胞增殖，从而导致更多可以抵抗疾病的细胞的产生。具有两个共刺激区域的CAR被称为第三代或第四代CAR（图5.3）。

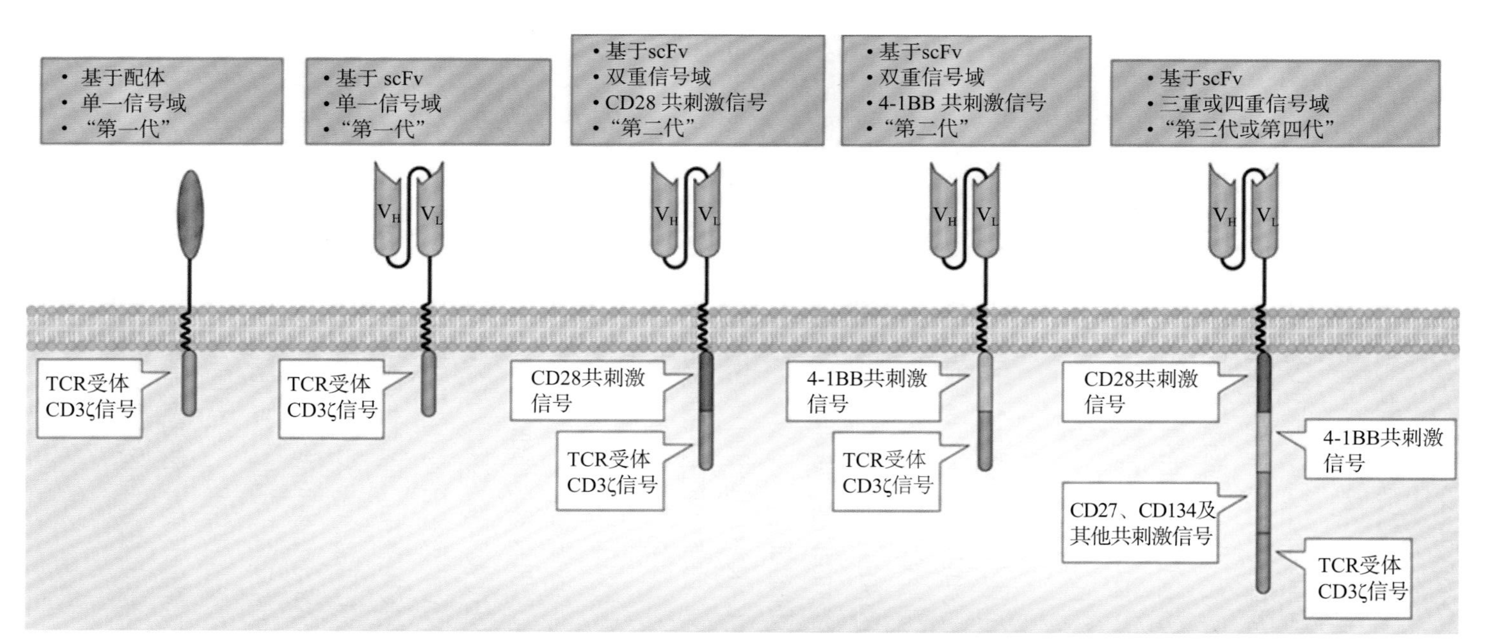

图5.3 CAR的设计和演变。CAR分子由胞外结合区、铰链区、跨膜区和胞内信号区组成。第一代CAR构建物包含一个胞外配体或scFv来结合天然膜蛋白。CAR的构造已进化到第二代、第三代和第四代，其进化的基础是不断将共刺激分子结构域加入构建物中。当细胞外域识别并结合到靶点蛋白时，共刺激分子将被激活。最新一代的CAR克服了内源性配体的共激活问题

V_H，immunoglobulin heavy chain variable domain，免疫球蛋白重链可变区；V_L，immunoglobulin light chain variable domain，免疫球蛋白轻链可变区[17]

5.3.2.2 为什么将CAR引入T细胞（而不是其他细胞）

T细胞是用于表达CAR的最常见细胞，这主要有两方面的原因。首先，其具有发挥细胞毒作用的能力及在免疫系统中的天然作用。T细胞的细胞毒作用能力或T细胞杀伤其他细胞的能力主要依赖于CD8$^+$ T细胞；但在某些情况下，CD4$^+$ T细胞也可以杀伤其他细胞。CD8$^+$ T细胞含有裂解性颗粒，包含预先形成的细胞毒蛋白、穿孔素和颗粒酶等。当细胞毒性CD8$^+$ T细胞与抗原特异的靶细胞结合时，在钙离子的作用下，促进这些裂解性颗粒释放，从而触发靶细胞的凋亡。穿孔素分子可在靶细胞膜上形成孔洞，允许颗粒酶进入细胞并激活细胞凋亡。靶细胞形成多孔状态后，其完整性受到损害，细胞迅速死亡，进入靶细胞的细胞毒分子也会导致其DNA断裂。

虽然CD4$^+$ T细胞不具有细胞毒颗粒，也不产生穿孔素或颗粒酶，但在某些情况下也有潜在的细胞毒作用。另一种诱导细胞凋亡的机制是通过Fas与Fas配体的结合来实现的。Fas是肿瘤坏死因子（TNF）受体的家族成员。当Fas与活化的CD4$^+$淋巴细胞膜中表达的Fas配体结合时，靶细胞的凋亡就会被触发。将CAR改造成具有细胞毒作用能力的细胞，如CD4$^+$和CD8$^+$ T细胞，可以在CAR识别抗原后快速有效地杀死目标肿瘤细胞。

其次，T细胞成为CAR治疗应用的理想选择的另一个原因是其在免疫系统中的多方面天然作用。单一的细胞毒性T细胞能够“连续杀伤”，即杀死一个目标细胞之后，迅速地一次又一次地杀死下一个目标。在一项关于CD19引导的CAR治疗慢性淋巴细胞白血病（CLL）的研究中，估计一个CAR-T细胞平均能够消除至少1000个肿瘤细胞[21]。这些免疫系统中相对长寿的细胞也能够产生长期的记忆反应，而其他淋巴细胞（即自然杀伤细胞）的半衰期相对较短。将CAR导入T细胞的一种首选方法是通过慢病毒感染或转导。具体操作时，采用含有CAR的慢病毒转导，将CAR DNA永久整合到T细胞基因组中。因此，CAR-T细胞可以作为记忆性T细胞在体内长期存在。记忆性CAR-T细胞的存在是有利的，因为与初始T细胞相比，记忆性T细胞在再次遇到其靶抗原时具有较低的激活阈值。当再次遇到肿瘤抗原时，CAR-T细胞可迅速转化为效应性T细胞，并扩增到相对较高的数量，从而启动抗肿瘤反应。因此，从理论上而言，随着CAR-T细胞在全身循环，其可发挥持续的免疫监视作用。与此同时，细胞毒性T细胞的抗原特异性也限制了其对肿瘤细胞的靶向反应，使健康细胞免受伤害或破坏。此外，T细胞具有到达几乎所有潜在肿瘤生长部位的能力。T细胞能够进入骨髓，穿过血管、淋巴管和血脑屏障（BBB）。

5.4 CAR-T细胞

CAR-T细胞经常被描述为“有生命的药物”。与肿瘤学中常用的其他类药物不同，CAR-T细胞是从患者的活细胞中产生的，并作为活细胞回输给患者。作为一种“有生命的药物”，CAR-T细胞能主动杀伤表达相应抗原的细胞，并在体内继续分裂和增殖，就像内源性T细胞一样。因此，CAR-T细胞可以自然地自我维持，并且当出现新的癌细胞时，也能进行类似T细胞的重新扩增。鉴于CAR-T细胞的生物学特性是由内源性T细胞的生物学特性决定的，因此无论变好还是变坏，CAR-T细胞在激活和增殖后容易发生表型变化，从而影响疗效。

5.4.1　CAR-T细胞效应的早期信号

靶向CD19的CAR-T细胞首次证明了CAR-T细胞的有效性。据2011年的相关报道，宾夕法尼亚大学对一名接受CART19治疗的复发性CLL患者的研究案例显示，在接受CART19治疗后，患者的持续缓解期为10个月[22]。对14名CLL患者的随访报告显示，在传统方法难以治疗的患者群体中，该疗法有效率为57%[23]。此后不久，两名儿童ALL患者在费城儿童医院接受了CART19治疗。这两名ALL患者都是难治性ALL患者，至少有两次疾病复发，但其在接受CART19治疗后1个月内获得临床缓解[24]。诺华制药[25]进行的一项全球临床试验显示，该疗法在儿童ALL人群中具有显著的临床疗效。相关结果也是FDA在2017年批准第一个CAR-T细胞药物的基础。这项试验将在本章后续内容中展开更详细的讨论。在宾夕法尼亚大学接受CART19治疗的所有成年患者（26～60岁）中也观察到了相应的临床疗效[26]。

这些开创性的CART19研究打开了新药开发中一扇令人兴奋的新领域的大门。为了将CAR-T细胞作为一种新疗法，细胞治疗界正在探索如何使CAR-T细胞在人体内对抗肿瘤。因此，本节首先概述了CAR-T细胞的药代动力学和细胞质量控制领域不断发展的理论和科学发现；然后介绍CAR-T细胞治疗中常见的副作用、毒性及应对策略；最后讨论CAR-T疗法所面临的相关挑战。CART19细胞已被证明是从开发到FDA批准的第一个CAR-T细胞成功案例，而宾夕法尼亚大学开发的CART19细胞则是展示这些药物强大活性的代表性案例。

5.4.2　CART19药代动力学

CAR-T细胞疗法的药代动力学曲线通常分为两个方面：扩增性和持续性。

5.4.2.1 扩增性

CART19细胞通过静脉循环分布于整个外周血中。在体内与CD19抗原的结合会导致CART19的增殖和快速扩张，并超过输注剂量。这种扩张可通过定量聚合酶链反应（qPCR）检测患者外周血样中CAR-T细胞DNA的数量来量化。CAR-T细胞增殖的另一个指标是用流式细胞术检测T细胞表面CAR的表达，通过检测CD3阳性细胞群中CAR阳性细胞的百分比（占CD3的百分比）而加以量化。CAR-T细胞治疗后一段时间内，血液中CAR-T细胞扩增的峰值（C_{max}）可表示CAR-T细胞增殖的程度。以上CART19在血液肿瘤中的研究使得研究人员能够表征CAR-T细胞增殖和临床反应之间的关系。

总体而言，对ALL和CLL患者的研究表明，较高水平的CAR-T细胞增殖或较高的C_{max}与积极的临床治疗结果相关。例如，与部分应答者或无应答者相比，在CART19完全有效的CLL患者中，CAR-T细胞相对扩增显著增加（图5.4）（完全缓解中位数73 237拷贝/μg *vs.* 部分缓解中位数33 453拷贝/μg *vs.* 无响应中位数420拷贝/μg）。CART19拷贝/μg的峰值与临床应答之间的关系具有统计学意义（P=0.013）[23]。对CART19注册试验（Eliana Study）中所有患者的扩展数据进行分析发现，应答者和非应答者之间CAR-T细胞扩增的模式相似[27]（图5.4）。达到C_{max}的时间，也就是T_{max}，可能也与临床结果有关。总体而言，完全缓解的患者（n=61）的中位T_{max}为9.91天（0.007～27.0天），而无反应的患者（n=7）的中位T_{max}为20.0天（0.0278～62.7天）。

5.4.2.2 持续性

在外周血液或其他组织中可以检测到CAR-T细胞的时间持续长度被称为CAR-T细胞持续性。持续时间越长，通常表明CART19的暴露时间越长，临床反应越好。持续性可通过分子检测分析或流式细胞术进行评估。在患者血液中检测到CAR-T细胞的最后一个时间点称为T_{LAST}。一项针对ALL的临床研究基于T_{LAST}对CAR-T细胞的持续性进行了量化。与扩增性一样，持续性和临床反应之间的关系也被证实。研究结果显示，CART19治疗后，病情完全缓解的患者（n=62）的T_{LAST}中位时间为102天（17.8～380天），治疗无效的患者（n=8）的T_{LAST}中位时间为27.8天（20.9～83.9天）[27]。

此外，在接受CART19治疗的患者中，持续性可通过循环系统中B细胞的丧失或B细胞再生障碍来间接评估。B细胞表达CD19抗原，因此可被CART19细胞消融。持续的B细胞再生障碍是患者体内仍有功能性CART19细胞的迹象，因此也是CAR-T细胞持续性的一种衡量标准。CART19细胞的持续存在被认为可对CD19阳性肿瘤起长期控制作用。然而，与持续性CART19细胞相关的长时间B

细胞再生障碍性疾病，可能会使患者更容易受到感染，因此此类患者需要临床治疗，治疗方法通常为静脉注射免疫球蛋白。

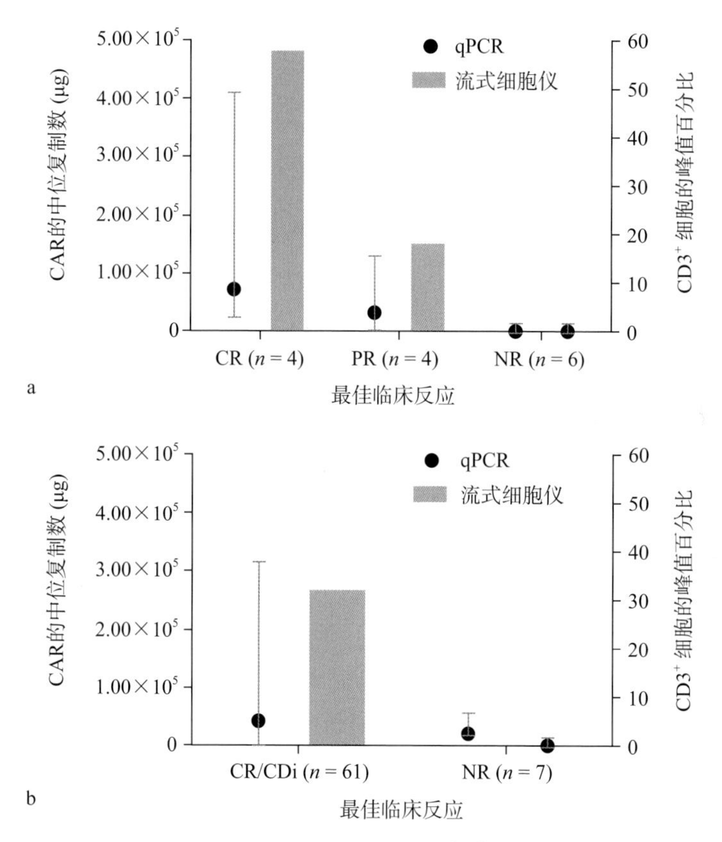

图5.4　白血病患者CART19细胞的细胞动力学。CLL[23]（a）和小儿急性淋巴细胞白血病（pALL[27]）患者（b）的CART19扩增数据。外周血中CART19检测的中位数和范围在左侧y轴上显示，单位为每微克DNA中CAR的复制数。用流式细胞仪在$CD3^+$细胞中检测到表达CAR的细胞的中位数百分比在右侧的y轴上显示。动力学由最佳临床反应绘制而成，显示了扩增和临床反应之间的关系（在CLL患者中，由于检测试剂的可获得性有限，只有4名CR患者中的2名患者和4名PR患者中的3名患者进行了流式细胞术扩增评估[27]）

CR，complete remission，完全缓解；CrRi，CR with incomplete blood recovery，血象未达完全缓解；PR，partial response，部分缓解；NR，no response，无响应

5.4.2.3　迁移

免疫细胞浸润器官的能力，或本部分讨论的浸润肿瘤的能力，被称为迁移。尽管这一过程不能保证CAR-T细胞介导肿瘤细胞的杀伤，但CAR-T细胞运输到肿瘤的能力是发挥其抗肿瘤活性必不可少的一步（见5.4.5.2）。对于CAR-T细胞迁移性的检测，最初所用的材料可能是肿瘤活检组织或骨髓，而不是外周血，其

所用检测方法通常与检测扩增性和持续性的方法相同。ALL和CLL等血液癌症的肿瘤微环境（TME）与自然状态下的T细胞环境相似，在血液癌症的治疗中发现，CART19细胞已显示出向与恶性化程度相关的初级和次级淋巴器官转运的能力。对CAR-T细胞迁移的讨论通常与将CAR-T细胞用于实体肿瘤的治疗有关，而改善CAR-T细胞对实体肿瘤的浸润是一个正在进行的研究领域[28]。

5.4.3 CAR-T细胞质量的生物标志物

人们普遍认为，并不是所有CAR-T细胞药物都是一致的，这与其是否针对相同的靶点，是否在相同的生产设施中进行设计，甚至是否由相同的技术人员生产均无太大关系。与其他基因工程产品一样，CAR-T细胞药物的好坏取决于初始材料的质量。对于CAR-T细胞，第一原材料是从患者体内采集的白细胞。在对CART19临床试验的回顾性调研中，已初步确认采集的T细胞的表型生物标志物与临床受益具有相关性[29]。

CART19已在恶性血液病患者，尤其是在儿童ALL及CLL患者亚群的长期反应中，显示出显著的抗肿瘤效果。CLL的CART19早期研究数据显示，富含中央记忆细胞的CAR-T细胞会具有更有效的增殖活性和更高的抗肿瘤活性[21]。在T细胞生物学方面，效应细胞通常负责直接介导细胞毒效应，与记忆细胞协同工作，记忆细胞在再次暴露于抗原时被激活。关于CART19治疗CLL患者Ⅱ期临床试验的后续结果显示，部分患者对CART19具有持续的反应（超过两年），但仅有大约1/4的患者出现了这种情况[23]。通过研究CLL患者对CART19反应差异的机制发现，差异并不一定与引起不良结果的常见因素有关，即先前的治疗、治疗时的肿瘤负担情况、年龄和肿瘤表型等[23]。相反，反应的差异可能与患者T细胞本身的特性有关。事实上，当将CLL患者T细胞产生的CART19细胞注射到荷瘤小鼠时，只有在临床试验中对CART19有反应的患者的T细胞所产生的CART19治疗组小鼠的肿瘤发生消退。进一步根据临床效果的差异对患者进行分组后发现，良好的临床结果反而归因于T细胞的固有特性[29]。一项对接受CART19治疗的CLL患者的T细胞研究揭示了CAR-T细胞的基因组和表型特征。来自应答者体内扩增的T细胞具有与早期谱系记忆T细胞类似的基因特征，而来自无应答者的T细胞则表现出与末端分化的T细胞、凋亡细胞和糖酵解相一致的基因表达谱。对配对样本间进行蛋白水平的检测证实了相应的遗传学分析，并表明T细胞分化的表型标记可成功地区分应答者和无应答者[29]。

来自其他CART19试验的数据表明，CAR-T细胞生物标志物和临床反应之间的关系可能仅仅是某些疾病中特有的。例如，在一项对非霍奇金淋巴瘤患者进行的CART19临床试验分析中，有应答者和无应答者CAR-T细胞的组成没有显著差异。同时对10名患者（5名完全应答，5名患有进展性疾病）的CART19产物中有关T细胞分化、激活和调节的标志物进行评估时，也没有观察到显著的差异[30]。

目前，关于其他疾病适应证，以及其他CAR-T细胞的T细胞生物标志物的数据尚未公布。然而，如果上述数据有意义，则可通过分析患者的T细胞来预测患者对CAR-T细胞治疗的反应。

5.4.4　CAR-T细胞治疗的副作用

5.4.4.1　细胞因子释放综合征

接受CAR-T细胞治疗的患者几乎都会在一定程度上经历CRS。美国移植和细胞治疗学会（ASTCT）将CRS定义为“免疫治疗后的超生理反应，其过程涉及内源性或输入性的T细胞或其他免疫效应细胞的激活或参与。CRS的症状可能是进行性的，患者通常表现为发热，并可能伴随低血压、毛细血管渗漏（缺氧）和终末器官功能障碍”[31]。CRS的发病时间存在很大差异，为接受CAR-T细胞治疗后几个小时到几周不等。通常情况下，应在接受CAR-T细胞后的2～3周密切监测患者的CRS症状[31, 32]。来自血液系统恶性肿瘤（如ALL）的CAR-T细胞试验结果表明，CAR-T细胞治疗时的肿瘤负荷程度较高是引发CRS毒性的高风险因素。

应对CAR-T细胞治疗引发的CRS时，可借鉴用于缓解细胞因子风暴的相关干预措施，细胞因子风暴是一种在肿瘤靶向治疗过程中发生的免疫系统过度激活[33]。因此，传统的皮质类固醇可作为CRS的早期干预措施。虽然皮质类固醇可起到广泛的免疫抑制作用，但却有可能对CAR-T细胞产生毒性[32]，导致无法获得最佳的抗肿瘤疗效。控制CRS的最佳策略是在保持CAR-T细胞完好无损的前提下缓解症状。顾名思义，CRS与患者血清中细胞因子/趋化因子水平的急剧变化有关。随着越来越多的患者接受CAR-T细胞的治疗，细胞因子IL-6水平在CAR-T细胞治疗相关的CRS患者中持续升高。此后，科学家使用IL-6的抗体——托珠单抗对一名对皮质类固醇无反应的CRS危重患者进行治疗[24]。托珠单抗治疗挽救了该患者的生命，也成为CAR-T细胞治疗后针对CRS的一线治疗方案[32]。本章后续将讨论FDA批准托珠单抗用于治疗CAR-T细胞相关CRS的情况。

目前关于抗IL-6的抗体治疗和类固醇诱导免疫抑制治疗CRS的替代方法正在探索之中，特别是在这两种干预手段都无效的情况下。由于CAR-T细胞相关CRS的合适模型很少，这为探索CRS的新疗法带来了困难。2018年，两个研究小组证明CRS的建模成功。其结果表明，巨噬细胞产生的IL-6和IL-1参与了白血病小鼠模型的CRS过程，抑制IL-6受体可减轻小鼠的CRS。同时，使用IL-1受体拮抗剂阿那白滞素（anakinra）阻断IL-1不仅能有效控制CRS[34, 35]，而且还消除了CAR-T细胞相关的神经毒性[35]。因此，IL-1阻滞剂是一类潜在的CRS治疗药物，可单独或与IL-6抑制剂一起用于CRS的治疗。

5.4.4.2 CAR-T细胞治疗相关的神经毒性

FDA批准的CART19细胞[31]，以及其他CAR-T细胞药物[36]都有关于神经系统副作用的报道。2019年，李（Lee）等将该副作用正式命名为“免疫效应细胞相关神经毒性综合征”（ICANS）。虽然急性神经系统副作用的发生通常是自限性的，或者可以通过对CRS的干预进行有效控制，但在接受CD19-CAR-T细胞治疗的患者中也有致命神经毒性的案例。ICANS具有一系列严重的症状，包括精神错乱、幻觉、癫痫和脑病[37]，这些症状通常发生在CAR-T细胞输注后1～3周内[38]。近期，CAR-T细胞治疗领域已积累了足够的关于ICANS临床表现的结果，由此研究人员也开发出了通用的ICANS评估表[31]。

古斯特（Gust）及其同事对133名接受CD19-CAR-T细胞治疗的ALL、CLL和非霍奇金淋巴瘤（NHL）患者体内CD19-CAR-T细胞的神经毒性进行了分析。他们发现，尽管神经毒性和CRS并不一定完全对应，但早发的CRS与严重神经毒性发生风险的增加具有相关性[38]。由此产生了ICAN病理生理学的一种假说，即细胞因子激活内皮细胞，导致血脑屏障破裂和毛细血管渗漏，随后细胞因子分布到脑脊液（CSF）中；最终，脑脊液中细胞因子水平的显著升高导致脑血管周围细胞应激和血脑屏障通透性进一步增加。对两名因抗CD19-CAR-T细胞产生致命性神经毒性作用患者的尸检分析证实了这一假说，在患者体内，T细胞（CAR-T细胞和非CAR-T细胞）渗透到大脑的不同区域[38]。

目前仍缺乏有效预防ICANS的方法，可能是由于几乎没有合适的动物模型来研究CAR-T细胞治疗引起的神经毒性。弗雷德·哈钦森癌症研究中心（Fred Hutchinson Cancer Research Center）（华盛顿大学西雅图分校）的一个研究小组报道了一种在非人灵长类系统中有效模拟CAR-T细胞引发的神经毒性的模型[37]。在该模型中，给予恒河猴CD20-CAR-T细胞治疗后，显示出CRS和神经毒性的迹象。其神经毒性方面的症状包括震颤、嗜睡、共济失调和运动减慢等。对恒河猴的大脑解剖显示，其脑炎症状与CAR-T细胞和非CAR-T细胞在大脑中的聚集有关[37]，这与报道的NHL患者相似[38]。这种神经毒性模型的报道为进一步开发其他模型以了解ICANS的病理生理学提供了可能。这些发现有利于未来开发用于抑制由CAR-T细胞治疗引起的神经系统并发症的相关药物，而这对于控制有害的神经毒性至关重要。

5.4.4.3 结合非肿瘤组织中靶点而产生的毒性

除了已被鉴定的CRS和ICANS外，还有其他几种CAR-T细胞潜在的细胞毒性没有得到较好的鉴定。其中一些副作用可能与CAR-T细胞对正常细胞的杀伤有关，CAR-T细胞所靶向的肿瘤抗原在这些正常细胞有所表达，这就是所谓的“结合非肿瘤组织中靶点而产生的毒性”。B细胞再生障碍性贫血是此类副作用的一个典型实例，在CART19细胞治疗中较为常见。在患者接受CART19细胞治疗后，由于B细胞表达CD19，患者的B细胞会受到攻击而导致B细胞的损失，这种情况可以在CART19治疗后数年内出现。长期B细胞再生障碍性贫血患者通常会接受免疫球蛋白替代疗法，这种疗法耐受性良好，并能弥补机体应对细菌感染时的体液免疫。

此外，与非肿瘤组织中的靶点结合而导致毒性的另一个极端实例是曾被报道的ERBB2（Erb-b2受体酪氨酸激酶2）靶向的CAR疗法，因靶向肿瘤外靶点而导致死亡，目前美国国家癌症研究所正在进行相关试验研究。该研究试图用第三代抗ERBB2 CAR（包含CD28、41BB和CD3 ζ 信号域）治疗高表达ERBB2的肿瘤。虽然对患者进行了积极的支持性护理，但患者仍在输注CAR-T细胞5天后死亡。血清细胞因子检测显示，在输注后4小时内，促炎细胞因子［γ干扰素、肿瘤坏死因子-α、IL-6和粒细胞-巨噬细胞集落刺激因子（granulocyte-macrophage colony-stimulating factor，GM-CSF）］显著升高，这一现象与细胞因子风暴引发的多系统器官衰竭一致。据推测，当CAR-T细胞第一次通过肺循环时，ERBB2靶向的CAR-T细胞与肺上皮细胞中低水平表达的ERBB2蛋白结合，导致CAR激活和肺微血管损伤[39]。

5.4.5　CAR-T细胞治疗应用所面临的挑战

作为癌症的一种治疗方式，CAR-T细胞疗法的发展目前仍处于初级阶段，因此关于CAR-T细胞疗法所面临的挑战和耐药机制相关的研究数据仍十分有限。本节将先讨论CAR-T细胞生产过程中相关的问题，再讨论目前文献中所报道的潜在耐药性问题。

5.4.5.1　生产问题

以自体CAR-T细胞疗法治疗患者的本质是成功收集并处理患者自身的T细胞，并使之成为“抗癌机器”，该过程也通常被称为“生产”过程。下文将讨论CAR-T细胞生产过程中较复杂的细节问题。

大部分大规模临床生产T细胞的平台曾被宾夕法尼亚大学的研究机构成功用于未经修饰的同种异体T细胞的体外扩增和激活，将激活的供体淋巴细胞输注（a-DLI）给患者，以诱导对慢性髓细胞性白血病（CML）、ALL、CLL和NHL等血液肿瘤复发患者的移植物抗肿瘤（GVT）作用。临床调查人员的研究报告显示，输注耐受性良好，没有发生重大不良事件。虽然移植物抗宿主病通常发生在a-DLI治疗后的28天，以及常规DLI治疗后的40天左右，但急性移植物抗宿主病与患者的存活率并不存在相关性[40]。这些良好的结果证明了体外大规模生产人体T细胞药物用于临床的可行性。通过对生产平台的改进，加入通过慢病毒载体转导以产生CAR-T细胞产品的操作程序（图5.5）。

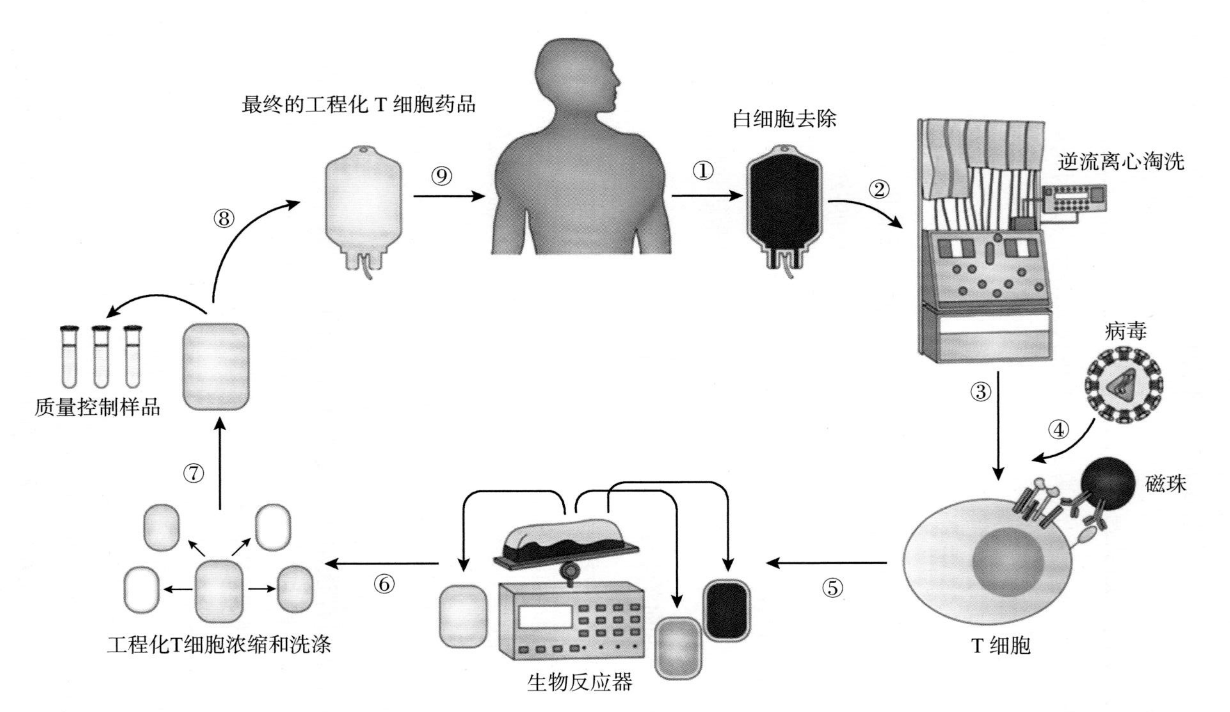

图5.5 临床生产慢病毒载体工程T细胞的工作流程：从静脉到静脉。①原料收集；②T细胞富集策略；③T细胞激活；④慢病毒载体转染；⑤大规模扩增；⑥细胞收获；⑦质量控制测试和质量保证审查与发布；⑧药品运送到临床现场；⑨T细胞药品注入患者[17]

自体CAR-T细胞治疗药品的产生始于患者，也结束于患者。通常用大容量（10～15 L）的白细胞分离技术从患者体内收集富含单核细胞（MNC）的成分，这为临床生产提供了起始材料的来源。随后用基于大小和密度梯度的逆流离心法纯化淋巴细胞，包括去除非单核红细胞（RBC）、粒细胞污染物和体积较大的髓系细胞。根据浓缩产物中T细胞的占比，添加抗体包被的免疫磁珠，以进一步去除非T细胞或正向选择感兴趣的T细胞用于生产过程。富含T细胞的产物经抗CD3/CD28磁珠进行多克隆激活，并以包含目的基因的自灭活慢病毒载体[41, 42]转染，使目的基因整合到基因组中，从而实现CAR在T细胞表面的组成性表达。细胞在静态培养过程中保持不变，之后在摇床生物反应器中，用添加人血清和细胞因子的培养液进行9～11天大规模扩增，并在培养过程中每天监测细胞的生长和活力。在收获时，最终的CAR-T细胞产品经清洗、浓缩并去除抗CD3/CD28磁珠。将沉淀细胞分装后冷冻保存，达到质量控制释放测试规范后，安排输注时间。如果涉及生产和临床方案，可使用实时流式细胞术来评估转染效率，以计算用于剂量配方的基因修饰细胞的数量。此外，《自然・实验室指南》（*Nature Protocols*）的一份报道中对CAR-T细胞生产过程的每个操作单元的具体挑战、障碍及需要考虑的要点进行了概述[43]。

虽然这些同种自体疗法已经取得了优势性成功，但仍有一部分患者无法应用这种疗法进行治疗。替沙仑赛是FDA批准的首个CAR-T细胞药物，其生物制品许可申请（BLA）的数据显示，在生产过程中，儿童ALL患者的故障率约为9%，成人DLBCL患者的故障率约为7%。阿基仑赛［Axicabtagene Ciloleucel，奕凯达（Yescarta®）］的许可材料指出，弥漫大B细胞淋巴瘤患者的生产故障率不到1%。目前，尚未获得关于其他癌症适应证生产成功率的统计数据，但对儿童癌症患者的研究表明，疾病适应证和患者接受治疗的历史将影响生产的成功率[44]。

在患者的白细胞分离产物中，非T细胞成分的比例很高，而T细胞的比例非常低，这会增加该CAR-T细胞产品不符合发行规格的可能性。即使采用了T细胞浓缩策略，如起始原材料细胞构成不佳，也可能造成分离产品的质量不佳。这可能会导致CAR-T细胞生产过程的T细胞产量较低，无法满足预定的CAR-T细胞剂量。一些研究中心，如NIH[45]，对患者外周血中的淋巴细胞计数或T细胞计数设置了门槛，相关患者在考虑进行分离程序之前应达到或超过这一门槛。这一门槛是基于该中心之前的CAR-T细胞临床试验成功经验的回顾性分析而设立的[45]。由于可公开获得的数据有限，目前尚不清楚这种做法是否已被临床上其他CAR-T细胞研究中心广泛采用，但值得注意的是，FDA批准的CAR-T细胞药物替沙仑赛和阿基仑赛的最初说明书中并不包括任何此类建议。其他因素，如以前的治疗方案和生产标准的操作程序（这在很大程度上不是商业药品之外的标准化），可能会影响药品的顺利生产。

除了生产失败之外，在CAR-T细胞治疗中遇到的另一个挑战来自较长的生产周期，即从采集白细胞到给患者输注CAR-T细胞所用的时间（3～4周）。在此期间，病情进展迅速的患者可能变得不适合接受CAR-T细胞治疗，使其不得不寻求额外的治疗，或去世。有一部分淋巴瘤患者因这些原因没有接受细胞治疗，这一比例在获批的替沙仑赛研究中为23%，在获批的阿基仑赛研究中为8%。

5.4.5.2 治疗耐药

与癌症治疗中所采用的非细胞疗法类似，对于CAR-T细胞疗法，肿瘤也可能具有或产生抵抗性。但到目前为止，对CAR-T细胞耐药的机制大多处于推测阶段而未经证实。本章前文概述了由于T细胞本身固有缺陷而产生的对CAR-T细胞的耐药性（参见5.4.3和5.4.5.1）。本节将讨论肿瘤如何逃避CAR-T细胞介导的细胞毒作用。

肿瘤的一些特性使其在一开始通常对CAR-T细胞疗法产生抵抗。癌症中的CAR-T细胞抵抗可能归因于广谱的肿瘤细胞免疫阻断或T细胞肿瘤微环境的特征，这通常被称为免疫逃逸（immune escape）。免疫治疗耐药性的一般性原理如图5.6所示，该原理可用于解释肿瘤对CAR-T细胞的耐药性。

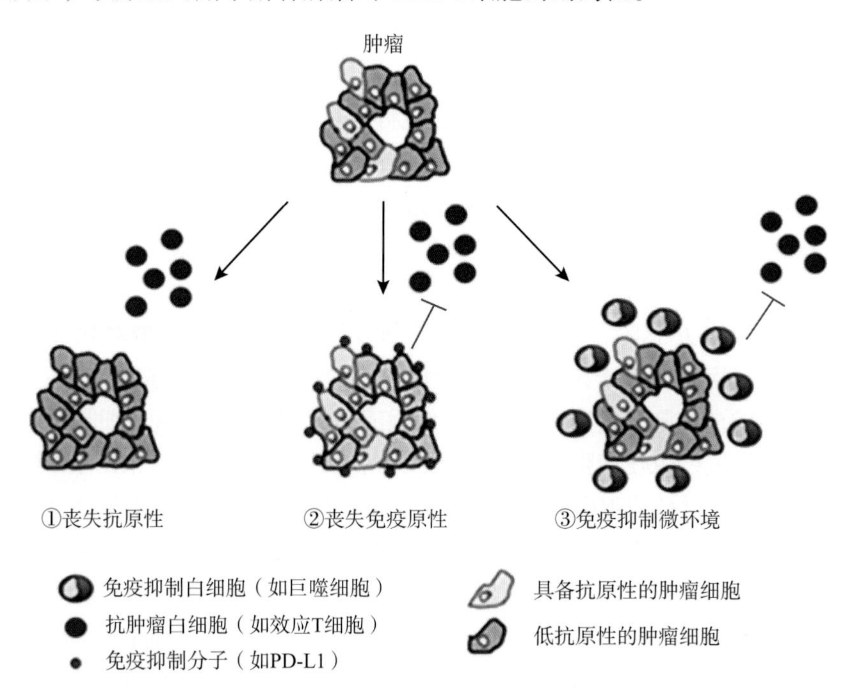

图5.6 CAR-T细胞治疗癌症的潜在机制。肿瘤细胞可能由于下列原因之一而逃避CAR-T细胞的杀灭作用：①丧失抗原性；②丧失免疫原性；③免疫抑制微环境引起的免疫消除。丧失抗原性可能是由于丧失肿瘤抗原，导致丧失对CAR-T细胞的免疫原性（即CAR-T细胞不能识别和结合肿瘤细胞）。恶性肿瘤细胞可获得额外的免疫抑制特性，如表达PD-L1或分泌抑制细胞因子（如IL-10和TGF-β），从而抑制渗入肿瘤微环境的CAR-T细胞的抗肿瘤活性[46]

一些肿瘤在接触CAR-T细胞后演变为治疗耐药，甚至在最初反应后表现出耐药。一种常见的耐药机制是由于抗原丢失或抗原掩蔽，进而丧失其抗原性[46]。肿瘤患者在接受CART19治疗后可检测到肿瘤细胞表面CD19的丢失。在NHL肿瘤活检组织中检测CD19的表达显示，输注CART19后，约1/5有进行性疾病患者的肿瘤细胞中出现CD19丢失。这些数据表明，CD19丢失可能与该进行性疾病对CART19某种程度的抵抗有关。但有4名肿瘤患者表达CD19，却对CART19产生了耐药，导致这一状况的机制还有待阐明[30]。1名ALL患者经CART19治疗后，病情最初获得长期缓解但最终复发，针对该患者的研究揭示，耐药性的机制是通过抗原丢失和抗原掩蔽而产生的。该患者在输注CART19 250天后病情复发，而此时仍表现为CD19阳性。有趣的是，由于CAR本身掩盖或屏蔽了肿瘤细胞表面的CD19蛋白，肿瘤细胞上的CD19有时无法检测到。有时，单个肿瘤细胞在CART19生产过程中无意间获得了抗CD19 CAR基因。与CD19结合的CAR也在肿瘤细胞上表达，最终干扰了用CD19标准检测方法检测治疗性CART19细胞中CD19的表达[47]。这种特殊的抗原丢失/抗原掩蔽的实例还没有其他报道，很可能是一种罕见的CAR-T细胞耐药形式。然而，这一病例证明了CAR-T细胞疗效的抗原依赖性。

CAR-T细胞抵抗的另一个可能原因是肿瘤微环境中的固有免疫抑制。一种常见的免疫抑制机制是在微环境中的肿瘤细胞表面存在T细胞抑制性免疫检查点蛋白（配体或受体）的过表达。一些肿瘤可能进化为非免疫原性的肿瘤细胞，使得肿瘤微环境具有免疫抑制特征，以应对内源性免疫因子的压力[46]。通过对CART19试验期间收集的NHL患者样本进行免疫组化染色分析，发现与对CART19有反应的患者样本相比，临床对CART19无反应的患者肿瘤微环境中免疫检查点蛋白（PD-L1、PD1、LAG3和TIM3）的水平更高[30]。此外，一些肿瘤细胞和其他细胞可分泌免疫抑制细胞因子，如转化生长因子-β（TGF-β）。TGF-β是一种特性良好的免疫抑制细胞因子，特别是对$CD8^+$细胞毒性T细胞和自然杀伤细胞[48]。在结直肠癌模型的肿瘤微环境中阻断TGF-β可增加T细胞的细胞毒作用并使肿瘤消退[49]。在未来的CAR-T细胞临床试验中，可能会探索将CAR-T细胞治疗与检查点抑制剂或免疫调节剂（即TGF-β抑制）相结合的策略。表5.1总结了其中一些相关试验。

表5.1 正在进行中的CAR-T细胞临床试验

采用的策略	研究ID（NCT号）	药品	适应证	开发公司
通用型CAR	NCT04150497	UCART22	R/R $CD22^{+}$B-ALL	Cellectis
	NCT03190278	UCART123	AML	Cellectis
	NCT03939026	ALLO-501，ALLO-647（UCART19）	B细胞/滤泡性淋巴瘤	Allogene Therapeutics
	NCT04176913	LUCAR-20S（allo anti-CD20 CAR）	R/R NHL	南京医科大学第一附属医院
	NCT03752541	BCMA-UCART	多发性骨髓瘤	上海邦耀生物科技有限公司
	NCT03666000	PBCAR0191	B细胞恶性肿瘤	Precision Biosciences
	NCT04093596	Allo-715	多发性骨髓瘤	Allogene Therapeutics
	NCT04142619	UCARTCS1	多发性骨髓瘤	Cellectis
	NCT03692429	CYAD-101	结直肠腺癌	Celyad and IQVIA
	NCT02808442	UCART19	儿童B-ALL	施维雅
	NCT02746952	UCART19	成人B-ALL	施维雅
一线治疗	NCT03761056	CART19	B细胞淋巴瘤；高级别B细胞淋巴瘤	Kite
	NCT03967223	GSK3377794，NY-ESO-1^{c259}T	滑膜肉瘤	GSK
“装甲”CAR	NCT03089203	CART-PSMA-TGFbRDN	转移性前列腺癌	宾夕法尼亚大学
	NCT04227275	CART-PSMA-TGFbRDN	转移性前列腺癌	Tmuntity
双靶点/组合CAR	NCT03330691	CART19/22	$CD19^{+}$ $CD22^{+}$ 白血病/淋巴瘤	西雅图儿童医院
	NCT03448393	CART19/22	儿童$CD19^{+}CD22^{+}$白血病/淋巴瘤	NCI
	ChiCTR1900028040（Chinese trial registry#）	CD123和NKG2D双靶标CAR-T	AML	天津市第一中心医院

续表

采用的策略	研究ID（NCT号）	药品	适应证	开发公司
	NCT03287817	CD19/CD22 CAR-T细胞（AUTO3）	DLBCL	Autolus Limited
	NCT04186520	CD19/CD22 CAR-T细胞	B细胞淋巴瘤（非霍奇金淋巴瘤）	威斯康星医学院
	NCT03549442	CART-BCMA/CART19	多发性骨髓瘤	宾夕法尼亚大学
	NCT03620058	CART22/CART19	B-ALL	宾夕法尼亚大学
与免疫调节剂联用	NCT03287817	CD19/CD22 CAR-T细胞（AUTO3）和可瑞达	DLBCL	Autolus Limited
	NCT03726515	CD19/CD22 CAR-T细胞（AUTO3）和派姆单抗	GBM	宾夕法尼亚大学

注：GBM，glioblastoma，胶质母细胞瘤；B-ALL，B cell acute lymphoblastic leukemia，B细胞急性淋巴细胞白血病；AML，acute myelogenous leukemia，急性髓细胞性白血病。

几种新型CAR-T细胞策略正在临床开发过程中，并对在世界范围内开展的可行性进行评估。时间截至2020年1月。

5.5 从实验室创新到疗法获批的转化

宾夕法尼亚大学研究人员开发了一种经慢病毒载体改造的人T细胞，其可以表达一种可分别在体外和体内识别并消除$CD19^+$肿瘤细胞的CAR，并且毒性很小。该研究团队通过形成性研究证明了该细胞疗法概念的可行性，并获得临床前确认。随后进行了重复性实验，对产生治疗剂量的CAR-T细胞所需的程序进行开发，并加以大规模验证。他们所制定的生产过程和相关验证报告，包括在新药临床试验（IND）申请过程中的化学、生产和控制（CMC）部分，已提交至FDA以请求授权CART19试验用产品（IP）的应用，并确定该疗法在首例人类临床试验中的安全性和临床可行性。

FDA，特别是生物制品评价与研究中心（CBER），将根据包括《公共卫生服务法》和《食品、药品和化妆品法》在内的法规对产品进行监管。细胞治疗药品的生产过程由细胞和基因治疗司进行审查，该部门隶属于细胞、组织和基因治疗办公室。美国《联邦法规》（CFR）第21章中的法规适用于细胞治疗产品，其组织指南在第1271部分，生物制品在第600、610部分，IND应用在第312部分，药物生产要求在第211、212部分。

除了生产细胞的复杂过程外，评估药品的关键质量属性是确保其质量、完整性及患者安全。因此，开发合格可靠的分析方法，并有充分的验证文件证明最佳实践符合适当的质量标准，以确认药品的效力、无菌、纯度和特性是必需的。CAR-T细胞药物需要经过质量控制释放测试，以证明其符合FDA审查中IND相关规定的规格。测试的标准参数包括残留的免疫磁珠计数，通过多色流式细胞仪进行表型鉴定、量化转基因的表达、分析残留的载体分子，检测内毒素、无菌状态、真菌和支原体的污染分析，以及稳定性测试，包括活体CAR-T细胞药物基本解冻后的活性评估。在安全性研究的早期阶段，可进行功能或效力分析，以获得更多信息来表征产品，该分析需要为支持BLA的后期试验进行验证。最初，在患者给药之前，需要使用标准化的生物RCL检测来确认研究中CART19药品不含任何复制型慢病毒（RCL）[50]。后来取消了在输注前需要相关检测结果的要求，因为审查17批载体、375种T细胞产品和308名输入基因修饰T细胞的艾滋病或癌症患者历史数据的结果表明，没有检测到RCL病例[51]。因此，FDA同意将在最终产品上进行的水疱性口炎病毒糖蛋白（VSV-g）的qPCR试验作为生物RCL测试的替代方法。

质量保证（QA）部门独立审查生产批次记录，并进行生产中及放行时的检测，以确保产品遵守并满足FDA审查的IND中概述的规范。QA将在批准产品后签发分析证书，将合适剂量的研究产品进行交付和管理。如有超标测试结果

（OOS）的研究产品，将需要进行进一步的风险评估，并且在按照QA计划的产品偏差流程进行管理之前，要与FDA进行沟通，以说明接受CAR-T细胞产品给患者带来的益处超过了OOS给患者带来的风险。若OOS不符合方案规定的剂量范围，该产品仍可能被输注，但患者可能不被认为符合临床试验终点的评估。在输注当天，冷冻保存的最终所需剂量的T细胞被运送到临床现场解冻。临床方案规定了给药途径，包括静脉输液、肿瘤内给药或组织注射。物流和供应链的检验对患者的安全是必要的，包括冷冻保存、储存、运送、运输、保管链、产品接收、解冻和给药准备。必须对关键原材料和可比替代品进行验证，以确保一致性和产品完整性。此外，除了实施快速且可靠的分析测试，还需要保持足够的产品稳定性，确保监管链，以保证患者的安全。对于进行细胞和基因治疗的实验室，获得细胞治疗认证基金会（FACT）对质量标准的认证非常重要。FACT标准是由临床医生、科学家、技术专家，以及领导全球细胞治疗计划和脐带血库的QA专家组成的联盟所开发和管理的一套全面的循证要求标准，以确保细胞治疗的生产、产品测试及患者管理过程中的一致性和质量[52]。

如5.4所述，在宾夕法尼亚大学进行的早期首例人体CART19研究中，患者获得了显著的完全应答率，证明了该疗法的安全性和临床可行性，为进一步的临床开发铺平了道路，促进了CART19的商业化，以满足全球临床需求。2014年，个性化的CART19细胞疗法药品获得了突破性疗法认定，这一独特的称号只授予了4种生物药物，旨在加快审查和批准用于治疗危重疾病的新疗法，而这些新疗法必须已有临床证据表明其比当前可用标准疗法的改善作用显著。

这促进了多元交叉职能协作团队的形成，来自学术和工业界的专家共同推动了这项极其复杂的细胞生产流程及多方面分析测试技术的成功转化和转让，并始终如一地生产CART19细胞治疗药品，同时推进美国和欧盟委员会监管机构的策略许可[53]。循序渐进的方式使得该过程在没有影响最终药品质量及完整性的情况下实现了有效的转化[54]，从而依次完成了工业赞助、FDA审查的IND申请，直至获批临床试验ELIANA（NCT02435849），该试验是一项包括25个中心的全球研究，治疗了75名被诊断为复发/难治性B细胞ALL的儿童和年轻成年人。所有细胞药物均按照现行优秀生产业行规（动态药品生产管理规范，cGMP）生产。治疗3个月的总缓解率（ORR）为81%，6个月总生存率（ORS）为90%，1年ORS为76%，20个月后CART19 T细胞仍持续存在。77%的受试者在注射后出现CRS，有一半出现CRS的受试者接受托珠单抗治疗以控制副作用[25]。随后完成了BLA相关申报材料的准备。CART19产品被命名为替沙仑赛（tisagenlecleucel），商品名为Kymriah®。2017年7月12日，肿瘤药物咨询委员会（ODAC）举行公开会议，讨论了替沙仑赛的BLA许可申请，审查了CAR-T细胞产品用于治疗复发/难治性B细胞ALL儿童患者的安全性和有效性的数据，以便向FDA提出适当的建议。

2017年8月30日，替沙仑赛成为FDA批准的第一个基因修饰细胞治疗药品，FDA批准其用于治疗25岁以下复发/难治性B细胞ALL患者。就在同一天，FDA批准托珠单抗用于治疗成人和两岁以上儿童患者中严重或危及生命的由CAR-T细胞治疗导致的CRS。正如5.4.4所述，CART19疗法有严重的副作用，包括快速发作的CRS，因此，需要有经验的医生对该副作用进行警惕性临床管理。对NCT02228096和NCT02435849[25]研究的CART19临床试验数据的回顾性分析表明，由于托珠单抗已经被批准用于CRS第一次发作时（0～18天，中位数4天）引发的全身型幼年型特发性关节炎（SJIA），静脉注射托珠单抗的推荐剂量为8 mg/kg，30 kg以下患者的推荐剂量为12 mg/kg。产生CRS副作用的患者在被纳入分析时至少被分为3级。在接受托珠单抗治疗后的14天内，45名患者中有31名（69%）的发热症状及需要血管升压素的状况得到了缓解[55]。因此，同时批准托珠单抗用来治疗替沙仑赛引起的CRS是必要的，这可保证有足够的手段来处理患者所面临的药物毒性。同时还需要更多的研究来确定托珠单抗最安全的有效剂量和给药时机。此外，需要努力使CRS分级系统标准化，并实施可适用于各中心的临床管理计划，以最大限度地减少可能阻碍稳健分析的变量[56]。这些指南可巩固或简化全球不同中心使用个性化自体细胞药物治疗患者的CRS分级标准和下游CRS管理程序[57, 58]。同时，也应评估其他疗法在治疗难治性CRS和神经毒性方面的潜在有效性，包括鲁索替尼（ruxolitinib，JAK1/2抑制剂）、达沙替尼（dasatinib，酪氨酸激酶抑制剂）和仑兹鲁单抗（lenzilumab，抗粒细胞-巨噬细胞集落刺激因子）[59]。

首创新药替沙仑赛的批准也为CAR-T细胞疗法的商业化进一步铺平了道路。2017年10月18日，FDA根据对Zuma-1临床试验NCT02348216的数据进行审查，证明了其注射后3～5年的长期耐受性和有效性，以此批准了阿基仑赛，这是一种CD19定向重编程的CAR-T细胞药物[60, 61]。

有93名DLBCL患者接受了替沙仑赛单臂多中心的关键临床试验Ⅱ（NCT02445248）[30]，试验结果显示最佳ORR为52%，12个月后无复发生存率为65%，同时没有因CAR-T细胞、CRS或脑水肿而导致死亡的病例。这使得替沙仑赛在2018年5月1日获得FDA批准用于复发/难治性DLBCL的治疗。此外，EMA也对这些全球研究中取得的令人振奋的进展进行了评估，并给予有利的评价，促使2018年欧盟监管部门批准了替沙仑赛的临床使用。

5.6 CAR-T细胞未来的发展方向

随着替沙仑赛和阿基仑赛的成功，针对下一代可能获批的CAR-T细胞疗法和下一代CAR-T细胞的研究正在积极进行。本节概述了一些已批准的治疗方法，并阐述了下一代疗法。表5.1总结了部分试验。如本章前文所述，大量临床试验旨在克服CAR-T细胞疗法面临的挑战和耐药性。但本表格并不全面，未能涵盖令人兴奋的临床前工作，而这些临床前研究工作将在下一个十年内取得重要成果。不管怎样，表5.1突出了CAR工程化的T细胞作为一种新型生物药物类别的前景，以及其为医学未来带来革命性变化的潜力。

5.6.1　已批准的疗法

目前有两种商业化的靶向CD19的二代CAR技术，可用于复发/难治性ALL和DLBCL患者的治疗，即替沙仑赛和阿基仑赛。

虽然替沙仑赛在全世界范围内的真实数据尚未公开，但在2018年底，纳斯图乌皮尔（Nastuoupil）等报道了其作为DLBCL患者的标准治疗的临床效果（第28天的ORS为79%，第100天的ORS为59%），与Zuma-1注册临床试验中获得的结果一致[62]。但仍然非常需要为治疗无效的患者、没有资格接受试验的ALL和DLBCL患者，以及被诊断为其他类型恶性肿瘤的患者开发额外的治疗策略[63]。

百时美施贵宝与生物技术合作伙伴蓝鸟（Bluebird）治疗公司于2020年初在美国提交了以B细胞成熟抗原（BCMA）为靶点的CAR-T细胞疗法的申请。这种名为Idecabagene Vicleucel（也称为ide-cel，bb2121）的药物为多发性骨髓瘤患者带来了希望[64]，并有望成为下一种获得FDA批准的CAR-T细胞药物。

5.6.2　注册前治疗

通用方法。当前几项关于同种异体及现有通用CAR药品的治疗可行性研究正在进行中，这可以替代标准的用患者自身细胞产生自体CAR-T细胞药物。以往的个性化自体细胞疗法往往用患者自己的细胞经细胞工程改造后进行治疗。然而，患者自身细胞的内在缺陷可能是导致该疗法在输注后效果不佳的潜在原因。同时晚期癌症患者的T细胞往往极度分化、老化并被耗尽，调节性T细胞的比例增加，而调节性T细胞目前被认为对免疫反应表现出抑制作用而不是激活作用。此外，如果在采集用于生产CAR-T细胞的细胞之前，患者已接触标准化疗药物，那么也有可能扼杀T细胞准确根除肿瘤的能力[44]。从概念上而言，使用现有的通用型CAR-T细胞药物进行治疗时，可以通过给患者提供合适的T细胞起始材料（健康的供体白细胞）来克服患者自身细胞功能障碍的挑战。此外，一次生产可以产生多剂量的CAR-T细胞，这可以增加生产能力以满足临床需求，并能最大限度地降低原自体产品中存在的供体到供体的不确定性，实现细胞治疗的标准化。如表5.1所示，关于现有的通用型T细胞疗法，包括针对CD19的疗法的首次人类临床试验正在进行中。

CAR-T细胞作为一线治疗手段。尽管有明确的证据表明CAR-T细胞有希望根除肿瘤，但到目前为止，从晚期复发/难治性癌症患者的数据来看，大多数患者接受了多种化疗方案。如表5.1所示，目前有几项将CAR-T细胞作为一线治疗方案及标准化疗方案的替代方案正在研究之中。这些研究的目的是让患者在接受可能导致突变和免疫逃逸机制的化疗药物之前，直接应用CAR-T细胞治疗肿瘤。目前化疗被认为可能会改变肿瘤的“靶向性”，并使肿瘤产生对免疫治疗的固有抵抗。此外，在治疗过程中尽早使用CAR-T细胞有助于获得更健康、更适合患者来源的T细胞起始材料，并增加成功生产有效剂量的产物的可能性。

解决治疗耐药性的策略。研究人员正在探索预防免疫逃逸的方法。免疫逃逸有可能是由肿瘤逃逸机制而导致的，如抗原丢失，这会导致对CAR-T细胞治疗的抵抗。目前，研究人员正在探索识别其他肿瘤抗原（即CD20、CD22）的CAR结构，以应对肿瘤细胞对CAR-T细胞的耐药性，表5.1列出了5项与CART19疗法联合治疗B细胞恶性肿瘤的临床试验。新兴疗法可单独用于后续治疗，也可与CART19细胞联合使用，而联合使用可能会更好地靶向表达多种不同抗原的肿瘤细胞[65]。以CD19和CD22为靶点的CAR-T细胞组合的安全性和有效性已被至少一项针对复发/难治性B细胞恶性肿瘤患者的试验证实[66]。CAR-T细胞组合策略的另一种用途是用于肿瘤干细胞或罕见的肿瘤克隆或实体肿瘤细胞。例如，据了解，恶性骨髓瘤细胞表达BCMA，而骨髓瘤细胞亚群表达CD19。因此，使用BCMA-CAR-T细胞和CD19靶向的T细胞组合可以靶向更广泛的骨髓瘤细胞，包括晚期恶性细胞和早期肿瘤前体细胞。CART-BCMA/CART19联合策略已被证明是安全的，数据表明该方法对骨髓瘤有初步疗效[67]。

其他克服CAR-T细胞耐药性的治疗策略包括将免疫调节剂与CAR-T细胞疗法结合起来。免疫检查点抑制剂，如阻断程序性死亡受体（PD-1）信号的派姆单抗［pembrolizumab，可瑞达（Keytruda®）］，是可与CAR-T细胞疗法相结合的有吸引力的候选药物，特别是在对CAR-T细胞治疗具有众所周知的耐药性的肿瘤中，如胶质母细胞瘤[68]。

此外，CAR可能在靶向实体肿瘤抗原［如前列腺特异性膜抗原（PSMA）、表皮生长因子受体Ⅲ型突变体（epidermal growth factor receptor variant type Ⅲ，EGFRvⅢ）等］方面有应用价值。早期临床试验已报道了针对B7-H3/CD276的CAR-T细胞的应用潜力，B7-H3/CD276在包括骨肉瘤、髓母细胞瘤和尤因肉瘤的实体肿瘤上高度表达[69]。与血液系统恶性肿瘤相比，在考虑使用CAR-T细胞治疗实体肿瘤时，存在独特的挑战。实体瘤的边缘通常很少有循环的肿瘤细胞，许多实体瘤对T细胞的渗透存在物理障碍，甚至阻止CAR-T细胞进入肿瘤。因此，尽管静脉给药对血液系统肿瘤是普遍有效的，但可能需要探索CAR-T细胞的替代给药方法，使其具备根除实体瘤的能力。但是，被称为“局部注射”的CAR-T细胞直接瘤内注射的临床疗效参差不齐[70, 71]，说明在针对实体肿瘤时，还有比CAR-T细胞渗透更具挑战性的困难。其他正在研发中的策略是设计“装甲”CAR-T细胞，使其不受抑制性的肿瘤微环境（即TGFBRdn_PSMA结构[72]）的影响，同时驱使其杀灭表达特定蛋白质/抗原的肿瘤细胞。

5.7 有关细胞疗法补充信息的其他资源

• CART19获得快速突破审定状态

https：//penntoday.upenn.edu/news/penns-personalized-cellular-therapy-leukemia-receives-fdas-breakthrough-therapy-designation

• FDA关于替沙仑赛 BLA 125646的简报

https：//www.fda.gov/media/106081/download

• ODAC

https：//www.fda.gov/advisory-committees/human-drug-advisory-committees/oncologic-drugs-advisory-committee

• 替沙仑赛 BLA的ODAC会议审查

https：//www.fda.gov/advisory-committees/advisory-committee-calendar/july-12-2017-meeting-oncologic-drugs-advisory-committee-meetingannouncement-07112017-07112017.

• FDA批准替沙仑赛 BLA用于治疗复发/难治性儿童ALL

https：//www.fda.gov/media/106989/download

• FDA批准阿基仑赛 BLA用于治疗复发/难治性DLBCL

https：//www.fda.gov/media/108458/download

• FDA批准替沙仑赛延长治疗复发/难治性DLBCL

https：//www.fda.gov/media/112803/download

• 欧盟监管机构批准替沙仑赛治疗儿童ALL和成人DLBCL

https：//www.ema.europa.eu/en/news/first-two-car-t-cell-medicinesrecommended-approval-european-union

• CAR-T细胞生产流程图（充满挑战的平台）

https：//www.stemcell.com/media/files/wallchart/WA27041-Production_of_Chimeric_Antigen_Receptor_T_cells.pdf

• 国际细胞治疗协会（International Society for Cellular Therapies，ISCT）

https：//isctglobal.org

• 国家生产生物医药创新研究所（The National Institute for Innovation in Manufacturing Biopharmaceuticals，NIIMBL）

https：//niimbl.force.com/s

• NSF Engineering Research Center for）美国国家科学基金会细胞生产技术工程研究中心（Cell Manufacturing Technologies，CMaT）

http：//cellmanufacturingusa.org

• 细胞治疗认证机构

http：//www.factwebsite.org

• AABB细胞治疗中心

http：//www.aabb.org/aabbcct/Pages/aboutaabbcct.aspx

• 美国生物制品评价与研究中心（Center for Biologics Evaluation and Research，CBER）

https：//www.fda.gov/about-fda/center-biologics-evaluation-and-researchcber/cber-vision-mission

• 生物制品审评与研究中心开发和审批流程

https：//www.fda.gov/vaccines-blood-biologics/development-approval-processcber

• 联邦《食品、药品和化妆品法》（*Federal Food*，*Drug*，*and Cosmetic Act*，FD&C Act）

https：//www.fda.gov/regulatory-information/laws-enforced-fda/federal-fooddrug-and-cosmetic-act-fdc-act

• 美国《联邦法规》第21章

https：//www.accessdata.fda.gov/scripts/cdrh/cfdocs/cfcfr/cfrsearch.cfm

• 美国《联邦法规》第21章，第211部分

https：//www.accessdata.fda.gov/scripts/cdrh/cfdocs/cfcfr/CFRSearch.cfm?CFRPart=211

• 美国《联邦法规》第21章，第212部分

https：//www.accessdata.fda.gov/scripts/cdrh/cfdocs/cfcfr/CFRSearch.cfm?CFRPart=212

• 美国《联邦法规》第21章，第312部分

https：//www.accessdata.fda.gov/scripts/cdrh/cfdocs/cfcfr/CFRsearch.cfm?CFRPart=312

• 美国《联邦法规》第21章，第600部分

https：//www.accessdata.fda.gov/scripts/cdrh/cfdocs/cfcfr/CFRSearch.cfm?CFRPart=600

• 美国《联邦法规》第21章，第610部分

https：//www.accessdata.fda.gov/scripts/cdrh/cfdocs/cfcfr/cfrsearch.cfm?cfrpart=610

• 美国《联邦法规》第21章，第1271部分

https：//www.accessdata.fda.gov/scripts/cdrh/cfdocs/cfcfr/CFRSearch.cfm?CFRPart=1271

• FDA《细胞与基因疗法指南》

https：//www.fda.gov/vaccines-blood-biologics/biologics-guidances/cellulargenetherapy-guidances

（何兴瑞）

缩写词表

a-DLI	activated-donor lymphocyte infusion	激活供体淋巴细胞输注
ALL	acute lymphoblastic leukemia	急性淋巴细胞白血病
AML	acute myelogenous leukemia	急性髓细胞性白血病
APC	antigen presenting cell	抗原提呈细胞
ASTCT	American Society for Transplantation and Cellular Therapies	美国移植和细胞治疗学会
B-ALL	B cell acute lymphoblastic leukemia	B 细胞急性淋巴细胞白血病
BBB	blood-brain barrier	血脑屏障
BMCA	B cell maturation antigen	B 细胞成熟抗原
BCR	B cell receptor	B 细胞受体
BLA	biologics licensing application	生物制品许可申请
CAR	chimeric antigen receptor	嵌合抗原受体
CART19	T cells expressing anti-CD19 chimeric antigen receptor	抗CD19嵌合抗原受体修饰的T细胞
CBER	Center for Biologics Evaluation and Research	生物制品评价与研究中心
CD137（41BB）	cluster of differentiation 137	分化簇 137
CD152（CTLA4）	cluster of differentiation 152	分化簇 152
CD19	cluster of differentiation 19	分化簇 19
CD20	cluster of differentiation 20	分化簇 20
CD22	cluster of differentiation 22	分化簇 22
CD271（PD1）	cluster of differentiation 271	分化簇 271
CD278（ICOS）	cluster of differentiation 278	分化簇 278
CD28	cluster of differentiation 28	分化簇 28
CD3	cluster of differentiation 3	分化簇 3
CD4	cluster of differentiation 4	分化簇 4
CD8	cluster of differentiation 8	分化簇 8
CDR	complementarity determining region	互补决定区
CFR	code of federal regulations	联邦法规
CLL	chronic lymphocytic leukemia	慢性淋巴细胞白血病
C_{max}	maximum CAR-T cell expansion	CAR-T 细胞扩增的最大值（或峰值）
CMC	chemistry manufacturing and controls	化学、生产和控制
CML	chronic myelogenous leukemia	慢性髓细胞性白血病
CR	complete response	完全响应

CRS	cytokine release syndrome	细胞因子释放综合征
CSF	cerebrospinal fluid	脑脊液
DLBCL	diffuse large B cell lymphoma	弥漫大B细胞淋巴瘤
DLI	donor lymphocyte infusion	供体淋巴细胞输注
EMA	European Medicines Agency	欧洲药品管理局
ERBB2	Erb-b2 receptor tyrosine kinase 2	Erb-b2受体酪氨酸激酶2
Fab	fragment antigen binding	抗原结合片段
FACT	Foundation for the Accreditation of Cellular Therapy	细胞治疗认证基金会
Fc	fragment crystallizable	可结晶片段
Fv	fragment variable	可变区片段
GBM	glioblastoma	胶质母细胞瘤
GM-CSF	granulocyte-macrophage colony-stimulating factor	粒细胞-巨噬细胞集落刺激因子
GVHD	graft-versus-host disease	移植物抗宿主病
GVT	graft versus tumor	移植物抗肿瘤
HIV	human immunodeficiency virus	人类免疫缺陷病毒
HLA	human leukocyte antigen	人类白细胞抗原
ICANS	immune effector cell-associated neurotoxicity syndrome	免疫效应细胞相关神经毒性综合征
IFN-γ	interferon gamma	γ干扰素
IL-1	interleukin-1	白细胞介素-1
IL-6	interleukin-6	白细胞介素-6
IND	investigational new drug	新药临床试验
IP	investigational product	试验用产品
MHC	major histocompatibility complex	主要组织相容性复合体
MNC	mononuclear cells	单核细胞
NHL	non-Hodgkin's lymphoma	非霍奇金淋巴瘤
NR	no response	无响应
NY-ESO-1	New York esophageal squamous cell carcinoma-1	纽约食管鳞状细胞癌1
ODAC	oncologic Drugs Advisory Committee	肿瘤药物咨询委员会
OOS	out-of-specification	超标测试结果
ORR	overall response rate	总缓解率
ORS	overall survival rate	总生存率
PSMA	Prostate Specific Membrane Antigen	前列腺特异性膜抗原
p-MHC	peptide-major histocompatibility complex	肽-主要组织相容性复合体复合物
PR	partial response	部分响应

QA	quality assurance	质量保证
qPCR	quantitative polymerase chain reactions	定量聚合酶链反应
R/R	relapsed/refractory	难治性/复发性
RBC	red blood cell	红细胞
RCL	replication competent lentivirus	复制型慢病毒
scFv	single chain variable fragment	单链可变区片段
SJIA	systemic juvenile idiopathic arthritis	全身型幼年型特发性关节炎
TCR	T cell receptor	T细胞受体
TGF-β	transforming growth factor-beta	转化生长因子-β
TIL	tumor infiltrating lymphocyte	肿瘤浸润淋巴细胞
T_{last}	time last detected	上次检测到的时间
T_{max}	time to reach Cmax	达到 C_{max} 的时间
TME	tumor microenvironment	肿瘤微环境
TNF-α	tumor necrosis factor-alpha	肿瘤坏死因子-α
VSV-g	vesicular stomatitis virus g	水疱性口炎病毒糖蛋白
WBC	white blood cell	白细胞

原作者简介

惠特尼·格拉德尼（Whitney Gladney）博士目前担任美国费城宾夕法尼亚大学（University of Pennsylvania）佩雷尔曼医学院（Perelman School of Medicine）细胞免疫治疗中心（Center for Cellular Immunotherapies，CCI）转化科学运营副主任。格拉德尼博士在佩雷尔曼医学院开始了趋化因子介导癌症转移机制的研究，并在此获得了药理学和生理学博士学位。在加入CCI的转化科学运营团队之前，她在圣裘德儿童研究医院和宾夕法尼亚大学进行了博士后研究。格拉德尼博士为新型CAR-T细胞药物撰写了几项新药研究申请，并担任肿瘤学临床项目的科学主题专家，包括促使FDA批准替沙仑赛的试验。

朱莉·贾德洛夫斯基（Julie Jadlowsky）是美国费城宾夕法尼亚大学佩雷尔曼医学院细胞免疫治疗中心的转化科学运营主管。她在凯斯西储大学（Case Western Reserve University）学习HIV转录调控，并获得了分子生物学和微生物学的博士学位。她于2010年加入宾夕法尼亚大学，从事HIV高亲和力T细胞受体的博士后研究工作。自2013年以来，她的重点一直是将实验室开发的基因修饰的细胞疗法用于首次肿瘤学和传染病适应证的人类临床试验。

梅根·M. 戴维斯（Megan M. Davis）博士目前担任美国宾夕法尼亚大学佩雷尔曼医学院细胞免疫治疗中心产品开发实验室主任。戴维斯博士于宾夕法尼亚大学获得免疫学博士学位，开发了一种人工抗原提呈细胞系统用于细胞治疗，并在斯坦福大学（Stanford University）完成了评估免疫治疗性疫苗接种策略的博士后研究工作。随后戴维斯博士回到宾夕法尼亚大学，领导临床细胞和疫苗生产设施的科学研究业务，并帮助推动CAR-T细胞生产工艺成功转移到诺华，从而促成了FDA对替沙仑赛的批准。戴维斯博士拥有超过15年的细胞和基因治疗经验，目前领导着一个专家团队，致力于开发大规模工艺和新的细胞治疗产品，并评估新颖和新兴的技术，以促进生产和测试平台的发展，从而使细胞治疗领域发生革命性的变化。

安德鲁·费斯纳克（Andrew Fesnak）博士是宾夕法尼亚大学佩雷尔曼医学院细胞免疫治疗中心临床细胞和疫苗生产设施的生产主任。在从新泽西医科和牙科大学罗伯特·伍德·约翰逊医学院毕业后，费斯纳克博士在宾夕法尼亚大学医院完成了临床病理学住院医师和输血医学研究工作。他目前负责输血医学服务的临床研究，并负责监督宾夕法尼亚大学用于人体临床试验的细胞生产。

参考文献

1 Rohaan, M.W., van den Berg, J.H., Kvistborg, P., and Haanen, J. (2018). Adop-tive transfer of tumor-infiltrating lymphocytes in melanoma: a viable treatment option. *J. Immunother. Cancer* 6: 102.

2 Dudley, M.E., Wunderlich, J.R., Robbins, P.F. et al. (2002). Cancer regression and autoimmunity in patients after clonal repopulation with antitumor lymphocytes. *Science* 298: 850-854.

3 Rosenberg, S.A., Yang, J.C., Sherry, R.M. et al. (2011). Durable complete responses in heavily pretreated patients with metastatic melanoma using T-cell transfer immunotherapy. *Clin. Cancer Res.* 17: 4550-4557.

4 Rosenberg, S.A., Yannelli, J.R., Yang, J.C. et al. (1994). Treatment of patients with metastatic melanoma with autologous tumor-infiltrating lymphocytes and interleukin 2. *J. Natl. Cancer Inst.* 86: 1159-1166.

5 Wu, R., Forget, M.A., Chacon, J. et al. (2012). Adoptive T-cell therapy using autologous tumor-infiltrating lymphocytes for metastatic melanoma: current status and future outlook. *Cancer J.* 18: 160-175.

6 Getts, D., Hofmeister, R., and Quintas-Cardama, A. (2019). Synthetic T cell receptor-based lymphocytes for cancer therapy. *Adv. Drug Deliv. Rev.* 141: 47-54.

7 Holler, P.D., Holman, P.O., Shusta, E.V. et al. (2000). In vitro evolution of a T cell receptor with high affinity for peptide/MHC. *Proc. Natl. Acad. Sci. U. S. A.* 97: 5387-5392.

8 Morgan, R.A., Chinnasamy, N., Abate-Daga, D. et al. (2013). Cancer regres-sion and neurological toxicity following anti-MAGE-A3 TCR gene therapy. *J. Immunother.* 36: 133-151.

9 Cameron, B.J., Gerry, A.B., Dukes, J. et al. (2013). Identification of a Titin-derived HLA-A1-presented peptide as a cross-reactive target for engineered MAGE A3-directed T cells. *Sci. Transl. Med.* 5: 197ra103.

10 Linette, G.P., Stadtmauer, E.A., Maus, M.V. et al. (2013). Cardiovascular toxicity and titin cross-reactivity of affinity-enhanced T cells in myeloma and melanoma. *Blood* 122: 863-871.

11 Stadtmauer, E.A., Faitg, T.H., Lowther, D.E. et al. (2019). Long-term safety and activity of NY-ESO-1 SPEAR T cells after autologous stem cell transplant for myeloma. *Blood Adv.* 3: 2022-2034.

12 Deeks, S.G., Wagner, B., Anton, P.A. et al. (2002). A phase Ⅱ randomized study of HIV-specific T-cell gene therapy in subjects with undetectable plasma viremia on combination antiretroviral therapy. *Mol. Ther.* 5: 788-797.

13 Mitsuyasu, R.T., Anton, P.A., Deeks, S.G. et al. (2000). Prolonged survival and tis-sue trafficking following adoptive transfer of CD4zeta gene-modified autologous CD4(+) and CD8(+) T cells in human immunodeficiency virus-infected subjects. *Blood* 96: 785-793.

14 Walker, R.E., Bechtel, C.M., Natarajan, V. et al. (2000). Long-term in vivo survival of receptor-modified syngeneic T cells in patients with human immun-odeficiency virus infection. *Blood* 96: 467-474.

15 Scholler, J., Brady, T.L., Binder-Scholl, G. et al. (2012). Decade-long safety and function of retroviral-modified chimeric antigen receptor T cells. *Sci. Transl. Med.* 4: 132ra53.

16 Zhang, J. and Wang, L. (2019). The emerging world of TCR-T cell trials against cancer: a systematic review. *Technol. Cancer Res. Treat.* 18: 1533033819831068.

17 Fesnak, A.D., June, C.H., and Levine, B.L. (2016). Engineered T cells: the promise and challenges of cancer immunotherapy. *Nat Rev Cancer* 16: 566-581.

18 Dendrou, C.A., Petersen, J., Rossjohn, J., and Fugger, L. (2018). HLA variation and disease. *Nat. Rev. Immunol.* 18: 325-339.

19 Alter, I., Gragert, L., Fingerson, S. et al. (2017). HLA class I haplotype diversity is consistent with selection for frequent existing haplotypes. *PLoS Comput. Biol.* 13: e1005693.

20 Mack, S.J., Cano, P., Hollenbach, J.A. et al. (2013). Common and well-documented HLA alleles: 2012 update to the CWD catalogue. *Tissue Anti-gens* 81: 194-203.

21 Kalos, M., Levine, B.L., Porter, D.L. et al. (2011). T cells with chimeric antigen receptors have potent antitumor effects and can establish memory in patients with advanced leukemia. *Sci. Transl. Med.* 3: 95ra73.

22 Porter, D.L., Levine, B.L., Kalos, M. et al. (2011). Chimeric antigen receptor-modified T cells in chronic lymphoid leukemia. *N. Engl. J. Med.* 365: 725-733.

23 Porter, D.L., Hwang, W.T., Frey, N.V. et al. (2015). Chimeric antigen receptor T cells persist and induce sustained remissions in relapsed refractory chronic lymphocytic leukemia. *Sci. Transl. Med.* 7: 303ra139.

24 Grupp, S.A., Kalos, M., Barrett, D. et al. (2013). Chimeric antigen receptor-modified T cells for acute lymphoid leukemia. *N. Engl. J. Med.* 368: 1509-1518.

25 Maude, S.L., Laetsch, T.W., Buechner, J. et al. (2018). Tisagenlecleucel in chil-dren and young adults with B-cell lymphoblastic leukemia. *N. Engl. J. Med.* 378: 439-448.

26 Maude, S.L., Frey, N., Shaw, P.A. et al. (2014). Chimeric antigen receptor T cells for sustained remissions in leukemia. *N. Engl. J. Med.* 371: 1507-1517.

27 Mueller, K.T., Waldron, E., Grupp, S.A. et al. (2018). Clinical pharmacology of tisagenlecleucel in B-cell acute lymphoblastic leukemia. *Clin. Cancer Res.* 24: 6175-6184.

28 Newick, K., O'Brien, S., Sun, J. et al. (2016). Augmentation of CAR T-cell traf-ficking and antitumor efficacy by blocking protein kinase A localization. *Cancer Immunol. Res.* 4: 541-551.

29 Fraietta, J.A., Lacey, S.F., Orlando, E.J. et al. (2018). Determinants of response and resistance to CD19 chimeric antigen receptor (CAR) T cell therapy of chronic lymphocytic leukemia. *Nat. Med.* 24: 563-571.

30 Schuster, S.J., Bishop, M.R., Tam, C.S. et al. (2019). Tisagenlecleucel in adult relapsed or refractory diffuse large B-cell lymphoma. *N. Engl. J. Med.* 380: 45-56.

31 Lee, D.W., Santomasso, B.D., Locke, F.L. et al. (2019). ASTCT consensus grading for cytokine release syndrome and neurologic toxicity associated with immune effector cells. *Biol. Blood Marrow Transplant.* 25: 625-638.

32 Frey, N. (2017). Cytokine release syndrome: who is at risk and how to treat. *Best Pract. Res. Clin. Haematol.* 30: 336-340.

33 Porter, D., Frey, N., Wood, P.A. et al. (2018). Grading of cytokine release syn-drome associated with the CAR T cell therapy tisagenlecleucel. *J. Hematol. Oncol.* 11: 35.

34 Giavridis, T., van der Stegen, S.J.C., Eyquem, J. et al. (2018). CAR T cell-induced cytokine release syndrome is mediated by macrophages and abated by IL-1 blockade. *Nat. Med.* 24: 731-738.

35 Norelli, M., Camisa, B., Barbiera, G. et al. (2018). Monocyte-derived IL-1 and IL-6 are differentially required for cytokine-release syndrome and neurotoxicity due to CAR T cells. *Nat. Med.* 24: 739-748.

36 Garfall, A., Lancaster, E., Stadtmauer, E. A., et al. (2016). Posterior reversible encephalopathy syndrome (PRES) after infusion of anti-Bcma CAR T cells (CART-BCMA) for multiple myeloma: successful treatment with cyclophos-phamide 58th ASH Annual Meeting and Exposition, San Diego, California, 3-6 December 2016.

37 Taraseviciute, A., Tkachev, V., Ponce, R. et al. (2018). Chimeric antigen receptor T cell-mediated neurotoxicity in nonhuman primates. *Cancer Discov.* 8: 750-763.

38 Gust, J., Hay, K.A., Hanafi, L.A. et al. (2017). Endothelial activation and blood-brain barrier disruption in neurotoxicity after adoptive immunotherapy with CD19 CAR-T cells. *Cancer Discov.* 7: 1404-1419.

39 Morgan, R.A., Yang, J.C., Kitano, M. et al. (2010). Case report of a serious adverse event following the administration of T cells transduced with a chimeric antigen receptor recognizing ERBB2. *Mol. Ther.* 18: 843-851.

40 Porter, D.L., Levine, B.L., Bunin, N. et al. (2006). A phase 1 trial of donor lym-phocyte infusions expanded and activated ex vivo via CD3/CD28 costimulation. *Blood* 107: 1325-1331.

41 Dull, T., Zufferey, R., Kelly, M. et al. (1998). A third-generation lentivirus vector with a conditional packaging system. *J. Virol.* 72: 8463-8471.

42 Schambach, A., Zychlinski, D., Ehrnstroem, B., and Baum, C. (2013). Biosafety features of lentiviral vectors. *Hum. Gene Ther.* 24: 132-142.

43 Fesnak, A., Suhoski-Davis, M., and Levine, B. L. (2017). Production of Chimeric Antigen Receptor Cells. https://www.stemcell.com/media/files/wallchart/ WA27041-Production_of_Chimeric_Antigen_Receptor_T_cells.pdf (accessed 16 April 2020).

44 Das, R.K., Vernau, L., Grupp, S.A., and Barrett, D.M. (2019). Naive T-cell deficits at diagnosis and after chemotherapy impair cell therapy potential in pediatric cancers. *Cancer Discov.* 9: 492-499.

45 Shah, N.N. and Fry, T.J. (2019). Mechanisms of resistance to CAR T cell therapy. *Nat. Rev. Clin. Oncol.* 16: 372-385.

46 Beatty, G.L. and Gladney, W.L. (2015). Immune escape mechanisms as a guide for cancer immunotherapy. *Clin. Cancer Res.* 21: 687-692.

47 Ruella, M., Xu, J., Barrett, D.M. et al. (2018). Induction of resistance to chimeric antigen receptor T cell therapy by transduction of a single leukemic B cell. *Nat. Med.* 24: 1499-1503.

48 Yang, L., Pang, Y., and Moses, H.L. (2010). TGF-beta and immune cells: an important regulatory axis in the tumor microenvironment and progression. *Trends Immunol.* 31: 220-227.

49 Tauriello, D.V.F., Palomo-Ponce, S., Stork, D. et al. (2018). TGFbeta drives immune evasion in genetically reconstituted colon cancer metastasis. *Nature* 554: 538-543.

50 Cornetta, K., Duffy, L., Turtle, C.J. et al. (2018). Absence of replication-competent lentivirus in the clinic: analysis of infused T cell products. *Mol. Ther.* 26: 280-288.

51 Marcucci, K.T., Jadlowsky, J.K., Hwang, W.T. et al. (2018). Retroviral and lentiviral safety analysis of gene-modified T cell products and infused HIV and oncology patients. *Mol. Ther.* 26: 269-279.

52 Suhoski-Davis, M., McKenna, D.H., and Norris, P.J. (2017). How do I participate in T-cell immunotherapy? *Transfusion* 57: 1115-1121.

53 Seimetz, D., Heller, K., and Richter, J. (2019). Approval of First CAR-Ts: have we solved all hurdles for ATMPs? *Cell Medicine* 11: 2155179018822781.

54 Boyd, J.A., Levine, B.L., Jinivizian, K. et al. (2015). Successful translation of chimeric antigen receptor (CAR) targeting CD19 (CTL019) cell processing tech-nology from academia to industry. *Blood* 126: 3100.

55 Le, R.Q., Li, L., Yuan, W. et al. (2018). FDA approval summary: tocilizumab for treatment of chimeric antigen receptor T cell-induced severe or life-threatening cytokine release syndrome. *Oncologist* 23: 943-947.

56 Jain, T., Bar, M., Kansagra, A.J. et al. (2019). Use of chimeric antigen recep-tor T cell therapy in clinical practice for relapsed/refractory aggressive B cell non-Hodgkin lymphoma: an expert panel opinion from the american society for transplantation and cellular therapy. *Biol. Blood Marrow Transplant.* 25: 2305-2321.

57 Brudno, J.N. and Kochenderfer, J.N. (2019). Recent advances in CAR T-cell toxicity: mechanisms, manifestations and management. *Blood Rev.* 34: 45-55.

58 Dholaria, B.R., Bachmeier, C.A., and Locke, F. (2019). Mechanisms and manage-ment of chimeric antigen receptor T-cell therapy-related toxicities. *BioDrugs* 33: 45-60.

59 Oved, J.H., Barrett, D.M., and Teachey, D.T. (2019). Cellular therapy: immune-related complications. *Immunol. Rev.* 290: 114-126.

60 Kochenderfer, J.N., Dudley, M.E., Kassim, S.H. et al. (2015).Chemotherapy-refractory diffuse large B-cell lymphoma and indolent B-cell malignancies can be effectively treated with autologous T cells expressing an anti-CD19 chimeric antigen receptor. *J. Clin. Oncol.* 33: 540-549.

61 Kochenderfer, J.N., Somerville, R.P.T., Lu, T. et al. (2017). Long-duration com-plete remissions of diffuse large B cell lymphoma after anti-CD19 chimeric antigen receptor T cell therapy. *Mol. Ther.* 25: 2245-2253.

62 Nastoupil, L.J., Jain, M.D., Spiegel, J.Y. et al. (2018). Axicabtagene ciloleu-cel (Axi-cel) CD19 chimeric antigen receptor (CAR) T-cell therapy for relapsed/refractory large B-cell lymphoma: real world experience. *Blood* 132: 91.

63 Zavras, P.D., Wang, Y., Gandhi, A. et al. (2019). Evaluating tisagenlecleucel and its potential in the treatment of relapsed or refractory diffuse large B cell lymphoma: evidence to date. *Onco. Targets. Ther.* 12: 4543-4554.

64 Raje, N., Berdeja, J., Lin, Y. et al. (2019). Anti-BCMA CAR T-cell therapy bb2121 in relapsed or refractory multiple myeloma. *N. Engl. J. Med.* 380: 1726-1737.

65 Ruella, M. and Maus, M.V. (2016). Catch me if you can: leukemia escape after CD19-directed T cell immunotherapies. *Comput. Struct. Biotechnol. J.* 14: 357-362.

66 Wang, N., Hu, X., Cao, W. et al. (2020). Efficacy and safety of CAR19/22 T-cell cocktail therapy in patients with refractory/relapsed B-cell malignancies. *Blood* 135: 17-27.

67 Yan, Z., Cao, J., Cheng, H. et al. (2019). A combination of humanised anti-CD19 and anti-BCMA CAR T cells in patients with relapsed or refractory multiple myeloma: a single-arm, phase 2 trial. *Lancet Haematol.* 6: e521-e529.

68 Shen, S.H., Woroniecka, K., Barbour, A.B. et al. (2020). CAR T cells and check-point inhibition for the treatment of glioblastoma. *Expert. Opin. Biol. Ther.*: 1-13.

69 Majzner, R.G., Theruvath, J.L., Nellan, A. et al. (2019). CAR T cells targeting B7-H3, a Pan-cancer antigen, demonstrate potent preclinical activity against pediatric solid tumors and brain tumors. *Clin. Cancer Res.* 25: 2560-2574.

70 Tchou, J., Zhao, Y., Levine, B.L. et al. (2017). Safety and efficacy of intratumoral injections of chimeric antigen receptor (CAR) T cells in metastatic breast cancer. *Cancer Immunol. Res.* 5: 1152-1161.

71 Priceman, S.J., Tilakawardane, D., Jeang, B. et al. (2018). Regional delivery of chimeric antigen receptor-engineered T cells effectively targets HER2(+) breast cancer metastasis to the brain. *Clin. Cancer Res.* 24: 95-105.

72 Kloss, C.C., Lee, J., Zhang, A. et al. (2018). Dominant-negative TGF-beta receptor enhances PSMA-targeted human CAR T cell proliferation and augments prostate cancer eradication. *Mol. Ther.* 26: 1855-1866.

第6章

治疗偏头痛的CGRP抑制剂

6.1 引言

降钙素基因相关肽（calcitonin gene-related peptide，CGRP）是一种由37个氨基酸组成的神经肽，其源于编码降钙素的基因，通过mRNA的交替剪接及其前体蛋白水解加工而来[1,2]。CGRP和降钙素有着共同的起源，但这两种分子在人体内却表现出完全不同的功能。降钙素主要与钙稳态和骨重塑有关，而CGRP参与血管舒张和感觉传输[3,4]。

CGRP在不同物种中高度保守[5]，这表明在哺乳动物进化的相对早期，该神经肽的重要功能已经确立。CGRP主要由腹侧和背侧根神经元的胞体产生[6]，在三叉神经系统（trigeminal system）中尤其常见，其中高达50%的神经元产生该神经肽[7]。CGRP以α-CGRP和β-CGRP两种亚型存在[8,9]。α-CGRP是最丰富的亚型，存在于中枢和周围神经系统的多个区域[10]。β-CGRP与α-CGRP仅有3个氨基酸差异，主要位于肠神经的末端[11]。两种亚型的CGRP被激活后都会表现出血管扩张作用，其在人体多个组织中发挥生理作用，包括胃肠道、呼吸系统，以及内分泌和中枢神经系统（central nervous system，CNS）[12,13]。CGRP可能还具有促进肿瘤相关血管生成和肿瘤生长的作用[14]。

CGRP通过与一种名为降钙素受体样受体（calcitonin receptor-like receptor，CALCRL）的GPCR受体结合而发挥生理效应。该受体由一个降钙素受体（calcitonin receptor，CLR）与一个必需的受体活性修饰蛋白（receptor activity modifying protein，RAMP）连接构成，其中RAMP是完整功能所必需的[15]。目前已经确定了RAMP的三种亚型，分别为RAMP1、RAMP2和RAMP3。CLR和RAMP1的共同表达可产生对CGRP具有高亲和力的CGRP受体；而RAMP2可产生对相关肽——肾上腺髓质素（adrenomedullin，AM）高度敏感的受体（AM1受体）；RAMP3受体则是另一种肾上腺髓质素受体（AM2受体），对CGRP有一定选择性[16]。与CGRP一样，CGRP受体在人体内广泛分布[17]。

数十年来，偏头痛（migraine）被认为是一种血管疾病，血管扩张引发一系列反应，进而产生偏头痛症状[18]。急性特异性偏头痛的第一代药物［麦角胺（ergotamine）类药物］和第二代药物［曲坦类（triptans）药物］会导致血管收缩的副作用，因此研究人员对发现与偏头痛有关的血管活性肽表现出了浓厚的兴趣。大量研究的确已证实了CGRP和偏头痛之间的联系，尽管这种联系的机制与其血管活性关系不大[19]。偏头痛发生时，CGRP会释放到体循环中，从而使其在血流中的水平升高。在易感人群中，将外源性CGRP注入静脉循环可诱发偏头痛[20]。许多小分子CGRP受体拮抗剂可显示出抗偏头痛的临床疗效，这说明CGRP在偏头痛及相关症状中发挥重要作用[21-25]。降钙素基因相关肽受体拮抗剂（calcitonin gene-related peptide-receptor antagonist，CGRP-RA）临床研究的综述可参见相关文献[26, 27]。

本章重点介绍CGRP治疗偏头痛和其他相关适应证的最新进展。首先介绍CGRP的生理作用及长期抑制CGRP的潜在疗效，重点是偏头痛，然后简要回顾了小分子和大分子疗法的发展概况。由于已经开发了4种单克隆抗体和多种小分子药物，并取得了一定的研究进展，因此本章重点介绍一些有大量数据支撑的基本概念。

6.2 CGRP的主要生理功能

已有大量资料确切证明CGRP的血管扩张作用，因此其在正常和非正常生理条件下对血压的调控作用，包括对缺血再灌注损伤的心脏保护作用，也已被充分地研究[28-31]。具体可参阅布雷恩（Brain）和格朗（Grant）发表的关于CGRP血管作用的综述[32]。CGRP对微血管的作用更为明显，其微血管扩张作用是前列腺素（prostaglandin）的10倍，是其他经典血管扩张剂的100～1000倍[32]。CGRP与其他血管扩张剂的不同之处在于，其不仅作用更强且作用持续时间更长。小剂量注射CGRP到人体皮肤会产生红斑或红肿，可持续5～6小时[33]。一种常见的筛选潜在有效CGRP拮抗剂的方法是，将辣椒素局部应用于动物或人体皮肤上，辣椒素将强烈诱导CGRP的局部释放，进而诱导血管扩张，而血管扩张范围是可以量化的。可通过测试化合物逆转或阻断CGRP血管舒张的能力来筛选靶向CGRP化合物的活性[34]。

CGRP的血管扩张活性及其广泛分布，除了能在生理条件下调节组织血流外，还具有保护组织免受损伤的重要作用。动物实验表明，注射CGRP可降低发生缺血再灌注心律失常的可能性[35]。在缺血动物模型中，CGRP能改善犬[36]和猪[29]的心脏收缩功能，但研究未能证明在缺血时给予CGRP能产生保护作用[29]。基于这些结果，科学家推测CGRP在缺血预适应中发挥作用，而缺血预适应是组织在反复发生缺血后对缺血的耐受能力[37]。体外研究表明，在缺血预适应期间（主要缺血损伤发生前短暂缺血再灌注的时期），离体大鼠心脏可释放CGRP。此外，外源性CGRP的给予可能产生与缺血预适应相同的心脏保护作用；但同时给予小分子CGRP拮抗剂奥西吉泮（olcegepant），这种保护作用将被阻断，这一结果为CGRP可能对心脏预适应发挥重要作用的观点提供有力支持[38]。进一步的研究表明，

CGRP可能在内脏、大脑和肾脏等组织的缺血保护中发挥作用[32]。

随着文献对CGRP心血管系统影响的报道，关于阻断CGRP对正常和病变心脏功能有何影响的问题也被提出了。广泛的研究已证实了短时间内阻断CGRP的安全性。人冠状动脉体外研究[39, 40]，以及心肌缺血[41]和慢性心力衰竭[42]的动物模型体内研究表明，阻断CGRP对心肌没有明显影响。此外，与曲坦类药物不同，CGRP拮抗剂对犬或猴的心血管没有影响[43]，但其在实验研究中导致血管收缩和缺血[44]，这佐证了心血管疾病患者应禁用曲坦类药物。

临床研究评估了阻断CGRP活性对人体的影响，尤其是对心脏功能的影响。小分子CGRP受体拮抗剂替卡吉泮（telcagepant，MK-0974）对心血管疾病患者自发性缺血无明显影响[38]。此外，超剂量的替卡吉泮治疗不影响稳定型心绞痛患者的运动时间，不影响健康男性硝酸甘油诱导的血管扩张，也不与舒马曲坦（sumatriptan）存在血流动力学相互作用[41]。研究人员还进一步研究了替卡吉泮对偏头痛患者心血管功能的影响。一项双盲、安慰剂对照研究（仅部分完成）考察了超治疗剂量的替卡吉泮（600 mg或900 mg）对缺血性伴有ST段压低的重复性运动诱发稳定型心绞痛的偏头痛患者在跑步机运动时间的影响。患者在最大药物浓度（T_{max}）时进行跑步机运动。缺血性ST段压低（1 mm）的发生率在安慰剂、600 mg替卡吉泮和900 mg替卡吉泮3组间无显著差异[42]。

相对于小分子拮抗剂，抗体治疗可以产生持续的抑制作用，因此随着CGRP及其受体单克隆抗体的开发，也引发了研究人员对CGRP受体持续抑制安全性的担忧。为了理解持续抑制的影响，研究人员开展了多项研究。其中一种由梯瓦制药（Teva）研发的CGRP单克隆抗体——弗雷曼珠单抗（fremanezumab，Ajovy®），已被批准用于预防慢性和发作性偏头痛。在食蟹猴的安全性研究中，食蟹猴每周静脉注射1次弗雷曼珠单抗或赋形剂，连续给药14周，最高剂量为300 mg/kg。弗雷曼珠单抗的最终临床获批剂量为每月1次，225 mg（调整体重的剂量为每月1次，3.4 mg/kg）。通过遥测技术，在试验中获得了实验动物的多项心血管参数，但各测试点的血流动力学参数及心电图参数均未见临床相关的明显变化[45]。

研究人员还研究了安进制药（Amgen）厄瑞努单抗（erenumab，Aimovig®）治疗对心血管功能的影响。厄瑞努单抗是一种抗CGRP受体的单克隆抗体，于2018年被批准用于偏头痛的预防性治疗。厄瑞努单抗的临床研究与先前描述的替卡吉泮非常相似。稳定型心绞痛患者被随机按1∶1分为厄瑞努单抗组（单次静脉注射140 mg）或安慰剂组，并根据患者的基线跑步运动成绩分为两组。主要终点是运动持续时间相较于基线的变化。在12周的随访期间，厄瑞努单抗的所有参数都与安慰剂相似。CGRP抗体弗雷曼珠单抗的临床研究也已完成，结果显示，在高龄心血管事件风险增加的女性中，未发生血流动力学或心电图（electrocardiogram，ECG）的变化[43]。对于65岁以下使用曲坦类药物（已知的血管收缩药物）的男性和女性患者，使用弗雷曼珠单抗后，在3个月内未观察到任何血流动力学变化。这些临床研究使用了不同的CGRP或CGRP受体抗体，但研究数据都明显表明，人体CGRP功能被较长时间阻断对心血管功能没有显著影响。尽管如此，谨慎行事仍是必要的。CGRP的血管扩张作用与其被抑制后没有观察到安全性问题之间显然存在矛盾。这可能是由于血管扩张的调控机制相对复杂，而其他血管扩张剂补偿了CGRP的作用。然而，这些临床研究虽然设计精细且严格，但都不是针对CGRP长期抑制的安全性研究，一些罕见的心血管事件也可能在临床研究中未被检测到。在新药批准上市后的临床使用经验解决这些问题之前，具有重大心血管风险的患者使用这些药物时务必要谨慎，建议首先尝试非CGRP预防性药物。此外，长期抑制可能会影响CGRP在缺血预适应中的作用。这种抑制的临床后果是不确定的，可能取决于患者的心血管健康程度。

6.3 CGRP在肠道中的作用

在胃部，CGRP主要分布于胃黏膜、纵肌和肌间神经丛[46, 47]。CGRP在胃肠道系统中的作用可能与胃排空有关，其血管扩张和肌肉松弛功能会影响胃排空。胃损伤动物模型（如由乙醇诱导）的临床前研究表明，CGRP对胃损伤具有保护作用[48]。在该模型中，通过预饲喂辣椒素，可以减轻高浓度乙醇饲喂动物所引起的胃黏膜损伤[49]。这种保护作用在CGRP拮抗剂存在下可被缓解或减弱，表明CGRP在胃肠道系统中的这种保护作用是至关重要的。辣椒素已被证明在其他系统中会引起CGRP的释放，因此这一结果应该也在意料之中。然而，目前还不清楚在正常生理条件下抑制CGRP会如何影响胃肠道的健康，从这一点而言，还没有明确的迹象表明这一观察结果具有临床意义，也没有任何关于CGRP抑制剂的临床研究数据表明抑制CGRP与胃肠道的健康有关。

6.4 CGRP在偏头痛中的作用

虽然CGRP最初的功能可能与维持血管内稳态有关，但据推测，CGRP在进化过程中失去了大部分功能，现在应该被视为一种在疼痛感传递中具有重要功能的神经肽[50, 51]。关于CGRP在其他神经功能中的作用，可以参阅其他文献[52]。

如前所述，CGRP在中枢和外周神经系统中广泛表达，在这些组织中，其似乎具有调节其他神经递质功能的作用[53, 54]。在三叉神经节中，CGRP常与P物质和5-$HT_{1B/D}$受体共表达[55-57]。此外，三叉神经节卫星胶质细胞也会表达CGRP受体[58]。这些细胞可能通过缝隙连接在调节神经元代谢中发挥关键作用[59]。

CGRP对外周神经系统作用的临床相关性与神经血管炎症有关，而神经血管炎症可能对偏头痛具有重要作用[60, 61]。偏头痛发作时，三叉神经尾侧核（trigeminal nucleus caudalis，TNC）受到刺激，进而刺激位于三叉神经节的三叉神经细胞。这些受刺激的三叉神经节的神经元在三叉神经末梢（如面部、太阳穴肌肉、黏膜、血管等部位）释放CGRP。然后，CGRP诱导这些部位的血管扩张和水肿，也可能诱导硬膜肥大细胞脱颗粒，这二者都会促进神经源性炎症——一种继发于感觉神经激活的无菌性炎症[62]。此外，正如拉丹（Raddant）和罗素（Russo）所述[60]，“炎症级联可由CGRP作用于三叉神经节的硬脑膜肥大细胞和卫星胶质细胞触发”。

在三叉神经节和其他部位，这些含有CGRP的外周神经元是多模式痛觉感受器。其支配几乎所有外周组织，并将初级传入信息发送回背角、TNC和孤束核，随后投射至脑干、杏仁核、下丘脑和丘脑核[52]。这些部位的CGRP作用于这些二级神经元的连接后，将疼痛信号从脑干传递到丘脑[4, 63]。换句话说，位于三叉神经节的同一个神经元，可以同时将相应偏头痛发作的神经激活，诱发炎症，并能感受到这种特殊炎症导致的疼痛，将信息传回位于TNC的高阶神经元，然后再传至丘脑。需要注意的是，三叉神经节位于血脑屏障之外，因此很容易通过抗体等大分子药物进行干预。

研究人员进一步分析了TNC（二级神经元）的上游刺激[64, 65]。这些刺激位于脑干，其激活与异位疼痛的知觉感知改变相关，这是一种非疼痛刺激被感知为疼痛的过程。此外，这些刺激也与神经元招募和三级神经元敏化的进展有关[66, 67]。因此，如果将偏头痛理解为非疼痛刺激引起的感知改变的综合结果和三叉神经一个前反馈的神经血管扩张机制的激活，自然就能认识到CGRP同时参与了中枢和外周偏头痛的病理生理过程[68]。

CGRP及其受体也广泛分布于中枢神经系统的其他部位，同时分布于与疼痛相关和不相关的区域，如小脑[69, 70]。CGRP在这些区域的功能尚不清楚。有研究表明，CGRP也表达于与畏光症相关的中枢神经系统区域，而畏光症与偏头痛密切相关[71]。在转基因小鼠模型中，脑室注射CGRP可显著增强小鼠的避光行为，而联合给药CGRP受体拮抗剂奥西吉泮可阻断小鼠的避光行为[72]。

最后，CGRP可能在决定神经元可塑性和突触形成方面也发挥重要作用。这要么是由于其直接作用于神经元，要么是由于其通过调节作用间接作用于神经胶质[73-75]。

综上所述，CGRP及其受体主要在外周和中枢神经元及神经胶质中表达。正如在下文中所讨论的，这种广泛的表达与药物开发密切相关。改善疼痛可以通过阻断外周、中枢的CGRP或同时阻断二者来实现，因此血脑屏障渗透性并不是CGRP受体拮抗剂发挥镇痛作用所必需的。

6.4.1　小分子CGRP受体拮抗剂

目前，有多种用于偏头痛急性治疗的小分子CGRP受体拮抗剂已被发现或正处于开发阶段，包括奥西吉泮、替卡吉泮、MK-3207、瑞美吉泮（rimegepant）、BI-44370、阿托吉泮（atogepant）和乌布吉泮（ubrogepant）[25, 76]。如图6.1所示，这些分子的药理数据也进一步支持了CGRP是引发偏头痛和相关症状的重要因素的假设。相关临床研究的综述可参阅相关文献[26, 77]。值得注意的是，靶向CGRP受体的小分子药物在人体试验中都是有效的。

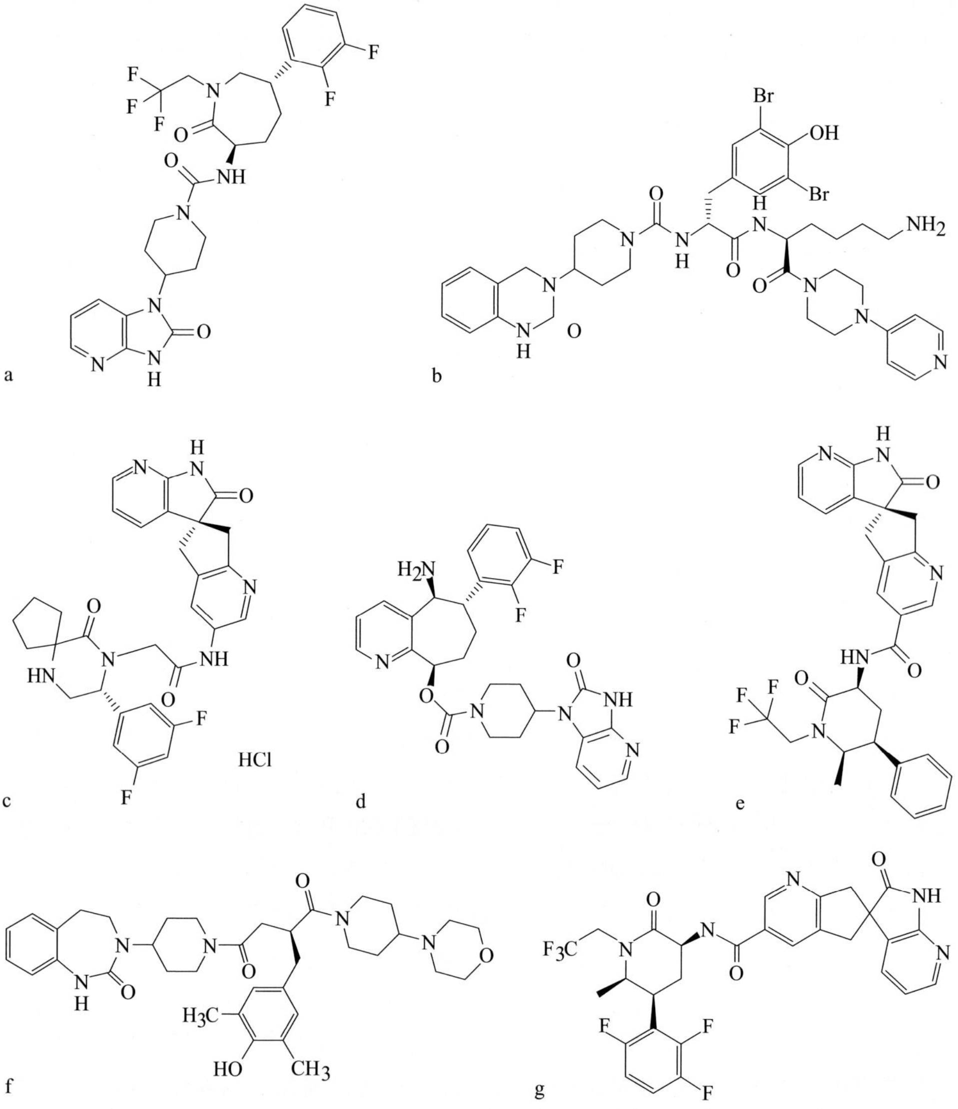

图6.1 小分子CGRP受体拮抗的结构。a. 替卡吉泮（telcagepant）；b. 奥西吉泮（olcegepant）；c. MK-3207；d. 瑞美吉泮（rimegepant）；e. 乌布吉泮（ubrogepant）；f. BI-44370；g. 阿托吉泮（atogepant）

对于所有进入临床研究的分子，替卡吉泮（MK-0974）的研究最为深入，具体涉及作用机制、与标准治疗药物（曲坦类药物）的疗效比对，以及CGRP抑制的临床意义。图6.2比较了不同CGRP受体拮抗剂的临床数据。替卡吉泮是一种急性偏头痛治疗药物，但也有研究将其用于日常慢性给药以预防偏头痛[78]，以及在月经前1周用药以预防月经偏头痛[79]。这些数据建立了概念验证（proof of concept），即抑制CGRP可成功预防发作性和经期偏头痛，因为在这些适应证的相似临床试验中，替卡吉泮与托吡酯（topiramate）的疗效相似[80]。然而，直接对比小分子CGRP受体拮抗剂与曲坦类药物对急性偏头痛疗效的随机临床试验研究很少。仅有几个研究将替卡吉泮与利沙曲坦（10 mg）[81]和佐米曲坦（5 mg）[22]进行对比，或者将BI-44370与依立曲坦（eletriptan）（40 mg）[82]进行对比。在这些研究中，CGRP受体拮抗剂的一项测试指标（2小时内无痛终点）的疗效与曲坦类药物类似，但疗效始终相对略弱。但CGRP受体拮抗剂的耐受性良好，而替卡吉泮长期使用具有更高的肝毒性，这一肝毒性最终阻碍了替卡吉泮及数个同类药物的进一步开发。

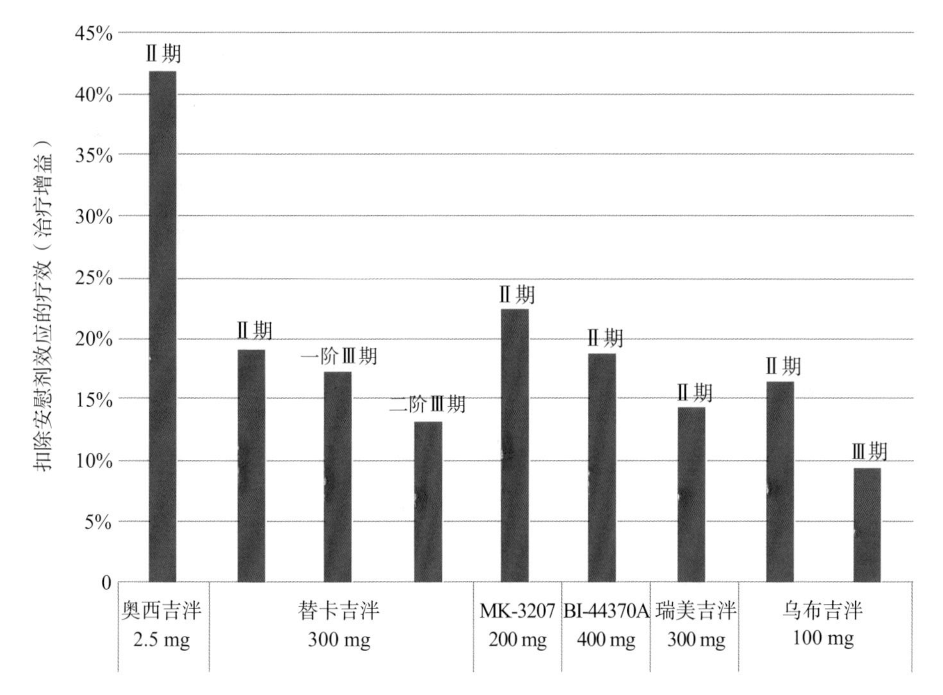

图6.2　小分子CGRP受体拮抗剂给药2小时扣除安慰效应的头痛改善效果比较

然而，研发中的其他新分子似乎已经解决了这一毒性问题，最近美国FDA收到了两种药物的新药申请（new drug application，NAD）。目前，由Biohaven公司开发的瑞美吉泮已经完成了三项关键的Ⅲ期临床试验。在这三项试验中，75 mg剂量达到了主要终点（无疼痛和在2小时内摆脱大多数恼人的症状），以及关键的次要终点。此外，瑞美吉泮耐受性良好，且包括肝功能试验在内的安全性与安慰剂相似[83, 84]。新药申请已于2019年第二季度提交至FDA，预计将于2020年获得批准（译者注：瑞美吉泮已于2020年2月获得FDA批准用于急性偏头痛的治疗，并于2021年6月被FDA批准用于发作性偏头痛的预防）。

由艾尔建（Allergan）制药研发的乌布吉泮是美国FDA批准的第一个CGRP受体拮抗剂小分子药物。在后期的临床研究中，乌布吉泮研究的剂量为1～100 mg。有趣的是，与先前替卡吉泮的数据相似，乌布吉泮在对曲坦类药物高应答或低应答人群中都表现出很好的疗效，总体不良事件发生率与安慰剂相似。在关键的Ⅲ期临床试验中，将25 mg、50 mg和100 mg 3个剂量的乌布吉泮与安慰剂进行了对比试验。其中一项25 mg和50 mg剂量的对比研究中，50 mg剂量的两个共同主要终点（给药2小时后疼痛缓解和给药2小时后恼人的症状消失）都具有统计学意义。发布的安全性数据报告显示，该研究有4例受试者肝酶水平升高，其中1例使用安慰剂，3例使用乌布吉泮，受试者的丙氨酸转氨酶（alanine aminotransferase，ALT）水平比正常值高3～5倍。但是，这些安全性的担忧并没有在其他更长期的研究中发现。在第二项Ⅲ期临床试验中，50 mg和100 mg剂量在两个相同的共同主要终点中均表现出统计学意义，该研究中有6例受试者的ALT水平高出正常上限3倍以上，但安全裁决委员会没有发现其可能与乌布吉泮有关。此外，还进行了两项较长期的安全性研究：一项是针对健康受试者的8周研究；另一项是针对已入组并完成其中一项Ⅲ期研究受试者的开放标签扩展研究。这两项持续时间较长的研究均未显示任何药物相关的肝脏安全性问题[85]。

临床经济评论研究所（The Institute for Clinical Economic Review，ICER）最近公布了瑞美吉泮和乌布吉泮的对比数据，结论如下：①对非处方药没有响应的中至重度偏头痛发作成年人，或对曲坦类药物无效、不能耐受或禁忌的患者，与安慰剂相比，这两种药物都显示出“增效或疗效更好”（B^+）。这表明，两种药物可以产生少量或显著的健康获益，具有一定程度的确定性，而至少产生少量的净健康获益则具有高度确定性。②对非处方药没有响应，但能够使用曲坦类药物的偏头痛成人患者，相对于舒马曲坦和依立曲坦，瑞美吉泮和乌布吉泮显示出“相当的疗效或更差的疗效”（C^-）[86]。

6.4.2 大分子CGRP受体拮抗剂

已有3种单克隆抗体被批准用于预防成人偏头痛，第4种生物制品许可申请（biologics license application，BLA）已于2019年提交（表6.1）。4种抗体中的3种是针对CGRP本身的抗体，第4种（厄瑞努单抗）是针对CGRP受体的抗体。其中3种获批药物［厄瑞努单抗、弗雷曼珠单抗和礼来公司研发的伽奈珠单抗（galcanezumab，Emgality®）］均只需每月皮下（subcutaneous，SC）注射1次，但弗雷曼珠单抗是唯一具有处方灵活性的药物，根据需要可每季度皮下注射1次。依替珠单抗（eptinezumab）[译者注：依替珠单抗于2020年2月被FDA批准，用于预防成人偏头痛] 被设计为每12周静脉注射1次。根据现有数据，这4种抗体都能迅速起效，在1周内，与安慰剂相比，疗效差异明显。所有药物在开始给药1个月后都可产生有意义的临床响应，而安全性和耐受性与安慰剂类似。3种获批药物的标签都标明可治疗偶发性和慢性偏头痛（每月头痛超过15天），但伽奈珠单抗的标签却标明可治疗与其他抗体疗法不同的丛集性头痛。

表6.1 CGRP及CGRP受体单抗汇总表

	厄瑞努单抗	伽奈珠单抗	弗雷曼珠单抗	依替珠单抗
抗体特性	人源	人源化	人源化	人源化
靶点	CGRP受体	CGRP	CGRP	CGRP
商品名（如果上市）	Aimovig®	Emgality®	Ajovy®	（已提交BLA）
投资者	安进/诺华	礼来	梯瓦制药	灵北制药
具有正向临床数据的治疗领域	偶发性偏头痛	偶发性偏头痛	偶发性偏头痛	偶发性偏头痛
	慢性偏头痛	慢性偏头痛	慢性偏头痛	慢性偏头痛
		偶发丛集性头痛	难治性偏头痛	
当前临床研究的治疗领域	创伤后头痛	难治性偏头痛	创伤后头痛	
	药物过度使用性头痛		纤维肌痛症	
	三叉神经痛			
	难治性偏头痛			
	热潮红[a)]			
具有负向临床数据的治疗领域		慢性丛集性头痛	偶发性丛集性头痛	
		OA	慢性丛集性头痛	
剂量	SC，每月1次	SC注射，每月1次	SC注射，每月1次 SC注射，每季度1次 IV注射，随后SC注射（丛集性）	IV注射，每季度1次

a）相关研究已完成，但数据未知。

注：BLA，biologics license application，生物制品许可申请；OA，osteoarthritis，骨关节炎；SC，subcutaneous，皮下；IV，intravenous，静脉内的。

目前还不清楚这4种抗体的相似性是否大于差异性，也不清楚靶向配体和受体之间是否存在显著的安全性和有效性差异。然而，现有数据表明其疗效参数更为相似。这说明这些抗体之间的真正差异更多是由药品特性（如配方、给药时间表和测试属性）所决定的，而不是药物分子本身的药效。CGRP或CGRP受体的抗体可能具有以下共同点。

• 见效快，1周内即能与安慰剂区分开。在慢性偏头痛的治疗试验中（作者直接参与），弗雷曼珠单抗在皮下给药1天后，其疗效就能显著与安慰剂区别开（图6.3）。而依替珠单抗在静脉给药后也具有相同的效果。

• 给药1个月后可产生有临床意义的治疗响应，这些治疗响应的衡量指标包括急性治疗药物消耗量的减少、生活质量和致残。

• 部分患者展现出"超级响应"，这主要是指表现出50%或更高治疗改善的患者。CGRP反应遵循几乎"全有或全无"的治疗响应模式。换言之，大多数患者要么表现出良好或非常好的疗效，要么根本没有响应。但支持该结果的分析研究还没有进行。

• 不受以往其他预防性药物治疗失败的限制，如托吡酯或A型肉毒毒素（botulinum toxin type A，Botox）。

• 安全性和耐受性与安慰剂相似。

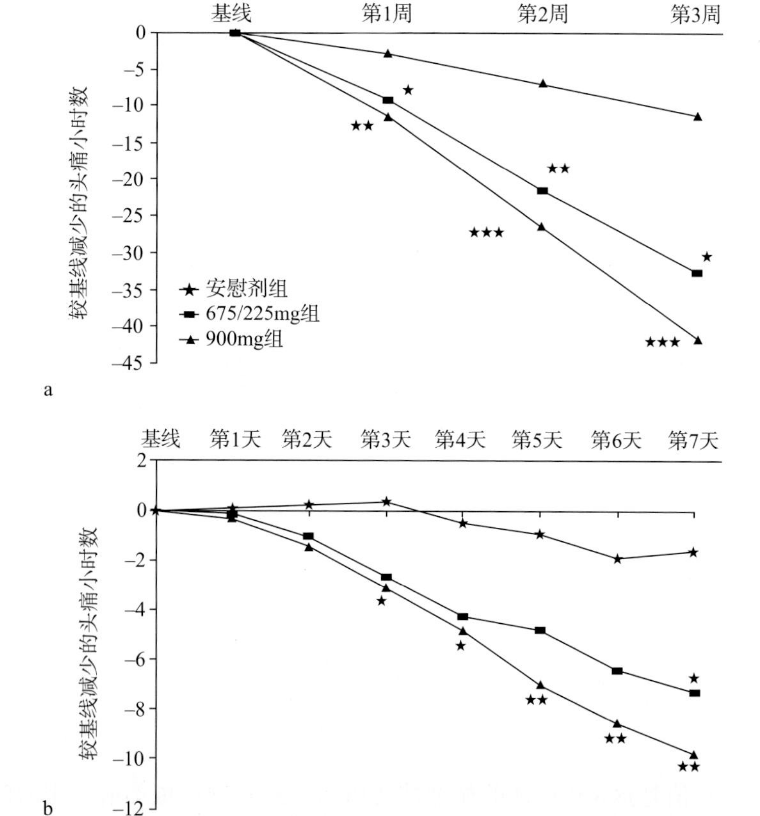

图6.3 弗雷曼珠单抗在慢性偏头痛Ⅱ期临床试验中起始时间段的疗效[87]

值得注意的是，研究人员还测试了弗雷曼珠单抗和伽奈珠单抗治疗丛集性头痛的活性。丛集性头痛是另一种头痛疾病，特点是在发作期间CGRP水平增加[19]。两种药物似乎都未能为慢性丛集性头痛患者提供显著的获益，但伽奈珠单抗在治疗偶发性丛集性头痛方面优于安慰剂。数据显示，伽奈珠单抗治疗组中，丛集性头痛每周的发作频率显著降低，在第1～3周内丛集性头痛发作频率平均减少8.7次，而安慰剂组减少5.2次（差异：每周3.5次，95% CI：0.2～6.7，P=0.04）[88]。

正如预测的那样，单克隆抗体均未显示出肝毒性信号，研发过程也确保了让人放心的心血管风险。如前所述，对心绞痛患者使用替卡吉泮[89]和CGRP受体抗体厄瑞努单抗[90]的研究更加证实了该类药物的安全性。然而，由于CGRP是一种有效的血管扩张剂，虽然临床研究全面而细致，但受患者数量的限制。笔者提倡在积累足够的上市后使用经验之前，使用该类药物应保持谨慎和警惕。

6.5 CGRP受体拮抗剂在其他适应证中的作用

骨关节炎（osteoarthritis，OA）是致残性慢性疼痛的另一原因，CGRP可能在其中发挥作用。关节炎症是骨关节炎的特征，研究表明，患骨关节炎的大鼠和小鼠的关节传入神经中CGRP的表达和释放增加[91]。总体而言，文献对CGRP在骨关节炎病理中的参与程度存在分歧。但是，由于CGRP是感觉神经元表达的一种致炎肽，有足够的指标表明CGRP与骨关节炎有关，研究人员已经在探索使用CGRP受体拮抗剂治疗OA，但收效甚微[92]。一项研究测试了伽奈珠单抗在治疗骨关节炎膝痛方面是否优于安慰剂。患者被随机分为安慰剂组、塞来昔布组（200 mg/d，治疗16周）或伽奈珠单抗组（每4周皮下注射5 mg、50 mg、120 mg或300 mg，2次）。与安慰剂相比，塞来昔布治疗可显著减轻疼痛，但CGRP抗体治疗并未显示出具有临床意义的治疗改善。虽然采用不同的给药模式或抗体分子可能会产生有益的疗效，但这一结果并不能排除通过抑制CGRP受体治疗骨关节炎的可能性。

6.6 总结

研究CGRP的特性，以其为药物靶点，并将其转化为成功的药物，这是被学术界普遍认可的科学突破[93]。虽然CGRP大量表达，并可能参与全身多种功能，但其在偏头痛中的作用已被明确证实。首次证明小分子CGRP受体拮抗剂抑制CGRP受体对偏头痛的治疗具有实质性的临床益处，但第一代CGRP受体拮抗剂受到肝毒性的限制，而第二代CGRP受体拮抗剂在这方面取得了突破，为患者提供了通过抑制CGRP通路治疗急性偏头痛的宝贵机会。CGRP受体拮抗剂和CGRP受体单克隆抗体的开发为患者提供了一种预防偏头痛的有效方法。优异的安全性、对靶点的特异性和药代动力学特性使这些抗体在不必频繁用药的条件下，即能实现症状的缓解和偏头痛发生频率的减少。未来的研究重点应该是通过上市后监测来研究这些药物的长期安全性，并进一步研究以理解这些治疗药物的其他临床用途。

（李　清）

缩写词表

ALT	alanine aminotransferase	丙氨酸转氨酶
AM	adrenomedullin	肾上腺髓质素
CALCRL	calcitonin receptor-like receptor	降钙素受体样受体
CGRP	calcitonin gene-related peptide	降钙素基因相关肽
CGRP-RA	CGRP receptor antagonist	降钙素基因相关肽受体拮抗剂
CLR	calcitonin receptor	降钙素受体
CNS	central nervous system	中枢神经系统
ECG	electrocardiogram	心电图
GI	gastrointestinal	胃肠道
ICER	Institute for Clinical Economic Review	临床经济评论研究所
IV	intravenous	静脉内的
NDA	new drug application	新药申请
OA	osteoarthritis	骨关节炎
RA	receptor antagonist	受体拮抗剂
RAMP	receptor activity modifying protein	受体活性修饰蛋白
SC	subcutaneous	皮下
TNC	trigeminal nucleus caudalis	三叉神经尾侧核

原作者简介

莎拉·瓦尔特（Sarah Walter）于斯沃斯莫尔学院（Swarthmore College）获得化学学士学位，并于斯坦福大学（Stanford University）获得分子药理学博士学位。瓦尔特博士拥有20年在中小型公司从事药物研究和非临床开发的经验，涉及多个治疗领域，包括肿瘤、心血管、女性健康、疼痛、神经学，以及大分子和小分子抗肾功能障碍药物。她目前担任南旧金山安提瓦生物科学公司（Antiva Biosciences）的非临床开发副总裁，正在开发一种HPV相

关疾病的局部疗法。在加入Labrys生物制剂公司之前，瓦尔特在KAI制药工作了9年，参与依特卡肽（etelcalcetide）多个阶段的开发工作，直至2012年KAI被安进公司收购。随后任职于Labrys生物制剂公司，负责单克隆CGRP抗体弗雷曼珠单抗（fremanezumab）的科学事务和临床前开发，直到2014年梯瓦（Teva）公司收购Labrys生物制剂。

马塞洛·E. 比加尔（Marcelo E. Bigal）于巴西圣保罗大学（University of São Paulo）医学院获得医学博士学位，并在此获得神经科学硕士和博士学位。随后他于康涅狄格州斯坦福德的新英格兰头痛研究中心（New England Center for Headache）完成了博士后研究工作。他是Versant Ventures的投资合伙人，也是Ventus的首席执行官，Ventus是由Versant支持的专注于先天免疫领域的公司。他拥有超过13年的药物研发经验，主要专注于神经学，工作内容涵盖研发、医疗和科学事务，并且具有领导大型和小型科学团队的丰富经验。他曾担任多个行业的领导职务，包括梯瓦公司的研发主管和CSO（首席问题官），以及Purdue公司的CMO（首席媒体官）。在加入梯瓦公司之前，他担任Labrys公司的CMO，该公司开发了弗雷曼珠单抗，一种抗CGRP的人源化单克隆抗体，已在美国、加拿大和欧盟获批上市。

参考文献

1 Terenghi, G., Polak, J.M., Ghatei, M.A. et al. (1985). Distribution and origin of calcitonin gene-related peptide (CGRP) immunoreactivity in the sensory innervation of the mammalian eye. *J. Comp. Neurol.* 233 (4): 506-516.

2 Alevizaki, M., Shiraishi, A., Rassool, F.V. et al. (1986). The calcitonin-like sequence of the beta CGRP gene. *FEBS Lett.* 206 (1): 47-52.

3 Edvinsson, M.L. and Edvinsson, L. (2008). Comparison of CGRP and NO responses in the human peripheral microcirculation of migraine and control subjects. *Cephalalgia* 28 (5): 563-566.

4 Eftekhari, S. and Edvinsson, L. (2011). Calcitonin gene-related peptide (CGRP) and its receptor components in human and rat spinal trigeminal nucleus and spinal cord at C1-level. *BMC Neurosci.* 12: 112.

5 Recober, A. and Russo, A.F. (2009). Calcitonin gene-related peptide: an update on the biology. *Curr. Opin. Neurol.* 22 (3): 241-246.

6 Emeson, R.B., Hedjran, F., Yeakley, J.M. et al. (1989). Alternative production of calcitonin and CGRP mRNA is regulated at the calcitonin-specific splice acceptor. *Nature* 341 (6237): 76-80.

7 van Rossum, D., Hanisch, U.K., and Quirion, R. (1997). Neuroanatomical localization, pharmacological characterization and functions of CGRP, related peptides and their receptors. *Neurosci. Biobehav. Rev.* 21 (5): 649-678.

8 Noguchi, K., Senba, E., Morita, Y. et al. (1990). Alpha-CGRP and beta-CGRP mRNAs are differentially regulated in the rat spinal cord and dorsal root gan-glion. *Brain Res. Mol. Brain Res.* 7 (4): 299-304.

9 Tippins, J.R., Di Marzo, V., Panico, M. et al. (1986). Investigation of the struc-ture/activity relationship of human calcitonin gene-related peptide (CGRP). *Biochem. Biophys. Res. Commun.* 134 (3): 1306-1311.

10 Lundberg, J.M., Franco-Cereceda, A., Alving, K. et al. (1992). Release of cal-citonin gene-related peptide from sensory neurons. *Ann. N.Y. Acad. Sci.* 657: 187-193.

11 Mulderry, P.K., Ghatei, M.A., Spokes, R.A. et al. (1988). Differential expres-sion of alpha-CGRP and beta-CGRP by primary sensory neurons and enteric autonomic neurons of the rat. *Neuroscience* 25 (1): 195-205.

12 Feuerstein, G., Willette, R., and Aiyar, N. (1995). Clinical perspectives of cal-citonin gene related peptide pharmacology. *Can. J. Physiol. Pharmacol.* 73 (7): 1070-1074.

13 Poyner, D. (1995). Pharmacology of receptors for calcitonin gene-related peptide and amylin. *Trends Pharmacol. Sci.* 16 (12): 424-428.

14 Toda, M., Suzuki, T., Hosono, K. et al. (2008). Neuronal system-dependent facil-itation of tumor angiogenesis and tumor growth by calcitonin gene-related peptide. *Proc. Natl. Acad. Sci. U. S. A.* 105 (36): 13550-13555.

15 Poyner, D.R., Sexton, P.M., Marshall, I. et al. (2002). International Union of Pharmacology. XXXII. The mammalian calcitonin gene-related peptides, adrenomedullin, amylin, and calcitonin receptors. *Pharmacol. Rev.* 54 (2): 233-246.

16 Russell, F.A., King, R., Smillie, S.J. et al. (2014). Calcitonin gene-related peptide: physiology and pathophysiology. *Physiol. Rev.* 94 (4): 1099-1142.

17 Arulmani, U., Maassenvandenbrink, A., Villalon, C.M. et al. (2004). Calcitonin gene-related peptide and its role in migraine pathophysiology. *Eur. J. Pharmacol.* 500 (1-3): 315-330.

18 Edmeads, J. (1999). History of migraine treatment. *Can. J. Clin. Pharmacol.* 6 SupplA: 5A-8A.

19 Edvinsson, L. and Goadsby, P.J. (1994). Neuropeptides in migraine and cluster headache. *Cephalalgia* 14 (5): 320-327.

20 Asghar, M.S., Hansen, A.E., Kapijimpanga, T. et al. (2010). Dilation by CGRP of middle meningeal artery and reversal by sumatriptan in normal volunteers. *Neurology* 75 (17): 1520-1526.

21 Olesen, J., Diener, H.C., Husstedt, I.W. et al. (2004). Calcitonin gene-related pep-tide receptor antagonist BIBN 4096 BS for the acute treatment of migraine. *N. Engl. J. Med.* 350 (11): 1104-1110.

22 Ho, T.W., Ferrari, M.D., Dodick, D.W. et al. (2008). Efficacy and tolerability of MK-0974 (telcagepant), a new oral antagonist of calcitonin gene-related pep-tide receptor, compared with zolmitriptan for acute migraine: a randomised, placebo-controlled, parallel-treatment trial. *Lancet* 372 (9656): 2115-2123.

23 Hewitt, D.J., Aurora, S.K., Dodick, D.W. et al. (2011). Randomized controlled trial of the CGRP receptor antagonist MK-3207 in the acute treatment of migraine. *Cephalalgia* 31 (6): 712-722.

24 Marcus, R., Goadsby, P.J., Dodick, D. et al. (2014). BMS-927711 for the acute treatment of migraine: a double-blind, randomized, placebo controlled, dose-ranging trial. *Cephalalgia* 34 (2): 114-125.

25 Voss, T., Lipton, R.B., Dodick, D.W. et al. (2016). A phase IIb randomized, double-blind, placebo-

controlled trial of ubrogepant for the acute treatment of migraine. *Cephalalgia* 36 (9): 887-898.

26 Silberstein, S.D. (2013). Emerging target-based paradigms to prevent and treat migraine. *Clin. Pharmacol. Ther.* 93 (1): 78-85.

27 Schuster, N.M. and Rapoport, A.M. (2017). Calcitonin gene-related peptide-targeted therapies for migraine and cluster headache: a review. *Clin. Neuropharmacol.* 40 (4): 169-174.

28 Allen, D.M., Chen, L.E., Seaber, A.V. et al. (1997). Calcitonin gene-related pep-tide and reperfusion injury. *J. Orthop. Res.* 15 (2): 243-248.

29 Kallner, G., Gonon, A., and Franco-Cereceda, A. (1998). Calcitonin gene-related peptide in myocardial ischaemia and reperfusion in the pig. *Cardiovasc. Res.* 38 (2): 493-499.

30 Lynch, J.J. Jr.,, Detwiler, T.J., Kane, S.A. et al. (2010). Effect of calcitonin gene-related peptide receptor antagonism on the systemic blood pressure responses to mechanistically diverse vasomodulators in conscious rats. *J. Car-diovasc. Pharmacol.* 56 (5): 518-525.

31 Supowit, S.C., Ethridge, R.T., Zhao, H. et al. (2005). Calcitonin gene-related pep-tide and substance P contribute to reduced blood pressure in sympathectomized rats. *Am. J. Physiol. Heart Circ. Physiol.* 289 (3): H1169-H1175.

32 Brain, S.D. and Grant, A.D. (2004). Vascular actions of calcitonin gene-related peptide and adrenomedullin. *Physiol. Rev.* 84 (3): 903-934.

33 Brain, S.D., Williams, T.J., Tippins, J.R. et al. (1985). Calcitonin gene-related pep-tide is a potent vasodilator. *Nature* 313 (5997): 54-56.

34 Sinclair, S.R., Kane, S.A., Van der Schueren, B.J. et al. (2010). Inhibition of capsaicin-induced increase in dermal blood flow by the oral CGRP receptor antagonist, telcagepant (MK-0974). *Br. J. Clin. Pharmacol.* 69 (1): 15-22.

35 Zhang, J.F., Liu, J., Liu, X.Z. et al. (1991). The effect of calcitonin gene-related peptide on arrhythmia caused by adenosine diphosphate and desacetyldigilanide-C in rats. *Int. J. Cardiol.* 33 (1): 43-46.

36 Atkins, B.Z., Silvestry, S.C., Samy, R.N. et al. (2000). Calcitonin gene-related peptide enhances the recovery of contractile function in stunned myocardium. *J. Thorac. Cardiovasc. Surg.* 119 (6): 1246-1254.

37 Zhou, Z.H., Peng, J., Ye, F. et al. (2002). Delayed cardioprotection induced by nitroglycerin is mediated by alpha-calcitonin gene-related peptide. *Naunyn-Schmiedeberg's Arch. Pharmacol.* 365 (4): 253-259.

38 Chai, W., Mehrotra, S., Danser, A.H.J. et al. (2006). The role of calcitonin gene-related peptide (CGRP) in ischemic preconditioning in isolated rat hearts.*Eur. J. Pharmacol.* 531 (1-3): 246-253.

39 Lynch, J.J. Jr.,, Regan, C.P., Edvinsson, L. et al. (2010). Comparison of the vaso-constrictor effects of the calcitonin gene-related peptide receptor antagonist telcagepant (MK-0974) and zolmitriptan in human isolated coronary arteries. *J. Cardiovasc. Pharmacol.* 55 (5): 518-521.

40 Chan, K.Y., Edvinsson, L., Eftekhari, S. et al. (2010). Characterization of the cal-citonin gene-related peptide receptor antagonist telcagepant (MK-0974) in human isolated coronary arteries. *J. Pharmacol. Exp. Ther.* 334 (3): 746-752.

41 Regan, C.P., Stump, G.L., Kane, S.A. et al. (2009). Calcitonin gene-related peptide receptor antagonism does not affect the severity of myocardial ischemia during atrial pacing in dogs with coronary artery stenosis. *J. Pharmacol. Exp. Ther.* 328 (2): 571-578.

42 Shen, Y.T., Mallee, J.J., Handt, L.K. et al. (2003). Effects of inhibition of alpha-CGRP receptors on cardiac and peripheral vascular dynamics in con-scious dogs with chronic heart failure. *J. Cardiovasc. Pharmacol.* 42 (5): 656-661.

43 Behm, M.O., Blanchard, R.L., Murphy, M.G. et al. (2011). Effect of telcagepant on spontaneous ischemia in cardiovascular patients in a randomized study.*Headache* 51 (6): 954-960.

44 Lynch, J.J., Shen, Y.T., Pittman, T.J. et al. (2009). Effects of the prototype sero-tonin 5-HT(1B/1D) receptor agonist sumatriptan and the calcitonin gene-related peptide (CGRP) receptor antagonist CGRP(8-37) on myocardial reactive hyper-emic response in conscious dogs. *Eur. J. Pharmacol.* 623 (1-3): 96-102.

45 Walter, S., Alibhoy, A., Escandon, R. et al. (2014). Evaluation of cardiovascular parameters in cynomolgus monkeys following IV administration of LBR-101,a monoclonal antibody against calcitonin gene-related peptide. *MAbs* 6 (4): 871-878.

46 Mulderry, P.K., Ghatei, M.A., Bishop, A.E. et al. (1985). Distribution and chro-matographic characterisation of CGRP-like immunoreactivity in the brain and gut of the rat. *Regul. Pept.* 12 (2): 133-143.

47 Walker, M.Y., Pratap, S., Southerland, J.H. et al. (2018). Role of oral and gut microbiome in nitric oxide-mediated colon motility. *Nitric Oxide* 73: 81-88.

48 Lippe, I.T. (1991). Effect of calcitonin gene-related peptide (CGRP) on aspirin-and ethanol-induced injury in the rat stomach. *Adv. Exp. Med. Biol.* 298: 167-174.

49 Kang, J.Y., Teng, C.H., Wee, A. et al. (1995). Effect of capsaicin and chilli on ethanol induced gastric mucosal injury in the rat. *Gut* 36 (5): 664-669.

50 Li, L., Wang, X., and Yu, L.C. (2010). Involvement of opioid receptors in the CGRP-induced antinociception in the nucleus accumbens of rats. *Brain Res.* 1353: 53-59.

51 Yu, L.C., Weng, X.H., Wang, J.W. et al. (2003). Involvement of calcitonin gene-related peptide and its receptor in anti-nociception in the periaqueductal grey of rats. *Neurosci. Lett.* 349 (1): 1-4.

52 Benarroch, E.E. (2011). CGRP: sensory neuropeptide with multiple neurologic implications. *Neurology* 77 (3): 281-287.

53 Messlinger, K., Hanesch, U., Kurosawa, M. et al. (1995). Calcitonin gene related peptide released from dural nerve fibers mediates increase of meningeal blood flow in the rat. *Can. J. Physiol. Pharmacol.* 73 (7): 1020-1024.

54 Unger, J.W. and Lange, W. (1991). Immunohistochemical mapping of neuro-physins and calcitonin gene-related peptide in the human brainstem and cervical spinal cord. *J. Chem. Neuroanat.* 4 (4): 299-309.

55 Lennerz, J.K., Ruhle, V., Ceppa, E.P. et al. (2008). Calcitonin receptor-like receptor (CLR), receptor activity-modifying protein 1 (RAMP1), and calcitonin gene-related peptide (CGRP) immunoreactivity in the rat trigeminovascular sys-tem: differences between peripheral and central CGRP receptor distribution. *J. Comp. Neurol.* 507 (3): 1277-1299.

56 Messlinger, K., Lennerz, J.K., Eberhardt, M. et al. (2012). CGRP and NO in the trigeminal system: mechanisms and role in headache generation. *Headache* 52 (9): 1411-1427.

57 Eftekhari, S. and Edvinsson, L. (2010). Possible sites of action of the new calci-tonin gene-related peptide receptor antagonists. *Ther. Adv. Neurol. Disord.* 3 (6): 369-378.

58 Vause, C.V. and Durham, P.L. (2010). Calcitonin gene-related peptide differen-tially regulates gene and protein expression in trigeminal glia cells: findings from array analysis. *Neurosci. Lett.* 473 (3): 163-167.

59 Ceruti, S., Villa, G., Fumagalli, M. et al. (2011). Calcitonin gene-related peptide-mediated enhancement of purinergic neuron/glia communica-tion by the algogenic factor bradykinin in mouse trigeminal ganglia from wild-type and R192Q Cav2.1 Knock-in mice: implications for basic mechanisms of migraine pain. *J. Neurosci.* 31 (10): 3638-3649.

60 Raddant, A.C. and Russo, A.F. (2011). Calcitonin gene-related peptide in migraine: intersection of peripheral inflammation and central modulation. *Expert Rev. Mol. Med.* 13: e36.

61 Russo, A.F., Kuburas, A., Kaiser, E.A. et al. (2009). A Potential Preclinical Migraine Model: CGRP-Sensitized Mice. *Mol. Cell. Pharm.* 1 (5): 264-270.

62 Markowitz, S., Saito, K., Buzzi, M.G. et al. (1989). The development of neu-rogenic plasma extravasation in the rat dura mater does not depend upon the degranulation of mast cells. *Brain Res.* 477 (1-2): 157-165.

63 Mathew, R., Andreou, A.P., Chami, L. et al. (2011). Immunohistochemical char-acterization of calcitonin gene-related peptide in the trigeminal system of the familial hemiplegic migraine 1 knock-in mouse. *Cephalalgia* 31 (13): 1368-1380.

64 Goadsby, P.J. (2002). Neurovascular headache and a midbrain vascular malfor-mation: evidence for a role of the brainstem in chronic migraine. *Cephalalgia* 22 (2): 107-111.

65 Bahra, A., Matharu, M.S., Buchel, C. et al. (2001). Brainstem activation specific to migraine headache. *Lancet* 357 (9261): 1016-1017.

66 Sun, R.Q., Lawand, N.B., and Willis, W.D. (2003). The role of calcitonin gene-related peptide (CGRP) in the generation and maintenance of mechani-cal allodynia and hyperalgesia in rats after intradermal injection of capsaicin. *Pain* 104 (1-2): 201-208.

67 Bigal, M.E., Borucho, S., Serrano, D. et al. (2009). The acute treatment of episodic and chronic migraine in the USA. *Cephalalgia* 29 (8): 891-897.

68 Ho, T.W., Edvinsson, L., and Goadsby, P.J. (2010). CGRP and its receptors provide new insights into migraine pathophysiology. *Nat. Rev. Neurol.* 6 (10): 573-582.

69 Morara, S., Rosina, A., Provini, L. et al. (2000). Calcitonin gene-related pep-tide receptor expression in the neurons and glia of developing rat cerebellum: an autoradiographic and immunohistochemical analysis. *Neuroscience* 100 (2): 381-391.

70 Pagani, F., Guidobono, F., Netti, C. et al. (1989). Age-related increase in CGRP binding site densities in rat cerebellum. *Pharmacol. Res.* 21 Suppl 1: 105-106.

71 Noseda, R. and Burstein, R. (2011). Advances in understanding the mechanisms of migraine-type photophobia. *Curr. Opin. Neurol.* 24 (3): 197-202.

72 Recober, A., Kuburas, A., Zhang, Z. et al. (2009). Role of calcitonin gene-related peptide in light-aversive behavior: implications for migraine. *J. Neurosci.* 29 (27): 8798-8804.

73 Seybold, V.S., Galeazza, M.T., Garry, M.G. et al. (1995). Plasticity of calcitonin gene related peptide neurotransmission in the spinal cord during peripheral inflammation. *Can. J. Physiol. Pharmacol.* 73 (7): 1007-1014.

74 Bird, G.C., Han, J.S., Fu, Y. et al. (2006). Pain-related synaptic plasticity in spinal dorsal horn neurons: role of CGRP. *Mol. Pain* 2: 31.

75 Galeazza, M.T., Garry, M.G., Yost, H.J. et al. (1995). Plasticity in the synthe-sis and storage of substance P and calcitonin gene-related peptide in primary afferent neurons during peripheral inflammation. *Neuroscience* 66 (2): 443-458.

76 Tepper, S.J. (2019). CGRP and headache: a brief review. *Neurol. Sci.* 40 (Suppl 1): 99-105.

77 Tepper, S.J. (2018). Anti-Calcitonin Gene-Related Peptide (CGRP) Therapies: Update on a Previous Review After the American Headache Society 60th Scien-tific Meeting, San Francisco, June 2018. *Headache* 58 Suppl 3: 276-290.

78 Ho, T.W., Connor, K.M., Zhang, Y. et al. (2014). Randomized controlled trial of the CGRP receptor antagonist telcagepant for migraine prevention. *Neurology* 83 (11): 958-966.

79 Ho, T.W., Ho, A.P., Ge, Y.J. et al. (2016). Randomized controlled trial of the CGRP receptor antagonist telcagepant for prevention of headache in women with perimenstrual migraine. *Cephalalgia* 36 (2): 148-161.

80 Silberstein, S. and Patel, S. (2014). Menstrual migraine: an updated review on hormonal causes, prophylaxis and treatment. *Expert Opin. Pharmacother.* 15 (14): 2063-2070.

81 Connor, K.M., Aurora, S.K., Loeys, T. et al. (2011). Long-term tolerability of telcagepant for acute treatment of migraine in a randomized trial. *Headache* 51 (1): 73-84.

82 Diener, H.C., Barbanti, P., Dahlof, C. et al. (2011). BI 44370 TA, an oral CGRP antagonist for the treatment of acute migraine attacks: results from a phase Ⅱ study. *Cephalalgia* 31 (5): 573-584.

83 Croop, R., Goadsby, P.J., Stock, D.A. et al. (2019). Efficacy, safety, and tolerability of rimegepant orally disintegrating tablet for the acute treatment of migraine: a randomised, phase 3, double-blind, placebo-controlled trial. *Lancet* 394 (10200):737-745.

84 Lipton, R.B., Croop, R., Stock, E.G. et al. (2019). Rimegepant, an oral calcitonin gene-related peptide receptor antagonist, for migraine. *N. Engl. J. Med.* 381 (2): 142-149.

85 Ankrom, W., Bondiskey, P., Li, C.C. et al. (2020). Ubrogepant is not associated with clinically meaningful elevations of alanine aminotransferase in healthy adult males. *Clin. Transl. Sci.* 13 (3): 462-472.

86 Review, I.f.C.a.E (2019). Draft evidence report - acute treatments for migraine. https://icer-review.org/wp-content/uploads/2019/06/ICER_Acute_Migraine_ Draft_Evidence_Report_11072019.pdf (accessed 20 July 2020).

87 Bigal, M.E., Dodick, D.W., Krymchantowski, A.V. et al. (2016). TEV-48125 for the preventive treatment of chronic migraine: efficacy at early time points. *Neurology* 87 (1): 41-48.

88 Goadsby, P.J., Dodick, D.W., Leone, M. et al. (2019). Trial of Galcanezumab in prevention of episodic cluster headache. *N. Engl. J. Med.* 381 (2): 132-141.

89 Chaitman, B.R., Ho, A.P., Behm, M.O. et al. (2012). A randomized, placebo-controlled study of the effects of telcagepant on exercise time in patients with stable angina. *Clin. Pharmacol. Ther.* 91 (3): 459-466.

90 Depre, C., Antalik, L., Starling, A. et al. (2018). A randomized, double-blind, placebo-controlled study to evaluate the effect of erenumab on exercise time during a treadmill test in patients with stable angina. *Headache* 58 (5): 715-723.

91 Jin, Y., Smith, C., Monteith, D. et al. (2016). LY2951742, a monoclonal anti-body against CGRP, failed to reduce signs and symptoms of knee osteoarthritis. *Osteoarthr. Cartilage* 24 (1): S50.

92 Bullock, C.M. and Kelly, S. (2013). Calcitonin gene-related peptide receptor antagonists: beyond migraine pain - a possible analgesic strategy for osteoarthri-tis? *Curr. Pain Headache Rep.* 17 (11): 375.

93 Underwood, E. (2016). A shot at migraine. *Science* 351 (6269): 116-119.

第三篇　案例研究

第7章

艾米赛珠单抗的发现与开发：一种针对凝血因子Ⅸa和凝血因子Ⅹ并具有凝血因子Ⅷ辅助因子活性的人源化重组双特异性抗体

7.1 引言

艾米赛珠单抗（emicizumab-kxwh，emicizumab，HEMLIBRA®）是一种针对凝血因子（coagulation factor，F）Ⅸa和FⅩ的人源化重组双特异性IgG抗体，于2017年在美国上市，2018年在日本和欧洲上市，用于甲型血友病患者（people with hemophilia A，PwHA）出血的预防性治疗。

甲型血友病是一种由先天性凝血因子FⅧ缺乏或功能障碍引起的罕见病[1]。在大约一半的PwHA中，FⅧ活性只有不到正常水平的1%[2]，因此也被定义为严重血友病[3]。除非患者接受了适当的预防治疗，否则该疾病会频繁地导致关节或肌肉的自发性出血[1]。编码FⅧ的基因位于X染色体上，因此大多数严重型PwHA患者都是男性。

历史上，外源性直接补充缺失的凝血因子（FⅧ）的替代疗法一直用于PwHA的治疗。继20世纪60年代中期研发出低温沉淀技术后，血浆衍生化和重组的FⅧ分别于80年代和90年代初上市[4]。在当时，这些药物仅用于防止持续性出血。但在瑞典，开创性的研究人员开始尝试将定期注射该药物作为出血的预防性治疗[5]。这是基于中度PwHA（FⅧ的活性为正常活性水平的1%～5%）的出血次数远少于重度病例。因此，定期预防性注射FⅧ的目标是将该因子的活性维持在正常活性的1%及以上。由于FⅧ分子的消除半衰期短（约为0.5天）且皮下注射生物利用度极差，该疗法通常需要每周静脉输注3次[5]。经证实，预防性治疗可有效减少关节出血，并保持良好的关节状态，因此已成为发达国家PwHA治疗的标准方法[1,6]。

21世纪10年代中期，半衰期延长（extended half-life，EHL）的FⅧ药物陆续上市。其消除半衰期比常规或标准半衰期（standard half-life，SHL）的FⅧ药物长1.4～1.6倍，从而将常规静脉输注的频率从每周3次减少至每周1～2次[7,8]。EHL-FⅧ药物的另一个优点是提高了FⅧ谷值的活性水平，如谷值活性可达到正常活性的3%～5%[8]。

SHL-FⅧ或EHL-FⅧ的替代疗法改善了PwHA的生活质量，但仍有局限性[7]。即使是半衰期延长的EHL-FⅧ药物，预防性治疗也需要相当频繁的静脉给药，患者在家时很难按规定用药[7]。FⅧ分子的消除半衰期短也限制了外源性FⅧ在谷值的活性水平：实际的给药方案只能使谷值活性百分比达到正常活性百分之几的水平。虽然正常活性百分之几的水平足以控制自发性出血，但对于进行常规体育活动而言仍然不足。更重要的是，对于严重型PwHA，由于FⅧ分子是一种外源性免疫蛋白，其中25%～40%的FⅧ会产生抗FⅧ的中和同种抗体，也可称为FⅧ抑制剂[7]。在已产生FⅧ中和抗体的患者中，由于替代治疗药物，如重组活化凝血因子Ⅶa（recombinant activated factor Ⅶ，rFⅦa）和活化凝血酶原复合物浓缩物（activated prothrombin complex concentrate，aPCC），不方便用于预防也并不总是有效，因此会给控制出血带来更大的困难[7, 9]。而rFⅦa和aPCC统称为旁路药物（bypassing agent，BPA）。

为了克服FⅧ药物的这种先天局限性，日本中外制药（Chugai）的服部邦弘（Kunihiro Hattori）博士在21世纪初提出了一种新颖独特的替代疗法：使用具有FⅧ辅助因子活性，但针对FⅨa和FⅩ的不对称双特异性IgG抗体，其作用机制将在7.2.1中描述[10]。一般而言，IgG抗体是一种已知的具有较长消除半衰期和较高皮下注射生物利用度的抗体。当然，IgG抗体的分子结构不同于FⅧ分子，因此这种治疗性双特异性抗体即使在FⅧ中和抗体存在的情况下也能发挥作用，也不会诱导FⅧ中和抗体。

作为替代疗法，他的想法听起来像是一种颠覆性的创新，而这在当时也超出了人们的想象，因此可以预见相关研发工作会经历很多困难。更重要的是，在中外制药的富士-御殿场（Fuji-Gotemba）实验室，以服部博士为首的专业研究成员，包括本章的第一作者和第三作者，积极参与了药物发现阶段的工作，并克服了巨大的挑战。此外，在艾米赛珠单抗被确定为临床候选药物后，中外制药东京宇岛基地制药部门的很多员工也付出了巨大的努力，最终得以大规模、高质量地生产如此复杂的分子。在临床开发方面，作为治疗性抗体的艾米赛珠单抗，具有一种新颖的作用模式，可能发挥很大的潜力，因此中外制药与霍夫曼（Hoffmann）-罗氏（Roche）/基因泰克（Genentech）的研究人员，包括本章的第二作者，合作规划了临床开发项目，并认真而高效地执行（细节见7.3）。许多医生在临床研究中积极配合，特别是奈良县立医科大学（Nara Medical University）的医生，从药物发现阶段（校企合作研究）到临床开发阶段都深入参与了艾米赛珠单抗的研发。

17年后，在所有研究人员的共同努力下，双特异性抗体药物艾米赛珠单抗最终于2017年11月在美国获批上市，商品名为舒友立乐（HEMLIBRA®）。该药物还被授予优先审查资格突破性疗法，用于常规预防，以防止或减少已产生FⅧ中和抗体的儿童和成人PwHA的出血频率。在随后1年，即2018年，在美国、日本和其他一些国家，艾米赛珠单抗的适应证也扩展到治疗未产生FⅧ中和抗体的甲型血友病。

艾米赛珠单抗是第一种不具有FⅧ分子主干的FⅧ替代药物。与基于FⅧ的药物相比，其主要优势如下：①提供了一种替代疗法，甚至可用于已产生FⅧ中和抗体的PwHA；②提供了一种不诱导FⅧ中和抗体的替代疗法；③可通过皮下注射（无须静脉途径）给药；④是一种无须频繁用药的预防性疗法，可以每周1次（QW）、每2周1次（Q2W），甚至每4周1次（Q4W）；⑤活性水平稳定，没有与FⅧ药物相关的明显峰值和谷值[7]。

本章将介绍如何解决艾米赛珠单抗在先导物发现和优化方面的重重挑战，以及其临床前研究和Ⅰ～Ⅲ期临床试验的概况。

7.2 艾米赛珠单抗的临床前经验

7.2.1 艾米赛珠单抗的发现简史

7.2.1.1 一种具有FⅧ辅助因子功能的抗FⅨa和FⅩ的不对称双特异性IgG抗体的研发灵感

具有FⅧ辅助因子活性的抗FⅨa和FⅩ双特异性抗体的概念是在2000年左右由中外制药的服部博士提出的（图7.1）。他于1997年发表了一篇论文，揭示了蛋白S的作用机制，即蛋白S是活化蛋白C（activated protein C，aPC）催化FⅤa灭活反应的辅助因子[11]。此外，他还在20世纪90年代中后期发表了相关论文，描述了FⅧa与FⅨa/FⅩ的相互作用方式[12-14]（图7.1）。结合这些知识，他假设FⅧ辅助因子的一种作用机制是，在磷脂酰丝氨酸（phosphatidylserine，PS）暴露的磷脂（phospholipid，PL）膜上，可以精确地将FⅨa的催化中心调整到FⅩ的裂解位点上。如果是这样，可以通过一种特殊的抗FⅨa/FⅩ双特异性IgG抗体来再现FⅧ-辅助因子的部分功能，尽管这种抗体很少见[10]。他的灵感来自流行病学观察，即只要保持正常FⅧ活性的1%就能抑制PwHA出血发作的频率。从分子生物学角度而言，FⅧa的FⅨa和FⅩ结合位点之间的距离与人IgG的两个抗原结合位点之间的距离相似[10]。

收到他的建议后，中外制药决定将该项目纳入其药物研发管道，因为一种发挥FⅧ辅助因子功能的治疗性IgG抗体将是7.1所述的甲型血友病预防性治疗的开拓性创新。

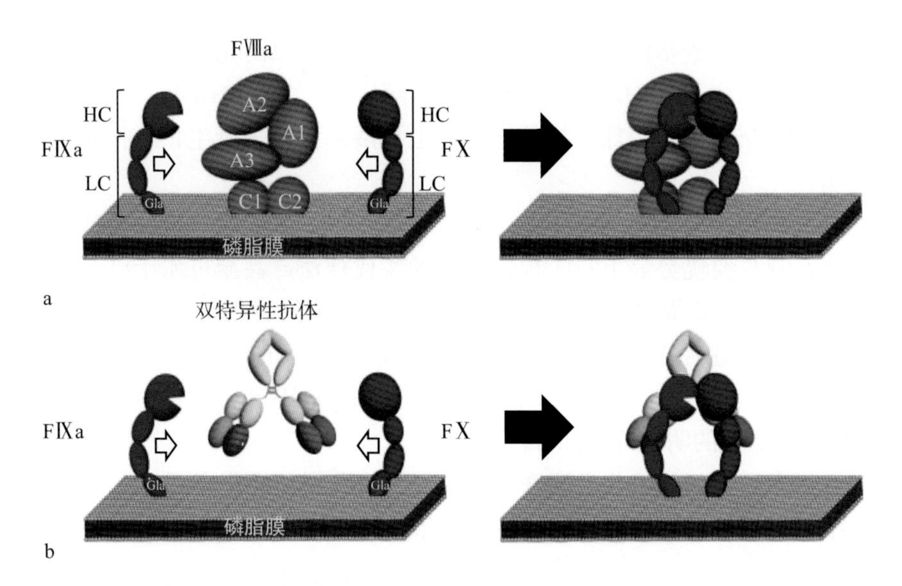

图7.1 a. FⅧa由A1亚基、A2亚基和轻链（A3、C1和C2亚基）组成。FⅧa与FⅨa形成复合物，通过与磷脂膜上的FⅨa和FⅩ两个因子结合，实现FⅨa和FⅩ之间的相互作用。b. 与FⅨa和FⅩ结合的双特异性抗体会促进磷脂膜上FⅨa和FⅩ的相互作用，并发挥FⅧ模拟的活性。FⅧa通过其C1和C2亚基结合磷脂膜；FⅨa和FⅩ通过其Gla结构域与磷脂膜结合。插图仅描述了研究的概念，并非精确的分子结构和位置。HC，heavy chain，重链；LC，light chain，轻链[10]

7.2.1.2 从首次免疫实验到临床候选抗体ACE910的确定

2002年，该项目开始了传统的实验。在研究早期，研究人员认为活化部分凝血活酶时间（activated partial thromboplastin time，APTT）可以反映甲型血友病状态下模拟FⅧ功能的双特异性抗体的体内止血活性，FⅧ也是如此。FⅧ需要一个“预热”时间才能被少量凝血酶（thrombin）或FⅩa激活，以发挥其在APTT系统中的辅助因子活性，而本质上的双特异性抗体不需要这样的“预热”时间。但研究人员认为，缩短纤维蛋白形成的时间似乎符合止血的目的。因此，研究人员将缺乏FⅧ血浆的APTT缩短效应作为一个重要指标。2003年，研究人员从460种双特异性抗体的筛选中鉴定出一种不对称抗FⅨa/FⅩ嵌合双特异性IgG抗体，将其命名为XB12/SB04，该抗体具有一定的APTT缩短作用[15, 16]。

在能够获得具有一定体外效果的双特异性抗体后，研究人员又进一步克服了不对称双特异性IgG抗体进行工业化生产的障碍，并成功建立了一系列专有技术，具体内容将在7.2.3中详细介绍。尽管如此，经历了大量的试验和失败，研究人员最终发现，与FⅧ相比，双特异性抗体在缺乏FⅧ血浆中的APTT缩短效果并不一定能反映体内的疗效，而这是令人失望的。但是，著名发明家托马斯·阿尔瓦·爱迪生（Thomas Alva Edison）曾说过，"那不是失败，我们只是找到了一种行不通的方法"。随后，研究人员放弃了已经确定的双特异性抗体，并在2006年通过不同的筛选方式开始了另一项更大的挑战。

在这一更艰巨的挑战中，研究人员首先制备了抗FⅨa抗体或抗FⅩ抗体的可变区域基因（每个抗原大约200个），这些抗体来自通过人源FⅨa或FⅩ蛋白免疫的多种动物（小鼠、大鼠和兔子）。利用这些基因和一个含有人源IgG恒定区域的表达载体，在人类胚胎肾细胞中表达了大约40 000个双特异性IgG组合物[10, 17]。然后，通过酶活性测定法手动逐一筛选每个双特异性抗体的FⅧ辅助因子活性。该酶活性测定法由纯化的FⅨa和FⅩ、合成磷脂膜及FⅩa显色底物构成。对于经首次筛选获得的双特异性抗体，再经一系列测定进一步缩小范围，从不同方向进行评估。随后，研究人员发现了一种由通用轻链构成的不对称双特异性IgG嵌合抗体的先导抗体BS15（图7.2），以及其人源化版本hBS1[17]。

尽管BS15和hBS1是通过大规模筛选获得的，但研究人员认识到其FⅧ辅助因子活性不足以用于临床。因此，必须大幅度提高其FⅧ辅助因子活性，并多维度地改善其他性质：①降低非特异性结合以确保皮下注射的生物利用度，并改善药代动力学（延长半衰期）性质；②引入专有的抗体工程技术，用于表达和纯化不对称双特异性IgG抗体；③增加溶解度以实现满足皮下注射制剂的高抗体浓度；④去除脱酰胺位点以提高理化稳定性，并确保原料药的质量和储存稳定性；⑤降低人体潜在的免疫原性风险（图7.3）。为了实现上述目标，研究人员通过替换Fab序列中的氨基酸进行双特异性抗体分子的设计。在1年多的时间里，研究人员重复了多次试验，经历了多次失败。本章不再赘述这些细节，2013年发表于*PLoS One*的文献很好地描述了先导抗体优化的完整故事[17]。

在先导抗体的优化过程中，研究人员确认了一种与hBS376非常相似的双特异性抗体的变体（hBS23），其在获得性甲型血友病的非人灵长类动物诱导的出血模型中表现出了体内止血活性。服部博士认为这一成果是有力的概念验证（proof of concept），相关研究成果于2012年发表于《自然医学》（*Nature Medicine*）期刊[10]。在对设计的近2400种双特异性抗体进行测试后[17]，最终在2010年确定了一种临床候选抗体，被命名为ACE910，这是一种进一步改进的人源抗FⅨa/FⅩ不对称双特异性IgG抗体（ACE910的名称包含了"抗体模拟凝血因子8，抗体连接因子9和10"的含义）。如前所述，ACE910分子应用了研究人员的专有技术，用于表达和纯化不对称双特异性IgG抗体，这对ACE910的工业化生产也是必不可少的抗体工程技术，其中一组技术被命名为"ART-Ig®"（详见7.2.3）。

2015年，ACE910的国际通用名被确定为艾米赛珠单抗（emicizumab）。

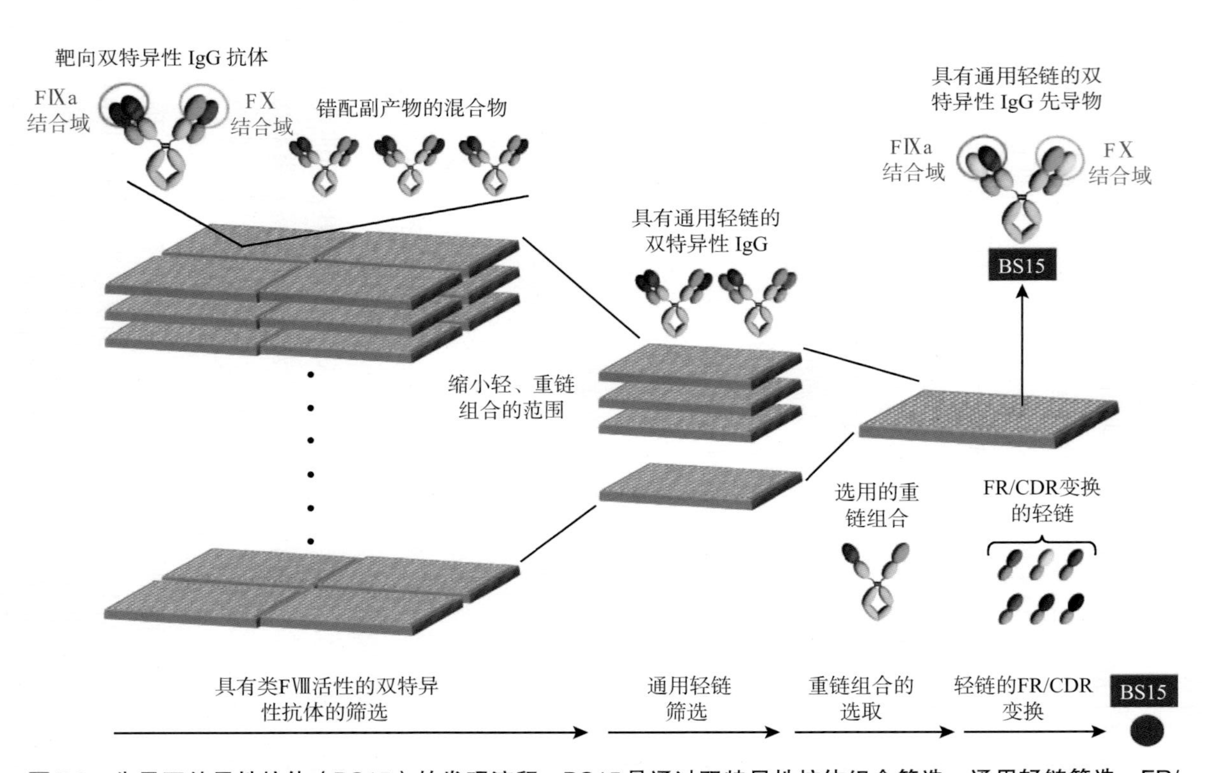

图7.2 先导双特异性抗体（BS15）的发现流程。BS15是通过双特异性抗体组合筛选、通用轻链筛选、FR/CDR重组等流程发现的[17]

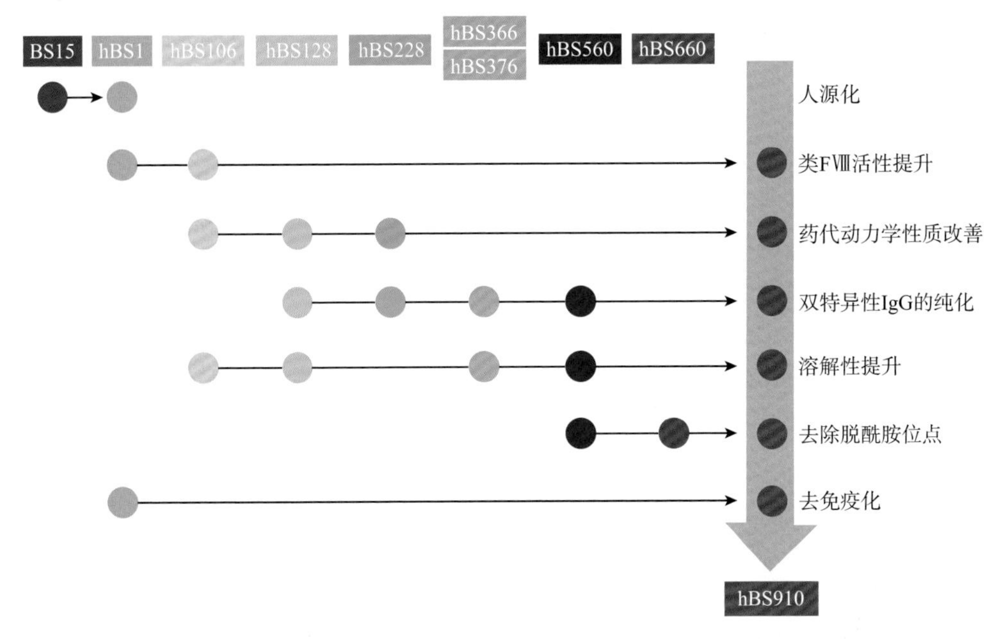

图7.3　**通过多维优化流程获得具有最适宜性质的双特异性抗体（hBS910）。hBS910又称ACE910，是通过多种抗体工程技术进行多维优化而生成的。后来，ACE910被命名为艾米赛珠单抗**[17]

7.2.2　艾米赛珠单抗的作用机制及非临床特性

7.2.2.1　艾米赛珠单抗的作用机制及体外特性

免疫印迹分析发现，艾米赛珠单抗可通过一个“手臂”识别FⅨ/FⅨa的表皮生长因子（epidermal growth factor，EGF）样结构域1，而通过另一个“手臂”识别FⅩ/FⅩa的EGF样结构域2[18]。这意味着艾米赛珠单抗不直接与FⅨ/FⅨa或FⅩ/FⅩa的前催化或催化结构域结合。表面等离子体共振测试显示，其对FⅨ、FⅨa、FⅩ和FⅩa的K_D值分别为1.58 μmol/L、1.52 μmol/L、1.85 μmol/L和0.978 μmol/L[18]，结合亲和力弱于nmol/L级，也低于市场上经典治疗性抗体的K_D值。基于通过K_D值模拟的血浆平衡状态，在约50 μg/mL（批准给药方案的治疗血浆浓度）的艾米赛珠单抗存在下，大部分循环FⅨ和FⅩ将以单体存在，这表明血浆艾米赛珠单抗对凝血级联中其他反应的影响是最小的[18]。此外，艾米赛珠单抗必须从随后的FⅩa中释放，以便凝血级联的下游反应顺利进行。因此，艾米赛珠单抗与抗原的中度亲和力对于一个以应用为目的药物而言是合理的。

研究人员使用由经纯化FⅨa、FⅩ、合成PL和FⅩa显色底物组成的酶活性测试系统分析了艾米赛珠单抗的活性。在没有或有FⅨa存在的实验中，证实了这一双特异性抗体完全能够作为促进FⅨa催化的FⅩ激活的辅助因子，因为如果没有FⅨa，其将不能促进FⅩ的激活[10]。使用相同的检测系统，研究人员还证实了艾米赛珠单抗发挥的辅助因子作用需要同时结合FⅨa和FⅩ。换言之，其必须连接FⅨa和FⅩ，因为衍生于艾米赛珠单抗的FⅨa或FⅩ的单特异性抗体或两种单特异性抗体的混合物并不能发挥作用[17]。该测试系统进一步证实，艾米赛珠单抗的辅助因子作用需要PS暴露的PL，这表明艾米赛珠单抗在常规血液中不起作用，这种血液中仅含有少量PS暴露的PL膜（如活化的血小板）[18]。

研究人员还使用缺乏FⅧ的血浆进行了一系列血浆测试，包括APTT和凝血酶生成测试。即使在FⅧ中和抗体存在的情况下[19]，艾米赛珠单抗也能显著缩短缺乏FⅧ血浆的APTT。如前所述，艾米赛珠单抗的这种缩短效应强度不能直接与FⅧ进行比较，因为艾米赛珠单抗不需要激活，这不同于FⅧ。相反，血浆凝血酶生成测试发现，“峰高”（peak height）参数反映了该封闭检测系统中产生的最大游离凝血酶浓度或凝血酶暴发（burst）的程度。在体外加入艾米赛珠单抗可恢复缺乏FⅧ血浆的峰值高度，300 nmol/L（43.7 μg/mL）处的对应值与10 IU/mL FⅧ处的数值大致对应[19]。虽然从体外试验中预测这种未经预处理药物的体内止血活性具有一定的局限性，但研究人员认为体外试验结果是有意义的。

7.2.2.2 艾米赛珠单抗的体内特性

由于艾米赛珠单抗的作用具有高度种属特异性，研究人员采用食蟹猴（非人灵长类动物）进行了体内研究。

食蟹猴的药代动力学研究表明，艾米赛珠单抗的皮下注射生物利用度接近100%，消除半衰期为19.4～26.5天[19]。这些结果在研究人员的预期之内。

在获得性甲型血友病食蟹猴的两个原始出血模型中，进一步确证了艾米赛珠单抗的体内止血活性。食蟹猴获得性甲型血友病状态是通过注射一种对猪FⅧ无交叉反应的抗灵长类FⅧ中和抗体而建立的[18]。

对于获得性甲型血友病的第一个食蟹猴出血模型，研究人员对肢体肌肉和腹部皮下组织进行了人为损伤[19]。发生出血后，在损伤后的6～8小时，静脉注射0.3 mg/kg、1 mg/kg或3 mg/kg的艾米赛珠单抗，或静脉注射3.4 U/kg或10 U/kg的重组猪FⅧ（rpoFⅧ）。随后，艾米赛珠单抗组的食蟹猴停止给药，而rpoFⅧ组的食蟹猴每天进行2次额外的静脉注射（相同剂量）。对食蟹猴进行观察，直到第一次注射后的第3天。同时对血液血红蛋白水平（一种出血性贫血指标）和皮肤上的瘀伤区域进行检测，以作为出血症状。结果表明，艾米赛珠单抗和rpoFⅧ都以剂量依赖性的方式改善了出血性贫血及损伤区域。基于食蟹猴模型的这一结果，研究人员大致预测，当艾米赛珠单抗血浆浓度在50 μg/mL左右时，将艾米赛珠单抗的μg/mL单位转化为rpoF Ⅷ等效U/dL单位的非临床因子约为0.3[20]。

第一种出血模型的局限性是人工诱导出血。因此，对于第二种出血模型，研究人员试图重现PwHA在日常生活中发生的自发性关节出血。为此，通过反复静脉注射以鼠-猴嵌合形式设计的抗灵长类动物F Ⅷ中和抗体，以降低其抗原性，最终在食蟹猴中建立了8周的获得性甲型血友病模型[21]。研究人员推测获得性甲型血友病食蟹猴在8周的日常生活中也会发生自发性出血。正如预期，对照组食蟹猴表现出各种自发性出血症状，而且都表现为关节出血。每周皮下注射艾米赛珠单抗（初始剂量为3.97 mg/kg，随后为1 mg/kg）可显著预防这些出血症状，而且不再有关节出血症状[21]。

在食蟹猴体内，对艾米赛珠单抗进行了3次符合药物非临床研究质量管理规范（Good Laboratory Practice，GLP）的重复剂量毒性研究，其未观察到有害效应的水平（no observed adverse effect level，NOAEL）分别为每周30 mg/kg或更高剂量的皮下注射，以及每周100 mg/kg或更高剂量的静脉注射。

上述体内实验结果使研究人员对艾米赛珠单抗临床研究的期望越来越大。

7.2.3　工业生产艾米赛珠单抗的分子工程技术

大规模生产抗F Ⅸa/F Ⅹ的不对称双特异性IgG抗体是非常具有挑战性的。在多种双特异性抗体的分子形式中，研究人员选择了不对称双特异性IgG形式，因为其应该是最自然的形式，具有更好的性质。如果开发成功，PwHA将可以终身使用。此外，Fc区域不能被删除，因为其是保持较长消除半衰期的重要特征之一。基于这种性质，分子将由两个不同的重链和两个不同的轻链组成。将4种链重组至1个细胞中，将会分泌出10种不同的重链和轻链组合混合物[22]。因此，这种形式的重组生产是非常具有挑战性的，而且几乎不可能通过现实的工业生产过程从包括9个错误配对副产物的混合物中提纯出1个想要的双特异性抗体。

7.2.3.1　获取通用轻链

基于20世纪90年代末基因泰克公司研究人员的思路[23]，如果能够识别出通用的不对称双特异性IgG抗体的轻链，并对选定的两条抗F Ⅸa和F Ⅹ的重链发挥作用，那么细胞产生的变体将从10个减至3个，这将降低生产的难度。因此，在发现双特异性抗体先导物之前，研究人员试图将F Ⅸa和F Ⅹ的两种不同轻链进行通用化[17]。为了找到1条通用的轻链，基因泰克的研究人员曾采取了一种策略，即通过scFv噬菌体库找到了1条轻链，其可通用于2条重链。相反，本研究的研究人员采取了不同的策略：试图从原来的2条轻链序列或结构中找出1条共同的轻链。

抗体可变区由互补决定区（CDR1-3）和框架区（FR1-4）组成。研究人员构建了由CDR1-3和FR1-4序列组成的多种嵌合轻链序列，这些序列分别来自抗

FⅨa和FⅩ原轻链，以及1条与抗FⅨa原轻链高同源性的轻链。这些嵌合轻链可以履行轻链的角色，对抗FⅨa和FⅩ的两个不同的重链有效。研究人员重新合成了多种具有通用轻链的双特异性抗体，并通过血浆活性测试评估了其模拟FⅧ的活性，最终筛选出了最有效的通用轻链，并将其作为先导嵌合双特异性IgG抗体BS15。

7.2.3.2 副产物的分离纯化

因为有通用的轻链，重链和轻链配对的组合数量被成功地减少到3个，其包括想要的双特异性抗体和两种具有同型二聚化重链的单特异性抗体。这些同型二聚体抗体的理化性质与目标双特异性抗体很相似，因此不可能从同型二聚化抗体的混合物中纯化得到目标双特异性抗体。在离子色谱分析中，双特异性抗体和同型二聚化抗体通常会被同时洗脱出来，这主要是由于这三个抗体具有相似的等电点（isoelectric point，pI）。为了能从同型二聚化抗体混合物中分离和纯化所需的双特异性抗体，对两个重链可变区域进行等电点的工程改造，以增加双特异性抗体与同型二聚体抗体之间的等电点差异。在一条重链引入突变以增加等电点，另一条链则降低等电点，同时保持FⅧ辅助因子的活性。同型二聚体单特异性抗体可能具有竞争性抑制双特异性抗体FⅧ辅助因子活性的潜力，因此需要尽可能去除同型二聚体抗体。通过等电点改造工程技术，研究人员利用树脂离子色谱法，成功地从同二聚体抗体混合物中分离出目标双特异性抗体，且可用于大规模生产。

7.2.3.3 减少同型二聚体副产物的含量

将1条通用轻链和2条重链转染至细胞中，可以分别产生50%的所需双特异性抗体和2个25%的同型二聚体抗体。因此，虽然能够通过等电点改造工程纯化所需的双特异性抗体，但其产率为50%，有待进一步提高。

副产物是同型二聚抗体，由重链的同型二聚体产生。重链通过CH_3结构域的结合而二聚化。因此，研究人员对CH_3二聚界面中的各种静电电荷突变体进行了筛选。在CH_3/CH_3界面上发现了几种静电相互作用，在1条重链中引入正电荷氨基酸，在另一条重链中引入负电荷氨基酸，并测试了促进两重链异质二聚化和抑制同型二聚化的效率。最后，研究人员发现CH_3结构域的突变可以使所需的双特异性抗体优先于同型二聚体产生。这种CH_3/CH_3界面工程改造显著提高了双特异性抗体的生产效率。

7.2.3.4 技术的应用

通过应用三种技术（参见7.2.3.1～7.2.3.3），以及中外制药公司东京宇岛工厂众多成员进一步的巨大努力，中外制药公司最终建立了双特异性抗体艾米赛珠单抗的生产工艺。该工艺可达到2500 L的生产规模，且符合GLP规范。

这一成就也意味着中外制药公司成功构筑了双特异性抗体的生产平台。这个双特异性抗体平台也使中外制药公司能够研究其他类型的双特异性抗体，如T细胞重定向抗体。研究人员还应用与艾米赛珠单抗相同的技术创建了抗磷脂酰肌醇聚糖-3/CD3双特异性抗体[24]。

7.2.4　临床前研究

如前所述，这一项目是在服部博士划时代的灵感启发下开始的。为了实现模拟FⅧ功能的抗FⅨa/FⅩ双特异性抗体这一前所未有的治疗理念，研究人员付出了巨大的努力。他们通过一个大规模的双特异性抗体筛选发现先导抗体，并通过氨基酸替换工程对先导抗体进行了多维度改进。在抗体发现研究中，研究人员建立了表达和纯化不对称双特异性IgG抗体的专有抗体工程技术，并将其引入工业化生产中，最终创造了一种有效的临床候选药物——艾米赛珠单抗（ACE910）（图7.4）。

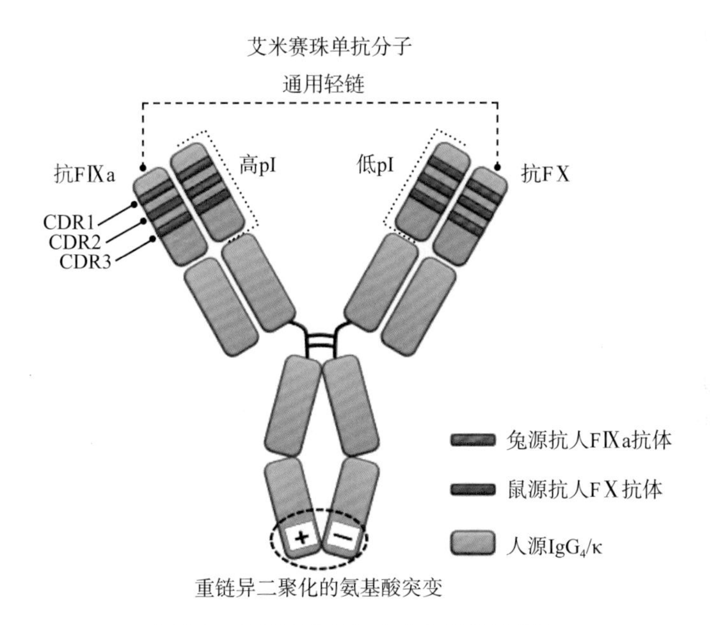

图7.4　**艾米赛珠单抗的分子结构示意图**

CDR，complementarity determining region，互补决定区；pI，isoelectric point，等电点

在重构的酶实验中，艾米赛珠单抗可促进FⅨa催化的FⅩ的激活反应，并在甲型血友病患者的血浆（缺乏FⅧ的血浆）体外试验中诱导了凝血酶的暴发。在获得性甲型血友病非人灵长类动物出血模型中，艾米赛珠单抗对人工诱导的持续性出血表现出止血作用，且可预防日常生活中的自发出血，包括关节出血。正如预期，艾米赛珠单抗在食蟹猴体内表现出较长的消除半衰期（3周）和较高的皮

下注射生物利用度（近100%）。在食蟹猴GLP毒理学研究中，艾米赛珠单抗的NOAEL远高于药理学有效剂量，换言之，艾米赛珠单抗具有较大的治疗窗。

基于这些临床前研究结果，艾米赛珠单抗最终获得了日本的IND申请批准，顺利进入临床研究。

7.3 艾米赛珠单抗的临床研究

艾米赛珠单抗治疗甲型血友病的临床开发旨在展示人体内预期的5个特征，并支撑该治疗药物的监管审批。中外制药公司在日本进行早期临床研究。此后，艾米赛珠单抗被授权给中外制药的大股东罗氏公司，在罗氏集团（即中外制药、罗氏及基因泰克公司）的合作下，于全球范围内开展了后期的临床开发。虽然中外制药和罗氏都是血友病新药开发领域的初学者，但从最早的人体试验（2012年8月）到最终首次获得批准（2017年11月），仅用了约5年时间。这一成就部分归功于创新方法的积极应用，以简化开发过程，包括深思熟虑的临床研究设计和定量模型引导框架，再加上药物本身的新颖性，有潜力解决甲型血友病患者强烈的医疗需求。

7.3.1 早期临床开发

7.3.1.1 Ⅰ期和Ⅰ/Ⅱ期研究

艾米赛珠单抗的首次人体Ⅰ期临床研究分别由两项单剂量递增（single ascending dose，SAD）和一项多剂量递增（multiple ascending dose，MAD）研究组成，并在健康受试者和PwHA受试者中进行[20, 25]。这一单一的合并SAD/MAD研究设计方案，概念上是在内源性FⅧ水平正常或非正常研究人群中，对艾米赛珠单抗暴露量和止血活性的连续升级。在MAD研究之后，进行了长期且延长的Ⅰ/Ⅱ期临床研究[26]。

单剂量递增研究

在Ⅰ期临床研究的两项SAD研究中[25]，以日本健康成年男性为受试者，接受安慰剂或艾米赛珠单抗治疗时，单次皮下剂量为0.001 mg/kg、0.01 mg/kg、0.1 mg/kg、0.3 mg/kg或1 mg/kg；当以高加索人健康成年男性为受试者，接受安慰剂或艾米赛珠单抗治疗时，单次皮下剂量为0.1 mg/kg、0.3 mg/kg或1 mg/kg。根据EMA发布的指南[27]，选择最低剂量作为APTT的最低预期生物效应水平，而APTT是对艾米赛珠单抗最敏感的药物动力学生物标志物，以最大限度地降低与艾米赛珠单抗新作用机制相关的安全风险。

SAD的研究结果表明，艾米赛珠单抗具有线性的药代动力学特征，在高达1 mg/kg的剂量范围内，既没有显著靶点介导的药物处置，也没有靶抗原（FⅨ和FⅩ）的血浆浓度积累，这也与艾米赛珠单抗较弱的抗原占位特性相吻合[18]。重要的是，艾米赛珠单抗的消除半衰期为4～5周，远长于已批准的FⅧ药物（即便经过延长也仅为19小时[28]）。与这些发现一致的是，在使用内源性FⅧ被中和的血浆样本（用来模拟甲型血友病的FⅧ缺乏状态）进行APTT和凝血酶生成测试时，艾米赛珠单抗可产生剂量依赖的、长期的药效学响应。日本和高加索受试者表现出相似的药代动力学和药效学特征，这表明该药无须考虑与种族相关的剂量调整，而众所周知的单克隆抗体则需要进行种族相关的剂量调整[29]。同时，在体内未检测到明显的过高凝血信号，也证实了其良好的安全性。其中一名受试者产生了具有中和抗体能力的抗药抗体（anti-drug antibody，ADA），因为发现暴露量和药效学反应随着时间的推移而下降，这与生物药物的一般预期一致。综上所述，这些结果为艾米赛珠单抗可作为一种皮下生物可利用、长效人体药物提供了概念验证，并为在PwHA的进一步研究提供了支持。

多剂量递增研究

在Ⅰ期临床MAD研究中[20]，12岁及以上的日本青少年/成人PwHA（有或没有产生FⅧ中和抗体）接受了艾米赛珠单抗的治疗，每周1次皮下注射的维持剂量为0.3 mg/kg、1 mg/kg或3 mg/kg，两个低剂量组的初始给药剂量为1 mg/kg或3 mg/kg。这些给药方案的选择是基于转化预测，艾米赛珠单抗可产生与FⅧ等效的体内止血活性，以期望在稳定状态下分别为患者提供约3 IU/dL、10 IU/dL和30 IU/dL的等效FⅧ活性水平，从而可能将患者的疾病表型从重度转化为中度或轻度。在随后的扩展Ⅰ/Ⅱ期临床研究中，如果临床获益，则患者可能继续使用艾米赛珠单抗进行治疗[26]。

因此，血浆艾米赛珠单抗浓度的稳态谷值（$C_{\text{trough, ss}}$）以剂量依赖的方式增加，且扩大了剂量范围，证实了至3 mg/kg仍呈现线性药代动力学性质。艾米赛珠单抗能持续缩短APTT时间并促进凝血酶生成，但不影响FⅨ和FⅩ的血浆浓度。重要的是，与研究入组前6个月，即患者接受偶发性或预防性凝血因子药物治疗的6个月相比，所有接受艾米赛珠单抗治疗的患者，无论是否产生FⅧ中和抗体，其出血事件的年化出血率（annualized bleeding rate，ABR）均降低或维持在零发生。这些发现表明，对于已产生或未产生FⅧ中和抗体的患者，在所测试的10倍剂量范围内，艾米赛珠单抗具有预期的止血效果，且没有观察到对凝血系统的不良抑制作用。通过将观察到的ABR与文献数据进行比较，艾米赛珠单抗的FⅧ等效活性的非临床估算转换因子校正为每1 μg/mL至少0.3 IU/dL。有趣的是，尽管APTT达到了参考范围（明显“正常化”），但一些患者在接受艾米赛珠单抗时仍然经历了出血事件。这证实APTT测试会高估接受艾米赛珠单抗治疗患者的体内止血活性。即使在艾米赛珠单抗预防治疗的基础上同时使用凝血因子药物治疗出血，也表现出良好的安全性，没有发生血栓事件。此外，没有患者产生具有中和潜力的ADA。综上所述，这些结果为艾米赛珠单抗作为一种有效和安全的预防PwHA出血药物提供了概念验证，无论是否产生FⅧ中和抗体。

7.3.1.2 临床药理学研究

基于Ⅰ～Ⅰ/Ⅱ期临床研究令人振奋的结果，中外制药公司和罗氏公司决定继续进行艾米赛珠单抗的后期临床开发。然而，在启动Ⅲ期研究之前，仍有一些挑战需要解决，其中包括Ⅲ期剂量选择和药品的桥接[30-32]。这些挑战通过专门的临床药理学研究来解决，既没有延迟开发时间，也没有失去科学有效性，从而实现了高效的开发阶段过渡。

模型引导的Ⅲ期剂量选择

在Ⅰ～Ⅰ/Ⅱ期研究中观察到的显著初步疗效和良好安全性，促使赞助商寻求创新的方法来缩短总体开发时间，特别是对于已产生FⅧ中和抗体的患者，其医疗需求远得不到满足。面对快速开发的需求，以及作为罕见病的甲型血友病患者招录数量有限，特别是已产生FⅧ中和抗体的患者更少，不可能在启动Ⅲ期研究之前进行充分、随机、控制剂量的研究。不仅青少年/成人患者存在这种限制，儿童患者更是如此。然而，由于Ⅰ～Ⅰ/Ⅱ期临床研究的局限性，包括样本量小和整个队列的基线疾病特征不平衡，仅根据Ⅰ～Ⅰ/Ⅱ期临床研究的观察数据，很难确定支持Ⅲ期剂量选择的剂量-响应关系。

为替代传统剂量确定研究，研究人员利用Ⅰ～Ⅰ/Ⅱ期临床研究数据进行了药物计量分析，以定量表征艾米赛珠单抗的剂量-暴露量-响应量之间的关系[30]。开发的群体药代动力学模型和重复时间事件模型随后被用于预测血浆艾米赛珠单抗浓度和治疗出血的年化出血率，以确定潜在的给药方案，用于青少年/成人Ⅲ期临床研究。为了在已产生和未产生FⅧ中和抗体的患者中产生与FⅧ预防治疗相当的疗效，指导Ⅲ期剂量选择的目标疗效水平被定义如下：至少50%的患者治疗出血的ABR为零。基于模型的模拟表明，血浆中艾米赛珠单抗浓度为45 μg/mL或更高时，应达到确定的目标疗效水平。根据Ⅰ～Ⅰ/Ⅱ期研究中每周1次（QW）的给药频率，1.5 mg/kg的维持剂量被确定为最小剂量，可提供45 μg/mL或更高的中位$C_{trough, ss}$值。据预测，在Ⅰ期临床前4周给予的载荷剂量，即每周1次3 mg/kg（Ⅰ～Ⅰ/Ⅱ期研究中测试的最高剂量），可达到这一目标有效暴露量。随后，为了在给药方案上提供多种选择，满足患者给药方便的需要，进一步研究了是否可将给药频率降至每2周1次（Q2W）或每4周1次（Q4W），同时保持相似的疗效和等效的累积剂量。维持剂量为3 mg/kg Q2W也被预测达到45 μg/mL或更高的中位$C_{trough, ss}$值。由于较低的给药频率会引起较大的峰-谷波动，维持给药剂量为6 mg/kg Q4W预计会使中位$C_{trough, ss}$值略低于45 μg/mL。但QW、Q2W和Q4W给药方案之间的血浆艾米赛珠单抗浓度-时间分布的差异预计不会影响疗效，这可能是由于更高的峰值浓度（伴随较低的低谷浓度）抵消了整体预防出血的效果。由于艾米赛珠单抗具有较长的消除半衰期和FⅧ等效活性转换因子，这些给药方案所达到的疗效水平有望与持续维持FⅧ活性至少15 IU/dL所达到的疗效水平相对应，从而可能将关节出血的风险降到最低[33]，并可能防止血友病性关节病[34]。这些特点为甲型血友病的治疗提供了一种新的范式，这是现有治疗方法无法实现的。综上所述，这些结果支持在常规负荷剂量为3 mg/kg QW后，选择维持剂量为1.5 mg/kg QW、3 mg/kg Q2W和6 mg/kg Q4W（这些剂量均未在Ⅰ～Ⅰ/Ⅱ期研究中进行测试），以作为Ⅲ期研究中对12岁或以上青少年/成人患者的给药方案，而没有进行常规的剂量确定研究。

儿科Ⅲ期临床研究中剂量的选择也通过药物计量方法进行，但需要额外的考量。用于青少年/成人（即1.5 mg/kg）基于相同体重（body weight，BW）的QW维持剂量预测在儿童中也有可能达到目标有效暴露量，因此在第一项儿科研究中选择该维持剂量作为起始剂量。可能需要更高的维持剂量，故在研究设计中提出了剂量调整方案。

相对和绝对生物利用度研究

解决剂量与药品桥接另一个挑战的方法是在健康受试者中进行生物利用度研究[32]。在启动Ⅲ期临床试验之前，对原料药生产工艺和药品溶液中的药物浓度进行了调整。虽然通常建议采用基于风险的分级方法进行生物药物的药品桥接，但开展临床研究来比较新旧药品之间的药代动力学特性被认为是一种快速和保守的药品桥联策略，这更适合艾米赛珠单抗的开发时间表。此外，由于增加患者皮下注射体位选择的灵活性，有望增加给药的便利性，因此增加了艾米赛珠单抗在腹部、上臂和大腿3个常用皮下注射部位的相对生物利用度研究。此外，还研究了艾米赛珠单抗的绝对皮下生物利用度。

生物利用度研究的结果证实了艾米赛珠单抗的2个药品和3个注射部位都显示出相似的药代动力学特征。最大血浆浓度和血浆浓度-时间曲线下面积的所有数据点的几何平均数比都符合生物等效性标准（即0.80～1.25）。这些数据点源自2个药品之间和3个注射位点之间的对比。艾米赛珠单抗的绝对皮下生物利用度为80.4%～93.1%。这些结果表明，当从老药品换到新药品时，或交替注射到腹部、上臂或大腿时，艾米赛珠单抗不需要调整剂量，并且皮下注射艾米赛珠单抗都具有高度的生物利用度。

7.3.2 后期临床开发

7.3.2.1 非干预性研究

艾米赛珠单抗的后期临床开发以一项全球非干预性研究（non-interventional study，NIS）进行，前瞻性地收集PwHA中的真实数据，然后将这些数据与随后开始的Ⅲ期研究中收集的数据进行个体内比较，NIS参与者也可以参与随后的Ⅲ期研究[35-37]。最近，美国FDA关于血友病基因治疗发展的指导草案采纳了实施NIS研究的计划[38]。

7.3.2.2 已产生FⅧ中和抗体患者每周1次给药的Ⅲ期临床试验

艾米赛珠单抗的第一项Ⅲ期临床试验（HAVEN 1）是在年龄12岁及以上的青少年/成人PwHA中进行的，且这些患者已产生了FⅧ中和抗体，测试了所选Ⅲ期的QW给药方案[39]。其主要目的是比较接受艾米赛珠单抗预防治疗患者和未接受治疗患者的出血率，而这些患者在研究入组前偶尔使用BPA治疗。

首个艾米赛珠单抗的儿科Ⅲ期临床试验（HAVEN 2）是在随后启动的[40]。HAVEN 2研究在年龄小于12岁或12岁及以上但体重小于40 kg的儿童PwHA中进行，测试了QW剂量与潜在调整剂量。

HAVEN 1和HAVEN 2的疗效和药代动力学结果符合Ⅰ～Ⅰ/Ⅱ期研究的预期和先前模型的预测。HAVEN 1的主要疗效分析显示，与无预防治疗相比，QW的艾米赛珠单抗治疗使出血ABR降低了87%，差异具有统计学意义（$P<0.001$）。个体间比较也显示了艾米赛珠单抗的良好疗效，与之前NIS组中的经BPA预防治疗相比，HAVEN 1组QW艾米赛珠单抗治疗的出血ABR显著降低了79%（$P<0.001$）。在HAVEN 1和HAVEN 2研究中，接受艾米赛珠单抗治疗时，未发生治疗性出血事件的患者比例均达50%。相关药代动力学研究发现，在使用相同的基于体重换算的QW给药方案中，不同研究的$C_{trough,\ ss}$值相当，且达到45 μg/mL[41]，这说明在青少年/成人患者中证实的疗效可外推至儿童患者。安全性总体上是良好的，但HAVEN 1中有5例患者（HAVEN 2中没有）发生了血栓栓塞事件（thromboembolic event，TE）或血栓性微血管病（thrombotic microangiopathy，TMA）。对于发生TE/TMA的患者，除接受艾米赛珠单抗预防治疗外，患者还连续数天使用aPCC治疗出血，且平均剂量高于每24小时100 U/kg（24小时或更长时间）。而当单独接受艾米赛珠单抗治疗时，或在任何给药方案下同时给予rFⅦa，或在艾米赛珠单抗的另一种给药方案下同时给予aPCC时，均未发生TE/TMA。aPCC提供的FⅨ、FⅨa和FⅩ可能参与了艾米赛珠单抗的药理反应，从而增强了止血作用，这可能是发生TE/TMA的原因。为了降低TE/TMA的风险，研究人员制定了一份指南，要求使用最低剂量的BPA来实现止血，并避免使

用aPCC。

这两项Ⅲ期临床试验为艾米赛珠单抗的有效性和安全性提供了大量证据，并为艾米赛珠单抗在多个国家以每周1次给药方案的首次获批奠定了基础，而且这不受是否已伴有FⅧ中和抗体的影响。

7.3.2.3　已产生或未产生FⅧ中和抗体患者每周1次、每2周或每4周1次剂量的Ⅲ期临床试验

艾米赛珠单抗的第3个Ⅲ期临床试验（HAVEN 3），是在12岁或12岁以上的青少年/成人PwHA患者中进行的，且患者未产生FⅧ中和抗体，研究中测试了选定的QW和Q2W Ⅲ期给药方案[42]。主要目的是比较研究入组前偶尔使用FⅧ药物治疗的患者，在接受艾米赛珠单抗治疗和未接受预防治疗时的出血率。

另一项Ⅲ期研究（HAVEN 4）是在12岁或12岁以上的青少年/成人PwHA患者中进行的，且患者已产生或未产生FⅧ中和抗体，测试了艾米赛珠单抗Q4W剂量的序贯双队列方案[43]。纳入初始队列的患者接受艾米赛珠单抗治疗，皮下剂量为6 mg/kg，无负荷剂量；纳入后续扩展队列的患者接受了艾米赛珠单抗的选定Ⅲ期Q4W给药方案（即前4周Q4W皮下维持剂量为6 mg/kg，负荷剂量为3 mg/kg QW）。

同样，HAVEN 3和HAVEN 4的疗效和药代动力学结果与之前的预期一致。HAVEN 3的主要疗效分析显示，与无预防治疗相比，QW和Q2W艾米赛珠单抗的治疗出血ABR分别降低了96%和97%，差异具有统计学意义（均为$P<0.001$）。个体间比较也显示了艾米赛珠单抗的良好疗效，在HAVEN 3组中，与NIS组中既往FⅧ预防治疗相比，QW艾米赛珠单抗治疗的出血ABR显著降低了68%（$P<0.001$）。在QW和Q2W两种给药方案下，接受艾米赛珠单抗治疗后未发生出血事件的患者比例均达到50%，同时药代动力学研究发现，两种给药方案下$C_{trough, ss}$值均达到45 μg/mL。在HAVEN 4中，6 mg/kg的药代动力学特征符合基于模型的先验预测，扩大了被证实呈线性药代动力学的剂量范围至6 mg/kg。在Q4W给药方案下，接受艾米赛珠单抗治疗后未发生出血事件的患者比例达到50%。尽管药代动力学发现在这一给药方案下，$C_{trough, ss}$值未达到45 μg/mL，结果都与先前预期的一样。

HAVEN 3和HAVEN 4研究均证实了艾米赛珠单抗良好的安全性，没有TE/TMA报告。在没有产生FⅧ中和抗体的患者中，接受艾米赛珠单抗治疗时，也未新产生FⅧ中和抗体。

根据HAVEN 3和HAVEN 4中Q2W和Q4W给药方案的临床经验积累，随后计划在儿童患者中开展这两种给药方案的研究（HOHOEMI，在日语中是“微笑”的意思）。第一项研究是对日本12岁以下儿童PwHA患者进行两种用药方案的测试，患者没有产生FⅧ中和抗体[44]。另一个是HAVEN 2的附加队列研究，以测试在2岁

以上但小于12岁且已产生FⅧ中和抗体的儿童PwHA患者的两种给药方案[40]。

与HAVEN 3和HAVEN 4一致，HOHOEMI和HAVEN 2中没有TE/TMA报告，证实了艾米赛珠单抗良好的疗效和安全性。在Q2W和Q4W给药方案中，观察到青少年/成人患者与儿童患者的暴露情况相似，这说明两种给药方案在青少年/成人患者中证实的疗效可以外推到儿童患者[45]。

对每个Ⅲ期临床试验进行的初步分析显示，艾米赛珠单抗治疗出血的ABR是一致的，且ABR较低，具有临床意义（表7.1）。结合Ⅰ～Ⅲ期临床试验数据，可得到最新的暴露量-响应关系，对其进行分析可佐证该药临床有效的结论。这表明所有QW、Q2W和Q4W给药方案在稳定状态均能提供超过约30 μg/mL的暴露量，几乎达到暴露量-响应关系的平台段[46]。

表7.1 初步分析Ⅲ期临床试验中使用凝血因子产物治疗出血的年化出血率

剂量方案	人群	治疗出血的ARB及FⅧ的状态	
		存在中和抗体	不存在中和抗体
QW	成人/青少年/儿童	2.9（1.7～5.0）a)[39]	1.5（0.9～2.5）b)[42]
		0.3（0.17～0.50）[40]	—
Q2W	成人/青少年/儿童	—	1.3（0.8～2.3）c)[42]
		0.2（0.03～1.72）[40]	1.3（0.6～2.9）[44]
Q4W	成人/青少年/儿童		2.4（1.4～4.3）[43]
		2.2（0.69～6.81）[40]	0.7（0.2～2.6）[44]

注：ABR，annualized bleeding rate，年化出血率；CI，confidence interval，置信区间；QW，每周1次；Q2W，每2周1次；Q4W，每4周1次。

以负二项回归模型评估治疗出血的ARB。如果在一项研究中有多组选用相同的给药方案进行测试，则上表的结果为随机组与无预防治疗组的比较。

a）与无预防治疗组相比，降低87%（23.3，95% CI：12.3～43.9，$P<0.001$）。

b）与无预防治疗组相比，降低96%（38.2，95% CI：22.9～63.8，$P<0.001$）。

c）与无预防治疗组相比，降低97%（38.2，95% CI：22.9～63.8，$P<0.001$）。

综合分析HAVEN研究中的免疫原性数据表明[47]，398例患者中有14例ADA检测呈阳性，占3.5%。3例患者出现了具有中和潜力的ADA，占0.75%，其中1例患者因缺乏疗效而停药。然而，ADA的存在不会导致安全性问题。HOHOEMI研究中没有患者的ADA检测呈阳性。总之，临床相关的ADA发生率非常低。

综上所述，这5项Ⅲ期临床试验为艾米赛珠单抗的有效性和安全性提供了大量的证据，并为艾米赛珠单抗在多个国家以QW、Q2W和Q4W为给药方案的第2次批准奠定了基础（无论患者年龄和FⅧ中和抗体状态如何）。

7.4 总结

回顾2000年左右艾米赛珠单抗项目启动时，其概念或可行性可能只是一个梦想。研究人员近20年的研发之路充满了泪水和奇迹。

艾米赛珠单抗是第一种不具有FⅧ分子骨架的FⅧ替代药物，是第一种上市的重组双特异性IgG抗体，也是第一种既不基于中和机制也不基于细胞去除机制的治疗性抗体。艾米赛珠单抗不仅是一种人源化抗体，也是一种通过在人源先导抗体中引入各种突变来改善分子性质的高度工程化的抗体。

与先前描述的其他已通过临床试验的FⅧ替代药物相比，艾米赛珠单抗具有不同特点。该药物能治疗多种不同患者的支撑依据是，在不同年龄类别、不同FⅧ中和抗体存在状态及3种批准的给药方案中，一致证实了其具有临床意义的预防出血的疗效。在艾米赛珠单抗作为预防治疗的基础上，间断地进行aPCC治疗，持续高暴露量的aPCC和艾米赛珠单抗会诱发TE/TMA。TE/TMA已被确定为重要的临床安全风险，因此需要在真实的临床环境中进行仔细和适当的用药管理。

艾米赛珠单抗是一种综合了划时代灵感、生物学新发现和创新抗体工程技术的全新发现，且是由创新的临床开发策略而获得的具有新颖作用机制的治疗性抗体。中外制药公司接下来的任务是积累临床和科学数据，以提供循证信息，使艾米赛珠单抗能够在PwHA中得到更加有效和安全的使用。

致谢

衷心感谢岸上幸子（Sachiko Kishigami）女士在本章准备过程中给予的大力支持。同时感谢山口一树（Kazuki Yamaguchi）先生、大成松木（Taisei Matsumoto）先生和川西武彦（Takehiko Kawanishi）先生对本章内容的审阅和确证。

（李　清）

缩写词表

ABR	annualized bleeding rate	年化出血率
ADA	anti-drug antibody	抗药抗体
aPC	activated protein C	活化蛋白C
aPCC	activated prothrombin complex concentrate	活化凝血酶原复合物浓缩物
APTT	activated partial thromboplastin time	活化部分凝血活酶时间
BPA	bypassing agent	旁路药物
BW	body weight	体重
$C_{trough,ss}$	steady-state trough	稳态谷值
EGF	epidermal growth factor	表皮生长因子
EHL	extended half-life	半衰期延长

F	coagulation factor	凝血因子
GLP	Good Laboratory Practice	药物非临床研究质量管理规范
IgG	immunoglobulin G	免疫球蛋白G
MAD	multiple ascending dose	多剂量递增
NIS	non-interventional study	非干预性研究
NOAEL	no observed adverse effect level	未观察到有害效应的水平
pI	isoelectric point	等电点
PL	phospholipid	磷脂
PS	phosphatidylserine	磷脂酰丝氨酸
PwHA	people with hemophilia A	甲型血友病患者
QW	once weekly	每周1次
Q2W	once every 2 weeks	每2周1次
Q4W	once every 4 weeks	每4周1次
rFⅦa	recombinant activated factor Ⅶ	重组活化凝血因子Ⅶ
SAD	single ascending dose	单剂量递增
SHL	standard half-life	标准半衰期
TE	thromboembolic event	血栓栓塞事件
TMA	thrombotic microangiopathy	血栓性微血管病

原作者简介

北泽武久（Takehisa Kitazawa），兽医学博士，1993年加入中外制药有限公司，目前担任中外制药药理学部门负责人，负责药物发现和临床前研究中所有疾病领域的药理作用评价。他在多个领域积累了丰富的研究经验，包括抗血栓和止血药理学，以及免疫动物抗体生成等领域。他与构思模拟FⅧ功能的双特异性抗体想法的服部博士合作后，亲自进行艾米赛珠单抗项目的传统研究实验，在小鼠中对FⅨa和FⅩ蛋白进行免疫。北泽博士喜欢挑战困难，创造新的药物，并与同事分享克服困难的喜悦。

米山光一（Koichiro Yoneyama），理学硕士，担任中外制药药物计量学家，在临床药理学部门负责临床和转化药效学/药效学分析，包括建模与仿真。自加入公司以来，他一直从事目前的工作，涉及多种分子类型、疾病领域和项目开发阶段。他使用建模和模拟的方法，制订了艾米赛珠单抗临床开发阶段的所有剂量选择。他的工作兴趣是利用定量预测技术，以一种积极、前瞻性和富有成效的方式进

行药物开发。

井川智之（Tomoyuki Igawa），博士，目前担任新加坡中外制药研究有限公司的首席执行官，负责中外集团所有疾病领域抗体/生物药物的开发研究和技术开发。他最初担任中外制药的研究科学家，也曾担任艾米赛珠单抗和萨特利珠单抗（satralizumab）的项目负责人。他毕业于东京大学，并获得博士学位，研究方向为工程、化学和生物技术。在从事早期CMC开发和单克隆抗体药代动力学研究两年后，他专注于抗体工程、抗体回收，以及各种抗体技术的广泛应用，其中抗体工程技术推动了用于甲型血友病的双特异性抗体艾米赛珠单抗的发现。井川博士热衷于从事抗体技术和疾病机制交接领域的工作，以解决全球疾病领域的迫切临床需求。

参考文献

1 Peyvandi, F., Garagiola, I., and Young, G. (2016). The past and future of haemophilia: diagnosis, treatments, and its complications. *Lancet* 388: 187-197.

2 Geraghty, S., Dunkley, T., Harrington, C. et al. (2006). Practice patterns in haemophilia A therapy - global progress towards optimal care. *Haemophilia* 12: 75-81.

3 White, G.C. 2nd, Rosendaal, F., Aledort, L.M. et al. (2001). Definitions in hemophilia. Recommendation of the scientific subcommittee on factor Ⅷ and factor Ⅸ of the scientific and standardization committee of the International Society on Thrombosis and Haemostasis. *Thromb. Haemost.* 85: 560.

4 Morfini, M. (2017). The History of Clotting Factor Concentrates Pharmacokinet-ics. *J. Clin. Med.* 6 (3), pii: 35.

5 Nilsson, I.M., Berntorp, E., Löfqvist, T., and Pettersson, H. (1992). Twenty-five years' experience of prophylactic treatment in severe haemophilia A and B. *J. Intern. Med.* 232: 25-32.

6 Manco-Johnson, M.J., Abshire, T.C., Shapiro, A.D. et al. (2007). Prophylaxis ver-sus episodic treatment to prevent joint disease in boys with severe hemophilia. *N. Engl. J. Med.* 357: 535-544.

7 Pelland-Marcotte, M.C. and Carcao, M.D. (2019). Hemophilia in a changing treat-ment landscape. *Hematol. Oncol. Clin. North Am.* 33: 409-423.

8 Peyvandi, F., Garagiola, I., Boscarino, M. et al. (2019). Real-life experience in switching to new extended half-life products at European haemophilia centres. *Haemophilia* 25: 946-952.

9 Barg, A.A., Livnat, T., and Kenet, G. (2018). Inhibitors in hemophilia: treatment challenges and novel options. *Semin. Thromb. Hemost.* 44: 544-550.

10 Kitazawa, T., Igawa, T., Sampei, Z. et al. (2012). A bispecific antibody to factors Ⅸa and X restores factor Ⅷ hemostatic activity in a hemophilia A model. *Nat. Med.* 18: 1570-1574.

11 Yegneswaran, S., Wood, G.M., Esmon, C.T., and Johnson, A.E. (1997). Protein S alters the active site location of activated protein C above the membrane surface. A fluorescence resonance energy transfer study of topography. *J. Biol. Chem.* 272: 25013-25021.

12 Lenting, P.J., Donath, M.J., van Mourik, J.A., and Mertens, K. (1994). Identifi-cation of a binding site for blood coagulation factor Ⅸa on the light chain of human factor Ⅷ. *J. Biol. Chem.* 269: 7150-7155.

13 Fay, P.J. and Koshibu, K. (1998). The A2 subunit of factor Ⅷa modulates the active site of factor Ⅸa. *J. Biol. Chem.* 273: 19049-19054.

14 Lapan, K.A. and Fay, P.J. (1997). Localization of a factor X interactive site in the A1 subunit of factor VIIIa. *J. Biol. Chem.* 272: 2082-2088.

15 Saito, H., Kojima, T., Miyazaki, T. et al. (2005). Factor Ⅷ mimetic antibody: (1) Establishment and characterization of anti-factor IX/anti-factor X bispecific anti-bodies. *J. Thromb. Haemost.* 3 (Suppl 1): OR160.

16 Shima, M., Matsumoto, T., Sakurai, Y. et al. (2005). Factor Ⅷ mimetic anti-body: (2) In Vitro assessment of cofactor activity in hemophilia A. *J. Thromb. Haemost.* 3 (Suppl 1): P0038.

17 Sampei, Z., Igawa, T., Soeda, T. et al. (2013). Identification and multidimensional optimization of an asymmetric bispecific IgG antibody mimicking the function of factor Ⅷ cofactor activity. *PLoS One* 8: e57479.

18 Kitazawa, T., Esaki, K., Tachibana, T. et al. (2017). Factor Ⅷa-mimetic cofac-tor activity of a bispecific antibody to factors Ⅸ/Ⅸa and Ⅹ/Ⅹa, emicizumab, depends on its ability to bridge the antigens. *Thromb. Haemost.* 117: 1348-1357.

19 Muto, A., Yoshihashi, K., Takeda, M. et al. (2014). Anti-factor Ⅸa/Ⅹ bispecific antibody (ACE910): hemostatic potency against ongoing bleeds in a hemophilia A model and the possibility of routine supplementation. *J. Thromb. Haemost.* 12: 206-213.

20 Shima, M., Hanabusa, H., Taki, M. et al. (2016). Factor Ⅷ-mimetic function of humanized bispecific antibody in hemophilia A. *N. Engl. J. Med.* 374: 2044-2053.

21 Muto, A., Yoshihashi, K., Takeda, M. et al. (2014). Anti-factor Ⅸa/Ⅹ bispecific antibody ACE910 prevents joint bleeds in a long-term primate model of acquired hemophilia A. *Blood* 124: 3165-3171.

22 Klein, C., Sustmann, C., Thomas, M. et al. (2012). Progress in overcoming the chain association issue in bispecific heterodimeric IgG antibodies. *MAbs* 4: 653-663.

23 Merchant, A.M., Zhu, Z., Yuan, J.Q. et al. (1998). An efficient route to human bispecific IgG. *Nat. Biotechnol.* 16: 677-681.

24 Ishiguro, T., Sano, Y., Komatsu, S. et al. (2017). An anti-glypican 3/CD3 bispe-cific T cell-redirecting antibody for treatment of solid tumors. *Sci. Transl. Med.* 9, pii: eaal4291.

25 Uchida, N., Sambe, T., Yoneyama, K. et al. (2016). A first-in-human phase 1 study of ACE910, a novel factor Ⅷ-mimetic bispecific antibody, in healthy subjects. *Blood* 127: 1633-1641.

26 Shima, M., Hanabusa, H., Taki, M. et al. (2017). Long-term safety and efficacy of emicizumab in a phase 1/2 study in patients with hemophilia A with or without inhibitors. *Blood Adv.* 1: 1891-1899.

27 European Medicines Agency. (2007). Guideline on strategies to identify and mitigate risks for first-in-human clinical trials with investigational medicinal products - First version. https://www.ema.europa.eu/en/documents/scientific- guideline/guideline-strategies-identify-mitigate-risks-first-human-clinical-trials- investigational-medicinal_en.pdf (accessed 22 November 2019).

28 Collins, P., Chalmers, E., Chowdary, P. et al. (2016). The use of enhanced half-life coagulation factor concentrates in routine clinical practice: guidance from UKHCDO. *Haemophilia* 22: 487-498.

29 Chiba, K., Yoshitsugu, H., Kyosaka, Y. et al. (2014). A comprehensive review of the pharmacokinetics of approved therapeutic monoclonal antibodies in Japan: are Japanese phase I studies still needed? *J. Clin. Pharmacol.* 54: 483-494.

30 Yoneyama, K., Schmitt, C., Kotani, N. et al. (2018). A pharmacometric approach to substitute for a conventional dose-finding study in rare diseases: example of phase Ⅲ dose selection for emicizumab in hemophilia A. *Clin. Pharmacokinet.* 57: 1123-1134.

31 Yoneyama, K., Schmitt, C., Chang, T., and Levy, G.G. (2018). Model-informed dose selection for pediatric study of emicizumab in hemophilia A. *Clin. Pharma-col. Ther.* 103 (Suppl 1): S94, Abstract PII-147.

32 Kotani, N., Yoneyama, K., Kawakami, N. et al. (2019). Relative and absolute bioavailability study of emicizumab to bridge drug products and subcutaneous injection sites in healthy volunteers. *Clin. Pharm. Drug Dev.* 8: 702-712.

33 den Uijl, I.E., Fischer, K., Van Der Bom, J.G. et al. (2011). Analysis of low fre-quency bleeding data: the association of joint bleeds according to baseline FⅧ activity levels. *Haemophilia* 17: 41-44.

34 Ling, M., Heysen, J.P., Duncan, E.M. et al. (2011). High incidence of ankle arthropathy in mild and moderate haemophilia A. *Thromb. Haemost.* 105: 261-268.

35 Mahlangu, J., Oldenburg, J., Callaghan, M.U. et al. (2018). Bleeding events and safety outcomes in persons with haemophilia A with inhibitors: a prospective, multi-centre, non-interventional study. *Haemophilia* 24: 921-929.

36 Oldenburg, J., Shima, M., Kruse-Jarres, R. et al. (2017). Bleeding events and safety outcomes in pediatric persons with hemophilia A with inhibitors: the first non-interventional study (NIS) from a real-world setting. *Blood* 130 (Suppl 1): 1089.

37 Kruse-Jarres, R., Oldenburg, J., Santagostino, E. et al. (2019). Bleeding and safety outcomes in persons with haemophilia A without inhibitors: results from a prospective non-interventional study in a real-world setting. *Haemophilia* 25: 213-220.

38 U.S. Food and Drug Administration (2018). Draft guidance for industry: human gene therapy for hemophilia. https://www.fda.gov/media/113799/download (accessed 22 November 2019).

39 Oldenburg, J., Mahlangu, J.N., Kim, B. et al. (2017). Emicizumab prophylaxis in hemophilia A with inhibitors. *N. Engl. J. Med.* 377: 809-818.

40 Young, G., Liesner, R., Chang, T. et al. (2019). A multicenter, open-label phase 3 study of emicizumab prophylaxis in children with hemophilia A with inhibitors. *Blood* 134: 2127-2138.

41 Young, G., Oldenburg, J., Liesner, R. et al. (2017). Efficacy, safety and pharma-cokinetics (PK) of once-weekly prophylactic (Px) emicizumab (ACE910) in pedi-atric (< 12 years) persons with hemophilia A with inhibitors (PwHAwI): interim analysis of single-arm, multicenter, open-label, phase 3 study (HAVEN 2). *Res Pract Thromb Haemost.* 1 (Suppl 2): 5, Abstract OC 24.1.

42 Mahlangu, J., Oldenburg, J., Paz-Priel, I. et al. (2018). Emicizumab prophylaxis in patients who have hemophilia A without inhibitors. *N. Engl. J. Med.* 379: 811-822.

43 Pipe, S.W., Shima, M., Lehle, M. et al. (2019). Efficacy, safety, and pharma-cokinetics of emicizumab prophylaxis given every 4 weeks in people with haemophilia A (HAVEN 4): a multicentre, open-label, non-randomised phase 3 study. *Lancet Haematol.* 6: e295-e305.

44 Shima, M., Nogami, K., Nagami, S. et al. (2019). A multicentre, open-label study of emicizumab given every 2 or 4 weeks in children with severe haemophilia A without inhibitors. *Haemophilia* 25: 979-987.

45 Yoneyama K, Schmitt C, Chang T, Nagami S, Petry C, Levy GG. (2019) Prior prediction and posterior confirmation of emicizumab pharmacokinetics in pedi-atric patients with hemophilia A. ACoP10, Orlando FL, ISSN:2688-3953, Vol 1. Abstract M-021.

46 Jonsson, F., Schmitt, C., Petry, C. et al. (2019). Exposure-response modeling of emicizumab for the prophylaxis of bleeding in hemophilia A patients with and without inhibitors against factor Ⅷ. *Res. Pract. Thromb. Haemost.* 3 (Suppl 1): 315, Abstract PB0325.

47 Paz-Priel, I., Chang, T., Asikanius, E. et al. (2018). Immunogenicity of emi-cizumab in people with hemophilia A (PwHA): results from the HAVEN 1-4 studies. *Blood* 132 (Suppl 1): 633.

第8章

艾伏尼布的发现与开发

8.1 引言

近1个世纪前，沃伯格（Warburg）发现肿瘤细胞与正常细胞代谢的不同之处在于二者对营养物质的利用有所差异，因此他提出一个假设，即线粒体功能的丧失和高有氧糖酵解速率的转换是癌症发生的主要原因[1]。近期研究表明，肿瘤细胞实际上是通过改变代谢基因的特定遗传或表观遗传而重新编程细胞代谢过程，以此获得适应性生存优势[2, 3]。人体异柠檬酸脱氢酶（isocitrate dehydrogenase，IDH）家族由两种依赖烟酰胺腺嘌呤二核苷酸磷酸（nicotinamide adenine dinucleotide phosphate，$NADP^+$）的酶IDH1和IDH2，以及一种依赖烟酰胺腺嘌呤二核苷酸（nicotinamide adenine dinucleotide，NAD）的酶IDH3组成，在柠檬酸循环（又称Krebs循环）的关键步骤中，其催化异柠檬酸氧化脱羧生成α-酮戊二酸（alpha-ketoglutarate，α-KG）和二氧化碳[4, 5]。IDH1存在于细胞质和过氧化物酶体中，而IDH2和IDH3仅存在于线粒体中。

多项研究表明，IDH酶可能在癌症中发挥作用。这些研究发现异柠檬酸脱氢酶1突变体（mutant isocitrate dehydrogenase 1，mIDH1）和异柠檬酸脱氢酶2突变体（mutant isocitrate dehydrogenase 2，mIDH2）的杂合点突变发生在多种癌症中，包括Ⅱ～Ⅲ级胶质瘤和继发性胶质母细胞瘤（突变率为70%～90%）[6, 7]、急性髓细胞性白血病（acute myeloid leukemia，AML；突变率为10%～17%）[8]、骨髓增生异常综合征（myelodysplastic syndrome，MDS）和MDS/骨髓增生性肿瘤[9]、肝内胆管癌（突变率为7%～20%）[10]、中央软骨肉瘤及骨膜软骨瘤（突变率为46%～52%）[11]。这些点突变位于活性位点精氨酸残基上，即IDH1的Arg132及IDH2的Arg140和Arg172中，并且是底物结合位点的一部分。这些突变酶具有新的功能，能将α-KG转化为新的代谢物*R*-(−)-2-羟基戊二酸（*D*-2-hydroxyglutarate，*D*-2-HG）（图8.1）[12]。

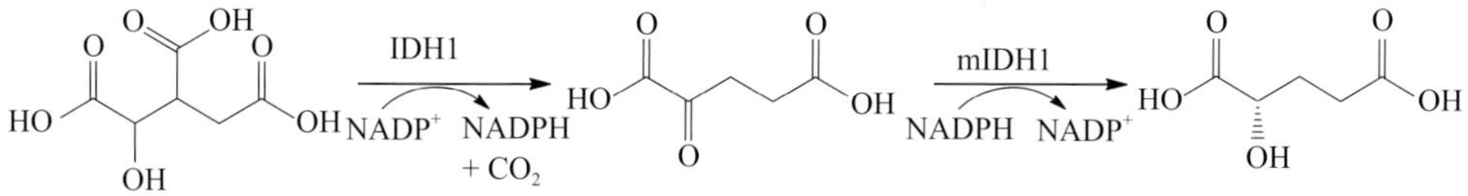

图8.1　***R***-(−)-2-羟基戊二酸的生成

D-2-HG在癌症相关细胞中的积累会竞争性地抑制参与表观遗传调节和细胞信号转导的α-KG依赖性双加氧酶（dioxygenase）[13]。*D*-2-HG通过抑制10-11易位-2（ten-eleven translocation-2，TET-2）来阻止DNA的去甲基化，导致DNA过甲基化[14]。*D*-2-HG还通过抑制大量赖氨酸去甲基酶（lysine demethylase）来阻止组蛋白去甲基化[15, 16]。这些表观遗传学改变导致造血干细胞和祖细胞的髓样分化受损，并促进了肿瘤的产生[17]，这些发现为将mIDH作为新的靶点，开发胶质瘤和AML新药提供了理论依据。

8.2 IDH1的晶体结构

IDH1和IDH2主要以同源二聚体的形式存在，并且序列同源性达70%，线粒体中的IDH2含有39个氨基酸构成的N端靶向序列。每个同源二聚体都具有两个活性位点，每个单体由一个大结构域、一个小结构域和一个环扣结构域组成[5]。一个单体的大结构域和小结构域与相邻单体[5]的小结构域组成IDH的活性位点。其催化活性位点是高极性、对溶剂开放的，并包含辅助因子还原型烟酰胺腺嘌呤二核苷酸磷酸（reduced nicotinamide adenine dinucleotide phosphate，NADPH）、异柠檬酸和二价金属阳离子的结合位点。

正常的催化过程是蛋白从开放的非活性构象转化为封闭的催化活性状态（图8.2a、b）[5, 12]。包括Arg132在内的多个残基参与异柠檬酸盐的结合（图8.2c）。mIDH1中的Arg132H点突变导致底物结合位点的重组，Tyr139占据了通常由异柠檬酸的β-羧基占据的位置，从而使α-KG能够与之结合（图8.2d），并造成α-KG以立体特异性方式被依赖性NADPH还原为*D*-2-HG[12]。IDH2蛋白中似乎也存在类似的机制。

a

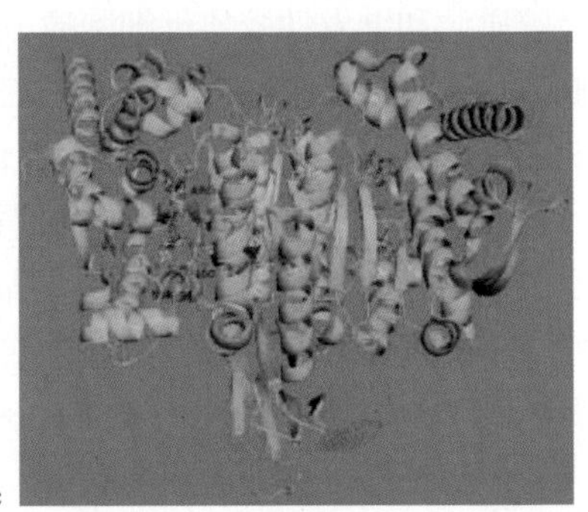
c

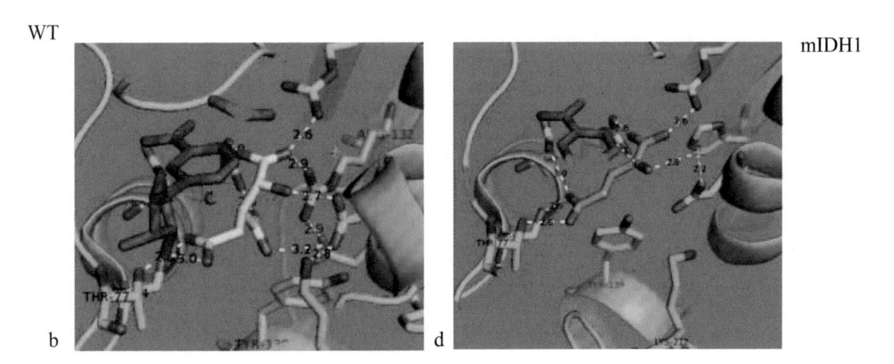

图8.2 野生型IDH1与mIDH1蛋白的结构分析。左侧为野生型IDH1（PDB：1TOL）：a. 封闭的活性构象；b. 底物异柠檬酸盐（黄色）的结合姿势及其与特定残留的相互作用（黄色虚线）。右侧为mIDH1-R132H（PDB：3INM）：c. 蛋白的封闭、非活性构象；d. 通过关键氢键（黄色虚线）在活性部位（浅棕色）结合了α-KG，并在其上方结合了NAPDH（品红）

8.3 mIDH1抑制剂的发现

为了寻找突变IDH1的小分子抑制剂，开发了一种酶偶联分析法（图8.3）。突变型IDH1-R132H同源二聚体酶会催化α-KG底物，将其还原为*D*-2-HG，同时将NADPH氧化为$NADP^+$。剩余的NADPH通过二次黄递酶/瑞苏林反应（secondary diaphorase/resazurin reaction）产生的高荧光瑞苏林来测定，并在590 nm波长下检测其荧光强度。该试验不仅应用于高通量筛选（high throughput screening，HTS），也应用于抑制剂构效关系（SAR）研究中IC_{50}的测定[18]。

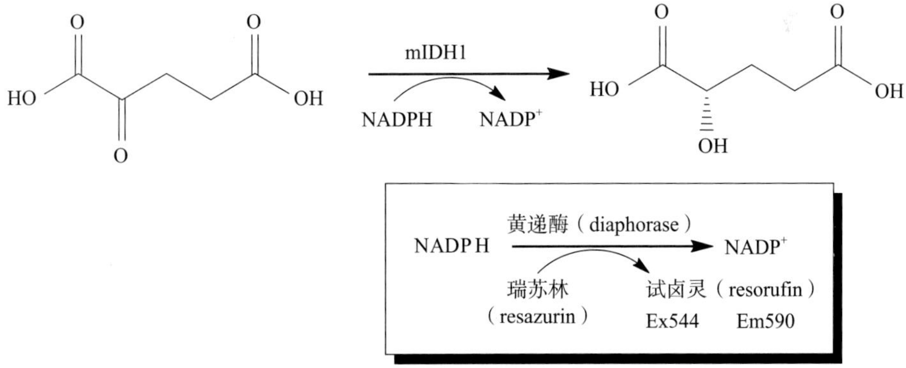

mIDH1
NADPH　$NADP^+$

NADPH　黄递酶（diaphorase）　$NADP^+$
瑞苏林（resazurin）　试卤灵（resorufin）
Ex544　Em590

图8.3 通过黄递酶/瑞苏林偶联试验抑制mIDH1 R132H酶的催化反应

通过对化合物库进行HTS，发现了一些苗头化合物，在确认这些苗头化合物后，最终选择了具有2，*N*-二苯基甘氨酸（2，*N*-diphenyl glycine）结构母核的抑制剂1作为后续表征和进一步探索的苗头化合物。进一步的动力学研究表明，化合物1是mIDH1-R132H的可逆抑制剂，对α-KG而言属于竞争性抑制剂，对NADPH而言属于非竞争性抑制剂[18]。

如图8.4所示，2，*N*-二苯基甘氨酸骨架的合成是通过乌吉（Ugi）四组分反应完成的。这种快速组装有助于快速研究，以了解使化合物1具有良好结合力的关键结构元素。首先，使用IC_{50}为0.08 μmol/L的类似物3研究了主链的取代模式（图8.5）。化合物4中氨基酸α碳上甲基的引入使得化合物与酶的亲和力降低了1/18，而N端氮的甲基化（化合物5）使效价降幅达到97.8%。第一个酰胺键被还原为胺（化合物6）后活性完全丧失；而第二个酰胺键被还原（化合物7）也是如此，这突显了两种酰胺对酶抑制活性的重要性。接下来，制备了氨基酸中心的两个对映体，但只有*S*构型的化合物（8）具有更好的酶抑制活性。

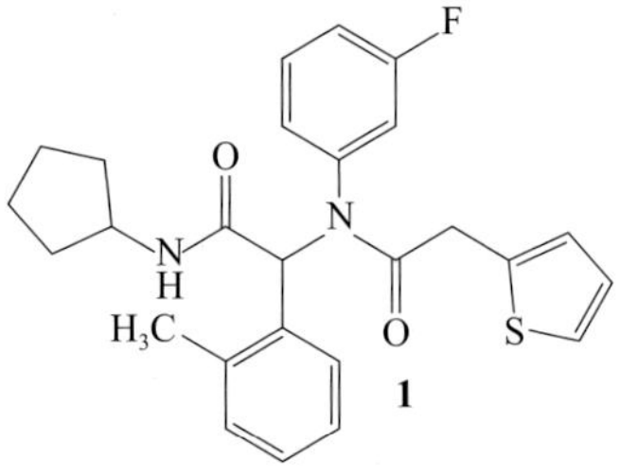

1

R132H IC_{50} = 0.09 μmol/L

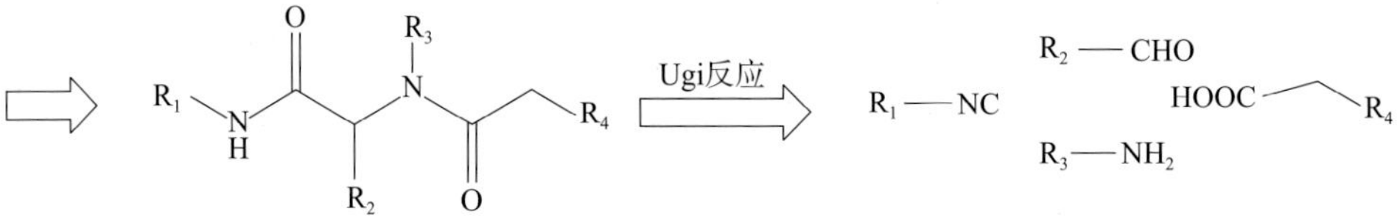

2

图8.4 HTS获得的苗头化合物1的结构，以及通过乌吉反应合成2, *N*-二苯基甘氨酸骨架结构的逆合成分析

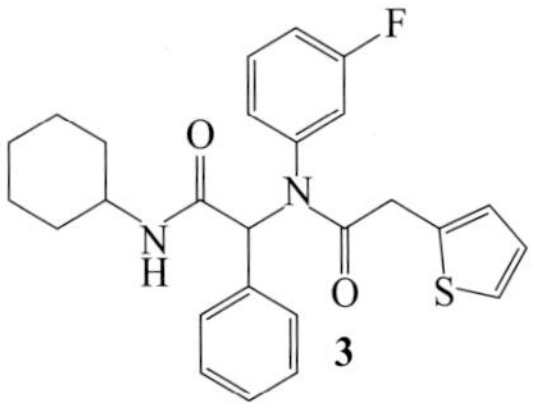

3

R132H IC_{50} = 0.08 μmol/L

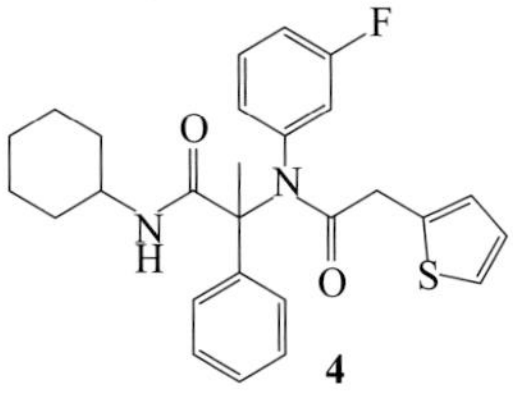

4

R132H IC_{50} = 1.4 μmol/L

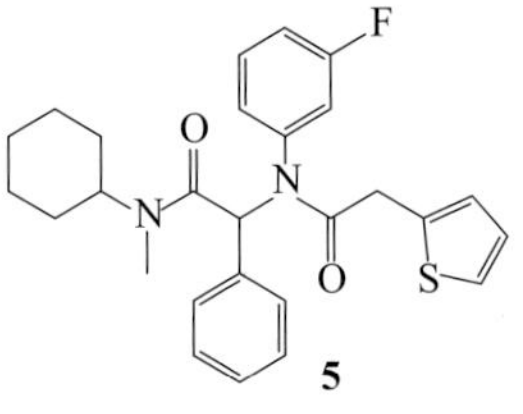

5

R132H IC_{50} = 3.6 μmol/L

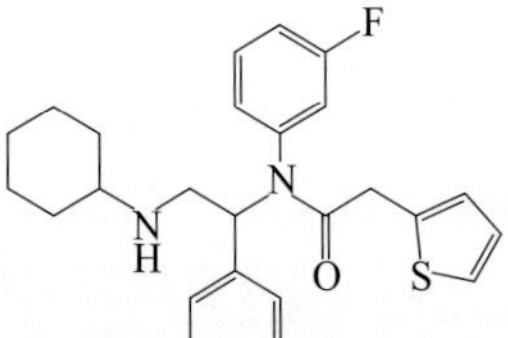

6

R132H IC_{50} > 100 μmol/L

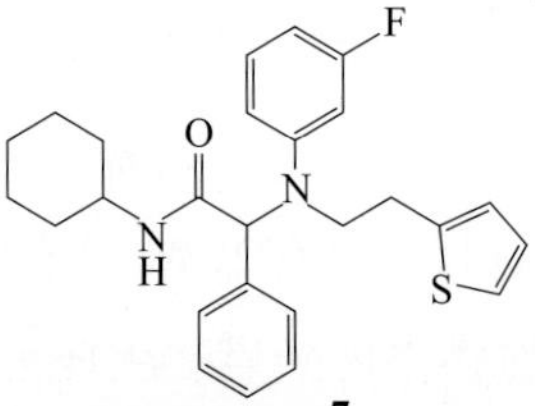

7

R132H IC_{50} > 100 μmol/L

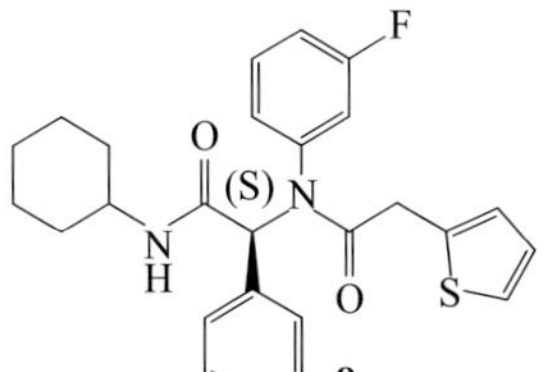

8

R132H IC_{50} = 0.06 μmol/L

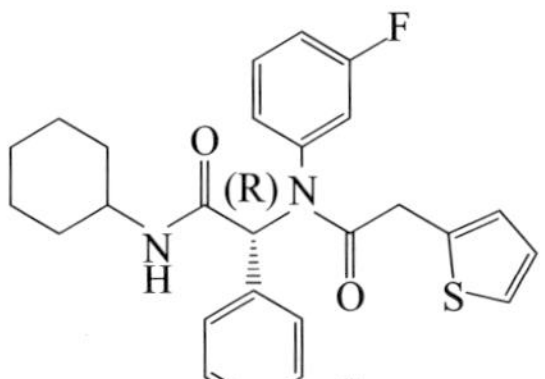

9

R132H IC_{50} ＞100 μmol/L

图8.5　2, *N*-二苯基甘氨酸母核对mIDH1-R132H同源二聚体酶抑制活性的关键结构。IC_{50}值为参考文献中报道的至少两次测定的平均值[18]

8.4 苗头化合物到先导化合物的探索

尽管确定了*S*对映体的活性优势，但出于快速研究的目的，还是以外消旋体形式进行了SAR研究。研究中，尝试在R_1位置减小脂环烃的大小或降低clog *P*（cLog *P*是计算所得的药物在1-辛醇和水之间的分配系数的对数值），结果导致酶活性降低（表8.1，化合物10～17），只有环丁基取代能表现出良好的活性，其IC_{50}为0.29 μmol/L。

表8.1　2, *N*-二苯基甘氨酸母核中R_1取代基对mIDH1-R132H同型二聚体酶抑制活性影响的SAR研究

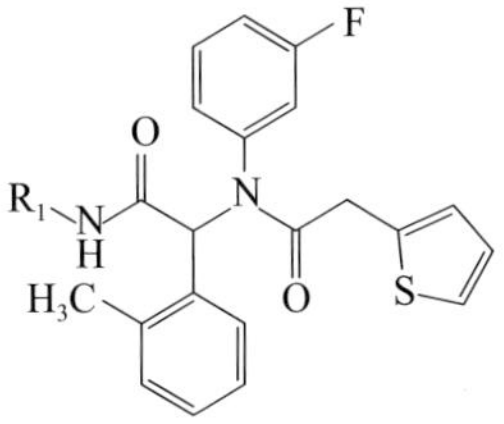

化合物	R_1	cLog *P*	R132H IC_{50}（μmol/L）
1	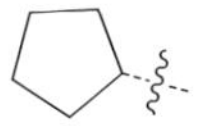	5.6	0.09
10	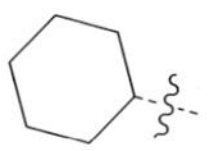	6.2	0.05
11	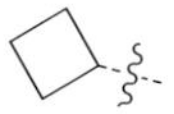	5.1	0.29
12	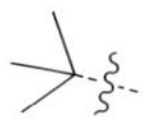	5.4	0.86
13		4.7	2.88
14	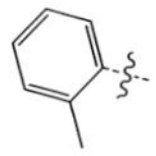	5.7	0.57
15	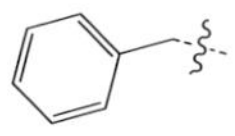	6.0	1.8
16	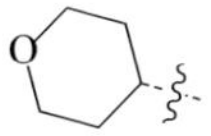	3.8	0.64
17	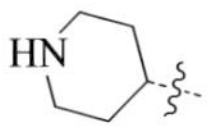 HN	3.7	53.1

注：IC_{50}值为参考文献中报道的至少两次测定的平均值[18]。

在R_1位置用极性较小的基团取代也会导致作用减弱，如化合物16。带正电荷以后的抑制效果也不理想，如化合物17。这表明分子的这一部分必须位于酶的疏水区域。

如表8.2（化合物18～24）所示，当R_2处的苯环被其他杂环取代时，化合物的活性减弱。无论在R_2位置取代为2-吡啶基、6元或5元的杂环或脂肪环，其结果都是酶活性显著降低，再次突显了苯甘氨酸结构在该区域保持疏水性和芳香性的重要性。

表8.2 *N*-苯基甘氨酸母核中R_2取代基对mIDH1-R132H同型二聚体酶抑制活性影响的SAR研究

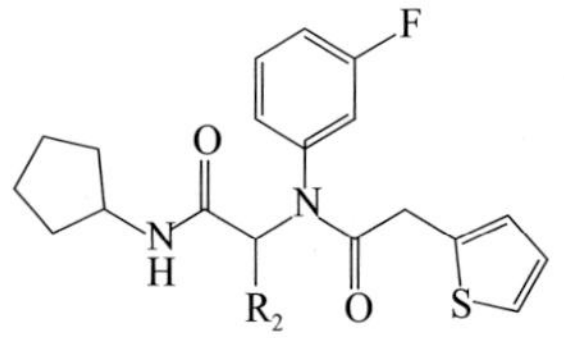

化合物	R_2	cLog *P*	R132H IC_{50}（μmol/L）
18	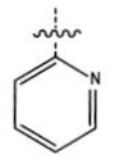	4.2	1.2
19	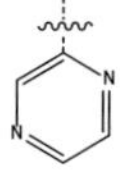	3.3	8.9
20	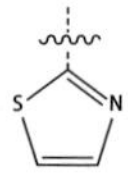	4.1	3.8
21	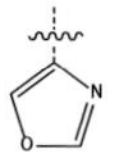	3.4	12.2
22	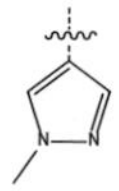	3.8	11.7
23	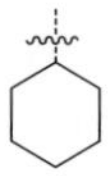	6.4	2.0
24	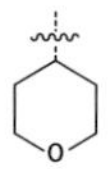	4.0	＞100

注：IC_{50}值为参考文献中报告的至少两次测定的平均值[18]。

接下来合成一些R_3位置取代的化合物，以研究R_3位取代的影响。表8.3（化合物25～29）中的结果表明3-氟苯基并不能用可降低cLog *P*值的基团取代，取代会导致其作用效果显著下降。因此，3个C端位置都保持高度疏水性，在改善化合物理化性质方面的空间有限[18]。

表8.3 *N*-苯基甘氨酸母核中R_3取代基对mIDH1-R132H同型二聚体酶抑制活性影响的SAR研究

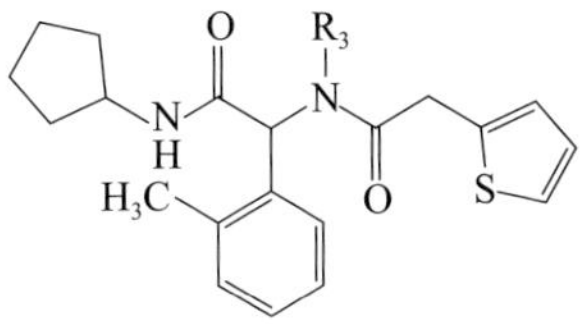

O R3 N H N H3C O S

化合物	R_3	cLog *P*	R132H IC_{50}（μmol/L）
25	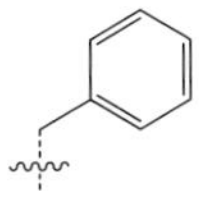	6.3	1.62
26	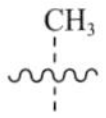 CH_3	4.2	＞100
27	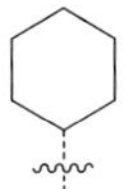	6.2	0.8
28	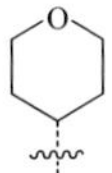 O	3.8	17.3
29	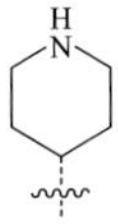 H N	3.8	＞100

注：IC_{50}值为参考文献中报告的至少两次测定的平均值[18]。

下一步是对N端R_4取代基区域的探索，以进一步尝试改善化合物的理化性质。如图8.6a所述，使用简便的化学合成方法可实现化合物的快速合成组装，并通过乌吉反应合成了关键的氯甲基中间体母核，然后再引入R_4取代基（图8.6b）。

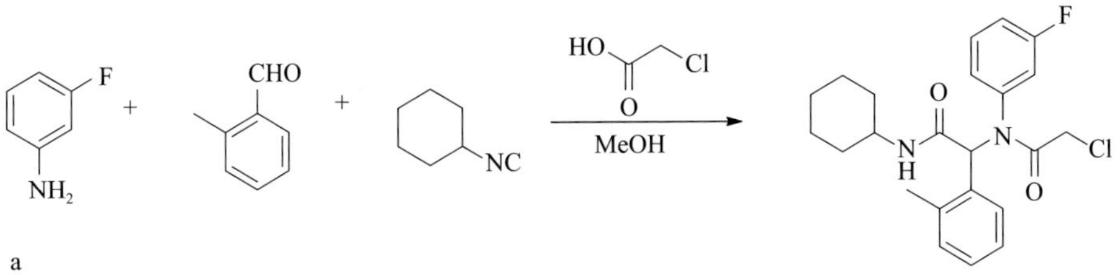

F NH_2 + CHO + NC HO O Cl MeOH → F O N H N O Cl

a

F O N H N O Cl HN N → F O N H N O N N

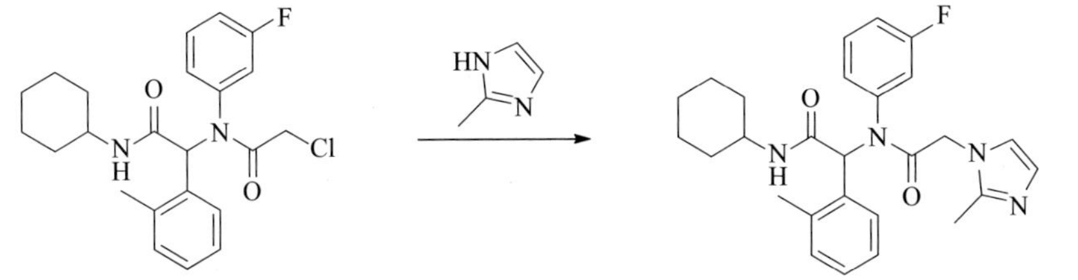

b

图8.6 a. 通过乌吉反应合成2, *N*-二苯基甘氨酸衍生物的方法；b. 2, *N*-二苯基甘氨酸N端类似物的快速合成方法

随后，对N端的各种官能团取代进行了简单探索（表8.4）。

表8.4　2, *N*-苯基甘氨酸母核中R_4取代基对mIDH1-R132H同型二聚体酶抑制活性影响的SAR研究

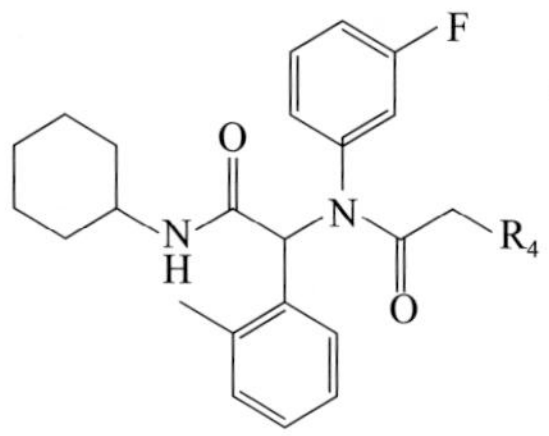

化合物	R_4	cLog *P*	R132H IC_{50}（μmol/L）
30	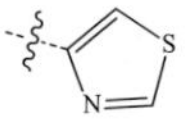	4.9	0.10
31	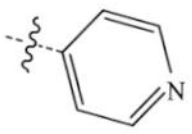	5.0	0.05
32	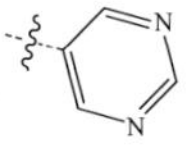	4.1	1.1
33	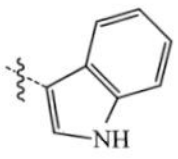	6.5	0.06
34	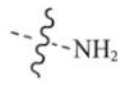	3.9	7.8
35	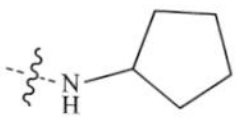	5.8	0.45
36	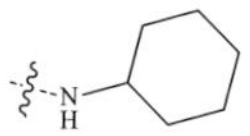	6.3	1.27
37	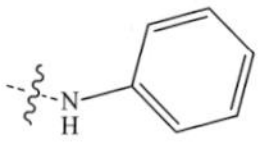	6.1	0.06
38	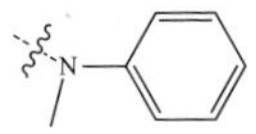	6.8	0.08
39	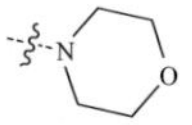	5.0	0.24
40	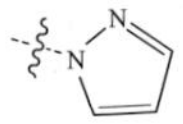	4.9	0.42
41（AGI-5198）	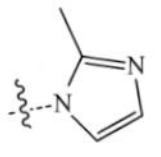	4.7	0.07
42	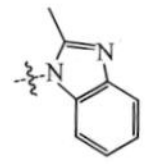	6.3	0.07

注：IC_{50}值为参考文献中报告的至少两次测定的平均值[18]。

以化合物10（IC_{50}=0.05 μmol/L）的母核结构为基础，用碳链杂环取代噻吩，如噻唑（30）、4-吡啶基（31）或3-吲哚（33），所合成类似物的IC_{50}在0.05～0.10 μmol/L范围内，相关类似物与化合物1和化合物10具有相似的作用效果。但

是，以嘧啶（32）取代吡啶导致其活性降低1/22。接下来，如图8.6b中所示，通过取代氯原子合成了一系列通过氮原子连接的类似物。其中，包括几个环烷胺类化合物（化合物35和36），但其活性并不理想，而氨基苯基和甲氨基苯基类似物37和38却保持了约0.06 μmol/L的良好活性。尽管cLog *P*有所增加，但这些芳香胺类似物的活性表明脂肪叔胺和杂环胺取代的思路是可行的，这些基团可能会降低抑制剂的亲脂性。事实上，化合物39～42显示出很好的活性，其中化合物41具有更优的物理性质。R_4区域可容纳各种各样的取代基，这可能表明分子的这一部分是与mIDH1蛋白的溶剂暴露区域，或与大的、溶剂相容的口袋相结合。

接下来，在过度表达突变体IDH1-R132H的胶质母细胞瘤U87细胞[19]和表达内源性IDH1-R132C突变体的HT1080软骨肉瘤细胞系[11]中评估了一些具有良好mIDH1酶效力的化合物的活性，这些细胞可产生大量的*D*-2-HG。在使用抑制剂作用于细胞48小时后，通过液相色谱-质谱（liquid chromatography mass spectroscopy，LC-MS）法测试其IC_{50}值[18]。表8.5中汇总了相关结果及针对突变酶的IC_{50}值。

表8.5　所选*N*-苯基甘氨酸类似物的细胞活性

化合物	cLog *P*	R132H IC_{50}（μmol/L）	U87 IC_{50}（μmol/L）	R132C IC_{50}（μmol/L）	HT1080 IC_{50}（μmol/L）
1	5.6	0.09	0.58	0.05	0.39
10	6.2	0.05	0.19	0.03	0.15
30	4.9	0.10	0.29	0.06	0.22
33	6.5	0.06	0.36	0.03	0.09
41（AGI-5198）	4.7	0.07	0.07	0.16	0.48
42	7.1	0.07	0.37	0.04	0.17

注：IC_{50}值为参考文献中报告的至少两次测定的平均值[18]。

如表8.5所示，大多数化合物在R132C突变体中的作用与在R132H突变体中的作用相似，对两种细胞系的抑制活性范围为0.07～0.5 μmol/L，实现了从酶到细胞3～5倍的活性转变。

随后，在U87 R132H肿瘤异种移植小鼠模型中进一步对化合物41（AGI-5198）的体内活性进行测试。首次进行的体外和体内DMPK研究表明，AGI-5198在人体和大鼠肝微粒体中孵育后的转化速率非常快，其肝脏提取率分别约为0.93和0.85。平衡透析法显示其血浆蛋白结合率为95.7%，而50 mg/kg的腹腔内注射（intraperitoneal，IP）可实现理想的血浆暴露［$AUC_{0\sim24\,h}$=20 800（h·ng）/mL］[18]。

然后对AGI-5198进行进一步的体内测试，以确定抑制IDH1 R132H是否会减少体内2-HG的产生。向U87 R132H异种移植瘤的雌性裸鼠腹腔注射150 mg/kg（含有0.5%甲基纤维素和0.2%吐温-80）剂量的AGI-5198，并与模型对照动物进行比较。使用特定的LC-MS/MS方法分别测定抑制剂和2-HG在血浆和肿瘤中的浓度。在单次给药后，AGI-5198的游离血浆浓度高于其体外IC_{50}值的时间超过10小时。2-HG抑制的幅度和持续时间与抑制剂的游离血浆浓度密切相关（图8.6a）。重复给药AGI-5198可延长药物的暴露时间，而C_{max}与单次给药相当。与单剂量相比，每日2次（BID）给药对肿瘤2-HG的抑制效果更好，最大抑制率分别达到89.4%和69%（图8.7），表明充分和可持续的药物暴露可实现很好的对肿瘤中2-HG的抑制效果。

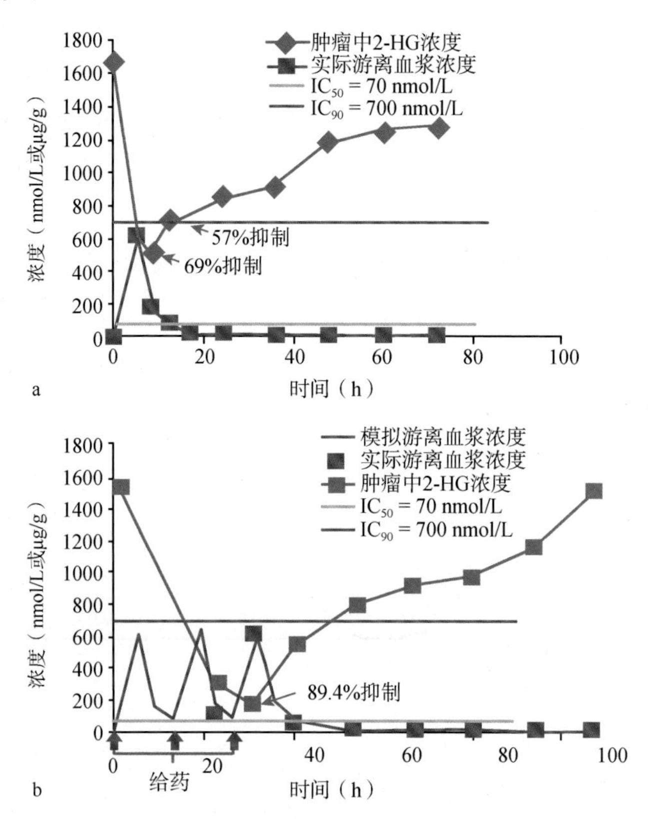

图8.7 在U87 R132H肿瘤异种移植小鼠模型中，腹腔注射AGI-5198（化合物41）（150 mg/kg）1次（a）和3次（b）对肿瘤中2-HG的抑制作用[18]

8.5 先导化合物的优化：AG-120的发现

mIDH1抑制剂先导化合物AGI-5198在体内表现出了良好的结果，因而可通过进一步对AGI-5198进行优化，发现一个性质更优的分子。AGI-5198的动力学溶解度和人肝微粒体分析显示出合适的理化性质，但在其他物种中的代谢稳定性较差。接下来，在研究中使用人肝微粒体S9来确定潜在的代谢产物，并揭示了R_1环己基和R_4咪唑环的NADPH依赖性氧化作用[20]。然后，尝试降低代谢清除率。对R_1的修饰集中在含氟环烷基上，同时将R_2取代基（X基团，表8.6）中的邻甲基变为邻氯基团，进而获得第一个中等清除率的化合物44（表8.6）。

以甘氨酸氨基甲酸酯（表8.6，化合物43）或脯氨酸氨基甲酸酯（化合物45）取代咪唑环，维持了生化和细胞效力，但人体代谢提取比（human metabolic extraction ratio，E_h）从中等水平（化合物44为0.45）增加到高水平（0.91）。对化合物45的代谢产物进行鉴定，发现主要代谢物是脯氨酸氨基甲酸酯R_4基团的单加氧和二加氧代谢反应，因此确定该分子的其余部分不太容易被CYP50氧化。因此，后续将稳定的R_4部分作为药物化学研究的下一个重点。以杂环类似物嘧啶取代氨基甲酸甲酯（化合物46）保持了良好的活性，但没有改善代谢稳定性。以“预氧化脯氨酸”，即脯氨酸-2-酮取代脯氨酸-嘧啶（化合物47），作为避免化合物在体内被代谢清除的一种方法，虽然药效明显下降，但大大提高了代谢稳定性（E_h=0.18）。在实现这一突破之后，进一步将嘧啶环引入氧化脯氨酸的氮原子上。引入的R_4部分不仅进一步提高了代谢稳定性，同时也恢复了生化效力（化合物48）。

接下来的研究重点是进一步提高生化和细胞效力，同时保持较好的代谢稳定性。在R_4处以各种杂环取代嘧啶基团，并检测其活性和稳定性。如化合物49（表8.6）所示，在4位上以吸电子基团取代的吡啶类化合物达到了预期的活性和代谢稳定性。在吡啶其他位置上的取代会产生较低的效力或稳定性（数据未显示）。最后，在R_3芳基5位（Y，表8.6）引入氟原子，获得了一个最有效且最稳定的化合物AGI-14100。

AGI-14100被认为是一种具有开发潜力的候选药物，因此在体外和体内对其进行了进一步的分析。该化合物在多个物种（小鼠、大鼠、犬、食蟹猴、人）的肝微粒体中孵育后，均显示出较低的清除率，而在大鼠、犬和食蟹猴体内具有良好的清除率。此外，AGI-14100在大鼠（F=44%）、犬（F=18%）和食蟹猴（F=43%）中具有良好的口服药代动力学特性。接下来在HT1080异种移植肿瘤小鼠模型中测试了AGI-14100的体内活性。将HT1080 R132C细胞接种于雌性BALB/c裸鼠建模后，在50 mg/kg口服剂量进行测试。给药12小时后，肿瘤中的2-HG得到了强有力的抑制（图8.8，红线），具有理想的体内活性结果。

表8.6 第二轮SAR优化：酶活性、细胞活性（U87细胞）和肝微粒体稳定性（E_h）

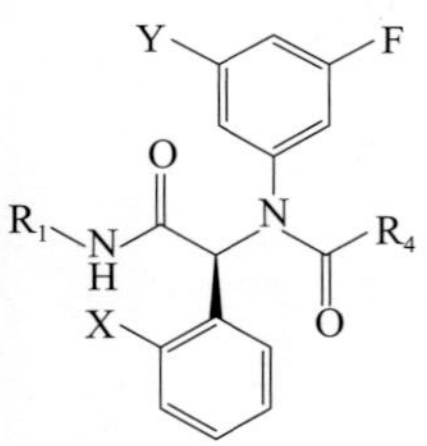

化合物	R_1	X	Y	R_4	R132H IC_{50}（μmol/L）	U87 IC_{50}（μmol/L）	E_h
AGI-5198	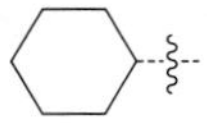	H_3C	H	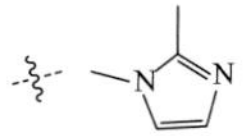 N N	70	497	0.93
43	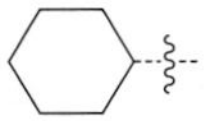	H_3C	H	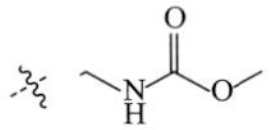 O N H O	46	155	0.94
44	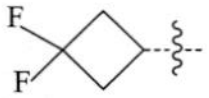 F F	Cl	H	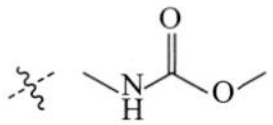 O N H O	230	605	0.45
45	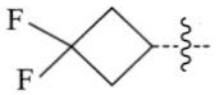 F F	Cl	H	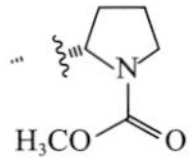 N H_3CO O	44	279	0.91
46	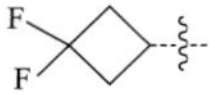 F F	Cl	H	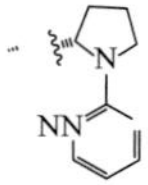 N NN	34	53	0.93
47	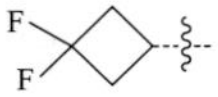 F F	Cl	H	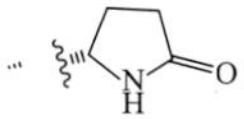 N H O	13 310	ND	0.18
48	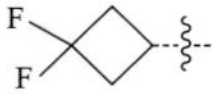 F F	Cl	H	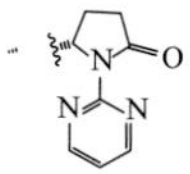 N O N N	45	73	0.03
49	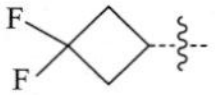 F F	Cl	H	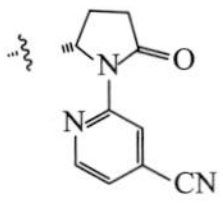 N O N CN	9	3	0.37
AGI-14100	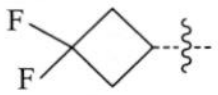 F F	Cl	F	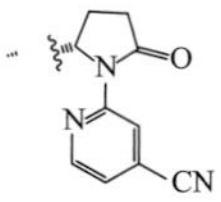 N O N CN	6	1	0.23

注：ND代表未检出。

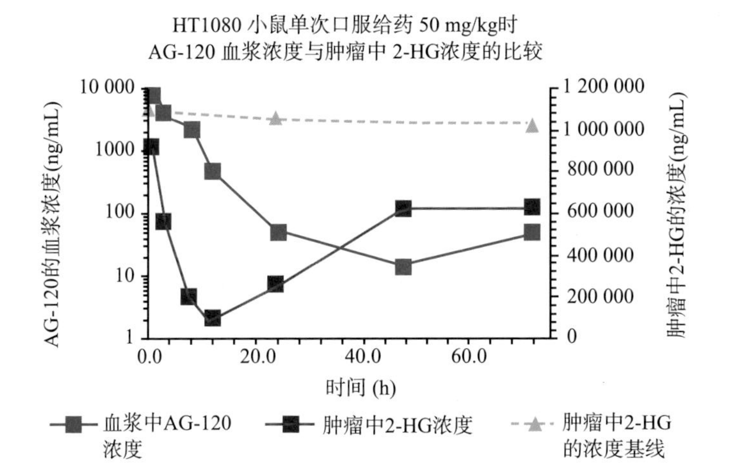

图8.8　**在HT1080 R132C小鼠模型中，单次QD给药AG-120后AG-120的血浆浓度和肿瘤中2-HG的浓度**

进一步的测试表明，AGI-14100激活人孕烷X受体（human pregnane X receptor，hPXR）的能力约为利福平（rifampicin）的70%（利福平是hPXR的激活剂和CYP 3A4的诱导剂）。在人肝细胞中进行的肝药酶诱导试验进一步证实该化合物对CYP 3A4具有强诱导作用。

后续的研究方向在于降低化合物对CYP的诱导能力，以及对hPXR的激活作用。在药物化学研究中，普遍认为增加分子的极性，即拓扑极性表面积（topological polar surface area，tPSA）会减弱其对hPXR的激活。早期对*N*-苯基甘氨酸类药物的SAR研究已经确定，R_1和R_2位取代基不适合作为增加极性的修饰位点，因此重点转向R_3和R_4部分，以增加其极性，同时保持其良好的活性、代谢稳定性，并减少外排作用。在R_4位的一些修饰导致渗透性降低和外排增加（数据未显示），所以保留了氰基吡啶脯氨酸基团。而对于R_3位，在3, 5-二氟苯基取代基的5位引入磺胺基后，会导致完全失去hPXR的激活作用，而且也增加了肝脏的提取和外排（表8.7）。进一步的SAR研究侧重于以没有氢键供体的极性基团进行修饰，最终得到了R_3为5-氟吡啶取代的化合物AG-120。该化合物同时具有减弱的hPXR激活作用、良好的活性、在人类肝微粒体中良好的稳定性、良好的渗透性和低外排率等所有理想特性（表8.7）。为了证实减弱对hPXR的激活会降低风险，使用1 μmol/L浓度的AG-120在人肝细胞中进行CYP3A诱导试验，其结果显示最小诱导倍数为2.9。

表8.7　降低hPXR激活活性的优化研究发现了AG-120

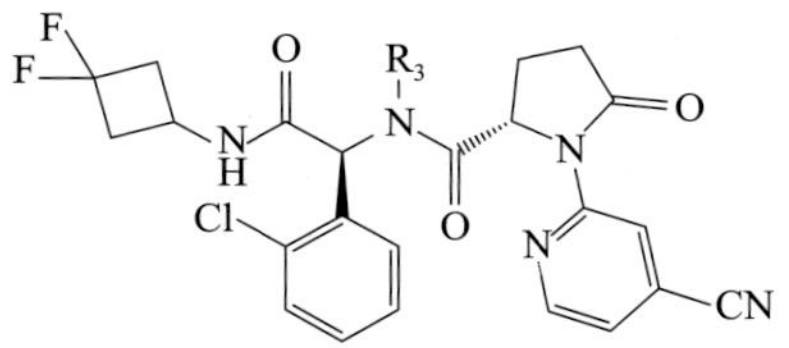

化合物	R_3	R132H IC_{50}（μmol/L）	细胞IC_{50}（nmol/L）	E_h	hPXR激活（1/10 μmol/L时相对于利福平的百分比，%）	Papp［A-B］（10^{-6} cm/s）/流出率	tPSA（$Å^2$）
AGI-14100	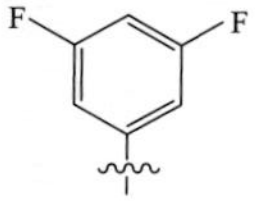 F, F	6	1	0.23	69/70	14.2/2.3	105.9
50	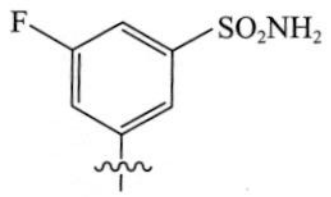 F, SO_2NH_2	11	13	0.62	2/3	0.19/129	166
AG-120	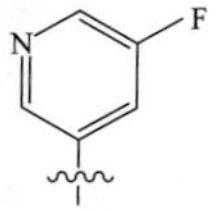 N, F	12	8	0.15	2/21	15/2	118.2

AG-120的生化分析显示，其对几种IDH1-R132突变体的抑制作用与R132H相似（表8.8），而对mIDH2没有抑制作用，这表明AG-120对IDH1亚型具有高度选择性。此外，AG-120在多种mIDH1-R132内源性和过表达的细胞系中表现出良好的细胞杀伤力（表8.8），表明其可用于所有mIDH1-R132型癌症的治疗。

表8.8 AG-120的生化和细胞分析[18]

分析类型	突变	IC_{50}（nmol/L）
酶	IDH1 R132H	12
	IDH1 R132C	13
	IDH1 R132G	8
	IDH1 R132L	13
	IDH1 R132S	12
	IDH1 R132H/WT	91
	IDH1 WT_16h	36[a)]
细胞	U87MG（R132H）	19
	Neurospheres（R132H）	3
	HT1080（R132C）	8
	JJ012（R132G）	8
	COR-L105（R132C）	15
	HCCC-9810（R132S）	12

注：IC_{50}值为参考文献中报告的至少两次测定的平均值[20]。
泛IDH1R 132m抑制剂，与IDH2相比对IDH1有选择性。
在多个IDH1R 132内源性细胞系中表现出良好的细胞活性。
a）与两种辅助因子进行预孵化[18]。

8.6 AG-120的合成

以市售的3, 3-二氟环丁烷-1-胺盐酸盐（51）为起始原料，按照文献中报道的步骤，首先制备获得甲酰胺52，进一步生成异氰化物53（无须进一步纯化）。然后，以异氰酸酯（53）、邻氯苯甲醛（54）、5-氟吡啶-3-胺（55）和（*S*）-5-氧代吡咯烷-2-羧酸（56）进行的乌吉四组分反应，在R_2处以外消旋体形式得到苯基甘氨酸关键中间体57，分离产率为46%。接下来，中间体57与2-溴异烟腈（58）在Pd催化下进行偶联，得到非对映体混合物59a/b。经过结晶并对其进行手性拆分后，得到终产物AG-120，其分离率为22%（图8.9）[20]。这条路线被证明是一个有效且可放大的合成路线，可提供数百克级的AG-120，从而可以支持更多的体内药理学和临床前毒理学研究。

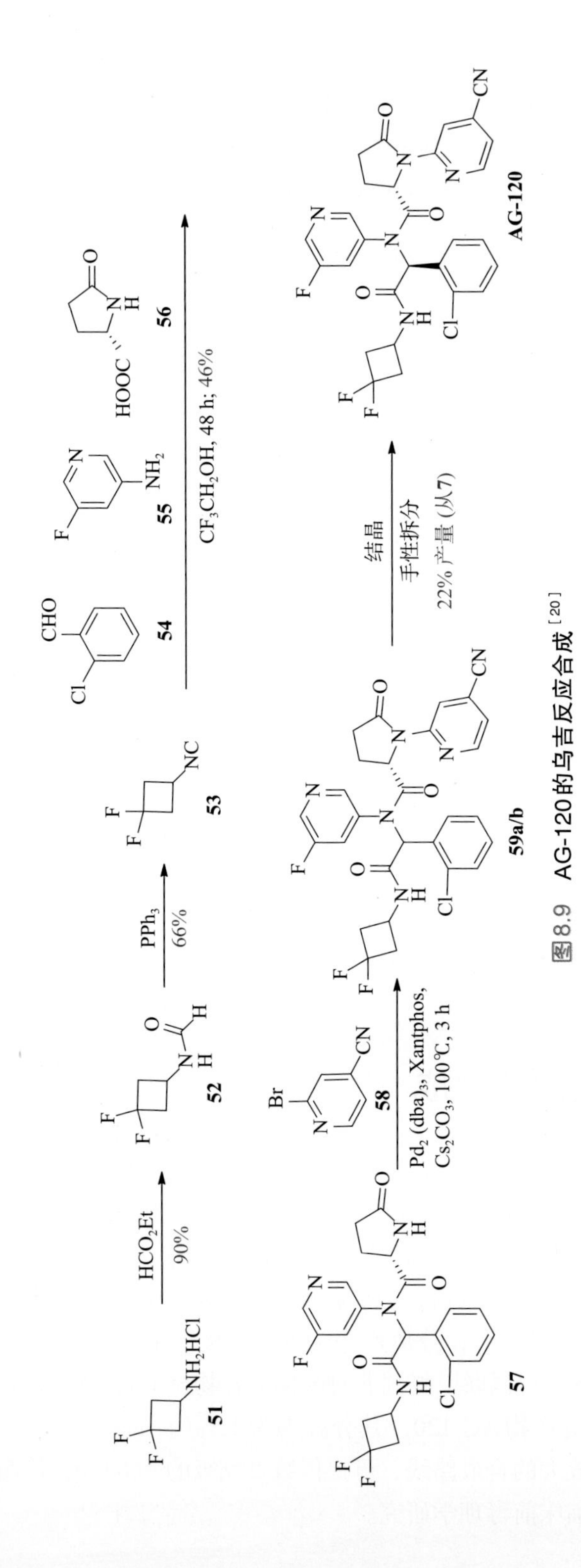

图8.9 AG-120的乌吉反应合成[20]

8.7 AG-120的临床前研究

AG-120在多个物种的肝微粒体中表现出较低的转化率（表8.9），在斯普拉格-杜勒（Sprague-Dawley，SD）大鼠、比格犬和食蟹猴中进行的PK研究中显示出良好的口服生物利用度（分别为42%、21%和49%）、低清除率［3个物种均为0.2 L/（h·kg）］，以及中等到较长的半衰期（$t_{1/2}$）（分别为8.9小时、19小时和5.3小时）。当对大鼠进行50 mg/kg单次口服给药后，AG-120显示出非常低的脑渗透率，仅为4.1%［$AUC_{0\sim8\,h}$（脑）/$AUC_{0\sim8\,h}$（血浆）］。

表8.9 AG-120的体外ADME和体内PK特性

体外DMPK	人/小鼠/大鼠/犬/食蟹猴肝微粒体E_h	0.15/0.12/0.13/稳定/0.1
	Caco 2 A→B（10^{-6} cm/s）/流量	15/2
体内PK	鼠/犬/食蟹猴中的清除率［L/（h·kg）］	0.2/0.02/0.2
IV 1 mg/kg	鼠/犬/食蟹猴中的半衰期（h）	8.9/19/5.3
PO 10 mg/kg	鼠/犬/食蟹猴中的口服生物利用度（%）	42/21/49

在图8.8所示的异种移植小鼠模型中，AG-120降低了肿瘤中2-HG的水平。单次灌胃给药（50 mg/kg）可使肿瘤中2-HG水平迅速下降，在给药12小时后可达到92%的最大抑制率（图8.10，红线）。48小时后药物浓度降低，肿瘤中2-HG水平开始恢复。

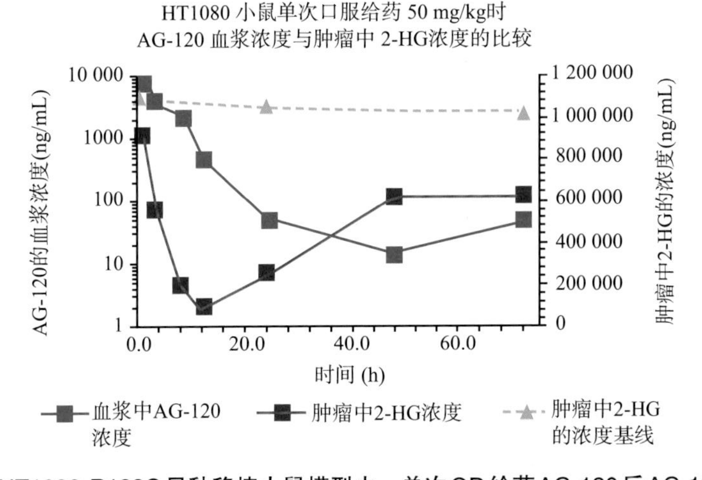

图8.10 在HT1080 R132C异种移植小鼠模型中，单次QD给药AG-120后AG-120 的血浆浓度和肿瘤中2-HG的浓度

IDH突变通过表观遗传和代谢重塑实现其致癌作用，从而阻断正常的细胞

分化[14, 16, 22]。采集携带IDH1-R132C突变的AML患者（患者AG2）的血液样本，以不同浓度的AG-120作用7天进行体外试验，发现细胞内2-HG浓度降低了97%，降至野生型（wild type，WT；患者AG7）的对照水平（图8.11）。

• 实验设计
  – 以不同浓度的AG-120作用细胞7天
  – 7天后，检测分析培养基中的2-HG，流式细胞仪分析细胞表面标志物的分化

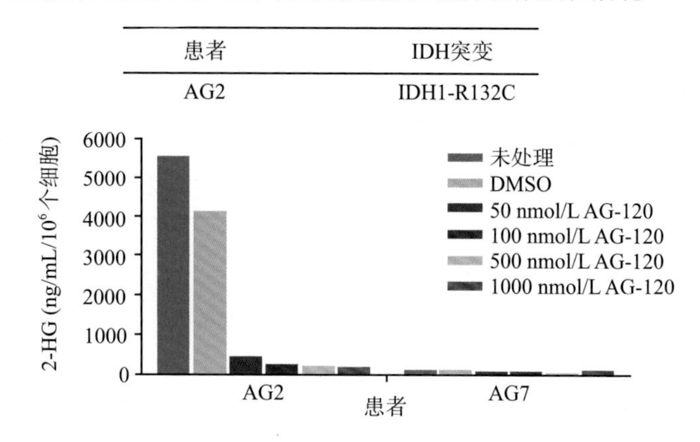

图8.11 AG-120的体外治疗可减少原发性患者样本中的2-HG浓度

对这些患者的原始细胞（IDH1-R132C为AG2，IDH1-WT为AG7；图8.11）进行分类，并在含有或不含有AG-120的细胞因子培养基中进行培养。试验发现，AG-120可以诱导这些原代mIDH1-R132C母细胞的分化，但没有诱导IDH1-WT，可以从细胞表面分化标志物的增加得出这一结论（图8.12中的CD14）。

这些临床前数据将AG-120推进至大鼠和猴的毒理学研究，验证了其安全性，因此候选药物AG-120针对mIDH1突变晚期血液肿瘤的药物开发顺利进入临床开发阶段。

8.8 艾伏尼布的临床研究

AG-120随后被命名为艾伏尼布（ivosidenib，也称为依维替尼），并进入Ⅰ/Ⅱ期临床研究，以评估其在具有IDH1突变的晚期血液系统恶性肿瘤患者中的PK特性、安全性和临床响应，其中大多数患者被诊断为复发或难治性急性髓细胞性白血病（AML）[23]。艾伏尼布表现出良好的口服生物利用度，吸收迅速，单次给药剂量递增阶段的半衰期为38～138小时。艾伏尼布还是一种选择性很强的IDH1突变体抑制剂，受试患者对其耐受性良好。最常见的3级或3级以上治疗相关不良事件是贫血（2.2%）、血小板减少（1.7%）、白细胞减少（1.7%）、血小板计数减少（1.7%）和缺氧（1.1%）。特别值得关注的不良反应事件是心电图QT间

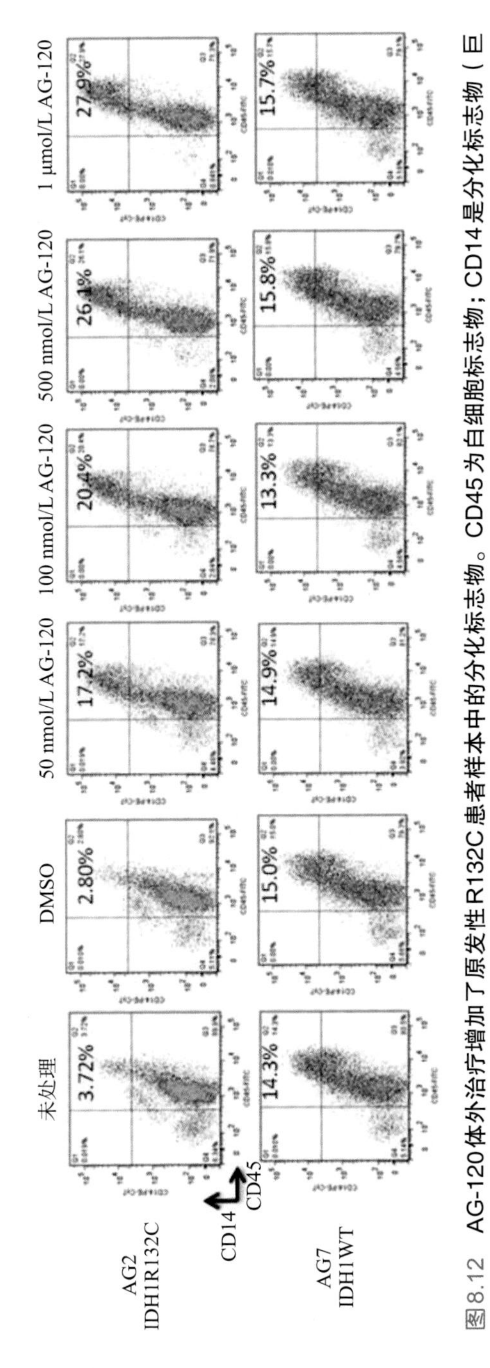

图 8.12　AG-120 体外治疗增加了原发性 R132C 患者样本中的分化标志物。CD45 为白细胞标志物；CD14 是分化标志物（巨噬细胞、中性粒细胞和粒细胞）。$CD45^+$/CD14 的数量呈剂量依赖性增加。化合物对野生型细胞没有影响

期延长（7.8%）和分化综合征（3.9%）。对表现出QT间期延长的患者用已知的有效药物进行治疗后，未发生死亡，且所有患者继续接受艾伏尼布的治疗。发生IDH分化综合征的患者（这是艾伏尼布作用机制的一部分）也接受了适当的治疗，因为分化综合征在其他疗法中是已知的，如全反式维A酸（all-trans retinoic acid，ATRA）对急性早幼粒细胞白血病（acute promyelocytic leukemia，APL）的治疗。目前没有患者由于这种毒性效应而停用艾伏尼布。

接受每日1次（QD）500 mg艾伏尼布治疗的患者，在治疗的第14天，血浆和骨髓中的2-HG抑制达到最大值。在整个试验期间，完全缓解（complete response，CR）率为21.6%，完全缓解伴有部分血液功能恢复（complete response with partial hematologic recovery，CRh）率的综合比率为30.4%，而总缓解率（overall response rate，ORR）达到41.6%。CR或CRh的平均持续时间为8.2个月（图8.13）。有CR或CRh的患者中，21%的患者观察到骨髓单核细胞中IDH1突变的清除[23, 24]。基于这些临床数据，2018年7月，FDA全面批准艾伏尼布AG-120（依维替尼，TIBSOVO®）用于具有IDH1突变的复发/难治性（relapsed or refractory，R/R）AML成年患者。在同一研究中，34名新诊断为不符合标准治疗条件的AML患者（第二组）也接受了每日1次500 mg艾伏尼布的治疗。安全性与在R/R AML患者中的表现一致。与R/R AML相比，CR率和CRh率都较高，CR+CRh率为42.4%，CR率为30.3%。

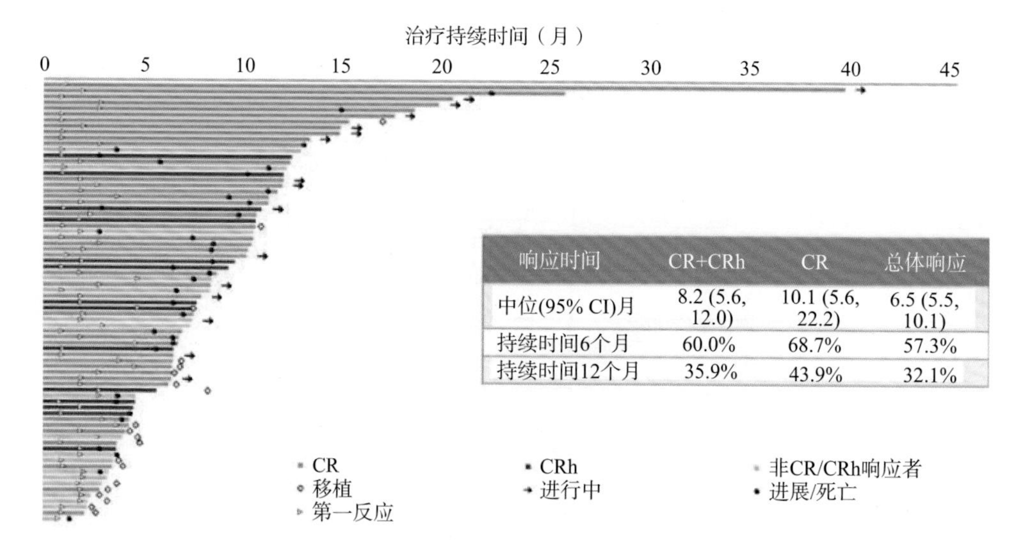

响应时间	CR+CRh	CR	总体响应
中位(95% CI)月	8.2 (5.6, 12.0)	10.1 (5.6, 22.2)	6.5 (5.5, 10.1)
持续时间6个月	60.0%	68.7%	57.3%
持续时间12个月	35.9%	43.9%	32.1%

图8.13　每位患者和最佳响应者（共75名患者）使用500 mg（QD）艾伏尼布的治疗效果图。27%的患者继续接受移植（方块）；箭头代表截至2017年11月10日的持续反应

随后，将艾伏尼布作为不同血液学适应证的单一疗法，以及与去甲基化药物（hypomethylating agent，HMA）或其他新型疗法联合使用进行临床研究。最近，FDA批准了艾伏尼布与阿扎胞苷（azacitidine，Vidaza®）联合应用作为同一患者群体的突破性治疗方案。在实体瘤方面，在一项针对既往接受过治疗的晚期 mIDH1 胆管癌患者进行的全球随机Ⅲ期临床试验中，艾伏尼布与安慰剂相比显著改善了无进展生存期[25]。这些临床结果非常令人鼓舞，艾伏尼布为更多的mIDH1型癌患者带来了希望。

8.9 总结

艾伏尼布（AG-120）的发现最初是为了建立良好的生化、细胞和异种移植小鼠模型，从而能够可靠地研究mIDH1抑制剂。苗头化合物1由于具有低于100 nmol/L的抑制效力和整体良好的DMPK特性，最终被选中开展进一步的SAR研究。简便的乌吉反应能够快速合成这种2, *N*-二苯基甘氨酸类似物（其中包括药物发现团队设计的大多数类似物），这也为有效的SAR研究打下了良好的基础。

药物发现团队克服了一系列障碍，包括生化效能、细胞效能、体内肿瘤靶点结合、肝微粒体稳定性、基于多物种的代谢稳定性、渗透性、外排问题、hPXR激活、口服生物利用度和体内半衰期等问题，最终证明该临床候选化合物AG-120具有可接受的毒理学特征。

关键化合物AGI-5198和AGI-14100的成功发现是此类药物研发过程中的里程碑，这使得生物学团队能够了解mIDH1生物学所涉及的作用方式，并认识到细胞分化也是治疗方式的一部分。

进入临床研究的高质量化合物使临床开发团队能够迅速确定艾伏尼布是一个安全的分子，并进行了多项试验，以检验这一全新候选药物的价值，最终得以最大限度地造福患者。

（刘武昆）

缩写词表

ADME	absorption，distribution，metabolism，and excretion	吸收、分布、代谢和排泄
AML	acute myeloid leukemia	急性髓细胞性白血病
APL	acute promyelocytic leukemia	急性早幼粒细胞白血病
ATRA	all-trans retinoic acid	全反式维A酸
AUC	area under the curve	曲线下面积
α-KG	alpha-ketoglutarate	α-酮戊二酸
BID	twice-a-day	每日2次
CR	complete response	完全缓解率

CRh	complete response with partial hematologic recovery	完全缓解伴有部分血液功能恢复
CYP	cytochrome P450	细胞色素P450
D-2-HG	*D*-2-hydroxyglutarate	*D*-2-羟基戊二酸
E_h	human metabolic extraction ratio	人体代谢提取比
hPXR	human pregnane X receptor	人孕烷X受体
HMA	hypomethylating agents	去甲基化药物
IDH	isocitrate dehydrogenase	异柠檬酸脱氢酶
LC-MS	liquid chromatography mass spectroscopy	液相色谱-质谱
mIDH1	mutant isocitrate dehydrogenase 1	异柠檬酸脱氢酶1突变体
MDS	myelodysplastic syndrome	骨髓增生异常综合征
NADPH	reduced nicotinamide adenine dinucleotide phosphate hydrogen	还原型烟酰胺腺嘌呤二核苷酸磷酸
$NADP^+$	nicotinamide adenine dinucleotide phosphate	烟酰胺腺嘌呤二核苷酸磷酸
ORR	overall response rate	总缓解率
PK	pharmacokinetics	药代动力学
QD	*quaque die*	每日1次
R/R AML	relapsed or refractory acute myeloid leukemia	复发/难治性急性髓细胞性白血病
TET-2	ten-eleven translocation-2	10-11易位-2
tPSA	topological polar surface area	拓扑极性表面积
WT	wild type	野生型
2-HG	2-hydroxyglutarate	2-羟基戊二酸

原作者简介

泽农·D. 孔蒂蒂斯（Zenon D. Konteatis）先后获得西顿霍尔大学（Seton Hall University）学士学位和斯蒂文斯理工学院（Steven's Institute of Technology）硕士学位，是一位拥有硕士学位的成功"猎药人"，他拥有30多年在大型制药公司和生物科技公司的研究经验。他目前担任Agios制药公司化学部主任。在加入Agios制药之前，泽农曾在Locus制药、默克（Merck）研究实验室和BOC Healthcare研发部工作。他对癌症、罕见遗传疾病、炎症和心血管疾病领域7个临床候选药物的发现和开发做出了重要贡献。泽农的专业知识涵盖药物化学和计算化学，在SBDD、FBDD、虚拟FBDD和分子识别方面有着坚实的基础。泽农是70多篇学术期刊、综述、书籍章节、特邀报告和专利的共同作者或共同发明人。

隋志华（Zhihua Sui，音译）先后在中国获得学士和硕士学位，于德国海德堡大学（Heidelberg University）获得博士学位，并于加利福尼亚大学旧金山分校（University of California at San Francisco，UCSF）进行博士后研究。他是大型制药公司和生物科技公司的一位经验丰富的“猎药人”和药物发现领导者。他目前担任Agios制药公司的副总裁兼化学主管。在加入Agios之前，他曾在强生（Johnson&Johnson）公司旗下的杨森（Janssen）制药研发部工作了20余年，领导多个药物化学团队并负责化学平台，在科研和管理方面的水平不断提升。多年来，其团队研发的20多个化合物进入临床阶段，用于治疗癌症、罕见遗传病、生殖系统疾病（男性和女性健康）、炎症和糖尿病。他在SBDD、FBDD等新型药物筛选研发平台和基于机制的设计，以及蛋白降解方面有着丰富的经验。他是300多篇学术期刊、特邀报告和专利的共同作者或共同发明人。

参考文献

1 (a) Warburg, O., Posener, K., and Negelein, E. (1924). On the origin of cancer cells. *Biochemist* 152: 319. (b) Warburg, O. (1956). On the origin of cancer cells. *Science* 123: 309-319.

2 Vander Heiden, M.G., Cantley, L.C., and Thomson, C.B. (2009). Understanding the Warburg effect: the metabolic requirements of cell proliferation. *Science* 324: 1029-1033.

3 Hanahan, D. and Weinberg, R.A. (2011). Hallmarks of cancer: the next genera-tion. *Cell* 144: 646-674.

4 Siebert, G., Dubuc, J., Warner, R.C., and Plaut, G.W. (1957). The preparation of isocotric dehydrogenase from mammalian heart. *J. Biol. Chem.* 226: 965-975.

5 Xu, X., Zhao, J., Xu, Z. et al. (2004). Structures of human cytosolic NADP-dependent isocitrate dehydrogenase reveal a novel self-regulatory mecha-nism of activity. *J. Biol. Chem.* 279: 33946-33957.

6 Parsons, D.W., Jones, S., Zhang, X. et al. (2008). An integrated genomic analysis of human glioblastoma multiforme. *Science* 321: 1807-1812.

7 Yan, H., Parsons, D.W., Jin, G. et al. (2009). IDH1 and IDH2 mutations in gliomas. *N. Engl. J. Med.* 360: 765-773.

8 Paschka, P., Schlenk, R.F., Gaidzik, V.I. et al. (2010). IDH1 and IDH2 mutations are frequently genetic alterations in acute myeloid leukemia and confer adverse prognosis in cytogenetically normal acute myeloid leukemia with NPM1 muta-tion without FLT3 internal tandem duplication. *J. Clin. Oncol.* 28: 3636-3643.

9 Kosmiter, O., Gelsi-Boyer, V., Slama, L. et al. (2010). Mutations of IDH1 and IDH2 genes in early and accelerated phases of myelodysplastic syndromes and MDS/myeloproliferative neoplasms. *Leukemia* 24: 1094-1096.

10 Borger, D.R., Tanabe, K.K., Fan, K.C. et al. (2012). Frequent mutation of isoci-trate dehydrogenase IDH1 and IDH2 in cholangiocarcinoma identified through broad-based tumor genotyping. *Oncologist*

17: 72-79.

11 Amary, M.F., Basci, K., Maggiani, F. et al. (2011). IDH1 and IDH2 mutations are frequent events in central chondrosarcoma and central and periosteal chondro-mas but not in other mesenchymal tumours. *J. Pathol.* 224: 334-343.

12 Dang, L., White, D.W., Gross, S. et al. (2009). Cancer-associated IDH1 mutations produce 2-hydroxyglutarate. *Nature* 462: 739-744.

13 Xu, W., Yang, H., Liu, Y. et al. (2011). Oncometabolite 2-hydroxyglutarate is a competitive inhibitor of α -ketogluterate-dependent dioxygenases. *Cancer Cell* 19: 17-30.

14 Figueroa, M.E., Abdel-Wahab, O., Lu, C. et al. (2010). Leukemic IDH1 and IDH2 mutations result in a hypermethylation phenotype, disrupt TET2 function, and impair hematopoietic differentiation. *Cancer Cell* 18: 553-567.

15 Chowdhury, R., Yeoh, K.K., Tian, Y.M. et al. (2011). The oncometabolite 2-hydroxyglutarate inhibits histone lysine demethylases. *EMBO Rep.* 12: 463-469.

16 Lu, C., Ward, P.S., Kapoor, G.S. et al. (2012). IDH mutation impairs histone demethylation and results in a block to cell differentiation. *Nature* 483: 474-478.

17 Turcan, S., Rohle, D., Goenka, A. et al. (2012). IDH1 mutation is sufficient to establish the glioma hypermethylator phenotype. *Nature* 483: 479-483.

18 Popovici-Muller, J., Saunders, J.O., Salituro, F.G. et al. (2012). Discovery of the first potent inhibitors of mutant IDH1 that lower tumor 2-HG *in vivo*. *Med.Chem. Lett.* 3: 850-855.

19 Hartmann, C., Meyer, J., Balss, J. et al. (2009). Type and frequency of IDH1 and IDH2 mutations are related to astrocytic and oligodendroglial differentiation and age: a study of 1,010 diffuse gliomas. *Acta Neuropathol.* 118: 469-474.

20 Popovici-Muller, J., Lemieux, R.M., Artin, E. et al. (2018). Discovery of AG-120 (Ivosidenib): a first-in-class mutant IDH1 inhibitor for the treatment of IDH1 mutant cancers. *Med. Chem. Lett.* 9: 300-305.

21 Gao, Y.D., Olson, S.H., Balkovec, J.M. et al. (2007). Attenuating pregnane X receptor (PXR) activation: a molecular modelling approach. *Xenobiotica* 37 (2): 124-138.

22 Rohle, D., Popovici-Muller, J., Palaskas, N. et al. (2013). An inhibitor of mutant IDH1 delays growth and promotes differentiation of glioma cells. *Science* 340 (6132): 626-630.

23 DiNardo, C.D., Stein, E.M., de Botton, S. et al. (2018). Durable remissions with ivosidenib in IDH1-mutated relapsed or refractory AML. *N. Engl. J. Med.* 378: 2386.

24 Pollyea, D.A., Dinardo, C.D., de Botton, S. et al. (2018). Ivosidenib (IVO; AG-120) in mutant IDH1 relapsed/refractory acute myeloid leukemia (R/R AML): results of a phase 1 study. *J. Clin. Oncol.* 36 (15 suppl): 7000.

25 Abou-Alfa, G., Macarulla, T., Javle, M. et al. (2019). LBA10_PR ClarIDHy: a global, phase III, randomized, double-blind study of ivosidenib (IVO) vs placebo in patients with advanced cholangiocarcinoma (CC) with an isocitrate dehydro-genase 1 (IDH1) mutation. *Ann. Oncol.* 30 (5): mdz394-027.

第9章

瑞博西尼的发现：用于治疗HR+/HER2–晚期乳腺癌的CDK4/6抑制剂

2017年3月13日，瑞博西尼（ribociclib）获得美国FDA批准，用于治疗激素受体阳性（hormone receptor positive，HR+）和人表皮生长因子受体2阴性（human epidermal growth factor receptor 2 negative，HER2–）的晚期乳腺癌。细胞周期蛋白依赖性激酶4/6（cyclin-dependent kinase，CDK4/6）通路在调控细胞周期中发挥核心作用，但在多种人体癌症中其功能表达失调。本章主要概述了CDK4/6作为高效癌症靶点这一关键遗传信息，并描述了一种识别药物作用结合位点的多重并行方法，包括生化筛选法和基于片段的药物发现方法。通过结构优化，发现瑞博西尼对CDK家族成员的CDK4/6和其他激酶具有高选择性，并讨论药物结合的基本原理。综合早期临床数据和关键性注册研究的结果，发现CDK4/6抑制剂结合内分泌治疗已经成为治疗HR+转移性乳腺癌的一种常规模式。在HR+/HER2–晚期乳腺癌的两个Ⅲ期临床试验中，CDK4/6抑制剂瑞博西尼能够在统计学上显著改善患者的总体生存率。

9.1 疾病背景介绍

2017年3月13日，FDA首次批准瑞博西尼与部分芳香化酶（aromatase）抑制剂联合治疗绝经后妇女的HR+/HER2–晚期乳腺癌或转移性乳腺癌。目前，CDK4/6抑制剂联合内分泌治疗已成为治疗HR+转移性乳腺癌的一种常规疗法。据统计，美国女性乳腺癌诊断率最高，仅2016年病例数就高达249 299例，平均每10 000名女性中就有124.2位患者[1]。根据病情发展，可将乳腺癌分为0～4期，在第4期（转移性或晚期）乳腺癌中，癌症已经扩散至远端器官，如肺、肝、骨或脑。对于早期乳腺癌已有相应疗法，但转移性乳腺癌仍是不治之症。乳腺癌受体状态这一特征对确定治疗方案至关重要。大约70%的乳腺癌是HR+乳腺癌，其特征为会表达雌激素和雄激素受体，表现为雌激素受体阳性（estrogen receptor positive，ER+）或雄激素受体阳性（androgen receptor positive，AR+），通常采用内分泌治疗法[2]。此外，HER2+乳腺癌会表达HER2，而在三阴性乳腺癌（triple negative breast cancer，TNBC）中这些受体均未高表达。

9.2 靶点介绍与确证：细胞周期

在正常分裂的细胞中，细胞分裂是由细胞外有丝分裂刺激控制的，这些刺激通过细胞内信号通路与细胞周期（cell cycle）的分子调节器进行通信。而在癌细胞中，基因突变破坏了这些信号机制，使细胞在没有外界刺激的情况下就会发生分裂，并具有无限复制的潜力[3]。细胞周期关键调控因子的发现是20世纪生物学的一个里程碑，2001年诺贝尔生理学或医学奖授予美国科学家利兰·哈特韦尔（Leland Hartwell）、英国科学家蒂莫西·亨特（Timoth Hunt）和保罗·诺斯（Paul Nurse），以表彰他们“发现了细胞周期的关键分子调节机制”[4]。在真核细胞周期模型中（图9.1），细胞经历了4个阶段：DNA合成前期（G_1期）、DNA合成期（S期）、DNA合成后期（G_2期）和细胞分裂期（M期）。这些阶段是由细胞周期蛋白（cyclin）控制的，细胞周期蛋白会与CDK相结合（cyclin-CDK），且cyclin的浓度呈现周期性变化。

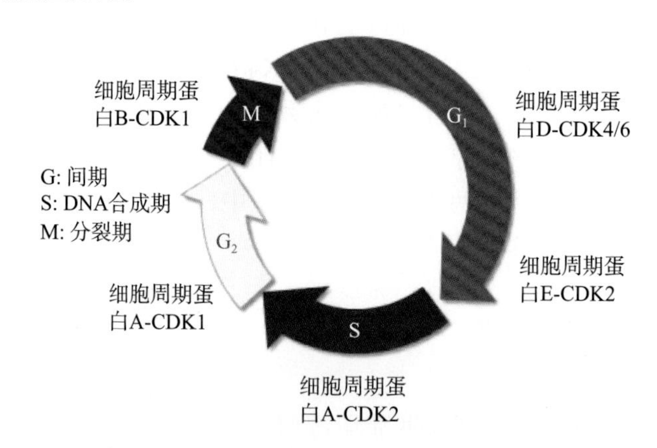

图9.1 受细胞周期蛋白-CDK复合物控制的细胞周期各个阶段的简化模型

随着对细胞分裂调控作用的深入研究，研究人员将cyclin-CDK作为癌症治疗靶点的兴趣与日俱增。早期CDK抑制剂研发失败是由于缺乏对CDK的了解，以及CDK抑制剂难以达到高水平的药物选择性，从而导致临床试验失败[5]。自21世纪以来，根据临床前和临床研究的基因数据，从CDK家族成员中挑选出CDK4/6作为有吸引力的癌症治疗靶点。CDK4/6具有较高的序列同源性（72%），并具有一些功能冗余：cyclin D-CDK4/6复合物能使成视网膜细胞瘤蛋白（retinoblastoma protein，pRb）磷酸化。在非磷酸化状态下，pRb与转录因子E2F结合并使其失活，从而阻止G_1期向S期的过渡。pRb的磷酸化会释放E2F并触发编码蛋白（包括CDK2）基因的转录，这是G_1期到S期传代所必需的。细胞cyclin D-CDK4/6在Ras-Raf-Mek-Erk、雌激素受体（estrogen receptor，ER）和磷脂酰肌醇3-激酶-哺乳动物雷帕霉素靶蛋白（phosphoinositide 3-kinase-mammalian target of rapamycin，PI3K-mTOR）等几个成熟促有丝分裂信号通路下游中各占据一个节点，作为中心"转化者"，使多个细胞外信号启动G_1期到S期的转换。cyclin D-CDK4/6通路被激活是大多数人体癌症的一个重要特征。例如，cyclin D1的易位与套细胞淋巴瘤有关[6]，cyclin D1或CDK4/6的扩增及p16 INK4a的缺失与乳腺癌有关[7]（图9.2）。

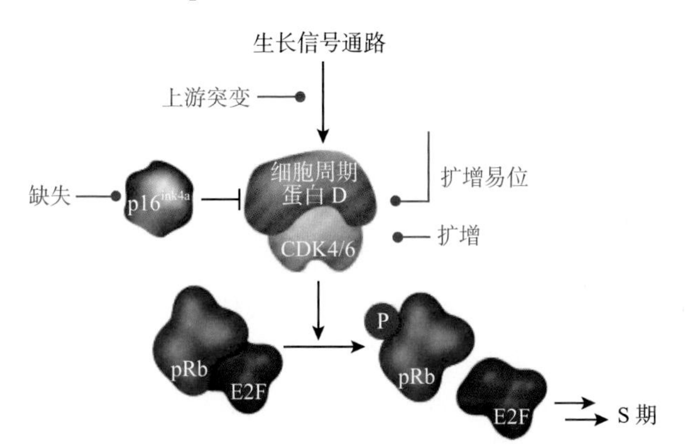

图9.2　CDK4/6通路与致癌基因突变

小鼠遗传模型极大地提高了人们对单个cyclin和CDK在细胞分裂中作用的理解[8]。CDK1是正常细胞分裂所必需的，其缺失会导致胚胎死亡[9]。相反，CDK4或CDK6的缺失对大多数细胞没有较大影响[10]。然而，$CDK4^{-/-}$小鼠会由于胰腺β细胞增殖缺陷而患糖尿病，$CDK6^{-/-}$小鼠发育正常，但造血功能受损。CDK4/6都有缺陷的小鼠在胚胎发育后期会因严重贫血而死亡，这突出了其功能冗余。西辛斯基（Sicinski）及其同事发表的两篇关键论文证明了细胞cyclin D1-CDK4在小鼠乳腺癌模型中的作用。其研究结果显示，cyclin D1缺陷小鼠对ErbB2（HER2/neu）和ras癌基因诱发的乳腺癌具有抵抗力[11]，而$CDK4^{-/-}$小鼠对ErbB2诱导的乳腺癌具有抵抗力，这表明cyclin D1-CDK4复合物的激酶功能是肿瘤生长所必需的[12]。

综上所述，选择性抑制CDK4是一种潜在的有吸引力的靶向癌症治疗的方法。CDK4选择性抑制剂可以潜在地抑制癌细胞的生长，而对大多数正常细胞无影响。

9.3 药物发现的前期工作

发现高选择性化合物的挑战是通过多种并行方法解决的。诺华（Novartis）公司与Astex制药公司合作，借助Astex基于结构和片段的药物发现方法。起初，并没有通过cyclin D-CDK4/6的晶体结构来指导化合物的设计。合作研究的基础是建立CDK4/6的X射线晶体学系统。CDK4和CDK6在其腺苷三磷酸（adenosine triphosphate，ATP）结合位点上有超过90%的序列同源性。研究团队建立了几个适合于高通量片段筛选的晶体学系统，包括单体CDK6，以及国际上首次发现的cyclin D1-CDK4的晶体结构[13]。该团队利用诺华现有的激酶资源，交叉筛选由其他内部激酶项目合成的化合物。此外，他们还针对CDK4和CDK6对诺华公司的化合物系列进行了高通量筛选（HTS）[14]。

9.4 基于片段的药物发现方法

通过一种新型的可回浸单体CDK6晶体系统筛选了Astex公司的片段分子，发现片段1为激酶铰链区的弱结合物[15]。对其晶体结构的分析表明，该片段可以与ATP结合口袋中的残基结合，这对药物作用效果和选择性至关重要。将片段1的吡咯环替换成吡啶环得到化合物2，以提供最佳的“结构生长向量”来定位与Lys43氢键结合的吡啶氮原子。因为在CDK1和CDK2中Thr107区域被空间位阻较大的Lys所占据，所以在此区域引入二甲氨基有望提高选择性。这些结构改造使化合物3表现出对cyclin B-CDK1更高的CDK4/6选择性。对化合物3进一步优化得到异喹啉4。与化合物3相比，其与cyclin D3-CDK6的亲和力提高了20倍，IC_{50}=0.049 μmol/L（值得注意的是，所有IC_{50}值都是对cyclin-CDK复合物的抑制），并且对cyclin D1-CDK4具有较强的拮抗作用，IC_{50}=0.006 μmol/L（图9.3）。

下一个设计方案利用了CDK4/6铰链区的His基序（CDK6中的His100和CDK4中的His92），而CDK1/2中的等效序列位置被Phe残基占据。在HTS衍生物的并行工作中，发现将芳香族sp^2杂化的氮原子优化至靠近His的位置能够显著提高化合物的选择性[14]。比较该系列的晶体结构发现，将母核结构苯并咪唑以7-氮杂苯并咪唑取代后，得到的化合物5也可获得类似的效果。事实上，化合物5对cyclin D1-CDK4和cyclin D3-CDK6的选择性比对cyclin B-CDK1分别提高了1000倍和50倍。仔细分析化合物5（图9.4）的晶体结构可发现，以苯甲腈取代3-吡啶基将使腈基与Asp163主链—NH—之间形成氢键结合作用，这一结构改造使得化合物6对CDK4/6的活性更强，并且对cyclin B-CDK1的选择性更好。尽管具有这些优良的性质，但异喹啉系列化合物的高清除率导致其口服生物利用度较差，因此进行下一步的优化[15]，即以吡唑基取代异喹啉得到化合物7。在cyclin D1-CDK4依赖的套细胞淋巴瘤小鼠模型中，每日以250 mg/kg的高剂量口服给药2次，结果显示药物可剂量依赖性地抑制肿瘤的生长。尽管化合物7具有良好的体外选择性和体内活性，但综合效果仍存在不足，因此没有对其开展进一步研究。

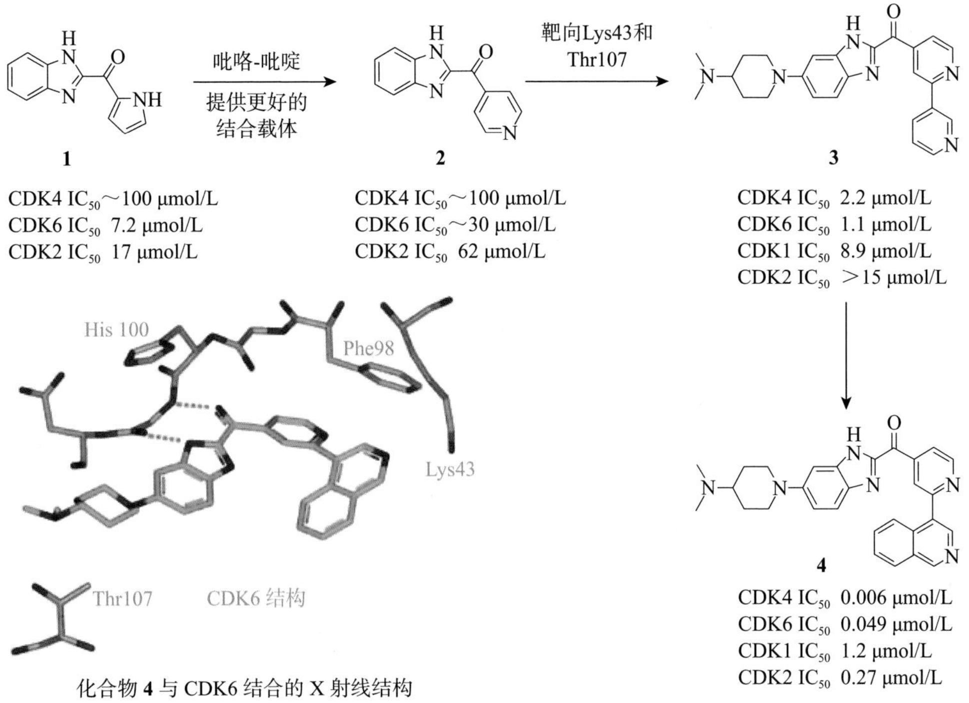

吡咯-吡啶

提供更好的结合载体

靶向Lys43和Thr107

1

CDK4 IC_{50}～100 μmol/L
CDK6 IC_{50} 7.2 μmol/L
CDK2 IC_{50} 17 μmol/L

2

CDK4 IC_{50}～100 μmol/L
CDK6 IC_{50}～30 μmol/L
CDK2 IC_{50} 62 μmol/L

3

CDK4 IC_{50} 2.2 μmol/L
CDK6 IC_{50} 1.1 μmol/L
CDK1 IC_{50} 8.9 μmol/L
CDK2 IC_{50} >15 μmol/L

His 100
Phe98
Lys43
Thr107
CDK6 结构

4

CDK4 IC_{50} 0.006 μmol/L
CDK6 IC_{50} 0.049 μmol/L
CDK1 IC_{50} 1.2 μmol/L
CDK2 IC_{50} 0.27 μmol/L

化合物 **4** 与 CDK6 结合的 X 射线结构

图9.3　**基于结构的苗头片段优化**

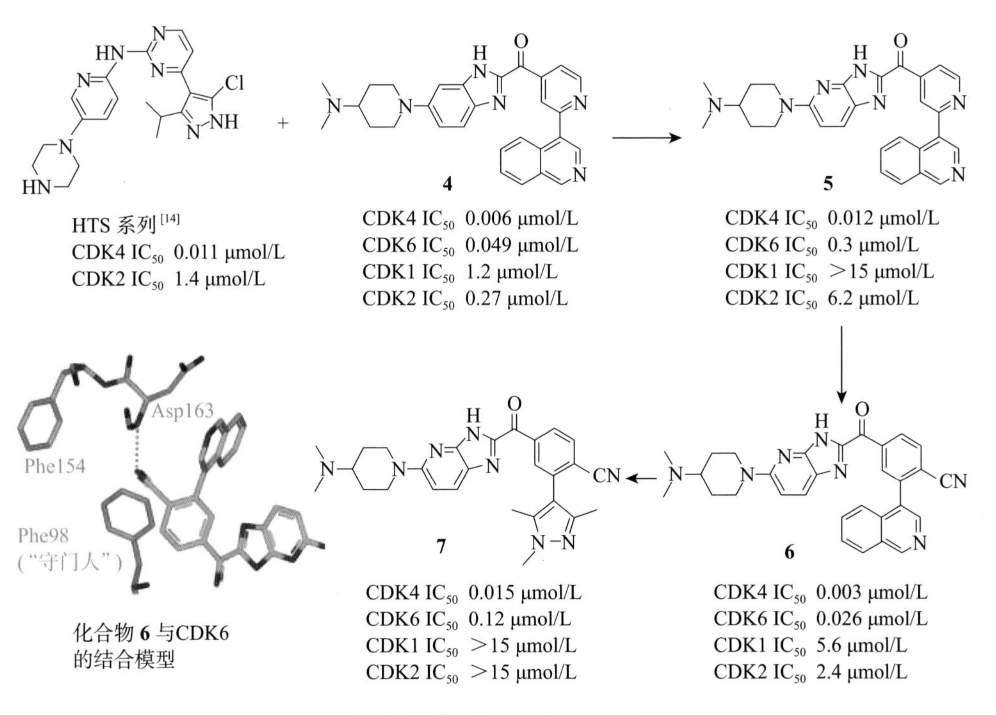

图9.4　**基于片段的系列衍化**

9.5 对现有激酶库进行交叉筛选获得瑞博西尼

在对诺华公司现有的激酶库进行HTS和基于片段的筛选（fragment-based screening，FBS）研究的同时，研究人员在一项非肿瘤激酶项目中合成了吡咯嘧啶酮8（图9.5）。通过对激酶的全面交叉筛选，该化合物被确定为cyclin B-CDK1的抑制剂（IC_{50}=0.25 μmol/L），但不是cyclin D1-CDK4的抑制剂（IC_{50}＞10 μmol/L）。随后为了防止双环中3位的氧化，将母核改为吡咯并嘧啶环，得到化合物9，该化合物可以抑制cyclin D1-CDK4（IC_{50}=0.16 μmol/L），并对cyclin B-CDK1和cyclin A-CDK2表现出中等的酶选择性，IC_{50}分别为2.4 μmol/L和1.6 μmol/L，还可抑制多种非CDK激酶。初步的构效关系（SAR）研究了吡咯并嘧啶环的5位和6位取代对CDK4活性和选择性的影响，结果表明5位发生微小变化就会导致药物活性的丧失，且选择性也未得到提高；但是6位取代的化合物由于添加了氢键受体而使活性更强。例如，化合物10对cyclin D1-CDK4的抑制活性提高了约2倍（IC_{50}=0.067 μmol/L），而对CDK1/2的选择性并未提高。但二甲酰胺基团的引入使得所得的化合物11对cyclin D1-CDK4的活性（IC_{50}=0.001 μmol/L），以及对cyclin B-CDK1（IC_{50}=1.14 μmol/L）和cyclin A-CDK2（IC_{50}=1.02 μmol/L）的选择性得到显著提高（约提高1000倍）。因此，该位置上的二甲酰胺基团被认为是CDK4活性和选择性的决定因素。

在6位被二甲酰胺取代基取代的基础上，接下来对2位侧链进行SAR研究。结果表明，哌嗪基团能增强药效。HTS、FBS及SAR研究表明，在CDK4的铰链组氨酸附近存在芳香族sp^2杂化的氮原子会提高其选择性。因此，以2-吡啶基取代苯环合成了一个全新化合物LEE011[16]（后来被命名为瑞博西尼），瑞博西尼对CDK1、CDK2、CDK4的抑制效果都有不同程度的降低，其中对CDK1和CDK2抑制程度的降低要比对CDK4更大，进而提高了对CDK4的选择性，其抑制效果比CDK1和CDK2分别增加了11 000倍和7000倍以上。随后，发现瑞博西尼对CDK4的抑制效果与酰胺结构变化有关（如化合物12～14）。在生化实验中，瑞博西尼能抑制cyclin D3-CDK6（IC_{50}=0.039 μmol/L），对其他CDK家族成员p25-CDK5（IC_{50}=43.9 μmol/L）和T1-CDK9（IC_{50}=1.5 μmol/L）也同样具有选择性。此外，对超过200种非CDK激酶的激酶生化组进行分析，当化合物浓度达到10 μmol/L时，也没有观察到明显的抑制作用。

随后，采用酶联免疫吸附试验（enzyme-linked immunosorbent assay，ELISA）检测了JeKo-1套细胞淋巴瘤细胞系中pRb磷酸化的抑制程度以确定细胞活性。该细胞系含有cyclin D1 t（11；14）易位，所以认为其可导致肿瘤发生突变[6]，而在该细胞体系中，瑞博西尼的IC_{50}为0.06 μmol/L。

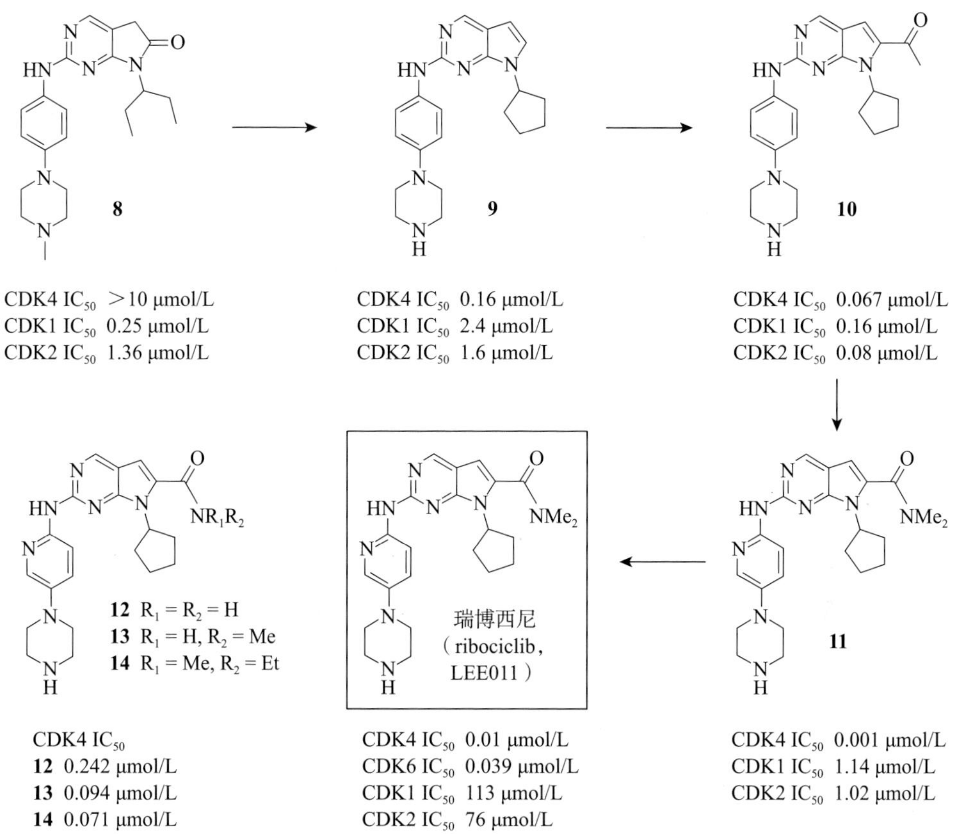

8

CDK4 IC_{50} >10 μmol/L
CDK1 IC_{50} 0.25 μmol/L
CDK2 IC_{50} 1.36 μmol/L

9

CDK4 IC_{50} 0.16 μmol/L
CDK1 IC_{50} 2.4 μmol/L
CDK2 IC_{50} 1.6 μmol/L

10

CDK4 IC_{50} 0.067 μmol/L
CDK1 IC_{50} 0.16 μmol/L
CDK2 IC_{50} 0.08 μmol/L

11

CDK4 IC_{50} 0.001 μmol/L
CDK1 IC_{50} 1.14 μmol/L
CDK2 IC_{50} 1.02 μmol/L

瑞博西尼（ribociclib，LEE011）

CDK4 IC_{50} 0.01 μmol/L
CDK6 IC_{50} 0.039 μmol/L
CDK1 IC_{50} 113 μmol/L
CDK2 IC_{50} 76 μmol/L

12 $R_1 = R_2 = H$
13 $R_1 = H, R_2 = Me$
14 $R_1 = Me, R_2 = Et$

CDK4 IC_{50}
12 0.242 μmol/L
13 0.094 μmol/L
14 0.071 μmol/L

图9.5 **对激酶库内苗头化合物的结构优化最终发现了瑞博西尼**

瑞博西尼的生物药剂学特性也得到了有效的优化。在高溶解性药物平衡溶解度测定实验中，游离碱型瑞博西尼水溶解度高达0.455 mmol/L（0.198 g/L），并且在平行人工膜通透性测定（parallel artificial membrane permeability assay，PAMPA）中也表现出了中等的通透性，这表明常规制剂即可为体内研究提供足够的靶点暴露量。而溶解度的分布明显依赖于酰胺，如化合物12在pH 6.8时并不溶于水。而更加复杂的酰胺修饰，如杂环取代，则会导致效力、选择性和水溶性之间的不平衡。因此，琥珀酸盐形式的瑞博西尼被确定为最适合开发的形式。

研究团队还报道了cyclin D1-CDK4的第一个晶体结构[13]。瑞博西尼与cyclin D1-CDK4结合的共晶结构（2.8 Å分辨率）显示了ATP结合口袋中的结合模式，并阐明了二甲酰胺作为CDK4活性和选择性决定因素的作用（图9.6）。氢键的受体-供体作用是在N（3）、—NH—和铰链区之间形成的。—NMe_2基团占据着与Phe92残基芳香环平行的平面，酰胺羰基则与催化Asp的主链酰胺键Asp156形成氢键。研究人员据此推测，CDK2中的“守门人”环境越拥挤，就越不能适应这种相互作用的空间立体结构。但从晶体结构而言，吡啶氮原子提高选择性的原因尚不清楚。

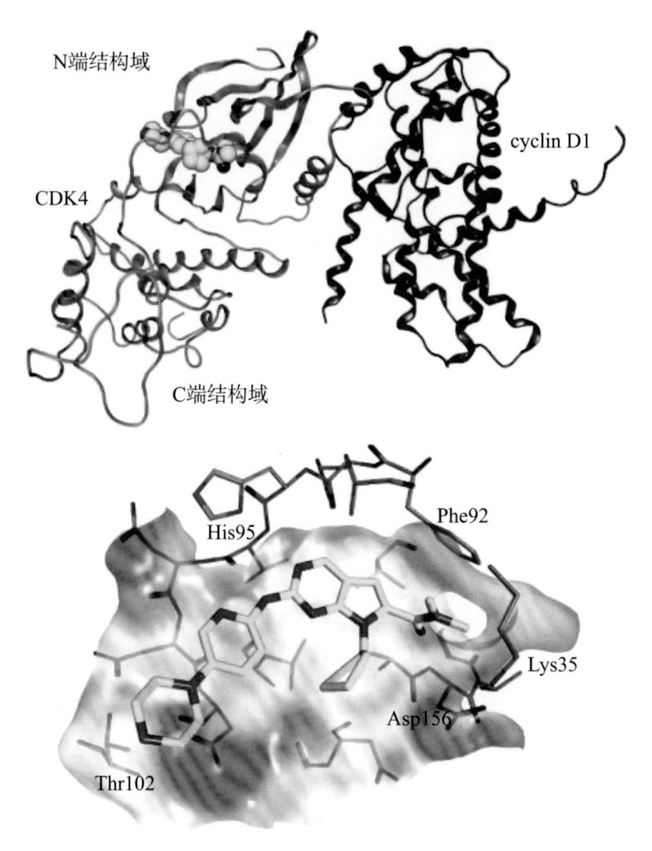

图9.6 瑞博西尼与cyclin D1-CDK4复合物的晶体结构（瑞博西尼结构为黄色，CDK4为金色，cyclin D1为紫色）

从上述结果可以假设，选择性抑制CDK4/6的结果是将细胞周期阻滞在G_1期。为了验证这一假设，使用剂量递增的瑞博西尼作用于JeKo-1细胞24小时。之后用荧光激活细胞分选法（fluorescence-activated cell sorting，FACS）分析所观察到剂量依赖性的G_1期阻滞（图9.7）。在JeKo-1细胞实验中观察到G_1期阻滞的浓度与IC_{50}相当。此外，使用浓度高达10 μmol/L（超过IC_{50}的100倍）的瑞博西尼作用后可观察到完全的G_1期阻滞，表明CDK4/6的高度生化选择性成功转化为细胞活性。但是，在缺乏功能性pRb的H2009肺癌细胞中，瑞博西尼浓度提高至10 μmol/L时，细胞周期仍无明显变化。这与抑制pRb磷酸化驱动细胞效应是一致的。有趣的是，将这些细胞数据与化合物11进行比较后发现，化合物11在JeKo-1细胞检测中的效力与之相当，但在生化检测中的选择性比CDK1和CDK2低1/10。化合物11在2.5 μmol/L时出现G_2期和M期阻滞。

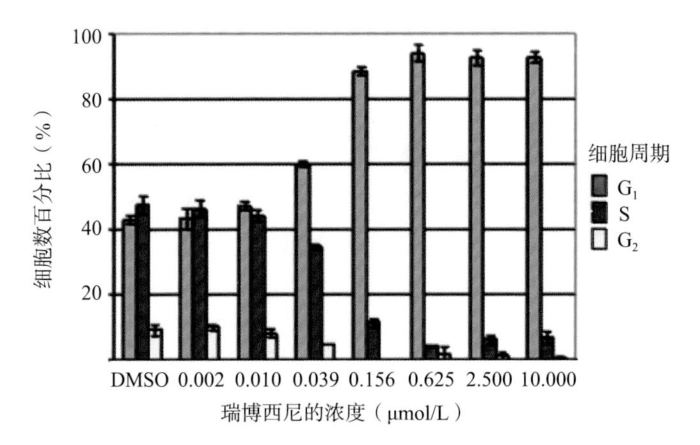

图9.7　作用于JeKo-1套细胞淋巴瘤细胞（pRb+）24小时后，瑞博西尼可将细胞周期阻滞在G_1期

在雄性C57BL6小鼠和雄性SD大鼠体内进行了瑞博西尼的药代动力学研究。静脉注射（2 mg/kg）后，小鼠和大鼠的全身清除率分别为43 mL/（min・kg）和51 mL/（min・kg）；而稳态分布体积较大，分别为9.8 L/kg和9.9 L/kg，表明其在组织中分布广泛。口服瑞博西尼（5 mg/kg）2小时后的C_{max}分别为0.48 μmol/L和0.29 μmol/L；药-时曲线下面积（area under the curve，AUC）分别为2.9（μmol・h）/L和2.1（μmol・h）/L；口服生物利用度分别为65%和46%。

随后在JeKo-1套细胞淋巴瘤裸鼠皮下移植模型中测试了瑞博西尼的体内抗肿瘤活性[17]。这一细胞系与之前描述的细胞分析中所用的细胞系是一样的。以30 mg/kg、75 mg/kg和150 mg/kg（每日1次）的剂量口服给药，观察到随着剂量的增加，对肿瘤生长的抑制作用也显著增强。30 mg/kg剂量组对肿瘤生长具有抑制作用，而75 mg/kg和150 mg/kg治疗组在治疗28天后肿瘤完全消退（图9.8）。此外，小鼠对不同剂量瑞博西尼的耐受性良好，在治疗组中没有观察到明显的体重下降。但观察到由抑制CDK4/6而导致的骨髓抑制[10]。与对照组相比，治疗组的白细胞总数和中性粒细胞绝对数均有所降低。

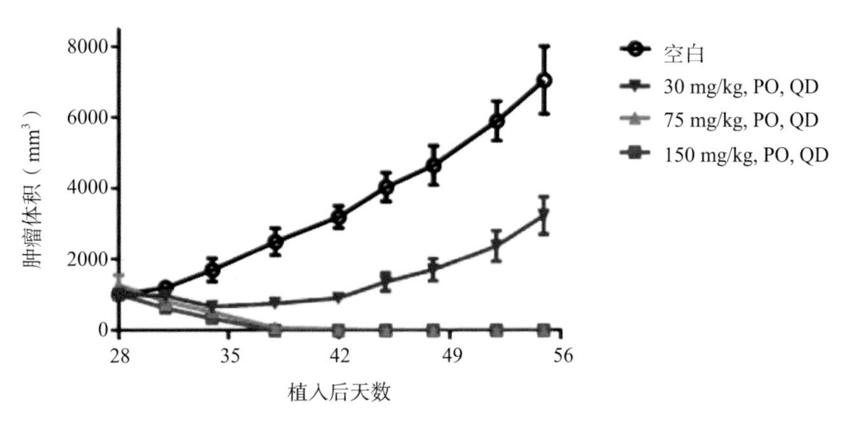

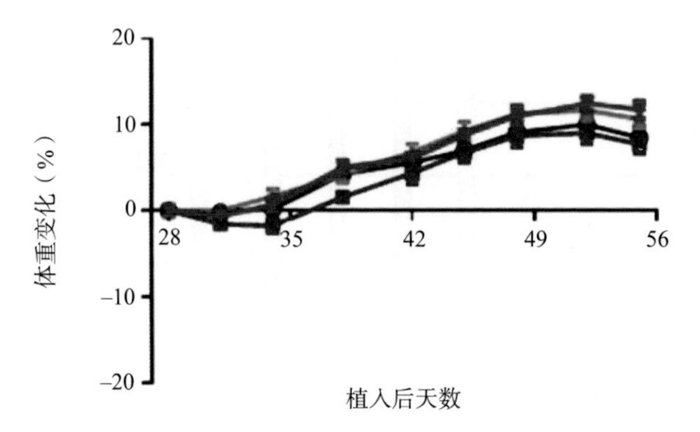

图9.8 在耐受性良好的剂量下，每日口服1次瑞博西尼可使大鼠肿瘤呈现剂量依赖性消退

9.6 瑞博西尼的联合治疗

鉴于cyclin D-CDK4/6复合物占据了几个致癌信号通路下游的一个节点，将瑞博西尼与靶向这些通路的其他药物相结合可能是一种有效的治疗策略，事实上，这一假设已经得到了几项研究的支持[17]。cyclin D-CDK4/6通路的突变存在于乳腺癌中[18]，并与内分泌治疗的耐药性有关[2]。ER信号转导对cyclin D进行直接的转录调控，ER+乳腺癌模型先前已显示出对CDK4/6的抑制反应[19]。因此，阻断雌激素形成的芳香化酶抑制剂与瑞博西尼的联合应用可能取得更好的疗效。研究人员测试了芳香化酶抑制剂来曲唑（letrozole）（ER+乳腺癌的标准疗法）和瑞博西尼在体内乳腺癌患者来源的异种移植（patient derived xenograft，PDX）模型（HBCx-34）中联合使用或单独使用的药效[17]（图9.9）。这项研究表明，联合用药的治疗响应比单一用药具有明显的改善。特别是联合用药，即使在停药56天后仍能延长肿瘤的停滞时间。这些数据也支撑着继续进行的瑞博西尼与标准激素疗法相结合的临床测试。

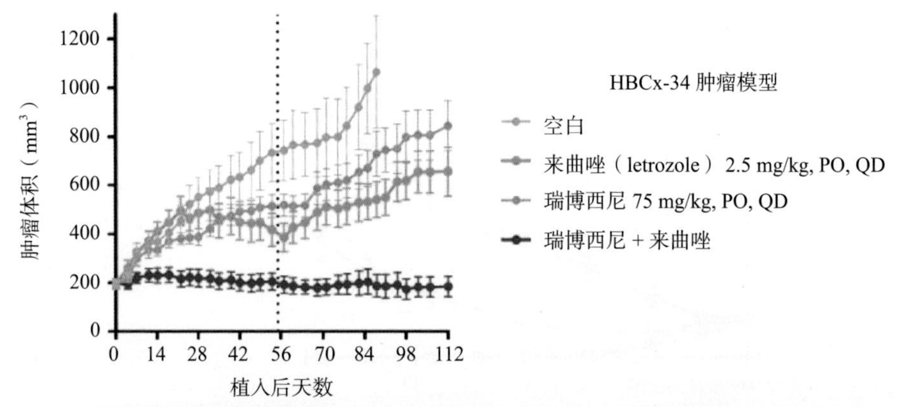

图9.9 雌激素受体阳性乳腺癌模型中瑞博西尼与芳香化酶抑制剂来曲唑联合给药的活性[17]

9.7 早期临床研究

在临床前数据良好前景的支持下，瑞博西尼顺利进入了单剂量Ⅰ期临床试验（ClinicalTrials：NCT01237236）。这项研究的主要目的是找出可以安全给予pRb+晚期实体瘤或淋巴瘤成年患者的最大耐受剂量（maximum tolerated dose，MTD）和推荐扩大剂量（recommended dose for expansion，RDE），而这些患者没有进行进一步的标准治疗。患者接受3周给药/1周停药或连续给药计划剂量递增的瑞博西尼治疗。供给132名患者，使他们在剂量递增期（50～1200 mg/d）和扩大期接受治疗[20]。研究表明，瑞博西尼具有较好的安全性，大多数不良反应为轻至中度。在3周给药/1周停药的计划中，MTD为900 mg/d，确定600 mg/d为未来临床研究的最佳剂量。在研究中观察到了可逆性骨髓抑制，其中3级或4级中性粒细胞减少和血小板减少的发生率分别为28%和9%，这与CDK4/6抑制的预期靶向效应是一致的。此外，在RDE的治疗中，有9%的患者出现了无症状的QTc间期延长，但这种延长在治疗中断后是可逆的。同样，这与早期的非临床药理学研究是一致的。除了这些主要的研究目标外，在3名患者中观察到了单药疗效的迹象，并有部分反应。复发性胶质母细胞瘤患者的临床前研究[21]显示，瑞博西尼可渗透到血脑屏障被破坏和未被破坏的肿瘤区域。这为进一步探索其在中枢神经系统肿瘤中的应用提供了理论基础。在一项针对患有HR+/HER2–晚期乳腺癌的绝经后妇女的Ⅰb期研究（ClinicalTrials：NCT01919229）中，瑞博西尼的安全性较高，并且与芳香化酶抑制剂来曲唑联合使用具有临床应用价值[22]。

9.8 Ⅲ期临床试验

在MONALEESA Ⅲ期临床试验中对瑞博西尼进行了深入研究（乳腺肿瘤学瑞博西尼疗效和安全性评估），该试验内容包括在绝经后和绝经前患者群体中结合激素治疗。有668名患有HR+/HER2–晚期乳腺癌的绝经后女性参与了MONALEESA-2试验（ClinicalTrials：NCT01958021），她们之前没有接受过晚期疾病的治疗。这些患者被随机分为两组，一组接受瑞博西尼（600 mg/d，连续治疗3周给药/1周停药）和来曲唑（2.5 mg/d，持续治疗）治疗，另一组接受安慰剂和来曲唑治疗。主要终点是无进展生存期（progression free survival，PFS），定义为从治疗开始到疾病恶化的时间。在第二项中期分析中，瑞博西尼与来曲唑联合治疗的中位PFS为25.3个月，而安慰剂和来曲唑联合治疗的中位PFS为16个月[23]。中性粒细胞减少和白细胞减少是与靶向CDK4/6抑制一致的最常见的3级或4级不良反应。因此，这些数据为瑞博西尼可用于这一患者群体提供了临床上和统计学上的显著益处。瑞博西尼，商品名为Kisqali，于2017年3月在美国首次获得FDA批准，并于2017年8月在欧盟获得批准，用于治疗HR+/HER2–晚期乳腺癌。

通常认为年轻女性的乳腺癌更具侵袭性，与老年女性相比预后更差。患有HR+/HER2–晚期乳腺癌的绝经前妇女的治疗方案与绝经后环境相当，同时伴随卵巢抑制。在MONALEESA-7试验（ClinicalTrials：NCT01958021）中，672名患有HR+/HER2–晚期乳腺癌的绝经前和围绝经期妇女被随机分组（1∶1）接受戈舍瑞林（goserelin）+激素［他莫昔芬（tamoxifen）或非甾体芳香化酶抑制剂］+瑞博西尼，或戈舍瑞林+激素+安慰剂治疗。与安慰剂治疗组相比，瑞博西尼治疗组的PFS有明显改善：中位PFS为23.8个月，而安慰剂治疗组为13个月[24]。在一项后续分析中[25]，瑞博西尼治疗组的总生存期明显长于安慰剂治疗组。在瑞博西尼组，42个月的总生存率约为70.2%，而安慰剂组只有46%。而在MONALEESA-3试验（ClinicalTrials：NCT02422615）中，对绝经后妇女（*n*=726）的治疗发现，瑞博西尼与选择性雌激素受体降解剂氟维司群（fulvestrant）联合使用后，达到了总体生存的次要终点。在第42个月时，瑞博西尼联合治疗的预期生存率为58%，而单独使用氟维司群的存活率为46%[26]。

截至目前，瑞博西尼是唯一一种结合内分泌治疗的CDK4/6抑制剂，在绝经前和绝经后的HR+/HER2–晚期乳腺癌患者中，其总体存活率在统计学上具有显著的优势。

9.9 总结

瑞博西尼带来的显著临床效益代表了近50年来跨越基础科学、药物发现和开发及临床研究的高峰。cyclin-CDK是细胞周期的关键调节因子，通过对该复合物在正常细胞和癌细胞中作用机制的充分研究，发现将CDK4/6作为抗肿瘤药物靶点具有很高的研究价值。由于对目标疾病相关性具有高度的自信心，研究人员同时开展了靶点靶向研究和化学结构优化研究，其核心是由诺华-Astex研究合作采用的结构改造方法。除了多重并行的药物化学研究方法之外，该团队对CDK4/6癌症生物学领域的研究也在不断深入，特别是在药物组合和适应证选择方面，最终的研究结果使得该团队确定将该药物用于晚期乳腺癌的治疗。从Ⅰb期到MONALEESA Ⅲ期研究项目的快速进展也证明了瑞博西尼的价值，而这对晚期乳腺癌患者的治疗具有极为重要的意义。

致谢

感谢参与临床试验的患者、家属、护理人员和医疗保健专业人员。同时感谢参与瑞博西尼研究、开发和商业化的全球团队。

（刘武昆）

缩写词表

ATP	adenosine triphosphate	三磷酸腺苷
AUC	area under the curve	曲线下面积
CDK	cyclin-dependent kinase	细胞周期蛋白依赖性激酶
ER	estrogen receptor	雌激素受体
HER2	human epidermal growth factor receptor 2	人表皮生长因子受体2
HR	hormone receptor	激素受体
mTOR	mammalian target of rapamycin	哺乳动物雷帕霉素靶蛋白
MTD	maximum tolerated	最大耐受剂量
PFS	progression free survival	无进展生存期
PI3K	phosphoinositide 3-kinase	磷脂酰肌醇3-激酶
pRb	retinoblastoma protein	成视网膜细胞瘤蛋白
RFE	recommended dose for expansion	推荐的扩大剂量
SAR	structure-activity relationship	构效关系

原作者简介

克里斯托弗·T. 布莱恩（Christopher T. Brain）获得牛津大学（University of Oxford）化学硕士学位后，在埃里克·J. 托马斯（Eric J. Thomas）教授的指导下获得曼彻斯特大学（University of Manchester）天然产物合成博士学位。他于1996年加入伦敦大学诺华医学研究所（Novartis Institute for Medical Sciences at University College London）。2005年，他入职位于剑桥的诺华生物医学研究所（Novartis Institutes For Biomedical Research），并成为全球发现化学小组（Global Discovery Chemical Group）的成员。他不仅为瑞博西尼的发现做出了贡献，还为神经科学、眼科、代谢性疾病和自身免疫方面的药物发现做出了贡献。

拉吉夫·乔普拉（Rajiv Chopra）于诺丁汉大学（University of Nottingham）获得理学学士学位，并于伦敦帝国理工学院（Imperial College London）布莱克特实验室获得生物物理学博士学位，师从大卫·布罗（David Blow）和彼得·布里克（Peter Brick）。随后，他于马萨诸塞州剑桥市哈佛大学（Harvard University）斯蒂芬·C. 哈里森（Stephen C. Harrison）实验室进行博士后研究，专注于HIV逆转录

酶的结构生物学研究。随后，他任职于惠氏（Wyeth）药物基因研究所。目前就职于诺华公司，并担任诺华生物医学研究所副主任。应用基于结构的药物设计方法，他参与了多个药物发现项目，包括CDK4/6。

史蒂文·霍华德（Steven Howard）曾就读于牛津大学化学专业，于1996年在菲尼安·利珀（Finian Leeper）博士的指导下获得博士学位。随后，他加入英国哈洛的葛兰素史克公司（GlaxoSmithKline），从事抗感染药物的研究。

自2002年1月起，史蒂文任职Astex制药公司，担任该公司药物化学团队的高级成员。在此期间，他一直致力于将基于片段的药物研究方法应用于肿瘤学领域。他参与了多个成功的药物研发项目，这些项目的候选药物已经成功进入临床，包括ASTX660、ASTX295和瑞博西尼。

金善奎（Sunkyu Kim）在获得纽约州立大学布法罗分校（State University of New York at Buffalo）博士学位后，于约翰斯·霍普金斯医学院（Johns Hopkins School of Medicine）完成了博士后研究。他于2001年加入诺华制药，主要研究癌症治疗新疗法。2004年，他任职马萨诸塞州诺华生物医学研究所。在诺华公司，他成功地指导了包括CDK4/6在内的多个项目的临床研究。目前，他担任因赛特研究所药理学副总裁。

穆哲成（Moo Je Sung）先后获得韩国大学（Korea University）和西江大学（Sogang University）的本科和硕士学位。毕业后，他首先在韩国大宇药业公司（Daewoong Pharmaceutical）工作了6年，之后于阿拉巴马大学（University of Alabama）获得有机化学博士学位，并在哈佛大学岸义人（Yoshito Kishi）教授的指导下进行博士后研究。他于2004年加入诺华，目前是马萨诸塞州剑桥市诺华生物医学研究所全球发现化学小组的首席科学家。他也是发现瑞博西尼的研究小组成员之一。

参考文献

1 US Government statistics (2017). Leading cancer cases and deaths, all races/ethnicities, male and female. https://gis.cdc.gov/Cancer/USCS/DataViz.html.

2 Lange, C.A. and Yee, D. (2011). Killing the second messenger: targeting loss of cell cycle control in endocrine-resistant breast cancer. *Endocr. Relat. Cancer* 18 (4): C19-C24.

3 Hanahan, D. and Weinberg, A. (2000). The hallmarks of cancer. *Cell* 100: 57-70.

4 NobelPrize.org (2001). The Nobel Prize in Physiology or Medicine. https://www.nobelprize.org/prizes/medicine/2001/summary.

5 Asghar, U., Witkiewicz, A.K., Turner, N.C., and Knudsen, E.S. (2015). The his-tory and future of targeting cyclin-dependent kinases in cancer therapy. *Nat. Rev. Drug Discov.* 14: 130-146.

6 Ives Aguilera, N.S., Bijwaard, K.E., Duncan, B. et al. (1998). Differential expres-sion of cyclin D1 in mantle cell lymphoma and other non-Hodgkin's lymphomas. *Am. J. Pathol.* 153: 1969-1976.

7 Pernas, S., Tolaney, S.M., Winer, E.P., and Goel, S. (2018). CDK4/6 inhibition in breast cancer: current practice and future directions. *Ther. Adv. Med. Oncol.* 10: 1-15.

8 Malumbres, M. and Barbacid, M. (2009). Cell cycle, CDKs and cancer: a chang-ing paradigm. *Nature Rev.* 9: 153-166.

9 Santamaría, D., Barrière, C., Cerqueira, A. et al. (2007). Cdk1 is sufficient to drive the mammalian cell cycle. *Nature* 448: 811-815.

10 Malumbres, M., Sotillo, R., Santamarl´a, D. et al. (2004). Mammalian cells cycle without the D-type cyclin-dependent kinases Cdk4 and Cdk6. *Cell* 118: 493-504.

11 Yu, Q., Geng, Y., and Sicinski, P. (2001). Specific protection against breast can-cers by cyclin D1 ablation. *Nature* 411: 1017-1021.

12 Yu, Q., Sicinska, E., Geng, Y. et al. (2006). Requirement for CDK4 kinase func-tion in breast cancer. *Cancer Cell* 9: 23-32.

13 Day, P.J., Cleasby, A., Tickle, I.J. et al. (2009). Crystal structure of human CDK4 in complex with a D-type cyclin. *PNAS* 106: 4166-4170.

14 Cho, Y.S., Borland, M., Brain, C. et al. (2010). 4-(Pyrazol-4-yl)-pyrimidines as selective inhibitors of cyclin-dependent kinase 4/6. *J. Med. Chem.* 53: 7938-7957.

15 Cho, Y.S., Angove, H., Brain, C. et al. (2012). Fragment-based discovery of 7-azabenzimidazoles as potent, highly selective, and orally active cdk4/6 inhibitors. *ACS Med. Chem. Lett.* 3: 445-449.

16 Kim, S., Loo, A., Chopra, R. et al. (2013). LEE011: an orally bioavailable, selec-tive small molecule inhibitor of CDK4/6– Reactivating Rb in cancer. *Mol. Cancer Ther.* 12 abstract PR02. https://mct.aacrjournals.org/content/12/11_Supplement/ PR02.

17 Kim, S., Tiedt, R., Loo, A. et al. (2018). The potent and selective cyclin-dependent kinases 4 and 6 inhibitor ribociclib (LEE011) is a versatile combination partner in preclinical cancer models. *Oncotarget* 9: 35226-35240.

18 Cancer Genome Atlas Network (2012). Comprehensive molecular portraits of human breast tumours. *Nature* 490: 61-70.

19 Finn, R.S., Dering, J., Conklin, D. et al. (2009). PD 0332991, a selective cyclin D kinase 4/6 inhibitor, preferentially inhibits proliferation of luminal estrogen receptor-positive human breast cancer cell lines *in vitro*. *Breast Cancer Res.* 11: R77.

20 Infante, J.R., Cassier, P.A., Gerecitano, J.F. et al. (2016). A phase I study of the cyclin-dependent kinase 4/6 inhibitor ribociclib (LEE011) in patients with advanced solid tumours and lymphomas. *Clin. Cancer Res.* 22: 5696-5705.

21 Tien, A.-C., Li, J., Bao, X. et al. (2019). Phase 0 trial of ribociclib in recur-rent glioblastoma patients incorporating a tumour pharmacodynamic-and pharmacokinetic-guided expansion cohort. *Clin. Cancer Res.* 25: 5777-5786.

22 Juric, D., Munster, P.N., Campone, M. et al. (2016). Ribociclib (LEE011) and letrozole in estrogen receptor-positive (ER+), HER2-negative (HER2-) advanced breast cancer (aBC): phase Ib safety, preliminary efficacy and molecular analysis. *J. Clin. Oncol.* 34 (Suppl 15): 568-568.

23 Hortobagyi, G.M., Stemmer, S.M., Burris, H.A. et al. (2018). Updated results from MONALEESA-2, a phase III trial of first-line ribociclib plus letrozole versus placebo plus letrozole in hormone receptor-positive, HER2-negative advanced breast cancer. *Ann. Oncol.* 29: 1541-1547.

24 Tripathy, D., Im, S.-A., Colleoni, M. et al. (2018). Ribociclib plus endocrine ther-apy for premenopausal women with hormone-receptor-positive, advanced breast cancer (MONALEESA-7): a randomised phase 3 trial. *Lancet Oncol.* 19: 904-915.

25 Im, S.-A., Lu, Y.-S., Bardia, A. et al. (2019). Overall survival with ribociclib plus endocrine therapy in breast cancer. *N. Engl. J. Med.* 381: 307-316.

26 Slamon, D.J., Neven, P., Chia, S. et al. (2019). Overall survival (OS) results of the Phase III MONALEESA-3 trial of postmenopausal patients (pts) with hormone receptor-positive (HR+), human epidermal growth factor 2-negative (HER2−) advanced breast cancer (ABC) treated with fulvestrant (FUL) ± ribociclib (RIB). *Ann. Oncol.* 30 (Suppl 5): v851-v934.